"十四五"时期
国家重点出版物出版专项规划项目

空间生命科学与技术丛书
名誉主编　赵玉芬　主编　邓玉林

国家出版基金项目
NATIONAL PUBLICATION FOUNDATION

水培食物生产技术
（上册）

Hydroponic Food Production

[加]霍华德·M. 莱斯（Howard M. Resh）　著

郭双生　译

CRC Press
Taylor & Francis Group

北京理工大学出版社
BEIJING INSTITUTE OF TECHNOLOGY PRESS

图书在版编目(ＣＩＰ)数据

水培食物生产技术：全2册/(加)霍华德·M.莱斯著；郭双生译. -- 北京：北京理工大学出版社，2023.5
书名原文：Hydroponic Food Production
ISBN 978 - 7 - 5763 - 2375 - 7

Ⅰ.①水… Ⅱ.①霍… ②郭… Ⅲ.①水培 – 作物 – 食品加工 – 生产技术 Ⅳ.①TS205

中国国家版本馆 CIP 数据核字(2023)第 085378 号

责任编辑：李颖颖 **文案编辑**：李颖颖
责任校对：周瑞红 **责任印制**：李志强

出版发行 / 北京理工大学出版社有限责任公司
社　　址 / 北京市丰台区四合庄路6号
邮　　编 / 100070
电　　话 / (010)68944439(学术售后服务热线)
网　　址 / http://www.bitpress.com.cn

版 印 次 / 2023 年 5 月第 1 版第 1 次印刷
印　　刷 / 三河市华骏印务包装有限公司
开　　本 / 710 mm×1000 mm 1/16
印　　张 / 54.75
字　　数 / 760 千字
定　　价 / 240.00 元(全 2 册)

译者序

《水培食物生产技术》（*Hydroponic Food Production*）一书由加拿大不列颠哥伦比亚大学植物科学系城市园艺学教授霍华德·M. 莱斯（Howard M. Resh）博士主编，从 1978 年出版第 1 版，到 2013 年已出版到第 7 版，本书即为这一版本。莱斯博士长期从事温室等受控环境条件下蔬菜的水培技术研究，并在世界范围内完成了很多项目，堪称这一领域的学术权威。

几年前，本人第一次从太空农业水培技术文献中看到这本书，并后来看到有不少人在引用这本书时，我从此对之充满了好奇。后来，终于拿到这本书时，真的就被其深深地吸引了，这是我在植物水培领域见到的第一本具有代表性的外文专著。尽管本专著出版时间相对较远，但它全面而系统地介绍了相关理论知识、技术和丰富经验，就目前来看很多都并不过时。本书的特点主要体现在以下几个方面。

（1）系统介绍了营养液的配制措施和注意事项，以及世界上（包括我国）较为著名的各种营养液配方及其主要特点。

（2）详细介绍了深水培、浅水培（如营养液膜技术，NFT）、基质培、雾培等几种栽培技术及其注意事项及优缺点；介绍了大滚筒立体水培、室内旋转式水培及自动化垂直水培等具有特色并节能的水培技术。

（3）系统比较了不同栽培基质，如砾石、沙子、珍珠岩、岩棉、蛭石、泥炭（也称草炭）、锯末、椰糠及其两种或三种混合物的主要应用技术、使用中的注意事项及其优缺点比较；如何对基质进行消毒，包括巴氏消毒、紫外线消毒或高温消毒。

（4）详细阐述了营养液管理技术：包括如何配制、消毒、酸碱度和溶解氧的检测与调节、养分和水分补充、通气、藻类生长抑制等；灌溉对提高品质的影响，如如何减少裂果，方法之一是选择在夜间或凌晨进行灌溉。

（5）简要介绍了温室环境控制技术：包括温室中大气温度、相对湿度、通风和二氧化碳施肥等控制技术；光照技术，包括光周期调控及补光技术；二氧化碳浓度对提高果实蔬菜的结果率、产量和品质影响的调控机制。

（6）详细阐明了植物管理技术，包括移栽（含时间选择）、嫁接、修剪（如何打枝去叶及如何选择时机）、果实采摘、运输和储存等技术；如何诱导植株的营养生长阶段向生殖生长阶段转变，如采用营养液成分、温度和光照等调控手段；温室中植株授粉技术，包括如何在温室中进行授粉并提高其授粉效率，如加大温室内风速、实施振动或利用大黄蜂进行授粉；病虫害防治技术，尤其是引入昆虫等生物防治技术。

（7）介绍了目前国际上生菜、番茄、黄瓜、茄子等许多种优质的蔬菜品种。

（8）介绍了如何进行太阳能发电与室内加热；如何实现节能降耗。

（9）注重在国际上进行项目推广，如在世界各地开发了多个水培项目，包括建在房顶和驳船等上的水培温室。

（10）简要论述了未来蔬菜作物等的水培技术，包括立体水培技术的发展方向以及水培技术在未来太空站、月球或火星基地等太空农业中的应用潜力。

因此，相信该书对我国在温室等受控环境中开展高效而高产的蔬菜水培技术的研究、开发与应用等具有重要的参考价值，而且对于开展太空农业作物水培技术的研发也极具重要的参考与借鉴作用。

本书由本人全面主持翻译工作，另外合肥高新区太空科技研究中心的科技人员王振参加了翻译工作，同时熊姜玲和王鹏参加了校对工作。在后来的校对过程中，译者对本书的译文书稿进行过几次大的修改，以力求准确无误和语句顺畅，因此给北京理工大学出版社增加了很多工作量，但他们对此积极配合而毫无抱怨。在此，表示衷心地感谢。

本书得到了中国航天员科研训练中心人因工程国家级重点实验室和国家出版基金的资助；得到了中国航天员科研训练中心领导和课题组同事的大力鼓励与支持；得到了家人的默默关心与支持！在此，一并表示衷心谢意！

由于译者水平有限，不准确和疏漏之处在所难免，敬请广大学者和同仁不吝指教！

郭双生
2023 年 3 月

第 7 版序言

本书的第 1 版于 1978 年出版。一般来说，本书每 4 年更新一次。最后一版也就是第 6 版，于 2001 年进行了修订，至今已有 10 余年了。因此，第 7 版已经经历了一些重要改动，以保持其在水培技术领域的最高发展水平。作者保持了原书的格式，但扩展了许多章节，并增加了一个新的章节（第 11 章 "椰糠栽培技术"）。同时，还讨论了水培法的新应用和新概念。在这本书的最初几章中，介绍了关于植物功能和营养的水培学基础，但不是高度技术性的，目的是让读者了解水培法的最新进展、各种基质和系统的使用以及已证明成功栽培的具体蔬菜作物。虽然大多数材料涉及温室水培系统，但也有少数是在良好气候条件下的室外水培系统。本书可作为有兴趣成为专业水培者或水培爱好者的实用指南。读者可能感兴趣的操作规模无论是多大，本书均给出了入门原则，并给出了阐明这些方法的许多例子和插图。

前 4 章向读者介绍了水培法的历史：植物营养、基本植物元素、营养吸收、营养失调及营养来源，之后详细说明了营养液组成。给出了营养源的转换表，以有利于计算植物所需的营养量与所配制的营养液体积之间的比例。对浓缩营养液母液进行了说明，并明确给出了计算实例。介绍了很多营养液配方，以便作为栽培特定作物所需营养液起始配方的一种参考（当然，针对特定条件可根据经验对初始配方进行优化）。另外，介绍了最适合水培或无土栽培的各种栽培基质，并说明了其特性，以帮助读者选择最适合自己的作物和栽培系统。

第5章对水培体系进行了阐述和说明。包括规模相对较小的浮筏或浮板系统到大型专业运行系统。本部分包含了大量关于跑道式或浮筏式培养的新材料。针对欧米伽花园（Omega Garden），介绍了其中的自动旋转雾培（aeroponic）系统。以紫花苜蓿和豆芽菜为例，介绍了芽菜发芽的基本原理。另外一部分新内容是微型蔬菜（microgreens），作为一种新产品，对其需求量越来越大，在营养和味道上都优于芽菜。本章给出了自建的方法，可以方便地在住宅中建造这样的系统。

在第6章，介绍了目前在欧洲和北美最新的自动化水培系统——营养液膜技术（Nutrient Film Technique，NFT），其被扩展到目前在欧洲和北美运行的最先进的自动化系统。本章还详细介绍了用于育苗的潮汐灌溉系统（ebb－and－flow（flood）system）。在 A 字形架 NFT 系统的应用这一节中，还补充介绍了新的内容，通过在哥伦比亚的运行案例对其加以说明。第7章至第9章分别介绍了砾石、沙子和锯末的培养方法，这里主要强调其目前的应用情况。

第10章的岩棉培的内容已经被大量更新。本章已经更新了北美和世界温室蔬菜产业的面积和作物的统计数据，并给出了大型种植者的位置和规模。在本章中，介绍了最先进的大型温室的运行情况，并阐述了收获、分级和包装设备等领域的新技术。以岩棉培为例，介绍了如何进行营养液循环利用的措施。介绍了用岩棉栽培番茄、辣椒、黄瓜等主要藤蔓作物的实例和具体情况。此外，还介绍了温室茄子的新品种。高架栽培床的使用和营养液循环利用的设计表明，该产业正在努力减少对环境的影响，并支持对环境的"绿色"理念。

在第 11 章中，关于椰糠培是该书的新增的内容。其中，介绍了该系统中所用到的小块、大块和板块椰糠的来源、分级及其特性。温室栽培正在朝着利用来自其他产业的普通废物来制备这种可持续基质的方向发展。几年前，加拿大不列颠哥伦比亚省的锯屑培就是这样，如第 9 章。后来，锯屑被用于制造木材产品，因此目前作为栽培基质并不容易被获取。随着对环境影响或产业"足迹"的密切关注，特别是在欧洲，强调"可持续发展"方法的新型温室技术变得非常重要。阐述了封闭循环水培系统与温室环境控制因子的集成。详细阐述了通过利用太阳能电池板、进行二氧化碳回收和采用密闭"正压"温室大气而实现营养液回收利用及减少温室环境能源需求的发展趋势。另外，详细介绍了利用椰糠基质种植番茄的方法。

在第 12 章中，讨论了其他无土栽培，包括稻壳栽培和珍珠岩栽培。关于珍珠岩栽培的部分详细介绍了珍珠岩产品，如块和板，还包括使用珍珠岩基质栽培茄子的例子。

在第 13 章中，在水培屋顶温室的"特殊应用"中增加了新的内容。用插图描述了纽约和加拿大蒙特利尔的几个例子。随着"绿色"理念在城市中心的传播，水培法将继续在这一领域得到更多应用。最终，如书中所展示，城市核心的垂直高层建筑的概念将成为水培法的另一个未来应用方向。介绍了一种新型的自动化垂直水培系统，描述了水培技术在学校屋顶水培花园中的教学应用情况，并简要介绍了纽约哈德逊河上科学驳船（Science Barge）的公共功能。

在第 14 章的植物栽培技术中，更详细说明了植物培养、幼苗生长、品种选择以及利用害虫综合管理系统（IPM）进行病虫害防治，这些种植技术中也包括茄子的栽培。目前，藤本作物的绿色嫁接是一种常见的做法，以减轻作物病害。

霍华德·M. 莱斯
（Howard M. Resh）

致　谢

　　本书的完成是基于超过 35 年的个人工作经验，拜访了很多种植者，在会议上与相关研究人员和种植者进行了讨论，并参加了以下单位举办的许多会议：墨西哥水培协会（Asociacion Hidroponica Mexicana）、哥斯达黎加国家绿色园艺中心（Centro Nacional de Jardineria Corazon Verde）、巴西水培协会（Encontro Brasileiro de Hidroponia）、美国亚利桑那大学受控环境农业中心温室作物生产与工程设计短期课程（Greenhouse Crop Production and Engineering Design Short Course，CEAC，University of Arizona）、美国水培协会（Hydroponic Society of America）、无土栽培国际协会（International Society of Soilless Culture）以及秘鲁利马拉莫利纳国立农业大学水培与矿质营养研究中心（Research Center for Hydroponics and Mineral Nutrition，Universidad Nacional Agraria，La Molina，Lima，Peru）。非常感谢这些会议的组织者，包括格洛丽亚·桑佩里奥·鲁伊斯（Gloria Samperio Ruiz）、劳拉·佩雷斯（Laura Perez）、佩德罗·费拉尼博士（Dr. Pedro Ferlani）、吉恩·贾科梅利博士（Dr. Gene Giacomelli）和阿尔弗雷多·罗德里格斯·德尔芬（Alfredo Rodriguez Delfin）。

此外，多年来从众多书籍、科学期刊和政府出版物中获得了一些资料，这些资料在每章节后的参考文献和总书目中都予以说明。特别感谢委内瑞拉首都加拉加斯的委内瑞拉水培技术理事会（Hidroponias Venezolanas C. A.）的西尔维奥·维兰迪亚博士（Dr. Silvio Velandia），感谢他多年来在我们协会开发他的水培农场期间给予的热情款待和启发。他给予了我获取热带水培经验的机会，并鼓励我就此经验编写一章。我真诚地感谢精确艺术（Accurate Art）公司的乔治·巴里尔（George Barile）更新了这本书的图片，这样使其面貌焕然一新，因此大大增强了其感染力。

同时，也要感谢那些为我提供了开发项目机会的相关人士，这里只能提到少数几个人。例如，美国弗吉尼亚州尚蒂伊市霍普曼公司（Hoppmann Corporation）的彼得·霍普曼（Peter Hoppmann）、美国佛罗里达州邓迪市环境农场（Environmental Farms）的汤姆·塞耶（Tom Thyer）、美国加利福尼亚州菲尔莫尔市加利福尼亚豆瓣菜公司（California Watercress, Inc.）的阿尔弗雷德·贝塞拉（Alfred Beserra）、加拿大魁北克省蒙特利尔市卢法农场公司（Lufa Farms, Inc.）的穆罕默德·哈格（Mohamed Hage），以及我目前所在单位英属西印度群岛安圭拉岛美膳雅水培农场（CuisinArt Resort & Spa）的林德罗·里扎托（Leandro Rizzuto）。

另外，我还要特别感谢许多大型温室种植者，他们非常慷慨地向我提供了有关他们经营的信息，并允许我拍照，许多照片都出现在这本书里。例如，美国加利福尼亚州卡马里奥市霍韦林苗圃公司奥克斯纳德分公司（Houweling Nurseries Oxnard）的凯西·霍韦林（Casey Houweling）、上述公司的主要种植者马丁·魏特尔斯（Martin Weijters）、加拿大不列颠哥伦比亚省德尔塔市吉兰达温室有限责任公司（Gipaanda

Greenhouses Ltd.）的大卫·赖亚尔（David Ryall）、上述公司的主要种植者戈登·亚克尔（Gordon Yakel）、加拿大魁北克省米拉贝尔市海卓诺乌公司（Hydronov Inc.）的吕克·德斯罗彻总裁（Luc Desrochers）、美国亚利桑那州威尔科克斯市欧洲新鲜农场（Eurofresh Farms）的法朗克·凡·斯特拉冷（Frank van Straalen）、美国佛罗里达州威尔斯湖市美食家水培公司（Gourmet Hydroponics Inc.）的斯蒂恩·尼尔森（Steen Nielsen），以及美国加利福尼亚州奥克维尤市 F．W．阿姆斯特朗公司（F．W．Armstrong，Inc.）已故的法兰克·阿姆斯特朗（Frank Armstrong）。

　　另外，我要感谢为我提供了其操作和/或产品图片的以下合作人员：哥伦比亚波哥大市阿庞特技术集团（Grupo Tecnico Aponte）的阿方索·阿庞特（Alfonso Aponte）、美国俄亥俄州洛迪市作物王公司（CropKing，Inc.）的玛丽莲·布伦特林格（Marilyn Brentlinger）和杰夫·巴尔达夫（Jeff Balduff）、美国加利福尼亚州阿克塔市美国水培公司（American Hydroponics）的埃里克·克里斯琴（Eric Christian）、比利时园艺规划公众有限公司（Hortiplan N. V.）的库尔特·科内利森（Kurt Cornelissen）、挪威吉菲国际股份有限公司（Jiffy International AS）的罗洛夫·德罗斯特（Roelof Drost）、加拿大安大略省比姆斯维尔市弗姆福莱克斯园艺系统公司（FormFlex Horticultural Systems）的费杰特·艾根拉姆（Fijtie Eygenraam）、英国佩恩顿动物园环境公园［Paignton Zoo Environmental Park）（瓦尔森特产品公司（Valcent Products Inc.）］的凯文·弗雷迪亚尼（Kevin Frediani）、加拿大安大略省多伦多市农业 - 生态建筑公司（Agro - Arcology）的戈登·格拉夫（Gordon Graff）、加拿大不列颠哥伦比亚省温哥华市欧米伽花园公司（Omega Garden Int.）的特德·马尔希尔顿（Ted Marchildon）、美国纽约州纽约太阳工厂公司（New York Sun

Works）的劳丽·舍曼（Laurie Schoeman）、加拿大安大略省比姆斯维尔市兹瓦特系统公司（Zwart Systems）的罗勃·凡德斯汀（Rob Vandersteen），以及比利时威尔姆斯－珍珠岩公司（Willems－Perlite）的赛文·威尔姆斯（Seven Willems）。

　　我要真诚地感谢所有工作人员和我的家人，由于我承担的很多工程项目路途遥远且施工周期长，所以不得已让他们有时要一直待在那里。

作者简介

霍华德·M. 莱斯，生于 1941 年 1 月 11 日，是世界上公认的水培权威专家。他的网站：www.howardresh.com 提供了各种蔬菜作物水培的信息。此外，他还撰写了 5 本关于水培的书，以供专业种植者和水培爱好者使用。1971 年，当他还是加拿大温哥华不列颠哥伦比亚大学的研究生时，一个私人团体就请他帮助他们在温哥华地区建造水培温室。他继续进行温室的场外研究工作，并不久后就被邀请讲授水培的相关拓展课程。

1975 年，在获得园艺学博士学位后，他成为不列颠哥伦比亚大学植物科学系的城市园艺学家。他在这一职位上干了 3 年，直到受邀进行专业水培项目开发。他主持了委内瑞拉、中国台湾、沙特阿拉伯和美国等国家和地区的许多项目，并在 1999 年去了位于加勒比海东部的英属西印度群岛安圭拉岛，至今仍在那里。

担任城市园艺师期间，他负责讲授园艺、水培、植物繁殖、温室设计及蔬菜生产等方面的课程。在这段时间里，他是城市园艺师，后来成为一个大型苗圃的总经理，但继续做研究和生产咨询，为委内瑞拉一个商业水培农场种植莴苣、豆瓣菜和其他蔬菜。后来，1995—1996 年，莱斯成为委内瑞拉一座农场的项目经理，种植莴苣、豆瓣菜、辣椒、番茄和欧洲黄瓜，用的是一种专用培养基，包括来自当地的稻壳和椰壳。他还设计和建造了一台绿豆和苜蓿芽培养设施，并将豆芽引入了当地市场。

20 世纪 80 年代末，莱斯与佛罗里达州的一家公司合作，在浮板毛管系统中种植莴苣。1990—1999 年，在水培项目中，莱斯担任技术总监和项目经理，在加利福尼亚州种植豆瓣菜和香草。他使用一套独特的 NFT 系统设计和建造了占地 3 英亩的几套户外豆瓣菜水培设施。这些措施弥补了该地区干旱造成的产量损失。

从 1999 年中开始，莱斯成为第一个与高端度假酒店美膳雅度假村相关的水培农场经理（该度假村位于加勒比海东北部的英属西印度群岛安圭拉岛）。该水培农场的独特之处在于，它是世界上唯一一个由度假村拥有的农场，专门在这里种植自己的新鲜沙拉作物和香草。该农场已经成为吸引客人体验真正本土蔬菜的度假胜地的关键组成部分，其中所种植的蔬菜包括番茄、黄瓜、辣椒、茄子、莴苣、白菜和香草。

莱斯继续为许多独特的水培温室操作提供咨询，如加拿大蒙特利尔的卢法农场。在那里，他为蒙特利尔市中心的屋顶温室建立了水培系统。所有的蔬菜都通过社区支持型农业（Community Supported Agriculture，CSA）项目供给周围居民。

目　录

上　册

下　册

第 1 章
概　　论

■ 1.1　过　去

水培（hydroponics）作为一种新型的植物无土栽培方式，尽管之前未被提及，但这种种植方式在古代就已经存在。例如，巴比伦的空中花园、墨西哥的阿兹特克人的水上花园和中国人的水上花园都是水培的一种形式，甚至公元前几百年的埃及象形文字档案也描述了植物在水中的生长；又如，在公元前 372—前 287 年泰奥弗拉斯特斯（Theophrastus）在农作物营养方面进行了各种各样的试验。另外，狄奥斯科里季斯（Dioscorides）的植物学研究可以追溯到公元 1 世纪。

有记载的最早利用科学方法发现植物成分是在 1600 年，即比利时的科学家简·凡·赫尔蒙特（Jan van Helmont）在他的经典实验中展示了植物能够从水中获取物质。他把一根 2.268 kg 重的柳枝插进一根管里，管里装着 90.32 kg 重的干土，并盖上以防灰尘。经过 5 年的雨水浇灌，他发现柳树的枝条质量增加了 72.576 kg，而土壤的质量却只减少了不到 57 g。他得出的植物从水中获得生长所需物质的结论是正确的。

然而，他却并没有意识到它们也需要空气中的二氧化碳和氧气。1699年，英国科学家约翰·伍德沃德（John Woodward）在含有各种土壤的水中种植了一些植物，发现在含有最多土壤的水中的植物生长最快。他由此得出结论，植物的生长是水中某些物质作用的结果，这些物质来自土壤，而不是简单地来自水本身。

在更复杂的研究技术得到开发并在化学领域取得进步之前，进一步鉴定这些物质的进展是较为缓慢的。1804 年，德·索绪尔（De Saussure）提出植物是由从水、土壤和空气中获得的化学元素组成的。1851 年晚些时候，法国化学家布森戈（Boussingault）在他对生长在沙子、石英和木炭中的植物进行的实验中证实了这一观点，并向这些植物加入已知化学成分的溶液。他的结论是：水是植物生长所必需的，其能够提供氢，植物的干物质由氢加上碳和氧组成，而氧来自空气。他还指出，植物含有氮和其他矿物元素。

那时，研究人员已经证明，植物可以在一种惰性的培养基中生长，这种培养基要用含有植物所需矿物质的水溶液湿润。下一步是完全去除培养基，而只在含有这些矿物质的水溶液中种植植物。这是由两位德国科学家萨克斯（Sachs）和诺普（Knop）在 1861 年完成的。这就是营养液培养的起源，类似的技术今天仍被用于植物生理和营养的实验室研究。这些关于植物营养的早期研究表明，一旦将植物的根浸入含有氮（N）、磷（P）、硫（S）、钾（K）和镁（Mg）等盐分的水溶液中，则可以使该植物实现正常生长。目前，上述这些盐分称为大量元素（macroelement）或大量营养元素（macronutrient），即表示它们是植物需求量相对较大的元素。随着实验室技术和化学的进一步完善，科学家们发现了植物所需的 7 种微量元素（microelement），这些元素包括铁（Fe）、氯（Cl）、锰（Mn）、硼（B）、锌（Zn）、铜

（Cu）和钼（Mo）。

在接下来的几年里，研究人员为植物营养的研究开发了许多不同的基本配方。这些研究人员中有阿农（Arnon）、霍格兰（Hoagland）、罗宾斯（Robbins）、西弗（Sivert）、托伦斯（Tollens）、托廷厄姆（Tottingham）和特里斯（Trelease），他们的许多配方至今仍被用于植物营养和生理的实验室研究。

直到1925年，温室产业才对这种"营养液培养"的实际应用产生兴趣。温室土壤必须被经常更换，以克服土壤结构、肥力和害虫等问题。因此，研究人员开始意识到营养液培养可能会取代传统的土壤培养方法（简称土培法。译者注）。1925—1935年，在将实验室的营养液栽培（nutriculture，也就是无土栽培）技术向大规模的作物生产技术升级方面出现了规模化发展。

20世纪30年代初，加利福尼亚大学的 W. F. 格里克（W. F. Gericke）把植物营养方面的实验室实验推向了商业规模化的应用。在此过程中，他将这些营养液培养系统称为水培。这个词来源于两个希腊单词 hydro（"水"）和 ponos（"工作"）——字面意思是"用水来工作"。

水培可以被定义为不使用土壤种植植物的科学，但使用惰性介质，如砾石、沙子、泥炭、蛭石、珍珠岩、浮石、椰糠、锯末、稻壳或其他基质，在其中添加一些包含所需的所有基本要素的营养液，以保证植物的正常生长和发育。由于许多水培方法使用某种类型的培养基，因此常被称为"无土栽培"，而只有溶液培养才是真正的水培。

格里克使用水培法种植蔬菜，包括甜菜、萝卜、胡萝卜和马铃薯等根茎类作物，以及谷类作物、水果作物、观赏植物和鲜花等。他把番茄种在很大的水箱里，用水培法把番茄植株种到很高的高度，以至于必须用梯子才能收获。美国新闻界提出了许多不合理的主张，称为世纪发现。之后，人们进行了更多的实际探索，而使之建立在坚实的园艺学基础之上，并认识到水培的两个主要优点：农作物产量高和在世界非耕地地区的特殊用途。

　　格里克的水培法的应用很快证明了其有效性，在20世纪40年代早期为驻扎在太平洋非耕地岛屿上的军队提供了食物。1945年，美国空军解决了向军队提供新鲜蔬菜的问题，在通常无法生产这种作物的多岩石岛屿上大规模实施水培法。

　　第二次世界大战后，军事指挥部继续使用水培法。例如，美国陆军在日本的长府实施了一个种植面积为 $0.22 \ km^2$ 的水培项目。20世纪50年代，水培法的商业应用扩展到世界各地，如意大利、西班牙、法国、英国、德国、瑞典、苏联和以色列。

■ 1.2　现　在

　　随着塑料产业的发展，水培法又向前迈进了一大步。塑料使种植者不用选择之前使用的昂贵混凝土床和水池。随着泵、定时器、塑料管道、电磁阀和其他设备的发展，整个水培系统现在可以实现自动化，从而降低了投资和运营成本。许多现代温室利用自动化装备完成温室内的栽培、移植和收获等操作环节。Hortiplan就是这样一家来自比利时的公司，它设计和制造用于自动化种植的营养液膜技术（NFT）水培系统，目前在比利时、荷兰和美国已经投入使用，并将在智利推广应用。对这一部分内容将在第6章中予以详细阐述。

　　水培法几乎能满足所有气候条件下温室种植的需求。世界各地都有种植花卉和蔬菜的大型水培设施。在美国、加拿大和墨西哥具有许多种植蔬菜的温室，面积为 $200\ 000\ m^2$ 或更大。美国的大型种植者，包括在加拿大西部运行的乡村农场（Village Farms，L. P.）（具有 7 个合作种植者）、加拿大不列颠哥伦比亚省的 Delta（242 800 m²），以及美国得克萨斯州的 Fort Davis and Marfa（162 000 m²）。另外，这些美国的大型种植者在墨西哥有 6 个合作种植者，在宾夕法尼亚州有 2 个合作种植者，总共占地面积约 1.27 km²。位于亚利桑那州威尔科克斯的 Eurofresh 农场（以下简称欧鲜农场）总共有 1.28 km²。位于加州奥克斯纳德的豪威林苗圃有限公司拥有 0.52 km² 的温室生产面积。在加拿大，面积超过 0.2 km² 的温室包括位于不列颠哥伦比亚省达美的豪威林苗圃有限公司、安大略省利明顿的 Mastron 企业有限公司、大北水培以及安大略省利明顿的 DiCioccos。

根据 2008 年的数据，加拿大水培温室蔬菜生产的面积细分如下：番茄 4.66 km²、黄瓜 2.77 km²、辣椒 3.06 km² 及生菜 0.15 km²，共 10.64 km²。

墨西哥最大的水培温室是位于霍科蒂特兰（Jocotitlan）的 Bionatur Invernaderos Biologicos de Mexico，占地 0.8 km²，主要种植番茄，员工 1 000 人。还有许多其他水培温室蔬菜生产设施，如 Agros S. A. de C. V.，目前在克雷塔罗州有 0.13 km² 的温室面积。

根据卡拉瑟斯的资料，世界水培生产已从 20 世纪 80 年代的 50 ~ 60 km² 增加到 2001 年的 200 ~ 250 km²。加里·W. 希克曼（Gary W. Hickman）出版的《温室蔬菜生产统计 2011 版》（Greenhouse Vegetable Production Statistics – 2011 Edition）称，世界水培蔬菜生产面积约为 350 km²。他还指出，因为关于"温室"和"水培生产"的定义存在争议，所以商业蔬菜生产的面积范围应在 3 300 ~ 12 000 km² 之间。

温室水培生产是指使用无土栽培，而不是指一个仅仅被覆盖现有的土壤结构非常轻的聚酯管。其利用水和一些营养物质通过滴灌系统来进行栽培。例如，希克曼提出在墨西哥有大约 37. 70 km^2 的自然通风、不加热、利用金属结构和防虫网的温室。这些温室通常有计算机控制的灌溉和施肥系统，但它们是在当地土壤中被栽培的，因此不能称为水培。墨西哥锡那罗亚就有一个这样的项目——3. 50 km^2 的番茄和黄瓜温室。

另外，在荷兰有 46 km^2 的水培蔬菜生产设施，配有高科技的精密设备和玻璃温室，并由计算机控制环境。其他的统计报告面积为 100 km^2，但这包括了花卉生产。荷兰的水培种植面积仍然最大，而西班牙现在有 0. 4 km^2 的温室，但其温室结构和大多数荷兰的玻璃温室不同，采用的是低成本的聚乙烯结构。比利时和德国各有大约 6 km^2。新西兰和澳大利亚在现有的 5 km^2 基础上继续扩大。澳大利亚拥有世界上最大的大型水培生菜产量，但超过一半（55.6%，2.4 km^2）的是在没有温室的户外种植。NFT 和岩棉培是两种较为常用的水培方法。大部分水培种植位于新南威尔士州。

必须指出的是，除非另有说明，水培生产的领域包括花卉和观赏性室内植物。最重要的大型水培作物包括番茄、黄瓜、辣椒、生菜和花卉。

尼克尔斯（Nichols）和克里斯蒂（Christie）在《实用水培与温室》（Practical Hydroponics & Greenhouse）中指出，2007 年日本具有的温室面积为 520 km^2，主要是塑料结构，只有 5% 的是玻璃结构，但其中只有 15 km^2（占 3%）采用的是水培系统。

水培法现在几乎在世界上每个国家都被使用。加里·W. 希克曼在其《温室蔬菜生产研究》，报道了关于 83 个国家大规模生产温室蔬菜的信息。虽然这种温室蔬菜生产大部分是在土壤中，但水培法也通常是该行业的一部分，即使规模很小。甚至说，像土耳其这样的国家也声称拥有超过 540 km^2 的温室生产面积。

如前所述，像在西班牙和墨西哥的情况，大部分的生产是在塑料管道和低矮阳畦中，可能被误称为温室。尽管如此，Satici 指出，土耳其大约拥有 4 km² 的现代温室生产面积，并以每年50％的速率扩大。它们的主要产品包括番茄、黄瓜、辣椒、西瓜、茄子和草莓。

在世界干旱地区，如墨西哥和中东正在开发与海水淡化装置相结合的水培综合体，以利用海水作为淡水的来源。利用价格较低的脱盐设备，如反渗透（reverse osmosis，RO），可以在这些干旱地区以经济上可行的成本生产温室用水。这些综合体位于海洋附近，植物通常被种植在现有的沙子里。

■ 1.3　将　来

在大约65 年这样一个相对较短的时间内，水培法已经适应了许多情况，从室外田间栽培和室内温室栽培到太空计划中的高度专业化的栽培。它是一门太空时代的科学，但同时也适用于第三世界的发展中国家，使之利用有限面积实现集约化的食物生产。唯一的限制是淡水和营养的来源。在没有淡水的地方，水培法可以通过脱盐来利用海水。因此，它在沙漠等拥有大片不可耕种土地的地区提供食物方面具有潜在的应用价值。若在沿海地区进行水培作业，则可以使用石油能、太阳能或原子能脱盐装置（atomic desalination units），利用海滩沙子作为植物的栽培基质。

水培法是在耕地少、面积小但人口多的国家种植新鲜蔬菜的一种有价值的栽培方法，对于一些以旅游业为主要产业的小国来说也有较大的利用价值。在这样的国家中，它们的旅游设施（如度假酒店）可以种植自己的蔬菜，而不需从数千英里以外的地方进口，因为其运输周期很长。这类地区的典型例子是西印度群岛和夏威夷，这两个地方拥有大量的旅游产业，而种植蔬菜的农田很少。

水培温室的运作将被与有废热或替代能源的产业联系起来。这样的热电联产项目已经在加利福尼亚州、科罗拉多州、内华达州和宾夕法尼亚州等地区存在。在中西部有许多奶牛场的地方，可将动物粪便的厌氧消化器与水培温室相联系。厌氧消化器可以产生热量和电能。发电厂的冷却塔用水既可被用来加热温室，也可以为在循环系统中栽培植物提供不含矿物质的蒸馏水。这种清洁水对那些通常具有硬质水地区的种植特别有利。例如，在有利于蔬菜高产的大部分阳光充足的地带，水质会很硬，即其中矿物质含量很高而通常超过了正常植物的需求量。硬质水还会造成设备腐蚀、冷却湿帘（cooling pad）和雾化系统堵塞以及栽培基质结构破坏等问题。

随着对人工光照新技术的引用，使用人工光照种植植物在经济上是可行的，特别是在北半球高纬度地区的晚秋到早春时期内阳光有限的情况下。当然，在此期间农产品的价格要比在夏季高得多。新的发光二极管（LED）灯具有这种潜力，但目前来看太昂贵，因为需要大量灯珠以提供充足的光。灯产生的热量可被用来补充栽培过程中所需进行的加热。

北美西部的许多地方都有地热资源。这些地区包括美国的阿拉斯加州、加利福尼亚州、科罗拉多州、爱达荷州、蒙大拿州、俄勒冈州、犹他州、华盛顿州、怀俄明州和加拿大的不列颠哥伦比亚省。未来大型温室应该建在靠近地热的地方以利用热量，如同目前在日本北海道所做的那样。

目前，人们正在进行大量的研究，以开发在空间站上种植蔬菜的水培系统。科学家对闭路循环系统进行了设计和测试，以在微重力（非常低的重力）环境下运行。利用这种水培系统将种植食物，以便为执行长期太空飞行任务的航天员提供营养。

在大城市中，所食用的蔬菜经常要从种植地运送到很远的地方，因此，可以考虑建立水培温室屋顶花园。在《科学美国人》（2009 年 11 月）期刊上，D. 戴斯波米耶（D. Despommier）写了一篇文章，介绍了在大城市里，如何在 30 层高的垂直高层建筑中种植农产品。将水培系统与由太阳能电池驱动的植物废物焚烧设施一起使用，以产生电力，而将被处理后的城市污水用于进行植物灌溉。主要依托阳光和人工照明提供光照。

■ 1.4　温室选址

在考虑水培温室选址时，为了提高成功率应尽量满足下列要求。

（1）若选址在北纬地区，应选择在一个东、南、西都完全暴露在阳光下且北面有防风林的地方。

（2）尽可能接近水平的区域或容易进行水平处理的区域。

（3）内部排水良好，最低渗滤率为 2.54 cm·h^{-1}。

（4）具有天然气、三相电和优质水，能够为每株植物每天至少供应约 1.9 L 水。如果原水含盐量高，就需要利用 RO 脱盐装置进行处理。

（5）假如选择零售，则应该使温室位于或靠近人口中心的主路，这样则便于对所生产的蔬菜进行批发和零售。

（6）靠近住宅，以便于在极端天气条件下检查温室。所有现代计算机控制的温室中均具有警报和呼叫系统，以提醒种植者。参数也可被通过笔记本电脑或手机进行查看。

（7）在北纬度地区，温室也可以呈南北走向排列。

（8）日照充足。

（9）风力较小。

（10）地下水位不高或不在洪泛区。否则，这些区域需要填土，这将增加投资成本。

■ 1.5 土壤栽培与无土栽培

在水培下较在土培下，产量大幅增加可能受到以下几种因素的影响。在某些情况下，土壤可能缺乏营养和结构不良，因此无土栽培则会非常有利。土壤中病虫害的存在会极大减少总产量。在温室条件下，对于土壤和无土栽培，当环境条件而非栽培基质类似时，则水培番茄的产量通常会增加 20%～25%。对这些温室进行土壤消毒并使用足够的肥料，结果，许多在田间条件下遇到的土壤问题则得到了解决。这可以解释为什么在温室条件下使用土壤栽培所获得的产量增幅较小，而在室外无土栽培所获得的产量增幅是传统土壤栽培（soil culture，以下简称土培。译者注）的 4～10 倍。

进行温室栽培时，特定的温室品种比田间栽培的品种在相同的条件下能产生更高的产量。这些温室品种无法经受露地栽培的每日温度波动，因此，它们仅被限于在温室栽培。尽管如此，由于水培温室栽培提供的最佳生长条件，所以它们的产量会远远超过田间品种。水培温室栽培的主要蔬菜作物包括番茄、黄瓜、油菜、生菜和其他绿叶蔬菜和香料植物。这些温室品种还经过了长期培育，以抵抗或耐受叶片和根部的病害，从而增加了产量。现在，砧木未成熟时可被嫁接到番茄、辣椒和茄子上。番茄砧木比商业品种的幼枝更有活力，能抵抗根系病害。

然而，水培法的主要缺点是初期投资成本高；一些由生物体引起的病害，如镰刀菌和萎黄病等，可通过系统迅速传播；会遇到复杂的营养问题。不过，这些缺点大部分可以通过砧木、抗病性强的新品种和更好的营养检测设备来克服。

总的来说，水培法相对于土壤培养的主要优势是更加有效的营养调节、可被用在世界上有非耕地的地区、能有效地使用水和肥料、培养基消毒容易及成本较低，以及可实现高种植密度而提高产量（表 1.1）。

表 1.1　无土栽培相对于土壤栽培的优点

栽培措施	土壤栽培	无土栽培
培养基消毒	蒸汽、化学熏蒸剂；劳动密集型；所需时间很长，最短 2~3 周	蒸汽、化学熏蒸剂；其他可以使用漂白剂或盐酸；消毒时间短
植物营养	高度可变的局部缺陷；由于土壤结构或酸碱度差，植物往往无法获得充足营养；不稳定的条件；难以取样、测试和调整	可控；相对稳定；对所有植物均质；植物容易获得充足营养；pH 值容易控制；易于测试、取样和调整
株距	受土壤养分和可用光照的限制	仅受可用光照限制，使更紧密的间距成为可能；增加单位面积的植物数量，从而更有效地利用空间和提高单位面积的产量
杂草控制及耕种	有杂草，定期耕种	无杂草，无耕种

栽培措施	土壤栽培	无土栽培
病害及土壤寄生物	许多由土壤传播的疾病，如线虫、昆虫和动物，这些都能危害农作物；经常使用轮作来克服虫害的积累	在栽培基质中无病、无虫、无动物；不需要轮作
水	植物常因土－水关系差、土壤结构差、持水能力弱而遭受水分胁迫。盐水不能被利用。用水效率低，因为植物根部的深层渗透和土壤表面的蒸发，所以大量水分流失	无水分胁迫。利用湿度感应装置和反馈机构可实现完全自动化。可利用浓度相对较高的盐水。能高效用水，除了渗透到根部或表面蒸发无水分损失；如果处理得当，失水应等于蒸腾损失
果实品质	由于缺乏钾和钙，果实经常呈松软或蓬松状，这导致其保质期短	保质期长。这使得种植者能采摘成熟的蔓生果实并运送到很远的地方。此外，果实在超市很少发生变质。一些试验表明，水培番茄中的维生素 A 含量比土培的要高
肥料	大量施用于土壤之上，对植物分布不均匀，大量浸出到植物根区外（50%～80%），利用率低	用量少，均匀分布于所有植株上，不浸出到植物根区以外，利用率高

栽培措施	土壤栽培	无土栽培
环境卫生	施用于植物可食用部分上面的肥料作为有机废物会引起许多人类疾病	在养分中不添加生物制剂；植物上面不存在对人类致病的微生物
移植	需要准备好土壤并将植物连根拔起，这会导致移植休克。难以控制土壤温度和病源生物，这可能会阻碍或杀死移植体	在移植前不需要制备栽培基质；可实现移植休克最小化；"拿取"及随后的生长均较快；栽培基质的温度可被保持在最适范围；不会出现病害
植物成熟	常因非最佳条件而被放慢	在充足的光照条件下，植物在无土条件下比在土壤中成熟得更快
持久性	因为土壤肥力和结构会逐渐遭遇破坏，因此温室里的土壤必须每隔几年被定期更换一次	在砾石、沙子或水等培养中无须更换栽培基质；无须休耕；锯末、泥炭、椰糠、蛭石、珍珠岩和岩棉等栽培基质可能几年间才需要进行一次消毒更换
产量	温室番茄为 6.8~9.0 kg/（年·株）	温室番茄为 22.6~31.7 kg/（年·株）

参考文献

［1］ BAILEY N. 1999. Report on a survey of the Australian hydroponic growing industry ［R］. Survey of Hydroponic Producers, Gordon, NSW, Australia: HRDC, 1997.

［2］ DESPOMMIER D. The Rise of Vertical Farms ［M］. New York, NY: Scientific American, Inc. , Nature Publishing Group, 2009: 80 – 87.

［3］ HICKMAN G W. Greenhouse Vegetable Production Statistics: a Review of Current Data on the International Production of Vegetables in Greenhouses ［M］. Mariposa, CA: Cuesta Roble Greenhouse Consultants, 2011: 72.

［4］ NICHOLS M, CHRISTIE B. Greenhouse production in Japan ［M］. Practical Hydroponics & Greenhouses, Jan. /Feb. , 2008, Narrabeen, Australia: Casper Publ. Pty. Ltd.

［5］ SATICI M. Turkish greenhouse fruit and vegetable production ［EB/OL］. ［2010 – 03 – 18］. Fresh Plaza Bulletin, http://www. freshplaza. com.

第 2 章
植物营养元素分析

2.1 植物组成

新鲜植物一般含有 80% ~ 95% 的水分，确切的水百分含量取决于取样时的植物种类和细胞膨胀度，由当日时间、土壤中有效水分含量、温度、风速和其他因素决定。由于鲜重变化较大，因此植物材料的化学分析通常基于更稳定的干物质。新鲜的植物材料在 70 ℃下应干燥 24 ~ 48 h，剩下的干物质占初始鲜重的 10% ~ 20%。大多数植物材料超过 90% 的干重由三种元素组成：碳（C）、氧（O）和氢（H）。氧和碳一样，来自大气中的二氧化碳。

如果一种植物的干物质只占鲜重的 15%，而其中 90% 是由碳、氧和氢组成，那么植物中所有剩余的元素则约占植物鲜重的 1.5%（15% × 10% = 1.5%）。

■ 2.2 矿物质及主要元素

已知的天然矿物元素共有 92 种，但在各种植物中只发现了 60 种。虽然这些元素中有许多被认为并非植物生长所必需的，但植物的根可以从一定范围内的土壤溶液中吸收任何以可溶性形式存在的元素。然而，植物确实有能力选择它们吸收各种离子的速率，因此导致吸收效率通常与养分的有效性不成正比。此外，不同物种对特定离子的选择能力也不同。

一种元素必须满足以下三个条件才能认为是植物生长所必需的：①没有这种元素，植物就不能完成它的生命周期；②元素的作用必须是特定的，没有别的元素能完全代替它；③元素必须直接成为植物的营养，即是一种重要的组成代谢物，或者至少是必需酶活动所需要的，而不是简单地使一些其他元素更容易获得或拮抗另一种元素的毒性作用（Arnon 和 Stout，1939；Arnon，1950，1951）。

只有 16 种元素通常认为是高等植物生长所必需的，它们被粗略地分为大量营养元素（大量元素）和微量营养元素（痕量元素或微量元素），前者需求量相对较大，后者需求量相对较小。

大量元素包括氢（H）、碳（C）、氧（O）、氮（N）、钾（K）、钙（Ca）、镁（Mg）、磷（P）和硫（S）。微量元素包括氯（Cl）、铁（Fe）、锰（Mn）、硼（B）、锌（Zn）、铜（Cu）和钼（Mo）。大多数高等植物所必需的元素见表 2.1。

表 2.1　大多数高等植物所必需的元素

元素	符号	有效形式	相对原子质量	所占比例/($\mu mol \cdot mol^{-1}$)	在干组织中的浓度/%
大量元素					
氢	H	H_2O	1.01	60 000	6
碳	C	CO_2	12.01	450 000	45
氧	O	O_2，H_2O	16.00	450 000	45
氮	N	NO_3^-，NH_4^+	14.01	15 000	1.5
钾	K	K^+	39.10	10 000	1.0
钙	Ca	Ca^{2+}	40.08	5 000	0.5
镁	Mg	Mg^{2+}	24.32	2 000	0.2
磷	P	$H_2PO_4^-$，HPO_4^{2-}	30.98	2 000	0.2
硫	S	SO_4^{2-}	32.07	1 000	0.1
微量元素					
氯	Cl	Cl^-	35.46	100	0.01
铁	Fe	Fe^{3+}，Fe^{2+}	55.85	100	0.01
锰	Mn	Mn^{2+}	54.94	50	0.005
硼	B	BO_3^{2-}，$B_4O_7^{2-}$	10.82	20	0.002
锌	Zn	Zn^{2+}	65.38	20	0.002
铜	Cu	Cu^{2+}，Cu^+	63.54	6	0.000 6
钼	Mo	MoO_4^{2-}	95.96	0.1	0.000 01

　　虽然大多数高等植物只需要这 16 种必要元素，但某些物种可能需要其他元素。至少它们可以积累这些其他元素，即使这些元素对它们的正常生长不是必需的。硅（Si）、镍（Ni）、铝（Al）、钴（Co）、钒（V）、硒（Se）和铂（Pt）是这些元素中的一部分，被植物吸收并用于

它们的生长。豆类植物用钴进行氮气的固定（N$_2$ fixation，简称固氮。译者注）。镍现在被认为是一种必要元素，它对脲酶活性至关重要。硅元素能够提供支撑作用，即可以增加组织强度，从而增强对真菌感染的抵抗力，尤其是在黄瓜的栽培中，目前通常的做法是在营养液中加入100 μmol·mol^{-1}硅酸钾来提升其抗病能力。也可以通过钒与钼配合使用来替代钼。在使用与肥料等级一样没有杂质的纯化学物质（实验室试剂）的情况下，铂可以使植物生长增加20%。然而，铂在很低浓度下就具有毒性，因此使用时需要保持谨慎。通常，大规模种植者所用到的肥料盐分中均含有上述许多痕量元素。

表2.2总结了必需元素的作用。它们都在植物生长所需的各种代谢物的合成和分解过程中发挥一定的作用，而且其中许多都存在于调节生化反应速率的酶和辅酶中。其他物质在携带能量的化合物和食物储存物中也很重要。

表 2.2　植物体内必需元素的作用

序号	必需元素	作　用
1	氮	大量必需有机化合物的一部分，包括氨基酸、蛋白质、辅酶、核酸和叶绿素
2	磷	许多重要有机化合物的组成部分，包括磷酸糖、三磷酸腺苷（ATP）、核酸、磷脂和某些辅酶
3	钾	作为许多酶（如丙酮酸激酶）的辅酶或激活剂。蛋白质合成需要高钾水平。钾不能在植物细胞内形成任何分子的稳定结构组成

续表

序号	必需元素	作　用
4	硫	合成多种有机化合物，包括氨基酸和蛋白质。辅酶 A、维生素硫胺素和生物素都含有硫
5	镁	叶绿素分子的重要组成部分，许多酶的激活都需要它，包括那些参与 ATP 键断裂的酶，对维持核糖体结构至关重要
6	钙	通常在液泡中沉淀为草酸钙的晶体。以果胶酸钙的形式存在于细胞壁中，它将相邻细胞的初生壁黏合在一起。用于保持膜的完整性，是 α – 淀粉酶的一部分，有时会干扰镁激活酶的能力
7	铁	是叶绿素合成所必需的，是细胞色素的重要组成部分，在光合作用和呼吸作用中起着电子载体的作用。是铁氧还蛋白和硝酸还原酶的重要组成部分，某些其他酶的激活剂
8	氯	是光合作用所必需的，在利用水产生氧气的过程中充当酶的激活剂。另外认为，缺氯会导致植物根系的生长发育迟缓
9	锰	激活脂肪酸合成中的一种或多种酶，即负责脱氧核糖核酸（DNA）和核糖核酸（RNA）形成的酶，以及克雷布斯循环（Krebs cycle，三羧酸循环）中的异柠檬酸脱氢酶。直接参与利用水产生氧气的光合作用，并可能参与叶绿素的形成
10	硼	在植物中的作用尚不清楚，可能在韧皮部中运输碳水化合物时要用到
11	锌	在激素吲哚乙酸（indoleacetic acid）的形成中需要用到。可激活以下几种酶：乙醇脱氢酶（alcohol dehydrogenase）、乳酸脱氢酶（actic acid dehydrogenase）、谷氨酸脱氢酶（glutamic acid dehydrogenase）和羧肽酶（carboxypeptidase）

序号	必需元素	作　用
12	铜	作为电子载体和某些酶的一部分。作为质体蓝素（plastocyanin）的组成部分参与光合作用，也是多酚氧化酶及可能是硝酸还原酶的组成部分，可能参与固氮作用
13	钼	在硝酸盐转化为铵态氮的过程中起电子载体的作用，也是进行固氮作用的必要条件
14	碳	构成植物中所有有机化合物的成分
15	氢	由碳构成的所有有机化合物的组成部分，在植物－土壤关系中具有重要的阳离子交换作用
16	氧	构成植物中许多有机化合物的成分，只有少数有机化合物，如胡萝卜素，不含氧。也参与根与外界栽培基质之间的阴离子交换，它是有氧呼吸中 H^+ 的末端受体

■ 2.3　植物吸收矿物质和水分

　　植物通常从土壤中获取水分和矿物质。在无土栽培基质中，植物仍然需要水和矿物质。因此，为了了解水培系统中植物之间的关系，就必须弄清在正常生长情况下土壤与植物的关系。

2.3.1　土壤

　　土壤为植物提供四种需求：①水的供应；②基本养分的供应；③氧气的供应；④植物根系的支持。矿物土壤由四种主要成分组成，即矿物元素、有机物、水和空气。例如，最适合植物生长的典型粉砂土壤（silt loam soil）中，其组成大概包括25%的水孔隙、25%的空气孔隙、

45% 的矿物质和 5% 的有机物。矿物质（无机物）是由小岩石碎片和各种矿物质组成的。有机质部分是腐烂的动植物残体的积累。土壤有机质一般分为两大类：①原始组织及其部分分解物；②腐殖质。原始组织包括未被分解的植物和动物残体，这些物质容易受到土壤生物（包括植物和动物）的影响，它们会把这些物质作为能量来源和组织构建的材料。腐殖质是较耐分解的产物，其既可由微生物合成，又可由植物的原始组织改造而成。

　　土壤中的水分被保存在土壤孔隙中，与溶解的盐分一起构成土壤溶液，这是为植物生长提供养分的重要介质。土壤孔隙中的空气二氧化碳含量比大气中的要高，而氧含量较低。土壤空气在对所有土壤生物和植物根系提供氧气和二氧化碳方面很重要。土壤为植物提供充足营养的能力取决于以下四个因素：①土壤中各种必要元素的含量；②各种元素的结合形式；③植物利用元素的过程；④土壤溶解性及其 pH 值。

　　土壤中各种元素的含量取决于土壤的性质和有机质含量。土壤养分有的以复杂的不溶性化合物形式存在，也有的以简单形式存在，通常溶于土壤溶液中，并易于被植物利用。为了便于植物利用，必须将复杂形式的化合物分解成更简单和更可用的形式。在表 2.1 中概述了这些化合物的可用形式。土壤溶液的 pH 值决定了各种元素对植物的有效性。pH 值是衡量酸碱度的标准。pH 值小于 7 时为酸性，pH 值为 7 时为中性，pH 值大于 7 时为碱性。由于 pH 值是一个对数函数，因此 pH 值的 1 个单位变化是 H^+ 浓度的 10 倍变化。因此，pH 值的任何单位变化都会对植物获取离子的有效性产生很大的影响。大多数植物的 pH 值为 6.0 ~ 7.0，这可实现最佳的养分吸收。土壤 pH 值对基本元素可利用性的影响如图 2.1 所示。

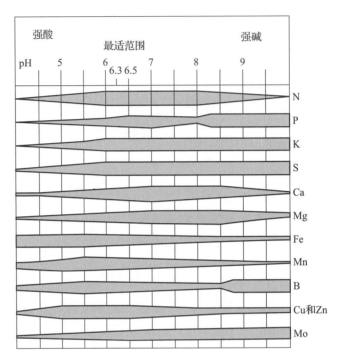

图 2.1 土壤 pH 值对植物养分可利用性的影响

随着 pH 值从 6.5 提高到 7.5 或 8.0，铁、锰和锌的可利用性降低。另外，钼和磷的可利用性所受到的影响与上述情况相反，即在高 pH 值下其可利用性较高。在很高的 pH 值下，碳酸氢盐离子（HCO_3^-）可能会大量存在，其会干扰其他离子的正常吸收，从而不利于植物的生长。

当无机盐被置于稀溶液中时，它们会分解成带电的离子。这些离子可从土壤胶体表面和土壤溶液中的盐分提供给植物。正离子（阳离子），如钾离子（K^+）和钙离子（Ca^{2+}），主要被土壤胶体吸收，而负离子（阴离子），如氯离子（Cl^-）和硫酸根离子（SO_4^{2-}），则在土壤溶液中被发现。

2.3.2　土壤与植物的相互关系

　　植物的小根和根毛与土壤胶体表面具有紧密接触。植物根系对养分的吸收发生在土壤胶体表面，并通过土壤溶液进行，如图 2.2 所示。离子在土壤胶体和土壤溶液之间交换。离子在植物根表面和土壤胶体之间、在植物根表面和土壤溶液之间双向运动。Buckman 和 Brady（1984）以及 Kramer（1969）分别对土壤性质以及植物与土壤之间的相互关系进行了全面综述。

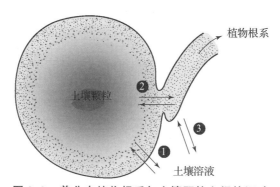

图 2.2　养分在植物根系与土壤颗粒之间的运动

1—土壤颗粒与土壤溶液之间的交换；

2—离子从土壤胶体（颗粒）向植物根系表面的运动，反之亦然；

3—土壤溶液与植物根系吸收表面之间的交换

2.3.3　阳离子交换

　　土壤溶液是植物根系吸收养分的最重要来源。由于土壤溶液中元素浓度较低，因此当植物将土壤溶液中的养分吸收完时，就必须从土壤颗粒中得到补充。土壤的固相能够释放矿物元素到土壤溶液中，部分是通过土壤矿物和有机物的溶解，部分是通过可溶性盐的溶解，而还有部分是通过阳离子交换。土壤中带负电荷的黏土颗粒和固体有机质中含有阳离子，如钙离子（Ca^{2+}）、镁离子（Mg^{2+}）、钾离子（K^+）和氢离子（H^+）。硝酸根离子（NO_3^-）、磷酸根离子（PO_4^{3-}）、硫酸根离子（SO_4^{2-}）和氯离子（Cl^-）等阴离子则几乎只存在于土壤溶液中。不过在土壤溶液中也发现了阳离子，它们与被吸收在土壤胶体上的阳离子自由交换的能力使阳离子交换得以发生。

2.3.4　土培和水培

水培和土培植物之间在生理上没有区别。在土壤中，有机和无机成分都必须被分解成无机元素，如钙、镁、氮、钾、磷、铁等，然后才能供植物利用（图2.3）。这些元素附着在土壤颗粒上，并被交换到土壤溶液中而在此被植物吸收。在水培中，植物的根被含有元素的营养液湿润。植物吸收矿物质的后续过程是相同的，可参见2.3.5小节和2.3.6小节。

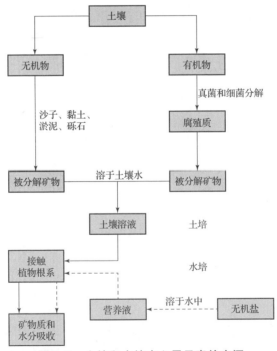

图2.3　土培和水培中必需元素的来源

2.3.5　水和溶质从土壤（或营养液）到根部的转移

在销售蔬菜时使用"有机"一词实为用词不当，因为所有的植物都是有机的，而且都利用同样的必需矿质营养元素。"有机"一词是指不使用合成农药，因此应被称为"不使用合成农药"。有机园艺和无机园艺的问题可以通过讨论植物对矿物质的吸收来说明。

1932 年，德国的 E. 蒙克（E. Munch）引入了质外体（apoplast）－共质体（symplast）的概念，来解释植物对水和矿物质的吸收。他认为，水和矿物离子通过相互连接的细胞壁和细胞间隙（包括木质部成分，称为质外体）进入植物根部，或者通过相互连接的原生质系统（不包括液泡，称为共质体）进入植物根部。然而，无论是什么运动，吸收是由中柱（stele）周围的细胞内胚层调节的，这为水和溶质通过细胞壁的自由运动构成了一道屏障。在每个内胚层细胞周围都有一条被称为凯氏带（Casparian strip）的蜡状带，它将根的内部与在其中水和矿物质的运动相对自由的表皮和皮层区域隔离开来。

如果根与土壤（营养）溶液接触，离子将通过横跨表皮的质外体扩散到根，然后穿过皮层而到达内胚层。有些离子通过主动需要呼吸的过程从质外体进入共质体。由于共质体在内胚层中是连续的，所以离子可以自由地进入中柱内的中柱鞘（pericycle，又称周鞘）和其他活细胞（图 2.4）。

2.3.6　水和矿物质的跨细胞膜运动

如果一种物质穿过细胞膜，单位时间内在细胞膜上一定面积内移动的粒子数称为流量（flux）。流量等于膜的渗透性与引起扩散驱动力的乘积。驱动力是由于离子在膜两边的浓度差（化学势）引起的。如果膜外

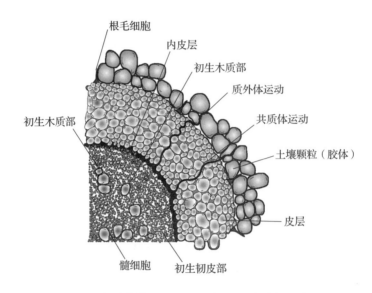

图2.4 根的横截面中水分和养分运动路径示意图

溶质的化学势高于膜内，则向内的输送是被动的。也就是说，植物吸收离子不消耗能量。然而，如果一个细胞在低化学势下积累离子，它必须使用足够的能量来克服化学势差。逆化学势梯度（高至低）运输是主动的，因为这时细胞必须主动代谢才能进行溶质吸收。

当离子被跨膜运输时，驱动力由化学势差和电势差组成。即跨膜存在电化学势梯度。电势差是由盐中的阳离子比相应的阴离子更快地跨膜扩散而产生的。因此，内部相对于外部会变得带正电荷。离子运输是主动的还是被动的取决于电势差和化学势差的作用大小。有时，这两个因素的作用方向是相同的，而在其他情况下它们的作用是相反的。例如，如果电势足够负，则阳离子在细胞内的浓度可能更高，但在细胞部分没有能量消耗的情况下其仍会被动向内运输。另外，与化学势梯度和负电势相逆的阴离子吸收总是一种主动过程。

人们提出了许多理论来解释呼吸作用和主动吸收是如何耦合的，但大多数采纳了载体的机制。例如，当一个离子接触细胞膜的外面时，那么，一旦该离子被附着在细胞膜的某个分子体上时，则可能会发生中和作用。附着在该载体上的离子很容易进行跨膜扩散而被释放到膜的另一边。附着可能需要消耗代谢能，并只能发生在膜的一侧，而释放只能发生在膜的另一侧。离子分离并进入细胞，这样载体可以转移更多的离子（图 2.5）。离子积累的选择性可由载体与不同离子形成特定组合能力的差异来控制。例如，铷（Rb）竞争性地抑制了钾离子的吸收，说明这两种离子使用相同的载体或载体上相同的位点。

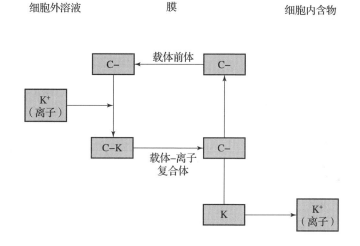

图 2.5　离子通过载体的跨细胞膜运动原理示意图

上述对植物根系吸收矿物质的说明，是为了解释有机园艺和无机园艺的区别。离子和它们的载体之间存在着特定关系而使得它们能够穿过细胞膜进入细胞，这表明无论这些矿物质的来源是有机物还是肥料，但它们的吸收均按照相同的方式进行。构成土壤腐殖质的大型有机化合物不能被植物吸收，而是必须首先被分解成基本的无机元素。它们只能以离子形式与植物细胞膜接触而被积累。因此，有机园艺不可以向植物提供任何不能在水培系统中存在的化合物。土壤有机质的作用是为植物提供无机养分，同时使土壤结构保持在最佳状态，从而使植物能够利用这些矿物质。因此，在不添加有机质的情况下，任意施用大量的肥料会破坏土壤结构，从而使植物得不到充足的矿质元素。这不是肥料的问题，而是土壤管理中肥料施用不当的问题。

■ 2.4 水和营养物质向上运动

水及其中所溶解的矿物质，主要通过植物的木质部向上移动。木质部由数种类型的细胞组成，在植物内部形成导管系统（conduit system）。这种维管组织通常称为脉管（vein），脉管实际上是由木质部和韧皮部组织构成的。韧皮部组织是有机物的主要运输管道。目前，对韧皮部的光合产物运输仍未完全了解。一般认为，水和矿物质从木质部向上移动到光合作用的位点，而光合产物从这个制造源移动到植物的其他部分。

植物体内汁液（sap）的上升是由 Dixon 和 Renner 在他们的共同假说中提出的，他们声称，从土壤中吸收水分和养分进入植物根部的力量来自叶片细胞壁的水分蒸发。结合力是水的固有抗拉力，这是由水分子的内聚力（水分子之间的吸引力）所引起的特性。木质部中水的这种内聚力是由木质部成分的毛细管尺寸决定的，从土壤吸收水分是由负水势所引起，即水分通过向上的蒸发驱动力沿着植物被运输到根细胞和土壤中。

植物的叶片外表面有一层蜡质角质层，以防止水分蒸发造成的水分过度流失（图 2.6）。表皮上的小孔（气孔），尤其是下表皮上的许多小孔，是调节二氧化碳和氧气进出叶片的通道。水蒸气也通过这些小孔。因此，水分损失主要由气孔调节。水从叶脉中的木质部导管进入叶肉细胞，接着进行蒸发，并通过气孔扩散到大气中。蒸腾蒸发所导致的水分损失必须由进入植物根部的水分进行弥补，否则将导致水分胁迫，如果持续下去，将导致植物死亡。在吸收水分的过程中，矿物质被运送到含有叶绿素的细胞（如栅栏薄壁细胞、海绵状叶肉细胞和束鞘细胞），在那里它们通过光合作用被制成食物。

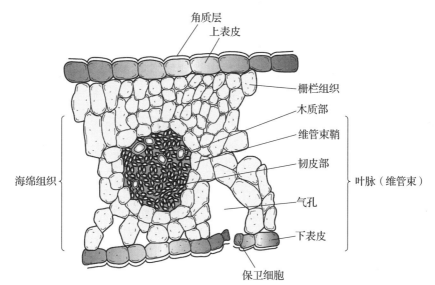

角质层
上表皮
栅栏组织
木质部
维管束鞘
韧皮部
海绵组织
叶脉（维管束）
气孔
下表皮
保卫细胞

图 2.6　典型阔叶植物叶片的横截面示意图

▨ 2.5　植物营养学

如第 1 章所述，水培是通过对植物成分的研究而发展起来的，它促进了对植物必需元素的发现。因此，植物营养是水培的基础。打算采用水培技术的任何人都必须对植物营养具有全面的了解。通过对营养液的调控来管理植物营养是水培成功的关键。

对植物体内营养物质的吸收和运输已经讨论过了，下一个问题是如何使植物保持最佳营养状况。水培法使我们能够做到这一点，但它也存在出错的风险，这可能导致快速缺素或对植物产生其他不利影响。因此，极为重要的是需要在任何时间对植物进行诊断以确定其营养水平，以避免营养胁迫而限制植物生长。

诊断植物营养状况的理想方法是定期对植物叶片组织进行分析，并结合这些试验进行营养液分析。对植物组织和营养液中各必需元素的含量必须进行测定和对比，以便在必要时对营养液进行调整，从而避免潜在的营养问题。当然，这样的计划在时间和劳动力方面较为昂贵，而且在经济上有时并不可行。这些分析可以由专业实验室完成（附录2），但有时结果很慢，以致在收到建议之前就已经发生了作物受损。

对这种实验室分析的替代方法是对植物表现出的营养胁迫症状进行视觉诊断。然而，必须强调的是，一旦该植物出现症状，表明它已经受到了严重的营养胁迫，在采取补救措施后仍需要一段时间才能恢复健康。因此，为了防止植株失去活力，及时并正确地识别营养问题是非常重要的。

关于植物生理学和营养学的进一步研究，请参考 Salisbury 和 Ross（1992）、Epstein 和 Bloom（2005）以及 Gauch（1972）等的工作报道。

2.5.1 营养失调

营养失调是一种植物生理机能的失调，是由于矿物质元素缺乏或过量而导致的生长异常。失调表现分为植物的外部和/或内部症状。营养失调的诊断包括对营养失调的准确描述和鉴别。每一种必需元素的缺乏或过量都会引起明显的植物症状，这些症状可被用来鉴别这种失调。

元素基本上分为可移动元素和不可移动元素，有些元素的移动性会逐渐变化。可移动元素是那些可以重新定位的元素。当营养缺乏症状发生时，它们将从原来的沉积部位（老叶）转移到植物生长活跃的部位（幼叶），因此，最初的症状会出现在植物下部较老的叶片上。可移动元素包括镁、磷、钾、锌和氮。另外，当不可移动元素发生失调时，它们不会被再转移至植物的生长活跃部位，而是滞留在最初沉积的老叶片中。因此，营养缺乏症状首先出现在植物的上部幼叶。不可移动元素包括钙、铁、硫、硼、铜和锰。

尽早发现营养失调是很重要的，因为随着营养失调严重程度的加深，症状会迅速蔓延到整个植物，从而导致大部分植物组织死亡。之后，症状特征如植物组织的萎黄病（发黄）和坏死（褐变）等会变得非常普遍。此外，一种元素的紊乱经常会破坏植物积累其他元素的能力，不久就会导致两种或两种以上的必需元素同时缺乏或过剩。营养缺乏尤其如此。当两种或两种以上的元素同时缺乏时，所表现出来的综合症状可能与特定元素缺乏所表现出来的症状均不相似。在这种情况下，通常不可能从视觉上确定是哪些元素引起了这些症状。

通常一种元素的缺乏会导致对另一种元素吸收的拮抗。例如，缺硼会导致缺钙，而缺钙也可能导致缺钾，反之亦然。不能过分强调对症状表达进行准确而快速鉴定的必要性。将指示作物（indicator crop）与常规作物一起种植往往是有利的。不同植物种类对各种营养失调的敏感性差异很大。例如，如果正在种植番茄，另外种植少量黄瓜和生菜，甚至是一两株杂草，已知它们对营养失调非常敏感，其中黄瓜对硼和钙的缺乏最为敏感。如果出现缺乏情况，黄瓜会在上述番茄等植物出现症状的几天到一周前就出现症状。这样的早期预警使种植者能够调整营养液，以防止番茄中营养元素的缺乏。此外，同一作物中生长较弱的植株会先于生长较强的植物显现出症状。必须采取一切可能的措施，以避免在主要作物中出现营养失调，因为一旦症状显现出来，减产是不可避免的。

一旦发现营养失调，须立即采取补救措施。在水培系统中，第一步是更换营养液。一旦怀疑有营养失调，甚至可在确诊之前就尽快这样做。如果这种失调被诊断为缺乏营养，则可以使用叶面喷雾剂来迅速缓解。然而，注意所使用的浓度不要太高，以免灼伤植物。最好首先在少量植物上试用所被推荐的叶面喷雾剂；然后在处理整体作物前先观察几天实验的效果。可能需要通过调整营养液配方（第3章）来克服失调。如果出现营养缺乏，那么所缺乏的营养水平应被提高至高于正常水平的25%~30%。当植物摆脱了营养不足时，所鉴定出的营养物质的增加量可降低至高于营养缺乏发生时所处水平的10%~15%。根据失调的严重程度、天气条件和元素本身，所采取的调控措施可能需要7~10 d的时间才能产生明显的反应。

如果毒害已经发生，则必须对无土栽培基质单独用水冲洗，以减少该基质中有害物质的残留水平。冲洗可能需要持续一周左右的时间，这也取决于失调的严重程度。然而，在水培中，营养缺乏比毒害更常见。因此，在接下来的症状学（symptomatology）中对营养缺乏进行了重点讨论。

2.5.2 症状学

鉴别营养失调的第一步是使用清晰而准确的术语描述症状。表2.3总结了在症状学中的常用术语。观察失调时，应确定以下几个方面：①植物的哪些部分或器官受到了影响；②是发生在老叶上还是在嫩叶上；③症状是否出现在植物的茎、果实、花朵和/或生长点上；④整株植物的外观如何，是否矮小、畸形或过度分枝；病征性质如何，组织是失绿（黄色）、坏死（褐色）还是畸形。然后，利用表2.3中所给的术语描述失绿、坏死或变形的颜色样式和部位。

表 2.3　用于描述植物症状的术语

术语	现象描述
局部性	症状局限于植被或叶片的一个区域
普遍性	症状不局限于一个区域，而是通常会蔓延到整个植株或叶片
干燥（烧干）	坏死——枯萎、干燥及纸一样的外观
边缘	萎黄病或坏死——最初在叶的边缘；通常随着症状的进展向内传播
脉间萎黄病	只在叶脉间发生萎黄病（变黄）
斑点状阴影	表面不规则的斑点——模糊的光和暗的区域的斑点图案；通常与病毒性疾病有关
斑点	与正常组织相邻有明显边界的褪色区域
叶片背面颜色	通常一种特殊的色彩大部分或完全出现在叶片的下表面，例如，叶片背面缺磷时呈现紫色
卷曲	叶缘或叶尖可能窝成杯状或向上或向下弯曲，如缺铜时叶片边缘卷曲成管状；缺钾时叶片边缘向内卷曲
网纹（网状）	叶片的小脉为绿色，而叶脉间组织为黄色缺锰
组织变脆	叶片、叶柄、茎干缺乏弹性，接触容易折断——缺钙或缺硼
组织变软	叶片非常柔软，容易损坏——氮过量
顶梢枯死	叶片或生长点迅速死亡并干燥——缺硼或缺钙
生长延缓	植株比正常的要矮
细长	茎和叶柄在生长过程中变得非常细弱和多汁

在仔细观察病征之后，应该确定这种失调是否由营养失衡以外的原因引起。其他需要检查的可能失调原因包括昆虫虫害、寄生虫病害、农药药害、污染伤害、水胁迫以及光照和温度伤害。如果使用超过推荐剂量的农药，药害可能会导致植物遭遇灼伤。此外，在温室附近使用2,4 – 二氯苯氧乙酸（2,4 – D）等除草剂可能会导致植物叶片变形，这与烟草花叶病毒（TMV）所引起的症状非常相似。污染可导致叶片组织灼伤或褪色，或叶片产生花斑（针尖大小的变色斑）。对于水分胁迫，无论是水短缺还是水过量，都会导致叶片萎蔫（丧失饱满度）。过强的阳光或过高的温度可能会灼伤和弄干叶片组织，特别是叶缘。

一旦以上因素作为潜在的原因被检查和排除，那么就可能会找到营养失调的原因。一般来说，在水培中，营养失调会同时出现在所有植物上，并向其他植物发展。下一步是利用线索表（表2.4）来鉴别营养失调。关于所有必需元素的缺乏和中毒症状见表2.5。这两个表列出了大多数植物的营养失调症状。由于不同的植物会表现出不同程度的症状，这样在表2.6中列出了番茄和黄瓜的具体症状和补救措施。关于营养失调的进一步研究，请参考 Roorda van Eysinga 和 Smiled（1980）。Sprague（1964）发表了一篇关于植物因矿物质缺乏和毒性而引起的症状综述。

2.5.3　检索表的使用方法

这里给出的检索表是一个二分（dichotomous）表。必须在每条备选路线上做出决定，而最后给出单一的解释。该对营养紊乱的检索表是基于对植物所观察到的精确症状结果，因此其重要性不言而喻。检索表（表2.4）只是为了用于确定矿物质的缺陷而不是毒性所导致的症状。

如表2.4所示，第一个决定涉及对老叶的影响 A 和对上部幼叶的影响 AA。下一步是 B 对 BB 在 A 或 AA 之前的选择。然后，C 对 CC，D

对 DD，依次类推。例如，用该检索表可以发现以下症状：植物的幼叶（上部）失绿，但叶脉为绿色，且没有明显的死斑。顶芽是活的，没有枯萎。较老的（下部）叶片没有任何症状。末端生长区稍细长，有部分花出现败育。由于上部叶片受到影响，所以首选 AA。顶芽是活的，因此，下一个选择是 BB。下一个决定是 C 对 CC。由于失绿存在，但没有萎蔫，因此正确的选择是 CC。D 或 DD 可以根据死斑点的缺乏来选择，最后正确的选择是 DD。在硫 E 和铁 EE 之间的选择有点困难。以硫为例，脉间组织呈浅绿色，而不是缺铁时出现的亮黄色。细茎和败花也表明缺铁胜于缺硫。因此，最后的选择就是缺铁。

表 2.4　矿物质缺乏所导致的症状检索表

症　状	缺乏元素
A. 较老或较低的叶片受到影响	
B. 下叶普遍失绿或干燥，生长缓慢	
C. 失绿过程由浅绿到黄色，由老叶上到新叶。生长受限，细长，老叶脱落	氮（N）
CC. 叶片保持深绿色，生长受限，叶背面具有明显的紫色。下部叶片干枯。根系生长受限制。坐果被延迟	磷（P）
BB. 局部斑点或失绿，或有或无死斑，下部叶片不干枯	
C. 脉间褪绿，绿色叶脉出现斑点。叶缘向上卷曲，出现坏死的斑点，茎纤细	镁（Mg）
CC. 叶片出现斑点或失绿，有坏死组织的斑点	

续表

症　状	缺乏元素
D. 在叶尖以及叶脉之间有小死斑。边缘向下呈杯状，并带有褐斑。生长受限，茎细长，根系不发达	钾（K）
DD. 斑点随处可见并很快扩大到叶脉上，叶片变厚，且茎节间缩短。幼叶，脉间萎黄，出现斑点，向下卷曲	锌（Zn）
E. 老叶出现斑点，叶脉保持淡绿色。叶缘坏死，向上卷曲，叶尖和叶缘有坏死斑点。随着缺乏症的进展，症状扩散到幼叶	钼（Mo）
AA. 症状首先出现在幼叶——生长点	
B. 生长点扭曲，幼叶尖端失绿，而且坏死斑逐渐扩大，从而出现叶缘变褐及顶梢枯死	
C. 生长点不存在脆性组织，幼叶失绿，老叶常绿，茎粗而木质化，生长点坏死，随后顶梢坏死，果实（特别是番茄）会得花端腐病	钙（Ca）
CC. 生长点，包括叶和叶柄为淡绿色到黄色，组织脆弱，常变形或卷曲。由于节间缩短而使顶端丛生。顶芽死亡，新的生长可能出现在较低的叶腋处，但这些吸盘（特别是番茄）表现出失绿、坏死、褐变和易脆等类似症状。内部褐变，药室裂开，番茄果实成熟时有斑点	硼（B）
BB. 生长点活跃，不弯曲，萎蔫或失绿，或有或无死斑，叶脉淡绿色或深绿色	
C. 幼叶萎蔫、萎黄、坏死、生长迟缓、生长顶端倒伏	铜（Cu）
CC. 幼叶不萎蔫，萎黄，或有或无坏死和死斑	
D. 叶脉间褪绿，叶脉保持绿色，呈棋盘状。褪绿区域变为褐色，随后形成坏死组织	锰（Mn）

续表

症　状	缺乏元素
DD. 叶脉间无死斑，组织的失绿可能扩散至叶脉	
E. 叶由淡绿色均匀变黄，叶脉不绿，且生长不良而细弱。茎硬而木质化	硫（S）
EE. 叶脉之间的组织变黄，叶脉呈绿色，最终叶脉失绿。黄色脉间组织变为白色，但无坏死。茎纤细而短。花败落，番茄花丛小，茎细	铁（Fe）

表 2.5　必需元素的缺乏和中毒症状

缺乏元素	症　状
氮（N）	缺乏症状：生长受限，由于缺乏叶绿素，植物通常呈黄色（失绿），特别是老叶片。幼叶保持绿色的时间更长。玉米和番茄的茎、叶柄和下部叶片会变成紫色。 中毒症状：植物通常为深绿色，叶片丰富，但通常根系受限。马铃薯只有小块茎，开花和采收时间可能会被延迟
磷（P）	缺乏症状：植物发育不良，常呈深绿色。可能积累花青素色素。缺乏症状首先出现在较成熟叶片上。植物成熟期被推迟。 中毒症状：无主要症状。有时过量的磷会导致缺铜和锌
钾（K）	缺乏症状：症状首先出现在老叶片上。在双子叶植物中，这些叶片最初是失绿，但很快就会出现散乱的暗色坏死斑（死区）。在许多单子叶植物中，叶尖和叶缘最先死亡。缺钾的玉米茎秆软弱，易倒伏。 中毒症状：通常不会被植物过度吸收。柑橘在高钾水平下会形成粗糙的果实。过量的钾可能会导致缺镁，也可能导致缺锰、锌或铁

缺乏元素	症　状
硫（S）	缺乏症状：不常遇到。一般叶片变黄，通常先在幼叶中出现。 中毒症状：植物生长放缓，且叶片变小。叶片通常无症状或症状定义不清。有时脉间叶片变黄或叶灼烧
镁（Mg）	缺乏症状：脉间叶片萎黄，首先发生在老叶片上。褪绿可能开始于叶缘或叶尖，然后向脉间内发展。 中毒症状：很少有关于视觉症状的报道
钙（Ca）	缺乏症状：芽的发育受到抑制，根尖经常死亡。幼叶在老叶之前受到影响，变得扭曲和弱小，边缘不规则，并有斑点或坏死区域。 中毒症状：无一致的可见症状。通常与过量的碳酸盐有关
铁（Fe）	缺乏症状：脉间缺绿，与缺镁引起的症状相似，但在幼叶上。 中毒症状：在自然条件下通常不明显。在使用喷雾剂后观察到，在使用喷剂的位置处会出现坏死斑
氯（Cl）	缺乏症状：萎蔫的叶子褪绿并坏死，最终变成青铜色。靠近顶端的根变得矮小和加厚。 中毒症状：叶尖或叶缘灼烧。古铜色，变黄，叶脱落，有时发生萎黄病。叶面积减小，生长速率降低
锰（Mn）	缺乏症状：最初的症状通常是脉间褪绿，这取决于种类。之后，会出现坏死病变和叶脱落。叶绿体片层结构紊乱。 中毒症状：有时出现萎黄病，叶绿素分布不均，并缺铁（菠萝）。生长减慢

缺乏元素	症　状
硼（B）	缺乏症状：症状因种类而异。茎和根的顶端分生组织经常死亡。根尖经常肿胀和变色。内部组织有时会解体（或变色）（如甜菜的"心腐烂"）。叶片表现出各种各样的症状，包括变厚、变脆、卷曲、萎蔫和出现黄斑。 中毒症状：叶尖发黄，然后逐渐坏死，开始于叶尖或叶缘，之后逐渐向中脉发展
锌（Zn）	缺乏症状：节间长度和叶片减小。叶片边缘经常扭曲或出现皱折。有时脉间发生萎黄病。 中毒症状：植物体内锌过量常会引起缺铁引起的萎黄病
铜（Cu）	缺乏症状：自然缺乏很罕见。幼叶常变成深绿色，扭曲或畸形，常有坏死的斑点。 中毒症状：生长减弱，之后出现缺铁引起的萎黄病、发育迟缓、分枝减少、变粗、小根异常变暗等症状
钼（Mo）	缺乏症状：通常脉间缺绿首先发生在老叶片或位于茎中部的叶片上，然后发展至最幼小的叶片。有时叶缘烧焦或呈杯状。 中毒症状：少见。番茄的叶片变成金黄色

表 2.6　番茄和黄瓜中的矿物质缺乏及补救措施

元素	症状	
	番茄	黄瓜
可移动元素（症状首先出现在老叶上）		
氮(N)	植株细长： 下部叶片——黄绿色； 严重情况——整株植物呈淡绿色； 主脉——变成紫色； 果实微小	发育迟缓： 下部叶片——黄绿色； 严重情况——整株植物呈淡绿色； 幼叶停止生长： 果实——短、粗、浅绿色并多刺
氮(N)	补救措施： （1）使用 0.25%～0.5% 尿素溶液的叶面喷雾剂； （2）在营养液中加入硝酸钙或硝酸钾	
磷(P)	植株生长受限，茎细弱： 严重情况——叶片小，僵硬，向下弯曲； 叶上表面——蓝绿色； 叶下表面——包括叶脉——紫色； 老叶——黄色有零星的紫色干斑——叶片过早落下	严重情况——幼叶小，僵硬，深绿色老叶和子叶——出现大的水浸斑点，包括叶脉和脉间区域； 受影响的叶片凋谢，斑点变成褐色和变干燥，萎缩，但叶柄除外
磷(P)	补救措施： 在营养液中加入磷酸二氢钾	

元素	症　状	
	番茄	黄瓜
钾（K）	老叶——小叶烧焦，边缘卷曲，脉间萎黄，微小干斑； 中部叶——脉间萎黄，有小的死斑； 植株生长——受到限制，叶片依然很小； 生长后期——萎黄和坏死在叶片上大面积蔓延，也向植株上部蔓延；小叶顶梢枯死； 果实——有斑点，不均匀成熟，出现绿色区域	老叶——边缘变成黄绿色，稍后变成棕色并干枯； 植株生长——发育不良，节间短，叶片小； 生长后期——脉间和边缘萎黄病延伸到叶片中心，也向植株上部发展，叶缘变干，大面积坏死，较大的叶脉保持绿色
	补救措施： （1）使用 2% 硫酸钾叶面喷雾剂； （2）在营养液中加入硫酸钾，或者如果营养液中没有氯化钠，可以在其中加入氯化钾	
镁（Mg）	边缘褪绿向内逐渐发展为脉间褪绿，在萎黄区域有坏死的斑点； 小叶脉——失绿； 严重情况——老叶片死亡，整个植株变黄，果实产量减少	老叶——脉间褪绿从叶缘向内发展，出现坏死斑点； 小叶脉——失绿； 严重情况——症状从老叶子发展到幼叶，整个植株变黄，且老叶枯萎和死亡
	补救措施： （1）叶面喷施：大剂量喷洒时，使用 2% 硫酸镁喷剂或小剂量喷洒时使用 10% 硫酸镁喷剂； （2）在营养液中加入硫酸镁	

续表

元素	症 状	
	番茄	黄瓜
锌(Zn)	老叶和顶端新叶——比正常的小；很少褪绿，但会出现不规则的皱褶褐色斑点，特别是在叶柄（小叶的小叶柄）之上和叶脉之上和之间； 叶柄——向下卷曲，整个叶片卷起来； 严重情况——迅速坏死，整个叶片枯萎	老叶——脉间斑，症状由老叶向幼叶发展，无坏死； 节间——在植物顶部停止生长，导致上部的叶片间隔密集，外观浓密
	补救措施： （1）叶面喷以0.1%~0.5%的硫酸锌溶液； （2）在营养液中加入硫酸锌	
	不可移动元素（首先在幼叶上出现症状）	
钙(Ca)	上部叶片——边缘发黄，下侧变为紫褐色，尤其在边缘处，小叶仍然细小变形，边缘卷曲； 发展到后期阶段——叶尖和边缘枯萎，卷曲的叶柄死亡； 生长点死亡； 老叶——最后褪绿和坏死斑点形成； 果实——花端腐病（在果实的花端像皮革一样腐烂）	上部叶片——边缘和脉间出现白色斑点，边缘脉间褪绿并向内发展； 幼叶（生长点区）——尺寸小，边缘深度切割，向上卷曲，后期从边缘向内收缩，生长点死亡； 植株生长——发育不良，节间短，在接近顶端处尤其如此； 花蕾——败育，最终植株从顶端死亡； 老叶——向下卷曲
	补救措施： （1）在紧急情况下使用0.75%~1.0%硝酸钙溶液的叶面喷剂。还可以用0.4%的氯化钙溶液。 （2）在营养液中加入硝酸钙或者氯化钙（如果不想增加氮的含量），但如果使用氯化钙，要确保营养液中基本上没有氯化钠（如果有的话）	

续表

元素	症　状	
	番茄	黄瓜
硫(S)	上部叶片——僵硬，向下卷曲，最终出现大的不规则坏死斑点，叶片变黄； 茎、叶脉和叶柄——变紫； 老叶和幼叶——尖端和边缘坏死，叶脉间有小的紫色斑点	上部叶片——尺寸小，向下弯曲，由浅绿色到黄色，边缘明显有锯齿； 植株生长——受到限制； 老叶——很少发黄
	补救措施： 在营养液中加入一些硫酸盐。硫酸钾是最安全的，因为植物生长需要大量钾。 注意： 由于在正常的营养配方中会使用足量的钾、镁和其他硫酸盐，因此很少发生缺硫酸盐	
铁(Fe)	止叶——褪绿从叶缘开始，向全叶蔓延，最初最小的叶脉保持绿色，在黄色的叶组织上形成网状的绿色叶脉；叶片最终完全变成淡黄色，但不坏死； 进程——症状开始于止叶，然后逐渐向老叶发展； 生长——植株发育不良而细长，叶比正常的要小； 花——败育	新叶——绿色叶脉图案良好，其间分布有黄色脉间组织，后期褪绿会扩散到叶脉处，且整叶呈现柠檬黄；叶缘处可能发生坏死； 进程——从上向下； 生长——植株生长迟缓而细长； 腋芽和果实——也变为柠檬黄
	补救措施： （1）叶面喷施 0.02%～0.05% 的铁螯合剂（FeEDTA），每 3～4 d 喷一次； （2）将铁螯合剂加入营养液中	

元素	症　状	
	番茄	黄瓜
硼（B）	生长点——枝条生长受限，导致生长点萎蔫和坏死； 上部叶片——脉间褪绿，小叶斑驳，一直很小，向内卷曲，变形，最小的小叶变成褐色而死亡； 中部叶片——橘黄色叶脉； 老叶——黄绿色； 侧梢——生长点死亡； 叶柄——很脆，易被折断，脉管组织被堵	尖端——生长点加上未展开的嫩叶卷曲死亡； 腋芽——枯萎和死亡； 老叶——沿着叶缘开始向上卷曲，变得僵硬，且出现脉间斑驳； 茎尖——停止生长，从而导致发育不良
	补救措施： （1）立即喷洒0.1%~0.25%的硼砂溶液； （2）将硼砂加入营养液中	
铜（Cu）	中幼叶——边缘卷曲成筒状，朝向中脉，无萎蔫或坏死，颜色蓝绿色，止叶小，僵硬，折叠； 叶柄——向下弯曲，使相对的管状小叶彼此朝向对方； 进程——茎生长发育不良——晚期在中脉和较大叶脉附近和其上面具有坏死的斑点	幼叶——仍然小； 植株生长——受限制，短节间，浓密； 老叶——斑点状脉间褪绿； 进程——叶由暗绿色变为古铜色，坏死，整叶枯萎，从老叶到幼叶逐渐变绿
	补救措施： （1）叶面喷以0.1%~0.2%的硫酸铜溶液，并在其中加入0.5%的熟石灰溶液。 （2）在营养液中加入硫酸铜	

元素	症　状	
	番茄	黄瓜
锰（Mn）	中老叶——变白，之后幼叶也会变白，典型的绿色脉纹和脉间区域呈黄色，后期在苍白区域出现小的坏死斑点；缺锰时褪绿不如缺铁严重，也不像缺铁那样局限于幼叶	止叶或幼叶——微黄的脉间杂色，最初连小脉也保持绿色，在黄色背景上形成网状的绿色图案； 　进程——后来除了主脉外，所有的叶脉都变黄，且叶脉之间有凹陷的坏死点； 　嫩枝——发育不良，新叶一直很小； 　老叶——变白并死亡
	补救措施： 　（1）叶面大量喷洒时，采用0.1%硫酸锰喷剂或小剂量喷洒时，采用1%硫酸锰喷剂； 　（2）在营养液中加入硫酸锰	
钼（Mo）	所有叶片——小叶脉间呈淡绿色至淡黄色斑点，边缘向上卷曲形成喷口，最小的叶脉不保持绿色，坏死开始于黄色区域，在顶部小叶的边缘，最后包括整个皱缩的复合叶； 　进程——从较老的叶片到较幼的叶片，但子叶能长时间保持绿色	老叶——凋谢，特别是在叶脉间，之后叶片变成淡绿色，最后变黄而死亡； 　进程——从老叶到幼叶，嫩叶始终保持绿色； 　植株生长——正常，但花朵很小
	补救措施： 　（1）叶面喷以0.07%～0.1%的钼酸铵溶液或钼酸钠溶液； 　（2）在营养液中加入钼酸铵或钼酸钠	

参考文献

［1］ ARNON D I. Inorganic micronutrient requirements of higher plants ［C］//. Proceedings of the 7th International Botanical Congress, Stockholm, 1954.

［2］ ARNON D I. Growth and function as criteria in determining the essential nature of inorganic nutrients ［M］//. TRUOG E. Mineral Nutrition of Plants, Madison, WI: University of Wisconsin Press, 1951: 313 – 341.

［3］ ARNON D I, STOUT P R. The essentiality of certain elements in minute quantity for plants with special reference to copper ［J］. Plant Physiology, 1939, 14: 371 – 375.

［4］ BUCKMAN H O, BRADY N C. The Nature and Properties of Soils ［M］. 9th ed. New York: Macmillan, 1984.

［5］ EPSTEIN E, BLOOM A J. Mineral Nutrition of Plants: Principles and Perspectives ［M］. 2nd ed. Sunderland, MA: Sinauer Associates, 2005.

［6］ GAUCH H G. Inorganic Plant Nutrition ［M］. Stroudsburg, PA: Dowden, Hutchinson and Ross, 1972.

［7］ KRAMER P J. Plant and Soil Water Relationships: A Modern Synthesis ［M］. New York: McGraw – Hill, 1969.

［8］ ROORDA VAN EYSINGA J P N L, SMILDE K W. Nutritional Disorders in Glasshouse Tomatoes, Cucumbers and Lettuce ［M］. Wageningen, The Netherlands: Center for Agricultural Publishing and Documentation, 1980.

［9］ SALISBURY F B, ROSS C. Plant Physiology ［M］. Belmont, CA：
　　　Wadsworth, 1992.

［10］ SPRAGUE H B. Hunger Signs in Crops：A Symposium ［M］. 3rd
　　　ed. New York：David McKay, 1964.

第 3 章
营养液制备方法

■ 3.1　无机盐（肥料）

在水培中，所有必需元素都是通过将盐溶解在水中后形成营养液，而向植物提供养分。所要用到的盐的选择取决于许多因素。首先，必须对化合物提供的离子相对比例与营养配方中所需的离子相对比例进行比较。例如，一个硝酸钾分子（KNO_3）会产生一个钾离子（K^+）和一个硝酸根离子（NO_3^-），而一个硝酸钙分子[$Ca(NO_3)_2$]会产生一个钙离子（Ca^{2+}）和两个硝酸根离子（NO_3^-）。因此，如果在提供足够的硝酸根（阴离子）的同时需要尽量少的阳离子，则应使用硝酸钙。也就是说，满足硝酸盐阴离子需求所需的硝酸钙是硝酸钾的一半。

可用于配制营养液的各种肥料盐具有不同的溶解度（附录4）。溶解度是指盐在溶于水时保持在溶液中的浓度。如果一种盐的溶解度很低，则在水中只有少量的盐能溶于水。在水培中，必须使用溶解度高的肥料盐，因为它们必须保持在溶液中才能供植物利用。例如，钙可以由硝酸钙或硫酸钙提供。然而，硫酸钙比较便宜，但溶解度很低。因此，应该使用硝酸钙来满足全部的钙需求。

在决定使用某种特定肥料时，还需要考虑其成本。一般来说，应该使用温室等级的，其成本略高于标准产品，但纯度和溶解度都会更高。劣质产品中会含有大量的惰性载体（黏土或淤泥颗粒），它们会束缚养分并堵塞其输送管路。普通等级的硝酸钙被散装运往北美，并在北美大陆被进行包装。对于散装运输的硝酸钙，通常会在其表面涂上一层含脂的增塑剂，以防止因吸湿（吸水）而积聚水分。然而，在营养液中使用时，这种含脂的涂层会产生一层厚厚的浮渣，其浮在营养液表面而会堵塞灌溉管道，这就增加了清洗水箱和设备的难度。为了避免这个问题的发生，应该使用特制等级的硝酸钙来配制温室营养液，这种硝酸钙被称为"温室等级"（Greenhouse Grade）。这种等级的硝酸钙被包装在一个绿白相间的袋子中，而不是用于盛装常规等级的红蓝相间或红色袋子中（"Viking Ship"牌）。目前，这个被改称为"YaraLiva"CALCINIT™ Greenhouse Grade 牌，15.5 - 0 - 0。现在的品牌是"Yara"，其上面有"Viking Ship"的标志。

与铵盐相比，硝酸盐可促进植物的营养生长和生殖生长。植物既能吸收阳离子铵根离子（NH_4^+），也能吸收阴离子硝酸根离子（NO_3^-）。铵能被用于合成氨基酸和其他含还原氮的化合物。因此，过量吸收铵会导致营养生长过度，特别是在光照不足的情况下。另外，硝态氮必须在被吸收前先被还原，因此营养生长将因此受到抑制。铵盐可以在夏季的高光强条件下使用，如在光合速率高或者发生缺氮而需要一种快速氮源时，可以采用供给铵盐的方式。不然，在所有其他情况下，都应使用硝酸盐。

部分可被用于水培营养液的盐见表3.1。盐的具体选择将取决于上述因素和市场供应情况。如果要使用干预混料，例如将其添加在锯末、泥炭或蛭石基质中，可以使用一些较难溶的盐，而如果要提前配制营养液，则应使用较易溶的化合物（表3.1中的注）。氯化钾和氯化钙只能被分别用于校正缺钾和缺钙，然而，只有当营养液中存在少量的氯化钠（小于 $50 \sim 100 \ \mu mol \cdot mol^{-1}$）时，才能使用这些方法。因为如果在钠存在的情况下加入氯化物，将会导致植物中毒。

　　这里，强烈建议使用螯合物（铁、锰和锌），因为即使它们存在于溶液中而引起 pH 值发生变化，植物对其也很容易吸收和利用。螯合盐是一种具有可溶性有机成分的盐，矿物元素可以附着在其上，直到被植物根系吸收。其有机成分为乙二胺四乙酸（EDTA）。EDTA 对钙离子有很高的亲和力，而对于钙质基质（如石灰岩和珊瑚沙）则是一种较差的螯合剂。在这种情况下，应该用乙二胺二羟基苯乙酸（EDDHA）来代替。铁可由二乙烯三胺五乙酸（DTPA）的铁盐提供。这种盐被简称为 Fe－DP，含 7% 的铁。美国贝克林下公司（Becker Underwood）生产的"Sprint 330"品牌产品就是一种很好的选择，其中含有 10% 的 DTPA 螯合铁。

■ 3.2　配制完整营养液所需化合物推荐种类

　　首先应该使用可同时提供钙和硝态氮的硝酸钙。除此以外的氮需求量由硝酸钾提供，并且硝酸钾同时还可以提供钾。所有的磷都可以从磷酸二氢钾中获得，而磷酸二氢钾也提供一些钾。剩余的钾需求量可以从硫酸钾中获得，硫酸钾也提供一些硫。剩余的硫来自其他硫酸盐，如硫酸镁，它可以满足镁的需求。

　　微量营养元素可由商品预混料提供。虽然这些材料相对较贵，但能够节省称量混合物中各化合物的大量劳动。

　　业余种植者可能希望使用预混料中的大量元素，但商业种植者应该使用表 3.1 中列出的基本化合物。这是因为，当几百磅的肥料被用机械搅拌机混合时，很难得到均匀的混合物。由于机械搅拌不均匀，因此许多化合物呈粉末状或细颗粒状，并常常会结块。使用这种预混料的经验表明，镁的供应不足，几乎总是缺铁，但锰的供应过量。此外，预混料在应用营养配方时不具灵活性，但这在植物生长的不同阶段以及变化的日照时长下是必要的。这种具备改变营养液配方的能力是优化作物产量所必需的。

表 3.1　用于水培的肥料盐分特性总结

化学式	名称	相对分子质量	提供元素	溶质与水的溶解度比	成本	其 他
ᵃKNO_3	硝酸钾（硝石）	101.1	K^+，NO_3^-	1:4	低	溶解度高，纯度高
ᵃ$Ca(NO_3)_2$	硝酸钙	164.1	Ca^{2+}，$2(NO_3^-)$	1:1	低—中	溶解度高，采用 Greenhouse Grade 品牌
$(NH_4)_2SO_4$	硫酸铵	132.2	$2(NH_4^+)$，SO_4^{2-}	1:2	中	这些铵类化合物只能被在光线良好的情况下使用或被用于校正缺氮
$NH_4H_2PO_4$	磷酸二氢铵	115.0	NH_4^+，$H_2PO_4^-$	1:4	中	
NH_4NO_3	硝酸氢铵	80.05	NH_4^+，NO_3^-	1:1	中	
$(NH_4)_2HPO_4$	磷酸氢二铵	132.1	$2(NH_4^+)$，HPO_4^{2-}	1:2	中	
ᵃKH_2PO_4	磷酸二氢钾	136.1	K^+，$H_2PO_4^-$	1:3	非常昂贵	一种极好的盐，溶解度高，纯度高，但价格昂贵
KCl	氯化钾	74.55	K^+，Cl^-	1:3	昂贵	只适用于缺钾和营养液中不含氯化钠的情况

续表

化学式	名称	相对分子质量	提供元素	溶质与水的溶解度比	成本	其他
[a]K_2SO_4	硫酸钾	174.3	$2K^+$，SO_4^{2-}	1:15	低	溶解度低；现在可得到可溶的等级
$Ca(H_2PO_4)_2$	磷酸二氢钙	252.1	Ca^{2+}，$2(H_2PO_4^-)$	1:60	低	很难得到可溶的等级
$CaH_4(PO_4)_2$	磷酸四氢钙	不固定	Ca^{2+}，$2(PO_4^{2-})$	1:300	低	溶解度极低，适用于干预混合，不适用于营养液
[a]$MgSO_4 \cdot 7H_2O$	七水硫酸镁	246.5	Mg^{2+}，SO_4^{2-}	1:2	低	极好，便宜，溶解度高，纯度高
$CaCl_2 \cdot 2H_2O$	二水氯化钙	147.0	Ca^{2+}，$2Cl^-$	1:1	昂贵	溶解度高，利于克服缺钙，但仅在营养液中不含氯化钠的情况下使用
$CaSO_4 \cdot 2H_2O$	二水硫酸钙	172.2	Ca^{2+}，SO_4^{2-}	1:500	昂贵	溶解度极低，不能被用于营养液
H_3PO_4	磷酸（正磷酸）	98.0	PO_4^{3-}	浓酸溶液	昂贵	能够很好地被用于校正缺磷

续表

化学式	名称	相对分子质量	提供元素	溶质与水的溶解度比	成本	其　他
			微量元素			
$FeSO_4 \cdot 7H_2O$	七水硫酸亚铁（绿矾酸）	278.0	Fe^{2+}，SO_4^{2-}	1：4	—	—
$FeCl_3 \cdot 6H_2O$	六水三氯化铁	270.3	Fe^{3+}，$3Cl^-$	1：2	—	—
[a]FeDTPA	DTPA 铁螯合剂（sprint 330）（10%铁）	468.15	Fe^{2+}	溶解度高	昂贵	铁的最佳来源；溶于热水
[a]FeEDTA	EDTA 铁螯合剂（sequestrene）（10.5%铁）	382.1	Fe^{2+}	溶解度高	昂贵	铁的良好来源；溶于热水
[a]H_3BO_3	硼酸	61.8	B^{3+}	1：20	昂贵	硼的最佳来源；溶于热水
$Na_2B_8O_{13} \cdot 4H_2O$	四水八硼酸二钠（solubor）	412.52	B^{3+}	溶解度较高	廉价	—

续表

化学式	名称	相对分子质量	提供元素	溶质与水的溶解度比	成本	其他
$Na_2B_4O_7 \cdot 10H_2O$	十水四硼酸钠（硼砂）	381.4	B^{3+}	1:25	—	—
[a]$CuSO_4 \cdot 5H_2O$	五水硫酸铜（蓝矾）	249.7	Cu^{2+}，SO_4^{2-}	1:5	廉价	—
[a]$MnSO_4 \cdot 4H_2O$	四水硫酸锰	223.1	Mn^{2+}，SO_4^{2-}	1:2	廉价	—
$MnCl_2 \cdot 4H_2O$	四水氯化锰	197.9	Mn^{2+}，$2Cl^-$	1:2	廉价	—
[a]$ZnSO_4 \cdot 7H_2O$	七水硫酸锌	287.6	Zn^{2+}，SO_4^{2-}	1:3	廉价	—
$ZnCl_2$	无水氯化锌	136.3	Zn^{2+}，$2Cl^-$	1:1.5	廉价	—
$(NH_4)_6Mo_7O_{24}$	钼酸铵	1163.8	NH_4^+，Mo^{6+}	1:2.3 溶解度高	价格适中	—
Na_2MoO_4	钼酸钠	205.92	$2Na^+$，Mo^{6+}	溶解度高	价格适中	—
[a]$ZnEDTA$	EDTA 锌螯合剂	431.6	Zn^{2+}	溶解度高	昂贵	—
[a]$MnEDTA$	EDTA 锰螯合剂	381.2	Mn^{2+}	溶解度高	昂贵	—

[a] 表示溶解度较高的化合物应被用于制备营养液

■ 3.3 肥料的化学分析

肥料袋上的有效氮、磷和钾的含量分别以氮（N）、五氧化二磷（P_2O_5。也叫磷酸酐）和氧化钾（K_2O）的百分比表示。传统上它是用这些成分表示的，而不是单独用 N、P 或 K 的百分比表示。例如，硝酸钾为 13 – 0 – 44，表示 13% 的 N，0 的 P_2O_5，44% 的 K_2O。

营养液中的氮以 N、NH_4^+ 或 NO_3^- 的形式存在；磷是 P 或 PO_4^{3-}，而不是 P_2O_5；钾是 K^+ 而不是 K_2O。因此，每一种情况都需要将 N 转换为 NO_3^-，将 P_2O_5 转换为 P 或 PO_4^{3-}，将 K_2O 转换为 K^+，反之亦然。这种性质的转换可以通过计算每种元素在其化合物中的比例来实现。在表 3.2 中，列出了确定化合物中元素比例的换算系数，反之亦然。它是通过利用相对原子质量和相对分子质量得出的，如下所示：

$$N \quad NO_3$$
$$1 \quad x$$
$$14 \quad 62$$

对其交叉相乘，得到

$$14x = 62$$

因此，有

$$x = \frac{62}{14} = 4.429$$

NO_3^- 中 N 的分数为 N 的相对原子质量（14）除以硝酸 NO_3^+（62）的相对分子质量，即 14/62 = 0.226。在表 3.2 中，这个系数被列在 B 换算为 A 这一栏的第二行。这是因为我们具有硝酸根，并想要知道其中的氮含量。为了确定单位氮所需要的硝酸根数量，以下分数的倒数用来求解"x"。

这是表3.2第二行中A到B的换算系数。如果使用表3.2中所列以外的化合物，则掌握这些换算系数的推导概念将有助于计算其他换算系数。

表 3.2　肥料盐的转换系数

A^a 列	B^a 列	换算系数	
		A 换算为 B	B 换算为 A
氮（N）	NH_3	1.216	0.822
	NO_3^-	4.429	0.226
	KNO_3	7.221	0.138 5
	$Ca(NO_3)_2$	5.861	0.171
	$(NH_4)_2SO_4$	4.721	0.212
	NH_4NO_3	2.857	0.350
	$(NH_4)_2HPO_4$	4.717	0.212
磷（P）	P_2O_5	2.292	0.436
	PO_4^{3-}	3.066	0.326
	KH_2PO_4	4.394	0.228
	$(NH_4)_2HPO_4$	4.255	0.235
	H_3PO_4	3.164	0.316
钾（K）	K_2O	1.205	0.830
	KNO_3	2.586	0.387
	KH_2PO_4	3.481	0.287
	KCl	1.907	0.524
	K_2SO_4	2.229	0.449

续表

A^a 列	B^a 列	换算系数	
		A 换算为 B	B 换算为 A
钙（Ca）	CaO	1.399	0.715
	Ca（NO$_3$）$_2$	4.094	0.244
	CaCl$_2$·2H$_2$O	3.668	0.273
	CaSO$_4$·2H$_2$O	4.296	0.233
镁（Mg）	MgO	1.658	0.603
	MgSO$_4$·7H$_2$O	10.140	0.098 6
硫（S）	H$_2$SO$_4$	3.059	0.327
	（NH$_4$）$_2$SO$_4$	4.124	0.242
	K$_2$SO$_4$	5.437	0.184
	MgSO$_4$·7H$_2$O	7.689	0.130
	CaSO$_4$·2H$_2$O	5.371	0.186
铁（Fe）	FeSO$_4$·7H$_2$O	4.978	0.201
	（10% 铁）（FeEDTA）/（FeDTPA）	10.000	0.100
硼（B）	H$_3$BO$_3$	5.717	0.175
	Na$_2$B$_4$O$_7$·7H$_2$O	8.820	0.113
	Na$_2$B$_8$O$_{13}$·4H$_2$O	4.770	0.210
铜（Cu）	CuSO$_4$·5H$_2$O	3.930	0.254
锰（Mn）	MnSO$_4$·4H$_2$O	4.061	0.246
	MnCl$_2$·4H$_2$O	3.602	0.278
	（5% 液体）Mn（NH$_4$）$_2$EDTA	20.000	0.050
锌（Zn）	ZnSO$_4$·7H$_2$O	4.400	0.227
	ZnCl$_2$	2.085	0.480
	（14% 粉末）ZnEDTA	7.143	0.140
	（9% 液体）ZnEDTA	11.110	0.090

A^a 列	B^a 列	换算系数	
		A 换算为 B	B 换算为 A
钼（Mo）	（NH_4）$_6$$Mo_7$$O_{24}$	1.733	0.577
	Na_2MoO_4	2.146	0.466

注：要将一种元素（A 列）转换为提供该元素的化合物（B 列），应使用 A 到 B 的换算系数。为了确定化合物（B 列）中存在的元素（A 列）的量，将系数 B 乘以 A。这些系数是根据元素的相对原子质量和化合物的相对分子质量从化合物中存在的一种元素的分数得出的。

■ 3.4 肥料杂质

大多数肥料盐分的纯度并非 100%。它们通常含有不提供离子的惰性载体，如黏土、淤泥和沙粒。因此，通常在肥料袋上标有纯度百分比或产品分析保证值。商业肥料纯度百分比见表 3.3。在计算某一特定营养配方的肥料需求量时，必须考虑到这些杂质。许多肥料有别称或常用名称。表 3.4 给出了这些常用名称。

表 3.3 商业肥料的纯度百分比

化合物	纯度/%
磷酸铵（$NH_4H_2PO_4$）（食品级）	98
硫酸铵（（NH_4）$_2$$SO_4$）	94
硝酸铵（NH_4NO_3）（高纯度）	98
硝酸钙（$Ca(NO_3)_2$）	90
氯化钙（$CaCl_2 \cdot 2H_2O$）	77

续表

化合物	纯度/%
硫酸钙（$CaSO_4$）（石膏）	70
磷酸二氢钙（$Ca(H_2PO_4)_2$）（食品级）	92
磷酸二氢钾（KH_2PO_4）	98
硫酸镁（$MgSO_4$）	98
硝酸钾（KNO_3）	95
硫酸钾（K_2SO_4）	90
氯化钾（KCl）	95

注：纯度按规定的公式计算，结晶水不认为是杂质。需要经常检查包装袋上的纯度百分比，因为不同的厂家其纯度可能并不相同。在表 3.2 中，当进行换算系数的计算时已经考虑了结晶水。

表 3.4　营养液中常用化合物的化学名称及其别称

化学名称	别称或常用名称
硝酸钾（KNO_3）	硝石
硝酸钠（$NaNO_3$）	硝石；智利硝石；硝酸钠
磷酸二氢铵（$NH_4H_2PO_4$）	磷 – 铵；磷酸二氢铵
尿素（$CO(NH_2)_2$）	脲；碳酰二胺
硫酸钾（K_2SO_4）	硫酸钾
磷酸二氢钾（KH_2PO_4）	磷酸二氢钾
氯化钾（KCl）	氯化钾
磷酸二氢钙（$Ca(H_2PO_4)_2 \cdot H_2O$）	过磷酸钙（纯度通常为 20%）；重过磷酸钙（纯度通常为 75%）；磷酸二氢钙；磷酸钙
磷酸（H_3PO_4）	商业技术等级为 70%~75% 的磷酸

化学名称	别称或常用名称
硫酸钙（$CaSO_4 \cdot 2H_2O$）	石膏
氯化钙（$CaCl_2 \cdot 2H_2O$）	二水氯化钙。也可用六水合物（$CaCl_2 \cdot 6H_2O$）
硫酸镁（$MgSO_4 \cdot 7H_2O$）	泻盐；硫酸镁泻利盐；镁盐；硫化镁
硫酸亚铁（$FeSO_4 \cdot 7H_2O$）	绿矾；水绿矾；硫酸亚铁；青矾；铁矾
硫酸锌（$ZnSO_4 \cdot 7H_2O$）	皓矾；锌矾；硫酸锌
硼酸（H_3BO_3）	硼酸；原硼酸
硫酸铜（$CuSO_4 \cdot 5H_2O$）	硫酸铜；胆矾；蓝矾；硬黏土

资料来源：Withrow, R. B. and A. P. Withrow（eds）. Nutriculture［M］. Purdue University Agricultural Experiment Station Publication. S. C. 328, Lafayette, IN, USA. 1948.

■ 3.5　营养液配方

营养液配方通常以各必需元素的百万分率（$\mu mol \cdot mol^{-1}$）表示。百万分率是一件物品在另一件物品中的百万分之一。其或许是质量与质量的比值，如 $1\ \mu g \cdot g^{-1}$；或体积与体积的比值，如，$1\ \mu L \cdot L^{-1}$；或质量与体积的比值，如 $1\ mg \cdot L^{-1}$。其求证步骤如下：

$$1\ \mu g \cdot g^{-1} = \frac{1/1\ 000\ 000\ g}{1\ g} = \frac{1\ g}{1\ 000\ 000\ g}$$

$$1\ \mu L \cdot L^{-1} = \frac{1/1\ 000\ 000\ L}{1\ L} = \frac{1\ L}{1\ 000\ 000\ L}$$

$1\ mg \cdot L^{-1}$：

$$1\ mg = \frac{1}{1\ 000}\ g, \quad 1\ L = 1\ 000\ mL$$

因此，有

$$1 \text{ mg} \cdot \text{L}^{-1} = \frac{1/1\,000 \text{ g}}{1\,000 \text{ mL}} = \frac{1 \text{ g}}{1\,000\,000 \text{ mL}}$$

3.5.1　相对原子质量和相对分子质量

在计算营养液配方浓度时，必须分别利用化学元素或化合物的相对原子质量和相对分子质量。相对原子质量表示原子的相对质量，即一种原子的质量与另一种原子的质量的比较。每一种原子的相对原子质量表都是通过建立相对原子质量的相对比例来绘制的。在此过程中，选择一种化学元素作为标准，并与所有其他化学元素进行比较。氧（O）的相对原子质量正好被指定为 16，并且其他所有化学元素都与之相关。表3.5 列出了水培法中常用的化学元素的相对原子质量。

表 3.5　水培法中常用的化学元素的相对原子质量

化学元素名称	化学元素符号	相对原子质量
铝	Al	26.98
硼	B	10.81
钙	Ca	40.08
碳	C	12.01
氯	Cl	35.45
铜	Cu	63.55
氢	H	1.008
铁	Fe	55.85
镁	Mg	24.31
锰	Mn	54.94
钼	Mo	95.94
氮	N	14.01
氧	O	16.00
磷	P	30.97

化学元素名称	化学元素符号	相对原子质量
钾	K	39.10
硒	Se	78.96
硅	Si	28.09
钠	Na	22.99
硫	S	32.07
锌	Zn	65.41

当许多原子结合时，它们形成一个分子，则被用分子式进行表示。例如，水被表示为 H_2O，由两个氢原子（H）和一个氧原子（O）组成。任何化合物的质量都是相对分子质量，即为分子中相对原子质量的总和。水的相对分子质量是 18（有两个氢原子，每个原子的相对原子质量是 1.00，一个氧原子的相对原子质量是 16.0）。水培法中常用肥料的相对分子质量见表 3.1。所有已知化学元素的相对原子质量都在化学教科书的元素周期表中被列出。

以下例子将阐明相对原子质量和相对分子质量在营养液配方计算中的应用（表 3.6）。

表 3.6 营养液配方计算示例

硝酸钙——$Ca(NO_3)_2$	
相对原子质量	相对分子质量
Ca = 40.08	Ca = 40.08
N = 14.008	2N = 28.016
O = 16.00	6O = 96.0
	总 = 164.096

注：硝酸钙中有 2 个氮原子和 6 个氧原子。

3.5.2　营养液配方计算

如果一种营养液配方需要 200 μmol·mol^{-1}的 Ca（200 mg·L^{-1}），那么需要在每升水中加入 200 mg 的 Ca。在 164 mg 的 Ca(NO$_3$)$_2$中，有 40 mg 的 Ca［利用 Ca 相对原子质量和 Ca(NO$_3$)$_2$相对分子质量来确定 Ca(NO$_3$)$_2$中 Ca 的比例——假设 Ca(NO$_3$)$_2$的纯度100%］。第一步是计算需要多少 Ca(NO$_3$)$_2$才能获得 200 mg 的 Ca，具体设置比例如下：

$$164 \text{ mg Ca(NO}_3)_2 \text{包含 40 mg Ca}$$

$$x \text{ mg Ca(NO}_3)_2 \text{包含 200 mg Ca}$$

$$\frac{\text{Ca}}{\text{Ca(NO}_3)_2} \text{比例为} \frac{40}{164} = \frac{200}{x}$$

解得

$$40x = 200 \times 164 \text{（交叉相乘）}$$

$$x = 200 \times \frac{164}{40} = 820$$

因此，820 mg 的 Ca(NO$_3$)$_2$将产生 200 mg 的 Ca。如果将 820 mg 的 Ca(NO$_3$)$_2$在 1 L 的水中溶解，则生成的溶液中 Ca 的浓度为 200 μmol·mol^{-1}（200 mg·L^{-1}）。

然而，这里假设 Ca(NO$_3$)$_2$的纯度是 100%。如果不是这样，那么通常情况下就需要添加更多肥料来弥补杂质。例如，如果 Ca(NO$_3$)$_2$纯度为 90%，则需要添加该化合物的量为

$$\frac{100}{90} \times 820 = 911 (\text{mg})$$

因此，在 1 L 水中，911 mg 的 Ca(NO$_3$)$_2$将产生 200 μmol·mol^{-1}的 Ca。当然，在大多数情况下，所需要的营养液体积都会大于 1 L。第二步是计算给定营养液体积所需要的肥料量。

用公制毫克每升（mg·L^{-1}）计算出一种化合物的用量，如有必要，再将其换算成美制磅每加仑（1 b·gal^{-1}）。

第一步，把营养液储箱的容积从加仑换算成升（L）。为此，请注意英制加仑（UKgal）和美制加仑（USgal）之间存在以下差异：

$$1 \text{ USgal} = 3.785 \text{ L}$$

$$1 \text{ UKgal} = 4.545 \text{ 9 L,}$$

即

$$100 \text{ USgal} = 378.5 \text{ L}$$

$$100 \text{ UKgal} = 454.6 \text{ L}$$

利用以下问题的解决方案来演示这些转换的具体方法。假设在一个 300 USgal 的营养液储箱中需要 200 μmol·mol^{-1}的 Ca 浓度，那么，将 300 USgal 换算成公制则为

$$300 \text{ USgal} = 300 \times 3.785 \text{ L} = 1 \text{ 135.5 L}$$

如果每升水需要 911 mg Ca(NO$_3$)$_2$，则 300 USgal 所需要的量：

$$911 \text{ mg} \times 1 \text{ 135.5 L} = 1 \text{ 034 440.5 mg}$$

要换算成 g，就要除以 1 000，即 1 000 mg = 1 g：

$$\frac{1 \text{ 034 440 mg}}{1 \text{ 000 mg}} = 1 \text{ 034.44 g}$$

现在，用 kg 除以 1 000，得到 1 000 g = 1 kg：

$$\frac{1 \text{ 034.4 g}}{1 \text{ 000 g}} = 1.034 \text{ 4 kg}$$

第二步，用美制磅（lb，下同）来计算，可以用 1 lb = 454 g，也可以用 1 kg = 2.204 6 lb，则

$$\frac{1 \text{ 034.4 g}}{454 \text{ g}} \approx 2.278 \text{ lb} \approx 2.28 \text{ lb}$$

$$1.034 \text{ kg} \times 2.204 \text{ 6} \approx 2.28 \text{ lb}$$

根据 1 lb = 16 oz（盎司），将磅转换成盎司。2.28 lb 可分解为 2 lb +（0.28 × 16 = 4.5 oz），因此所需质量为 2 lb 4.5 oz。

虽然换算成 lb 对于较大的重量来说是足够精确的，但是为了更加精确，对于任何低于 1 lb 的质量都应该用克来表示。适用于 1 lb 以下称重的克秤是精确到 0.1 g 的三梁天平。

通常情况下，所使用的化合物包含一种以上的必需元素，第三步则是确定在满足第一种必需元素的需求量时添加了多少其他元素。硝酸钙同时含有钙和氮，因此，第三步是在满足钙需求量的情况下，计算氮的添加量。

这应该使用 $\mu mol \cdot mol^{-1}$ 的概念来进行，这样就可以对这种元素进行调整。将硝酸钙中氮的比例乘以按这个比例所要使用的硝酸钙的量进行计算。对杂质调整前，应使用的硝酸钙量应是 820 mg，而不是 911 mg，具体如下：

$$\frac{2(14)}{164} \times 820 \ mg \cdot L^{-1} = 140 \ mg \cdot L^{-1}（\mu mol \cdot mol^{-1}）$$

综上所述，820 $mg \cdot L^{-1}$ 的硝酸钙将产生 200 $mg \cdot L^{-1}$ 的钙和 140 $mg \cdot L^{-1}$ 的氮（假设 100% 纯度）。此外，以一个 300 USgal 的容器为例，2 lb 4.5 oz（1 034 g）的硝酸钙在营养液储箱中提供 200 $\mu mol \cdot mol^{-1}$ 的钙和 140 $\mu mol \cdot mol^{-1}$ 的氮。

利用表 3.2 中的换算系数，可以简化计算。不需要使用相对原子质量和相对分子质量及其分数，因为表 3.2 的换算系数就是如前所述这样得出的。

回到第一步，确定提供 200 $\mu mol \cdot mol^{-1}$（mg/L）的钙所需的硝酸钙量，使用表 3.2 中的换算系数。要从 $Ca(NO_3)_2$ 中得到 200 $\mu mol \cdot mol^{-1}$ 的 Ca 采用 A 到 B 的换算系数为 4.094，从而得出所需要的硝酸钙含量：

$$200 \times 4.094 = 819 \ \text{mg} \cdot \text{L}^{-1}$$

需要注意的是，这个值与之前的值（820 mg·L^{-1}）之间略有差别。不过，这个微小的差异对于我们的目的来说微不足道。

同样，819 mg·L^{-1}的硝酸钙中氮的含量可以通过表3.2 中0.171 的 B 到 A 换算系数来计算：

$$0.171 \times 819 \ \text{mg} \cdot \text{L}^{-1} \approx 140 \ \text{mg} \cdot \text{L}^{-1} (\mu\text{mol} \cdot \text{mol}^{-1})$$

第四步是计算从另一来源所需的第二种元素的额外量。例如，如果营养液配方要求含氮量为 150 μmol·mol^{-1}，则氮的额外需求量为

$$150 - 140 = 10 \ \mu\text{mol} \cdot \text{mol}^{-1}$$

这可以从 KNO_3 获得。那么使用表 3.2 中的 A 到 B 换算系数（7.221）来提供 10 μmol·mol^{-1}的 N 所需要的 KNO_3 的含量为

$$7.221 \times 10 = 72.21 \ \text{mg} \cdot \text{L}^{-1}$$

由于 KNO_3 也含有 K，因此必须使用 0.387 的 B 到 A 换算系数（表 3.2）来计算钾的含量：

$$0.387 \times 72.21 \ \text{mg} \cdot \text{L}^{-1} \approx 28 \ \text{mg} \cdot \text{L}^{-1} (\mu\text{mol} \cdot \text{mol}^{-1})$$

为了确定为一个 300 USgal 的营养液储箱提供 10 μmol·mol^{-1}的 N 所需要的 KNO_3 量，需要进行以下计算。

（1）根据表3.3（纯度95%），考虑杂质所需的 KNO_3 含量为

$$\frac{100}{95} \times 72.21 \ \text{mg} \cdot \text{L}^{-1} \approx 76 \ \text{mg} \cdot \text{L}^{-1}$$

（2）300 USgal 的营养液储箱容积为

$$300 \times 3.785 \ \text{L} = 1\,135.5 \ \text{L}$$

（3）因此，KNO_3 的需求量为

$$1\,135.5 \ \text{L} \times \frac{76 \ \text{mg}}{1\,000 \ \text{mL}} \approx 86.3 \ \text{g}$$

当该质量低于 1 lb 时其单位可为 g，也可被换算为 oz。

（4）因为 1 oz = 28.35 g，所以所需的盎司量为

$$\frac{86.3\ g}{28.35\ g/oz} \approx 3.0\ oz$$

需要注意的是，以 g 为单位的计量比以 oz 为单位的计量更准确。计算针对所有必需元素都可被连续进行。对各种肥料盐分的种类和数量必须加以控制，直至达到所需要的配方值。

在某些情况下，如果使用一种含有两种或两种以上必需元素的化合物来满足一种元素的要求，但另一种元素的浓度超过了所需的水平，就会出现问题。如果营养液配方需要 300 μmol·mol^{-1} 的 Ca 和 150 μmol·mol^{-1} 的 N，则硝酸钙提供的钙被计算如下。

（1）所需硝酸钙的量（使用表 3.2 中所列的换算系数）：

300 μmol·mol^{-1}（mg·L^{-1}）× 4.094 ≈ 1 228 mg·L^{-1}

（2）N 的添加量：

1 228 mg·L^{-1} × 0.171 ≈ 210 mg·L^{-1}（μmol·mol^{-1}）

这比配方中建议的 150 μmol·mol^{-1} 的 N 多出了 60 μmol·mol^{-1}。因此，N 的水平将决定 Ca(NO$_3$)$_2$ 作为 Ca 来源的数量。对前面的步骤必须使用 150 μmol·mol^{-1} N 的限值重新进行计算：

（1）所需硝酸钙的量（使用表 3.2 中所列的转换系数）：

150 μmol·mol^{-1}（mg·L^{-1}）× 5.861 ≈ 879 mg·L^{-1}

（2）Ca 的添加量：

879 mg·L^{-1} × 0.244 ≈ 214 mg·L^{-1}（μmol·mol^{-1}）

如果 Ca 的推荐浓度为 300 μmol·mol^{-1}，则（300 − 214）= 86 μmol·mol^{-1} 的 Ca 必须由硝酸钙以外的来源提供。由于硫酸钙（CaSO$_4$）是非常难溶的，因此唯一的选择是使用氯化钙（CaCl$_2$·

$2H_2O$），但要注意其中的结晶水。在计算表3.2中所列的转换系数时已经考虑到这一点：

$$86 \ \mu mol \cdot mol^{-1}(mg \cdot L^{-1}) \times 3.668 \approx 315 \ mg \cdot L^{-1}$$

（3）氯（Cl）的添加量（在表3.2中未列出氯化钙转化为Cl的系数，所以必须使用相对原子质量分数）：

$$\frac{氯的相对原子质量}{氯化钙的相对分子质量} \times 315 \ mg \cdot L^{-1}$$

$$\frac{2 \times (35.5)}{147} \times 315 \approx 152 \ mg^{-1} \cdot L(\mu mol \cdot mol^{-1})Cl$$

只要使用的原水和其他肥料中的钠含量不超过100～150 $\mu mol \cdot mol^{-1}$，那么这种水平的氯化物对植物来说是可以承受的。

一旦确定了营养配方中每种化合物的质量，就可以很容易地通过使用比例来计算其变化。这些使用比例的变化值允许调整储箱的容积和任何元素的浓度。例如，要计算在500 USgal的容器中提供200 $\mu mol \cdot mol^{-1}$ 的Ca所需硝酸钙的量，而不是前面示例中使用的原始300 USgal的容器，只需使用下面这个比例即可：

$$\frac{500(USgal)}{300(USgal)} \times 1 \ 034.4 \ g \ Ca(NO_3)_2 = 1 \ 724 \ g \ Ca(NO_3)_2$$

或

$$\frac{500}{300} \times 2.28 \ lb = 3.8 \ lb$$

$$= 3 \ lb + (0.8 \times 16 \ oz)$$

$$= 3 \ lb \ 12.8 \ oz \ Ca(NO_3)_2$$

通常需要根据天气变化、植物生长阶段或由植物症状及营养与组织分析所显示的缺乏或毒害存在时，来改变个别元素的水平。例如，要在相同的储箱容积（300 USgal）中将Ca的浓度从200 $\mu mol \cdot mol^{-1}$ 更改为

175 μmol · mol^{-1}:

$$\frac{175 \ μmol \cdot mol^{-1} \ Ca}{200 \ μmol \cdot mol^{-1} \ Ca} \times 1\ 034.4 \ g = 905 \ g \ Ca(NO_3)_2$$

或

$$\frac{175}{200} \times 2.28 \ lb = 1.995 \ lb \ （约等于 2.0 \ lb）$$

需要记住的是，这也会影响含有一种以上必需元素的化合物中其他元素的含量。氮含量的变化为：

$$\frac{175}{200} \times 140 \ μmol \cdot mol^{-1} \ N = 122.5 \ μmol \cdot mol^{-1} \ N$$

3.5.3　化肥化学替代品的计算

在世界上的某些地区，可能无法获得一些基本的肥料。在这种情况下，就有必要用其他现有的化学药品来提供所需的必要元素。关于这种替换的计算方法如下。

（1）用氢氧化钾（KOH）和磷酸（H_3PO_4）分别代替磷酸氢二铵（NH_4）$_2HPO_4$ 或磷酸二氢钾（KH_2PO_4），以分别供应 P 和部分 K。

注意，必须使用氢氧化钾中和磷酸的强酸性，反应式如下：

$$H_3PO_4 + KOH \rightarrow K^+ + OH^- + 3H^+ + PO_4^{3-}$$
$$\rightarrow K^+ + PO_4^{3-} + H_2O + 2H^+$$

H_3PO_4 的相对分子质量 $= M_{H_3PO_4} = 97.99$

需要量：H_3PO_4 中的 60 μmol · mol^{-1}的 P：

$$60 \times 3.164（表 3.2）= 189.8 \ mg \cdot L^{-1}$$

中和反应式如下：

$$\begin{array}{ccc} 189.8 & & x \\ H_3PO_4 & + & KOH \\ 97.99 & & 56.108 \end{array}$$

解得 x：

$$x = \frac{189.8 \times 56.108}{97.99} = 108.7 \text{ mg} \cdot \text{L}^{-1}$$

因此，有

$$\text{K 含量} = \frac{189.8 \times 56.108}{97.99} = 108.7 \text{ mg} \cdot \text{L}^{-1}$$

然而，磷酸是一种液体，因此，必须将其需求量换算成体积。为此，必须使用密度 D。密度是重量与体积之比（$D = W/V$）。磷酸的密度为 1.834（附录 4）。体积可以通过下式计算：

$$D = \frac{W}{V} \text{ 或 } V = \frac{W}{D}, \text{ 则 } V = \frac{189.8}{1.834} = 103.5 \text{ μL} \cdot \text{L}^{-1}$$

（2）用硝酸（HNO_3）和碳酸钙（$CaCO_3$）代替硝酸钙，以提供（Ca）和氮（N）。注意，必须使用硝酸钙来中和硝酸的强酸性。向碳酸钙中加入硝酸，直到所有的固体溶解。可用稀硝酸，但这样会需要更多的时间来溶解碳酸钙。其反应式如下：

$$CaCO_3 + HNO_3 \rightarrow Ca^{2+} + NO_3^- + H^+ + CO_3^{2-}$$

$$\rightarrow Ca^{2+} + NO_3^- + HCO_3^-$$

$$CaCO_3 = M_{CaCO_3} = 100.1$$

配制 150 $\text{μmol} \cdot \text{mol}^{-1}$ 的 Ca 所需的碳酸钙含量：

$$150 \times \frac{100.1}{40.08} = 374.6 \text{ mg} \cdot \text{L}^{-1}$$

$$2HNO_3 = M_{HNO_3} = 63.016 \times 2 = 126.03$$

反应式如下：

$$\begin{array}{cc} 100.1 & 126.03 \\ CaCO_3 & + \quad 2HNO_3 \\ 374.6 & x \end{array}$$

解得 x：

$$x = \frac{374.6 \times 126.03}{100.1} = 471.6 \ mg \cdot L^{-1}$$

因此，有

$$N \ 含量 = 471.6 \times \frac{14}{63.016} = 105 \ mg \cdot L^{-1}$$

由于 HNO_3 是液体，必须将其需求量换算成体积：

$$D = 1.5027$$

$$D = \frac{W}{V} 或 V = \frac{W}{D}，则 \ V = \frac{W}{D} = \frac{471.6}{1.5027} = 313.8 \ \mu L \cdot L^{-1}$$

通常，HNO_3 纯度不是 100%，因此对其必须根据纯度百分比进行调整。

可以得出，375 $mg \cdot L^{-1}$ 的 $CaCO_3$ 和 314 $\mu L \cdot L^{-1}$ 的 HNO_3 能够分别提供 150 $\mu mol \cdot mol^{-1}$ 的 Ca 和 104 $\mu mol \cdot mol^{-1}$ 的 N。

（3）用硝酸（HNO_3）和氢氧化钾（KOH）代替硝酸钾（KNO_3）。注意，必须使用氢氧化钾来中和硝酸的强酸性，反应式如下：

$$KOH + HNO_3 \rightarrow K^+ + NO_3^- + H_2O$$

在配方中所需要 K 的量为 10 $\mu mol \cdot mol^{-1}$。为了中和磷酸而获得磷，会从氢氧化钾获得 76 $\mu mol \cdot mol^{-1}$ 的钾，但仍需要钾的量为

$$150 - 76 = 74 \ \mu mol \cdot mol^{-1} \ K$$

KOH：

$$74 \times \frac{56.108}{39.1} = 106 \ mg \cdot L^{-1}$$

HNO_3：

$$\begin{array}{cc} 56.108 & 63.016 \\ KOH \ + & HNO_3 \\ 106 & x \end{array}$$

$$x = \frac{106 \times 63.016}{56.108} = 119 \ mg \cdot L^{-1}$$

$$N \ 含量 = 119 \times \frac{14}{63.016} = 26.4 \ mg \cdot L^{-1}$$

由于硝酸是液体，所以必须将其需求量换算成体积：

$$D = 1.5027$$

$$D = \frac{W}{V} 或 V = \frac{W}{D}，则 V = \frac{W}{D} = \frac{119.0}{1.5027} = 79.2 \ \mu L \cdot L^{-1}$$

即 106 mg · L^{-1} 的 KOH 和 79.2 μL · L^{-1} 的 HNO_3 能够提供 74 μmol · mol^{-1} 的 K 和 26 μmol · mol^{-1} 的 N。

（4）制备 FeEDTA 螯合物。目标是制备含有 10 000 mg · L^{-1}（μmol · mol^{-1}）（1% 的 Fe）螯合铁的 200 kg 母液（stock solution）。

①将 10.4 kg EDTA（酸）溶于含有 16 kg KOH 的 114 L 水中。如果 KOH 纯度不是 100%，则应相应地调整 KOH 的使用量。一开始不要把所有的 KOH 都加入溶液中，以将 pH 值保持在 5.5。当 pH 值超过 5.5 时，加入 10% 硝酸（HNO_3）溶液以降低 pH 值。如果 pH 值大大低于 5.5 时，将溶于水的 KOH 加入溶液中，并缓慢搅拌，直到 pH 值达到 5.5。

②在 64 L 热水中单独溶解 10 kg 硫酸亚铁（$FeSO_4$）。向 pH 值为 5.5 的 EDTA/KOH 溶液中缓慢加入硫酸亚铁溶液。如果 pH 值低于 5.0，则加入若干 KOH 溶液，并同时用力搅拌。每次添加 KOH 溶液时，都会发生氢氧化亚铁（$Fe(OH)_2$）的沉淀。当对 pH 值本身进行调节时，氢氧化亚铁会再溶解，但当母液的 pH 接近 5.5 时，其再溶解的速率会变慢。

③将所有 $FeSO_4$ 溶液和 KOH 溶液加入 EDTA/ KOH 溶液后，称量最终的溶液，并加入水调节体积，直到最终的溶液质量达到 200 kg。

例如，在 30 000 L 的水中制备 5 μmol·mol⁻¹ 的 Fe，其方法如下：

①母液中含有 10 000 mg·L⁻¹ 的 Fe；

②在营养液中需要 5 mg·L⁻¹（μmol·mol⁻¹）的 Fe；

③因此，在 30 000 L 的水中，需要 30 000 × 5 = 150 000 mg 或 150 g 铁；

④因此，如果 FeEDTA 母液含有 10 000 mg·L⁻¹ 或 10 g·L⁻¹ 的 Fe，那么对于 150 g Fe，就需要 150/10 = 15 L 的 FeEDTA 母液。

注：化合物的密度应该从生产厂家处获得，因为不同来源之间会有差异。附录 4 给出了溶解度和密度的总表。

3.5.4　营养液配方调整

由于在作物生长过程中必须经常对营养成分进行调整，因此有必要了解第 3.5.3 小节中所介绍的计算和转换过程。人们提出了许多针对某一特定作物的"最佳营养液配方"推导的主张。但是，这些说法往往没有得到证实，也无法得到支持，因为"最佳营养液配方"的制定取决于太多变量，而这些变量是无法控制的。"最佳营养液配方"取决于以下变量。

（1）植物种类和品种。

（2）植物生长阶段。

（3）作物所被收获的部分（根、茎、叶、果实）。

（4）季节：日长。

（5）天气：温度、光强、日照时间。

不同作物种类和品种对养分的需求不同，特别是氮、磷、钾等。例如，生菜和叶菜类蔬菜比番茄和黄瓜对氮的需求量更大，而番茄和黄瓜比叶菜类作物需要更多的磷、钾和钙。

例如，Ulises Durany（1982）指出，相较于叶菜类作物（N 含量 =

140 μmol·mol⁻¹），对于果实类作物，应将氮含量保持在较低水平（N含量 = 80 ~ 90 μmol·mol⁻¹）。对于根茎类作物，K 含量应该更高（K含量 = 300 μmol·mol⁻¹）。另外，相对较低的 K 含量（K 含量 = 150 μmol·mol⁻¹）有利于生菜包心，因此可以增加质量。

各种元素的比例必须根据植物的种类、生育期、发育阶段以及气候条件，特别是光照强度和持续时间而有所不同。当一种高钾：氮比的营养液配方被用在番茄和辣椒上时，植株的上部会有更短更小的叶片；在一些番茄品种中，这可能会导致青头（greenshoulder）和日灼病，并可能使果实更容易得脐腐病（BER）。

在辣椒中，植株顶部叶片生长放慢而使果实很容易得日灼病。也就是说，果实由于没有上部叶片的遮挡而被直接暴露在植物顶部的阳光下，因此被加热到足以引起烧伤的温度。据报道，没有上部叶片的遮阴，番茄果实表面的温度会超过 38 ℃（100 ℉）。辣椒果实的发育尤其会受到植株顶部高光照强度的影响。使植物处于更营养的状态以形成大的冠层会将保护果实免受阳光直射。自动遮阳系统将直射光减少 35% ~ 40%，这将有助于减少晒伤，但是，植物仍然需要在顶部保持旺盛的生长，以克服这对果实的影响和随后的产量损失。

营养液配方一般被分为几个不同的水平，以便在植物生长的不同阶段加以使用。番茄、黄瓜和辣椒的配方通常由 A、B 和 C 三种等级组成。这些等级的大量元素基本保持不变，主要是对微量元素进行一些小的调整。在过去，这三种等级在一定程度上被简化为：配方 A 约为 C 的 1/3，B 约为 C 的 2/3。然而，随着对温室作物的种植经验越来越丰富，对大量元素的调整也越来越具体，因此未必要遵循上述的简化规则。这些调整措施也将随着地点、气候和栽培方式（水培系统）等的变化而变化。

对于生长在北部温带气候温室中的番茄，其配方可以分为以下三个阶段：①播种和幼苗早期发育（第一阶段）；②定植到生长系统和早期生长（第二阶段）；③生产、整枝与修剪（第三阶段）。在黄瓜栽培过程中，根据果实的发育和位置配方可以分为三个不同的阶段。第一阶段是从播种到首批黄瓜生长到 10.2～12.7 cm 高，即处于第 7 节至第 8 节而最高不超过第 10 节位置的时期，这要取决于允许植物长出较大下部叶片的光照条件。第二阶段是第 5 个至第 6 个茎果生产期。第三阶段是在收获所有的茎果之后，而侧枝的果实开始发育及其之后的时期。

在表 3.7 中，列出了多年来不同研究人员和规模化种植者得出的一些标准营养液配方。

对于叶菜类蔬菜，可以使用两级营养液配方。第一级（大约是最后一级的一半）被使用植株为 3～4 周龄，然后使用第二级（全强度）营养液配方。一般而言，叶菜类植物能耐受较高的氮含量，因为氮能促进营养生长。然而，果实类植物应具有较低的氮含量与较高的磷、钾和钙含量。植物在强光下比在弱光下会消耗更多的氮。

高钾含量在秋季和初冬能够改善果实的质量。钾：氮比很重要，应随气候的变化而变化。植物在阳光充足的长日照夏季，与在阳光不足的短日照冬季相比，需要的氮较多而需要的钾较少。因此，通常的做法是在冬季将钾：氮的比例提高 1 倍。否则，如果在冬季使用夏季营养液配方时，则冬季的生长会更为困难。Ulises Durany（1982）建议，对于番茄在初始营养阶段的发育，N：K 的比例应该是 1：5（如 80 μmol · mol^{-1} 的 N：400 μmol · mol^{-1} 的 K）；在开花及坐果期，N：K 的比例应为 1：3（如 110 μmol · mol^{-1} 的 N：330 μmol · mol^{-1} 的 K）；在果实成熟期；N：K 的比例应为 1：1.5（如 140 μmol · mol^{-1} 的 N：210 μmol · mol^{-1} 的 K）。这可以通过利用硝酸钾和硝酸钙与硫酸钾的混合物来实现。

表 3.7　营养液组成

单位：μmol·mol⁻¹

来源	pH	Ca	Mg	Na	K	NH_4^+-N	NO_3^--N	$PO_4^{3-}-P$	$SO_4^{2-}-S$	Cl	Fe	Mn	Cu	Zn	B	Mo
Knopp(1865)	—	244	24	—	168	—	206	57	32	—	na[b]	—	—	—	—	—
Shive(1915)	—	208	484	—	562	—	148	448	640	—	na[b]	—	—	—	—	—
Hoagland(1919)	6.8	200	99	12	284	—	158	44	125	18	na[b]	—	—	—	—	—
Jones&Shive(1921)	—	292	172	—	102	39	204	65	227	—	0.8	—	—	—	—	—
Rothamsted	6.2	116	48	—	593	—	139	117	157	17	8	0.25	—	—	0.2	—
Hoagland&Snyder(1933,1938)	—	200	48	—	234	—	210	31	64	—	na[b]	0.1	0.014	0.01	0.1	0.016
Hoagland&Arnon(1938)	—	160	48	—	234	14	196	31	64	—	0.6[a]	0.5	0.02	0.05	0.5	0.01
LongAshtonSoln	5.5~6.0	134~300	36	30	130~295	—	140~284	41	48	3.5	5.6或2.8	0.55	0.064	0.065	0.5	0.05
Eaton(1931)	—	240	72	—	117	—	168	93	96	—	0.8	0.5	—	—	1	—
Shive&Robbins(1942)	—	60	53	92	117	—	56	46	70	107	na[b]	0.15	—	0.15	0.1	—
Robbins(1946)	—	200	48	—	195	—	196	31	64	—	0.5	0.25	0.02	0.25	0.25	0.01
White(1943)	4.8	50	72	70	65	—	47	4	140	31	1.0	1.67	0.005	0.59	0.26	0.001
Duclos(1957)	5~6	136	72	—	234	—	210	27	32	—	3	0.25	0.15	0.25	0.4	2.5
Tumanov(1960)	6~7	300~500	50	—	150	—	100~150	80~100	64	4	2	0.5	0.05	0.1	0.5	0.02
A. J. Abbott	6.5	210	50	—	200	—	150	60	147	—	5.6	0.55	0.064	0.065	0.5	0.05

续表

来 源		pH	Ca	Mg	Na	K	NH_4^+-N	NO_3^--N	$PO_4^{3-}-P$	$SO_4^{2-}-S$	Cl	Fe	Mn	Cu	Zn	B	Mo
E. B. Kidson		5.5	340	54	35	234	—	208	57	114	75	2	0.25	0.05	0.05	0.5	0.1
Purdue(1948)	A	—	200	96	—	390	28	70	63	607	—	2.0	0.3	0.02	0.05	0.5	—
	B	—	200	96	—	390	28	140	63	447	—	1.0	0.3	0.02	0.05	0.5	—
	C	—	120	96	—	390	14	224	63	64	—	1.0	0.3	0.02	0.05	0.5	—
Schwartz(以色列)		—	124	43	—	312	—	98	93	160	—	—	—	—	—	—	—
Schwartz(美国加利福尼亚州)		—	160	48	—	234	15	196	31	64	—	—	—	—	—	—	—
Schwartz(美国新泽西州)		—	180	55	—	90	20	126	71	96	—	—	—	—	—	—	—
Schwartz(南非)		—	320	50	—	300	—	200	65	—	—	—	—	—	—	—	—
加拿大不列颠哥伦比亚省萨尼奇顿加拿大大坝协会	A	—	131	22	—	209	33	93	36.7	29.5	188	1.7	0.8	0.035	0.094	0.46	0.027
	B	—	146	22	—	209	33	135	36.7	29.5	108	1.7	0.8	0.035	0.094	0.46	0.027
	C	—	146	22	—	209	33	177	36.7	29.5	—	1.7	0.8	0.035	0.094	0.46	0.027
美国北卡罗来纳州 Pilgrim Elizabeth 博士	C	—	272	54	—	400	—	143.4	93	237.5	—	—	—	—	—	—	—
	B	—	204	41	—	300	—	107.6	70	178	—	—	—	—	—	—	—
	A	—	136	27	—	200	—	71.7	46.5	119	—	—	—	—	—	—	—
加拿大温哥华不列颠哥伦比亚 H. M. Resh 博士(1971)	C	—	197	44	—	400	30	145	65	197.5	—	2	0.5	0.03	0.05	0.5	0.02
	B	—	148	33	—	300	20	110	55	144.3	—	2	0.5	0.03	0.05	0.5	0.02
	A	—	98	22	—	200	10	80	40	83.2	—	2	0.5	0.03	0.05	0.5	0.02

续表

来源		pH	Ca	Mg	Na	K	NH₄⁺-N	NO₃⁻-N	PO₄³⁻-P	SO₄²⁻-S	Cl	Fe	Mn	Cu	Zn	B	Mo
H. M. Resh 博士（热带-干性）		—	250	36	—	200	53	177	60	129	—	5	0.5	0.03	0.05	0.5	0.02
热带-湿性莴苣（1984）		—	150	50	—	150	32	115	50	52	—	5	0.5	0.03	0.05	0.5	0.02
H. M. Resh 博士（莴苣）美国佛罗里达州（1989）美国加利福尼亚州（1993）		—	200	40	—	210	25	165	50	113	—	5	0.5	0.1	0.1	0.5	0.05
H. M. Resh 博士（黄瓜）美国佛罗里达州（1990）	I	—	100	20	—	175	3	128	27	26	—	2	0.8	0.07	0.1	0.3	0.03
	II	—	220	40	—	350	7	267	55	53	—	3	0.8	0.07	0.1	0.3	0.03
	III	—	200	45	—	400	7	255	55	82	—	2	0.8	0.1	0.33	0.4	0.05
H. M. Resh 博士（莴苣）安圭拉岛（2011）		—	200	50	50~90	210	—	185~195	50	66	65-253	5	0.5	0.15	0.15	0.3	0.05
H. M. Resh 博士（番茄）安圭拉岛（2011）	A	—	240	50	—	201	—	169	49	119	—	2.5	0.58	0.15	0.4	0.3	0.03
	B	—	200	60	—	351	—	137	49	196	—	2.5	0.58	0.15	0.4	0.3	0.03
	C	—	214	50	—	379	—	177	49	145	—	2.5	0.58	0.15	0.3	0.3	0.05
Sonneveld&Straver（番茄）荷兰（1992）	I	—	240	48	—	195	7	224	46.5	64	—	2.3	0.6	0.05	0.4	0.3	0.05
	II	—	190	60	—	351	—	189	46.5	128	—	2.3	0.6	0.05	0.7	0.3	0.05
	III	—	170	48	—	341	18	192	38.7	120	—	2.3	0.6	0.05	0.3	0.3	0.05

续表

来 源		pH	Ca	Mg	Na	K	NH_4^+-N	NO_3^--N	$PO_4^{3-}-P$	$SO_4^{2-}-S$	Cl	Fe	Mn	Cu	Zn	B	Mo
Sonneveld&Straver(黄瓜) 荷兰（1992）	I	—	185	33	—	270	18	190	39	90	—	2.3	0.6	0.05	0.4	0.4	0.05
	II	—	210	33	—	345	18	246	39	65	—	2.3	0.6	0.05	0.4	0.4	0.05
	III	—	170	36	—	293	18	213	39	44	—	2.3	0.6	0.05	0.4	0.3	0.05

注：a 每周添加三次；

b 信息不可用或表示微量或按照规定；

c 这些是通过反渗透淡化的海水的原水中钠和氯的含量。1999 年至 2011 年期间，在安圭拉岛使用的莴苣、草药、番茄、黄瓜和辣椒的所有配方都存在这些水平差异在表3.8中，列出了在欧洲、地中海和亚热带气候下种植的各种作物在夏季和冬季使用的 N：P：K 比例（Schwarz，1968）。

表3.8　针对几个气候区夏季和冬季所被推荐的 N：P：K 比例

作物、气候、季节		N	P	K
番茄（成熟期）				
中欧气候	夏季	1	0.2 ~ 0.3	1.0 ~ 1.5
	冬季	1	0.3 ~ 0.5	2 ~ 4
地中海和亚热带气候	夏季	1	0.2	1
	冬季	1	0.3	1.5 ~ 2.0
	生菜和其他叶类蔬菜			
	夏季	1	0.2	1
	冬季	2	0.3	2
	铵：硝酸根比例（NH_4^+：NO_3^-）			
	夏季	1：3 ~ 4		
	冬季	1：4 ~ 8		

资料来源：摘自施瓦兹的专著《商业水培法指南》，以色列大学出版社，耶路撒冷，1968年，第32页。

■ 3.6　营养液母液

3.6.1　肥料加注或比例调节系统

由于能够减少营养液制剂的数量而节约时间，注射系统已经变得非常受规模化种植者的欢迎。它们也能够利用计算机监控和母液注射而很好地进行营养液的自动化调节。因此，这些系统可以保持更精确而稳定的营养液组成。而且，注射系统可被用于开放和循环水培设计。根据对营养液和组织的分析结果，可以通过改变对注射器头的设置而对配方进行适当调整。

　　通过向灌溉管路中注射预设量的营养液母液，那么利用肥料注射器或比例调节器能够自动制成营养液。在"开放型"水培系统（营养液不被进行循环）中，在每次浇水周期中均可自动制成新的营养液（图3.1）。这样，就避免了对营养液进行更换。之后，对需要补充的营养液母液大概每周只配制一次即可。

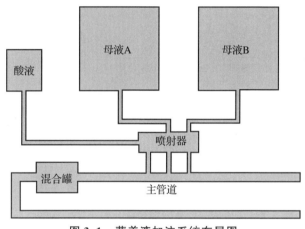

图 3.1　营养液加注系统布局图

　　在早期的设计中，利用一个三通阀在灌溉周期中交替调节母液 A 和母液 B 的流量。当需要调节 pH 值时，则向母液 A 中加酸。如果使用硝酸，可以将其用于两种母液，而磷酸则必须保留在母液 B 中。需要注意的是，部分材料需要用塑料制成以防止母液腐蚀容器而引起铜和锌等元素进入营养液，从而导致植物中毒。

　　目前，大多数系统采用能够使灌溉水和肥料均匀混合的混合罐。混合罐是大直径（10 cm）水"回路"管道的一部分，或者利用一台小泵将母液注入混合罐，再由另一台泵将母液泵入灌溉系统。在"循环"管道设计中，进入主管道的不同营养液母液应被以不同的角度进行设置，这样当它们流入灌溉水时就不会立即相互接触，从而防止肥料在主灌溉管道内出现沉淀。根据需要，在混合罐中利用酸或碱对 pH 值进行调节。混合罐的电导率（EC）和 pH 值由计算机监测和控制，并在下游的主灌溉管路上也安装了电导率和 pH 传感器，用于监测营养液，并在超过或未达到预设水平时发出警报。如果警报是由混合罐中过量的营养物质引起的，注肥系统则将自动停止运行，直到完成校正，以防止对作物造成毒害。图 3.2 为带混合罐的母液 A、母液 B 和酸液罐。

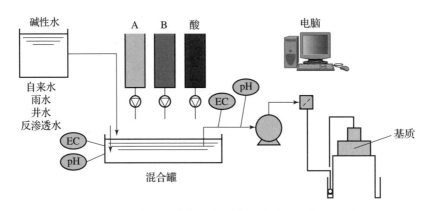

图 3.2　母液 A、母液 B 和酸液混合系统工作原理图

注肥器也可被与循环系统一起使用，以自动调节返回的营养液。对返回营养液的分析表明，对植物进行再次灌溉之前，应对母液进行修改以使营养物质达到最佳水平。虽然必须由实验室对营养液进行分析，以确定所有必需元素的水平，但一般的总盐水平可以由电导率计确定。电导率计和 pH 计充当计算机的传感器，用于监测返回和输出营养液的当前状态。然后，计算机可以激活注肥器，根据存储在计算机中的预设水平调整营养液（图 3.3）。营养液的配方和注入器的设置能够使操作人员改变输出的营养液，以达到每种离子的最佳营养水平。

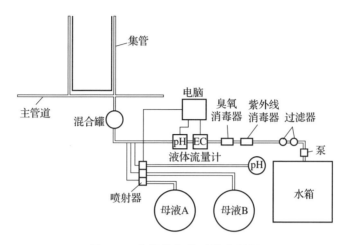

图 3.3 营养液加注系统布局图

部分规模化种植者现正对注肥系统进行升级换代，即针对每种肥料使用独立的储液罐，以分别提供大量元素、微量元素和 pH 值调节用酸液。然后，将它们单独分配到混合罐中。这对封闭的水培系统有很大好处，因为它使种植者能够有选择地定量添加每一种肥料，因此几乎可以在每种元素的基础上进行更精细的调节。

另外，可对返回液中的元素进行分析，并根据营养液中这些被消耗的元素而单独添加相应的化合物。这可以由计算机激活，类似于以前只利用两种母液的系统。这种多注射肥料系统如图 3.4 所示。

在市场上，有许多不同的制造商提供的注肥器（附录 5）。具体选择哪种型号将取决于在给定时间内需要注入的营养液体积（如每分钟加仑）、系统所需的精度、计算机控制器系统的类型以及扩展系统的能力。一些较好的注肥器允许增加注肥器喷头来扩展水培系统，而使得无须购买新的注肥器喷头。

例如，在一个面积为 12 000 m² 的香料植物水培系统中，采用了一个安德森（Anderson）品牌的注肥器，其带有 5 个喷头，如图 3.5 所

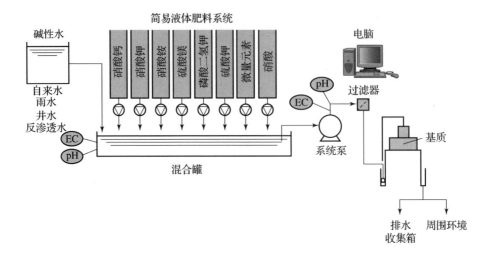

图 3.4　单独肥料灌混合系统

示。该系统包括一条直径为 7.6 cm 的输水干管，在进入水培床的灌溉系统之前，该管与注肥器、混合罐和过滤器形成一个回路。水在系统中从右向左流动，如图 3.6 所示。利用位于注肥器上游的叶轮传感器（图3.5）来监测水流。每通过 15 L 的水，传感器就向控制器发送一次脉冲（图 3.6 中白色面板上的暗色盒子）。

　　每 15 L 的水通过主回路时，控制器就激活注肥器的一次冲程（stroke）。当控制器向注肥器上的电磁阀发送电流，打开阀门并让水压驱动注肥器喷头的隔膜时，就会发生一次冲程。水经过 200 μm 型号的家用过滤器后才能进入电磁阀，以防止任何杂质损坏阀门。当加压水（103.5 ~ 138 kPa）进入每个喷头的隔膜背面后，它推动隔膜向前，从而导致其前面的母液发生位移，母液通过管道和集管流入主回路。在注肥器的喷头上和主回路上母液集管的入口处安装有回流阻止阀，以防止稀释液在隔膜的回流冲程上倒流（图 3.5）。该注肥器有 5 个喷头：两个用于母液 A，两个用于母液 B，还有较小的一个用于酸液（图 3.5 的左边）。

图 3.5 带有 5 个喷头的安德森注肥器外观图

注：5 个喷头位于注肥器的左侧；主管道上具有叶轮传感器，

位于注肥器进液管之前管道上的暗色区域；水流方向从后向前。

图 3.6 营养液母液储箱 A 和 B 的外观图

在喷头表盘上的"10"设置处，注肥器的每个冲程使每个喷头排出 40 mL 母液。在注肥器每分钟达到 32 次冲程的最佳操作条件下，通过系统的最大流量为 484.5 L·min^{-1}。母液与水达到的比例为 40 mL：15 142 mL或 1：378。对于两个喷头，该比例为 80 mL：15 142 mL，即 1：189。为了获得 1：200 的稀释，将母液 A 和母液 B 喷头上的表盘分别设置为 9.5，该设置可提供 9.5/10 × 40 mL = 38 mL 的 200 倍浓缩母液。对于每种母液的两个喷头，该比例是 76 mL：15 142 mL，或 1：200（肥料与水的比例）。

对于较大的系统，在控制器处增加了对来自叶轮传感器的脉冲设置。例如，如果将设置增加到 19 L 一个冲程，则最佳运行状态下将会使流量达到 606 L·min^{-1}。然而，如果仍然需要 1：200 的比例，则必须安装额外的喷头，每个喷头每次冲程只能置换 40 mL 母液。在约 19 L/冲程的基础上，双喷头注肥器的最大稀释度为 80 mL：18 927 mL，或 1：236。或者，可以将营养液母液的浓度增加到 236 倍以上。根据这些原则，可为注肥器系统增加更多喷头，以提高其流量。

营养液母液 A 和营养液母液 B 进入主回路的入口之间的间隔，以便它们在彼此接触之前能与原水充分混合。另一种确保不发生沉淀的方法是，使位于主回路上的母液入口处在不同角度。也就是说，两个入口不应该互相对齐，而是其中一个应该相对另一个旋转 90°左右。当水肥经过下游时，将其在一个 303 L 的混合罐中进一步实施混合，如图 3.6 所示。酸从母液下游 60 cm 处进入主回路（图 3.5 中进入主回路下方的黑色小管）。

通过三条软管（图 3.5），母液和酸液从与容积均为 5 678 L 的母液 A 和 B 储箱以及容积为 114 L 的酸液储箱（图 3.6）相连的集管进入注肥器喷头。主回路将混合溶液从混合罐输送到水培系统（图 3.6）。在下游安装有 200 目过滤器，以便在营养液进入滴灌系统之前能够去除任何微粒架质。

3.6.2　营养液母液

母液就是浓缩的营养液。根据注肥器的性能，母液的配制可以是普通浓度的 50 倍、100 倍或 200 倍。第二个可能限制母液浓度的因素是肥料的可溶性。溶解度最低的肥料将是整个母液的限制因素。测定母液的浓度时，参见附录 4 中所列无机化合物物理常数的信息。

必须在单独的容器中配制两种不同的母液和一种酸液，它们通常被称为母液 A、母液 B 和酸液。分开溶解的原因是将某些化合物的硫酸盐和硝酸盐在高浓度下混合后会发生沉淀。例如，硫酸钾或硫酸镁的硫酸根会与硝酸钙中的钙结合而发生沉淀。

母液 A 中可能含有总需求量达到一半的硝酸钾，以及所需的全部硝酸钙、硝酸铵、硝酸（使母液的 pH 值降至 5.0 以下）和铁螯合物。母液 B 包括另外一半的硝酸钾，全部的硫酸钾、磷酸二氢钾、磷酸、硫酸镁，以及除铁以外的其他微量营养元素。将酸性母液稀释至供应商提供的浓缩液的 15%~20%。由于这些强酸对人体存在危险，因此操作时应注意安全。切记，遵循向水中加酸，不要向酸中加水。

使用的酸有硝酸（42%）（产生有害气体并灼伤皮肤）、硫酸（66%）（灼伤皮肤并在布料上产生孔洞）、磷酸（75%）和盐酸。使用这些强酸时，应该戴上保护性塑料或橡胶手套、穿上围裙、并戴上护目镜和获批的呼吸器。硝酸与空气接触时会释放出毒烟，因此须特别小心。

要确定母液的浓度上限，请使用附录 4 中列出的溶解度（solubility）。溶解度以可溶解在 100 mL 冷水或热水中的特定肥料的克数表示。由于可能不会对母液进行加热，因此应该采用在冷水中的值。在表 3.9 中，举例说明了这些溶解度的用法。

表 3.9　母液中各化合物的溶解度

化合物	溶解度/(g·100 mL^{-1}冷水)
母液 A	
硝酸钾[a]	13.3
硝酸钙	121.2
硝酸铵	118.3
硝酸	不限
螯合铁	易溶
母液 B	
硝酸钾	13.3
硫酸钾[a]	12.0
磷酸钾[a]	33.0
磷酸二氢钾	548.0
硫酸镁	71.0

注：[a] 这些是最不易溶解的化合物，也可能是限制性化合物，这取决于每种化合物所需的质量。虽然微量营养元素将被包括在母液 B 中，但由于它们的需求量很小而不会超过它们在 200 倍浓度时的溶解度，所以它们未被包括在这一溶解度清单中。

为了说明营养液母液的计算过程，这里使用以下营养液配方（表3.10）。

假设原水含有 30 μmol·mol^{-1} 的 Ca 和 20 μmol·mol^{-1} 的 Mg，则对营养液配方调整如下。

（1）Ca 的添加量为 170 μmol·mol^{-1}（200 μmol·mol^{-1} – 30 μmol·mol^{-1}）。

表 3.10　一种营养液配方

化学元素名称	浓度/($\mu mol \cdot mol^{-1}$)	化学元素名称	浓度/($\mu mol \cdot mol^{-1}$)	化学元素名称	浓度/($\mu mol \cdot mol^{-1}$)
氮	200	磷	50	钾	300
钙	200	镁	40	铁	5
锰	0.8	铜	0.07	锌	0.1
硼	0.3	钼	0.03	—	—

（2）Mg 的添加量为 20 $\mu mol \cdot mol^{-1}$（40 $\mu mol \cdot mol^{-1}$ － 20 $\mu mol \cdot mol^{-1}$）。

采用容积约为 45 422 L 的罐体来储存每种母液，其浓缩度为 200 倍，调整步骤如下。

（1）确定满足大量元素的每种化合物的量，并去除杂质。

Ca：170 $\mu mol \cdot mol^{-1}$（$mg \cdot L^{-1}$）

①硝酸钙的质量（采用表 3.2 中所列的换算系数）：

$$170 \times 4.094 = 696 \ mg \cdot L^{-1}$$

②根据表 3.3（90% 纯度），针对杂质进行调整：

$$\frac{100}{90} \times 696 = 773 \ mg \cdot L^{-1}$$

（2）计算在该母液浓度（本例为 200 倍）时的化合物用量。

$200 \times 773 \ mg \cdot L^{-1} = 154 \ 600 \ mg \cdot L^{-1}$ 或 154.6 $g \cdot L^{-1}$（1 000 mg = 1 g）

（3）将这个量与溶解度进行比较，溶解度的单位是 g/100 mL 冷水。

①转换成 g/100 mL：

$$154.6 \ g \cdot L^{-1}$$

即 154.6 g/1 000 mL（因为 1 L = 1 000 mL）或 15.46 g/100 mL（除以

10 得到 100 mL)

②与溶解度比较:

15.46 g/100 mL < 121.2 g/100 mL(硝酸钙在近 20 ℃时的溶解度)

因此,这个量完全在硝酸钙的溶解度范围内。

(4)继续对所有大量营养元素化合物进行计算。

N:需要从各种来源获得的总量为 200 μmol·mol^{-1}。假设希望利用硝酸铵从 NH_4^+ 中提供 10 μmol·mol^{-1}的 N。

①硝酸钙中 N 的添加量:

696 mg·L^{-1}硝酸钙(对纯度调整前)

696 mg·L^{-1}×0.171(表 3.2 中所列的换算系数)

= 119 mg·L^{-1}(μmol·mol^{-1})

②需要从硝酸钙以外的来源获得 N 的剩余量:

200 − 119 = 81 μmol·mol^{-1}(mg·L^{-1})

③从 NH_4NO_3 的 NH_4^+ 和 NO_3^- 中分别获得 10 μmol·mol^{-1} N 所需的 NH_4NO_3 的量(从 NH_4NO_3 共获得 20 μmol·mol^{-1}的 N):

20 mg·L^{-1}×2.857(表 3.2)= 57 mg·L^{-1}

④对纯度进行调整(表 3.3,98%):

$$\frac{100}{98} × 57 \text{ mg·L}^{-1} = 58 \text{ mg·L}^{-1}$$

⑤调整为 200 倍的浓度:

200×58 mg·L^{-1} = 11 600 mg·L^{-1}或 11.6 g·L^{-1}

⑥以 g/100 mL 表示,并与溶解度比较:

11.6 g·L^{-1} = 1.16 g/100 mL(1 L = 1 000 mL,除以 10 得到结果)

1.16 g/100 mL < 118.3 g/100 mL(硝酸铵在约 0 ℃时的溶解度)

因此,硝酸铵的含量在溶解度范围内。

⑦需要从硝酸钙和硝酸铵以外的来源获得的 N 剩余量：

$$200 - (119 + 20) = 61 \ \mu mol \cdot mol^{-1}(mg \cdot L^{-1})$$

⑧N 的最终来源为 KNO_3：

61 $mg \cdot L^{-1} \times 7.221$（表 3.2 中所列的换算系数）$= 440.5 \ mg \cdot L^{-1}$

⑨对纯度进行调整（表 3.3，95%）：

$$\frac{100}{95} \times 440.5 \ mg \cdot L^{-1} = 464 \ mg \cdot L^{-1}$$

⑩调整为 200 倍的浓度：

$$200 \times 464 \ mg \cdot L^{-1} = 92\ 800 \ mg \cdot L^{-1} 或 92.8 \ g \cdot L^{-1}$$

⑪以 g/100 mL 表示，并与溶解度比较：

$$92.8 \ g \cdot L^{-1} = 9.28 \ g/100 \ mL$$

9.28 g/100 mL < 13.3 g/100 mL(硝酸钾在约 0 ℃时的溶解度)

其在溶解度限度内。注意，将一半的硝酸钾加到母液 A，而另一半加到母液 B。因此，在每个罐实际添加 9.28/2 = 4.64 g/100 mL 的浓度。通常情况下，所用的硝酸钾含量较高，因此，将硝酸钾在两种母液之间进行分配时，使其保持在溶解度极限内。

K：300 $\mu mol \cdot mol^{-1}$（$mg \cdot L^{-1}$）

①KNO_3 中 K 的用量：

440.5 $mg \cdot L^{-1} \times 0.387$（表 3.2 中所列的换算系数）$= 170.5 \ mg \cdot L^{-1}$

②所需 K 的剩余量：300 − 170 = 130 $mg \cdot L^{-1}$

③其他来源：KH_2PO_4 和 K_2SO_4

首先计算得到 500 $\mu mol \cdot mol^{-1}$ 的 P 所需要的 KH_2PO_4 的用量。

P：从 KH_2PO_4 获得 50 $\mu mol \cdot mol^{-1}$（$mg \cdot L^{-1}$）

①50 $mg \cdot L^{-1} \times 4.394$（表 3.2 中所列的换算系数）$= 220 \ mg \cdot L^{-1}$

②对纯度进行调整（表 3.3，98%）

$$\frac{100}{98} \times 220 \ \mathrm{mg \cdot L^{-1}} = 224 \ \mathrm{mg \cdot L^{-1}}$$

③调整为 200 倍的浓度：

$$200 \times \frac{224 \ \mathrm{mg}}{1\ 000 \ \mathrm{mL}} = 44.8 \ \mathrm{g \cdot L^{-1}} \ 或 \ \frac{4.5 \ \mathrm{g}}{100 \ \mathrm{mL}}$$

④与溶解度比较：

4.5 g/100 mL < 33.0 g/100 mL（硝酸二氢钾约在 40 ℃时的溶解度）

这远远低于溶解度的极限。

现在，计算其他来源的钾需求量〔见上述 K：300 μmol · mol⁻¹（g ·

L⁻¹）中的③〕。

K：300 μmol · mol⁻¹（g · L⁻¹）

①K 含量为 220 mg · L⁻¹的 KH_2PO_4：

220 mg/L × 0.287（表 3.2 中所列的换算系数）= 63 μmol · mol⁻¹

②计算所需的 K 剩余量：300 -（170 + 63）= 67 μmol · mol⁻¹

（mg · L⁻¹）

③K_2SO_4 的量为

$$67 \ \mathrm{mg \cdot L^{-1}} \times 2.229 = 149 \ \mathrm{mg \cdot L^{-1}}$$

④对纯度进行调整（90%）：

$$\frac{100}{90} \times 149 \ \mathrm{mg \cdot L^{-1}} = 166 \ \mathrm{mg \cdot L^{-1}}$$

⑤调整为 200 倍的浓度：

$$200 \times \frac{166 \ \mathrm{mg}}{1\ 000 \ \mathrm{mL}} = 33.2 \ \mathrm{g \cdot L^{-1}} \ 或 \ \frac{3.32 \ \mathrm{g}}{100 \ \mathrm{mL}}$$

⑥与溶解度比较：

3.32 g/100 mL < 12.0 g/100 mL（硫酸钾在约 25 ℃时的溶解度）

这一水平在溶解度范围内。

Mg：20 $\mu mol \cdot mol^{-1}$（$mg \cdot L^{-1}$）

①所需 $MgSO_4$ 量：

$$20\ mg \cdot L^{-1} \times 10.14 = 203\ mg \cdot L^{-1}$$

②对纯度进行调整（98%）：

$$\frac{100}{98} \times 203\ mg \cdot L^{-1} = 207\ mg \cdot L^{-1}$$

③调整为 200 倍的浓度：

$$200 \times \frac{207\ mg}{1\ 000\ mL} = 41.4\ g \cdot L^{-1} 或 \frac{4.14\ g}{100\ mL}$$

④与溶解度比较：

4.14 g/100 mL < 28.2 g/100 mL（硫酸镁在 80 ℃时的溶解度）

这一水平在溶解度范围内。

（5）将所有的混合物加入体积为 1 200 USgal 的营养液罐中。

①将 1 200 USgal 转换为 L：

$$1\ 200 \times 3.785\ L \approx 4\ 542\ L$$

②计算每种化合物在该体积中的质量。

a. $Ca(NO_3)_2$：154.6 $g \cdot L^{-1}$

$$154.6 \times 4\ 542 \approx 702\ 193\ g 或约 702.2\ kg$$

b. NH_4NO_3：11.6 $g \cdot L^{-1}$

$$11.6 \times 4\ 542 \approx 52\ 687\ g 或约 52.7\ kg$$

c. KNO_3：92.8 $g \cdot L^{-1}$

$$92.8 \times 4\ 542 \approx 421\ 498\ g 或约 421.5\ kg$$

注意，这 421.5 kg 的总质量将被分成两个相等的部分，向每个储罐各加一部分。因此，在 A 和 B 两个储罐中各增加 421.5 kg 和 210.75 kg。

d. KH_2PO_4：44.8 g·L^{-1}

　　44.8×4 542＝203 482 g 或 203.5 kg

e. K_2SO_4：33.2 g·L^{-1}

　　33.2×4 542＝150 794 g 或约为 150.8 kg

f. $MgSO_4$：41.4 g·L^{-1}

　　41.4×4 542＝188 039 g 或约为 188 kg

（6）计算每种微量营养元素化合物的质量。

Fe：5 μmol·mol^{-1}（mg·L^{-1}）

①来源：FeEDTA（10%）

5 mg·L^{-1}×10.0（表3.2 中所列的换算系数）＝50 mg·L^{-1}

②调整为 200 倍的浓度：

　　200×50 mg·L^{-1}＝10 000 mg·L^{-1}或 10 g·L^{-1}

③放入容积约为 4 542 L 储液罐中：

　　10×4 542＝45 420 g 或 45.4 kg

Mn：0.8 μmol·mol^{-1}（mg·L^{-1}）

①计算 $MnSO_4$ 的使用量：

0.8 mg·L^{-1}×4.061（表3.2 中所列的换算系数）＝3.25 mg·L^{-1}

②调整纯度百分比。化合物的纯度，特别是微量营养元素的纯度，因制造商而异。种植者应该从肥料经销商那里获得任何给定产品的精确纯度百分比。为了便于计算，采用90%的纯度。在对新营养液进行了成分分析之后，可以进行调整。可对每种元素的实际水平与每种元素的理论期望水平进行比较：

$$\frac{100}{90}×3.25 \text{ mg·}L^{-1}≈3.6 \text{ mg·}L^{-1}$$

③调整为 200 倍的浓度：

$$200 \times 3.6 \ \mathrm{mg \cdot L^{-1}} = 720 \ \mathrm{mg \cdot L^{-1}} \text{或} 0.72 \ \mathrm{g \cdot L^{-1}}$$

④放入容积约为 4 542 L 的储液罐中：

$$0.72 \times 4\ 542 = 3\ 270 \ \mathrm{g} \text{ 或 } 3.27 \ \mathrm{kg}$$

Cu：0.07 $\mathrm{\mu mol \cdot mol^{-1}}$（$\mathrm{mg \cdot L^{-1}}$）

①来源：$CuSO_4$

0.07 $\mathrm{mg \cdot L^{-1}} \times 3.93$（表 3.2 中所列的换算系数）$= 0.275 \ \mathrm{mg \cdot L^{-1}}$

②调整纯度百分比（98%）：

$$\frac{100}{98} \times 0.275 \ \mathrm{mg \cdot L^{-1}} = 0.281 \ \mathrm{mg \cdot L^{-1}}$$

③调整为 200 倍的浓度：

$$200 \times 0.281 \ \mathrm{mg \cdot L^{-1}} = 56 \ \mathrm{mg \cdot L^{-1}} \text{或} 0.056 \ \mathrm{g \cdot L^{-1}}$$

④放入容积约为 4 542 L 的储液罐中：

$$0.056 \times 4\ 542 = 254 \ \mathrm{g}$$

由于该质量较小，因此使用克秤称量更为准确。

Zn：0.1 $\mathrm{\mu mol \cdot mol^{-1}}$（$\mathrm{mg \cdot L^{-1}}$）

①来源：ZnEDTA（14% 粉末）

$$0.1 \ \mathrm{mg \cdot L^{-1}} \times 7.143 = 0.714\ 3 \ \mathrm{mg \cdot L^{-1}}$$

②调整为 200 倍的浓度：

$$200 \times 0.714\ 3 \ \mathrm{mg \cdot L^{-1}} = 143 \ \mathrm{mg \cdot L^{-1}} \text{或} 0.143 \ \mathrm{mg \cdot L^{-1}}$$

③放入容积约为 4 542 L 的储液罐中：

$$0.143 \times 4\ 542 \approx 650 \ \mathrm{g}$$

B：0.3 $\mathrm{\mu mol \cdot mol^{-1}}$（mg/L）

①来源：H_3BO_3

$$0.3 \ \mathrm{mg \cdot L^{-1}} \times 5.717 \approx 1.715 \ \mathrm{mg \cdot L^{-1}}$$

②纯度百分比（约 95%）：

$$\frac{100}{95} \times 1.715 \text{ mg} \cdot \text{L}^{-1} \approx 1.805 \text{ mg} \cdot \text{L}^{-1}$$

③调整为 200 倍的浓度：

$$200 \times 1.805 \text{ mg} \cdot \text{L}^{-1} = 361 \text{ mg} \cdot \text{L}^{-1} \text{或} 0.361 \text{ g} \cdot \text{L}^{-1}$$

④同上：

$$0.361 \times 4\,542 = 1\,640 \text{ g}$$

Mo：$0.03 \text{ μmol} \cdot \text{mol}^{-1}$（$\text{mg} \cdot \text{L}^{-1}$）

①来源：钼酸铵

$$0.03 \text{ mg} \cdot \text{L}^{-1} \times 1.733 = 0.052 \text{ mg} \cdot \text{L}^{-1}$$

②调整纯度百分比（约 95%）：

$$\frac{100}{95} \times 0.052 \text{ mg} \cdot \text{L}^{-1} = 0.055 \text{ mg} \cdot \text{L}^{-1}$$

③调整为 200 倍的浓度：

$$200 \times 0.055 \text{ mg} \cdot \text{L}^{-1} = 11 \text{ mg} \cdot \text{L}^{-1}$$

④同上：

$$11 \times 4\,542 = 49\,962 \text{ mg} \text{ 或约为 } 50 \text{ g}$$

（7）利用形式表格来总结以上的所有信息（表 3.11）。

在本例中，所用的原水含有 30 μmol·mol⁻¹的 Ca 和 20 μmol·mol⁻¹的 Mg。这样，在注入母液后的最终营养液中 Ca 的总浓度达到 200 μmol·mol⁻¹，而 Mg 的总浓度达到 40 μmol·mol⁻¹。

母液需要持续搅拌，以防止其中的某些肥料成分沉淀。这可以通过几种方式来实现。例如，可将带有螺旋桨式桨叶长轴的电机安装在母液罐开口上方，如图 3.7 所示。叶片和轴应该被浸没到非常接近营养液储罐的底部。极为重要的是，轴和叶片均需由不锈钢制成，以抵御营养液的腐蚀。

表 3.11 营养液配制用化合物的物理特性及其在营养液中的含量

营养液母液	化合物	质量/kg	母液中含量/ (g·100 mL^{-1})	最大溶解度/ (g·100 mL^{-1})	加母液后 营养液 元素浓度/ (μmol· mol^{-1})
营养液母液 A： (200 倍) (1 200 USgal 储罐)	硝酸钾	210.2	4.64	13.3	K：85 N：30.5
	硝酸钙	200.8	15.46	121.2	Ca：170 N：119
	硝酸铵	52.6	1.16	118.3	N：20
	FeEDTA	45.4	—	易溶	Fe：5
	硝酸[a]	—	—	无限制	—
营养液母液 B： (200 倍) (1 200 USgal 储罐)	硝酸钾	210.2	4.64	13.3	K：85 N：30.5
	硫酸钾	150.6	3.32	12.0	K：67 S：27.4
	磷酸二氢钾	203.2	4.5	33.0	K：63 P：50
	硫酸镁	187.8	4.14	71	Mg：20 S：26.4
	磷酸[a]	—	—	548	—
	硫酸锰	3 260 g	0.072	105.3	Mn：0.8

营养液母液	化合物	质量/kg	母液中含量/$(g \cdot 100\ mL^{-1})$	最大溶解度/$(g \cdot 100\ mL^{-1})$	加母液后营养液元素浓度/$(\mu mol \cdot mol^{-1})$
营养液母液 B：（200 倍）（1 200 USgal 储罐）	硫酸铜	254 g	0.005 6	31.6	Cu：0.07
	锌 EDTA 螯合剂	652 g	0.001 43	易溶	Zn：0.1
	硼酸	1 644 g	0.036 1	6.35	B：0.3
	钼酸铵	50 g	0.001 1	43	Mo：0.03

注：[a] 这些酸的加入量足以使 pH 值降至 5.5。磷酸可以代替磷酸二氢钾而作为 P 的来源。然后，调整其余含有 K 的化合物，特别是硫酸钾，因为磷酸不会产生 K。

营养液总量：$NO_3^- - N$：190 $\mu mol \cdot mol^{-1}$；$NH_4^+ - N$：10 $\mu mol \cdot mol^{-1}$；P：50 $\mu mol \cdot mol^{-1}$；K：300 $\mu mol \cdot mol^{-1}$。

在每个储罐的底部可以安装一台潜水泵，以进行营养液循环。然而，潜水泵的密封性要好，并且叶轮应为塑料或不锈钢材质，且用于将泵组件固定在一起的螺丝应为不锈钢材质。如果有任何普通钢或镀锌螺丝与营养液接触，则由于营养液的电解性质而导致它们将在几周内被溶解。这将会使电机暴露在溶液中，从而导致操作者在操作注肥系统时会容易触电。

针对这些方法的另一种选择是使用循环泵，它的部件对腐蚀性溶液有抵抗性，如泳池用循环泵。该泵应被该安装在每个营养液储罐的外面和附近（每个储罐一台泵）。如图 3.8 所示，直径至少 3.8 cm 的 PVC

图 3.7　带循环泵的营养液母液储箱 A 和储箱 B

（容积均为 8 706 L）的局部外观图

（聚氯乙烯）塑料管，将泵的进口和出口连接到储罐底部。在营养液储箱中的出口管路的末端安装一个弯头，使溶液绕罐偏转。进口端需要在靠近储罐底部的一端安装一个止回阀，以防止泵失去动力（lose prime）。泵应该被用地脚螺栓固定在混凝土或厚重的基座上，以防止其移位。泵必须能够连续运转。

使用低于 1 892 L 的较小储罐时，可以用气泵来进行搅拌。利用直径 1.2 cm 的聚乙烯管和三通将气泵连接到每个储罐。将带有适配器的聚乙烯管与直径约为 30.48 cm 的水产养殖用空气扩散器（气泡石）相

图 3.8　用于搅动母液的带管道循环泵外观图

连。在每条管道上都装有一个塑料球阀，以便能够平衡罐体之间的气流。当配制新的营养液母液时，需要先排掉罐内的残留液，并用 10% 的漂白剂进行消毒处理，最后用潜水泵将储罐内的水抽干。

对用于 pH 值调节的酸或强碱液，在储罐不需要进行搅拌，因为该内容物完全溶解在水中而不会形成任何沉淀物。

为便于加注储罐，在储罐上方安装一个直径为 2.5 cm 的原水管（图 3.7）。在每个储罐的进口端，安装一个闸阀。对于大型操作，储罐应至少为 8 706 L 或更大，如图 3.9 所示。

图 3.9　带有注肥器的容积为 8 706 L 的储罐外观图

对于面积为 80 000 m² 或更大的规模化温室操作，可使用容积约为 11 360 L 的储罐组。对于通过收集径流（runoff）而实现营养液循环的巨型操作，可利用衬里为乙烯基塑料且容积为 75 700 L 或更大的波纹不锈钢储罐，将从储罐中回收的营养液样品送往当地的专业实验室进行分析。将营养液分别在 85～90 ℃温度下消毒 32 min，然后冷却，并在返回温室的途中通过注入母液 A 和母液 B 而调整养分和 pH 值。如果这些温室位于霜冻不太严重的南方地区，比如加利福尼亚，那么这些储罐可被放置在室外。在冬季寒冷的地区，必须将储罐放置在温室包装－储存大楼内，就像位于加拿大不列颠哥伦比亚省三角洲的吉帕安达温室有限公司（Gipaanda Greenhouses Ltd.，Delta，B. C.，Canada）的情况一样（图 3.10）。位于墨西哥霍科蒂特兰的 Bionatur 温室有限公司将它们的储罐放置在温室的包装－储存区。类似于吉帕安达温室有限公司的储罐，其储罐材质是衬里乙烯基塑料的波纹镀锌钢罐（图 3.11）。

图 3.10　在封闭循环系统中大型营养液回收钢罐部分外观图

图 3.11　封闭系统中大型营养液收集罐部分外观图

位于美国加州奥克斯纳德市的豪威林苗圃有限公司（Houwelling Nurseries Ltd.），在温室之间的一个平台下，安置了一系列容积约为 11 360 L 的储罐。该平台是重型钢加强筋结构，以便肥料可被放置在储罐的上面，从而自上面直接加肥料到罐中（图 3.12）。在每个储罐的入孔处都安装了一只无底塑料桶，以便加入肥料时使之尽量不溢出来。然后，将准备好的母液在其去往温室的途中注入灌溉系统。

图 3.12　容积约为 11 360 L 的储罐部分外观图

在循环系统中，营养液在返回温室灌溉系统之前需要被进行巴氏消毒。这可以通过 4 种方法来实现：过滤、紫外线（UV）、臭氧和高温巴氏消毒。大多数操作使用过滤、紫外线和高温巴氏灭菌等三种消毒方法。例如，墨西哥的 Bionatur 温室有限责任公司和美国亚利桑那州的欧鲜农场有限责任公司分别使用了过滤和紫外线消毒法，如图 3.13 和图 3.14 所示，这些公司主要种植番茄。

图 3.13 营养液循环系统中紫外线消毒单元

图 3.14 营养液循环系统中过滤器（左侧）+紫外线（右侧）组合型消毒单元

另外，它们还使用了复杂的注肥系统，在图 3.13 所示紫外线消毒器的左边，以及如图 3.15 和图 3.16 所示。注肥器由计算机系统控制。该计算机系统监测营养液的 pH 值和电导率，并激活注肥器来调整返回的营养液。

图 3.15 注肥器系统

对于小型注射器系统，当利用容积小于 378 L 的母液储罐时，则所需要的每种微量元素化合物的质量会很小。例如，对于容积为 378 L 的母液储箱，如配制浓度被提高 200 倍的钼酸铵母液，则所需该化合物的质量仅为 4.17 g。然而，这样小的质量难以利用三杆式天平进行称量，因为其精度只能达到 1.0 g。另外，假设不利用营养液母液而是按照最后的植物营养液配方在储罐中直接配制营养液，那么这样所需要的微量元素化合物的量会很小，因此也就难以精确称量。

图 3.16　大型注肥器系统

在这种情况下，最好使用高度浓缩的微量营养元素母液，并将其储存在不透明的容器中。配制 38 ~ 75 L 的量，但不要超过预期的几个月内的用量，因为为了更好地适应不同生长阶段的植物，配方可能会有所改变。在这段时间内可能会发生一些沉积，因此如前所述，可用带有空气扩散器的小型曝气器搅拌溶液而防止沉淀发生。

为了说明微量营养元素母液的来源，可使用与上述示例相同的微量营养元素配方，即 Mn：0.8 μmol · mol^{-1}；Cu：0.07 μmol · mol^{-1}；Zn：0.1 μmol · mol^{-1}；B：0.3 μmol · mol^{-1} 和 Mo：0.03 μmol · mol^{-1}。注意，铁未被包括在该微量营养液母液中，因为需要铁的质量足够大，这样才能在天平上精确测量。

　　下面举例说明在确定微量营养元素化合物的质量时所涉及的计算，以及对它们与浓缩母液溶解度所进行的比较。在 3 785 L 的营养液储罐中制备植物正常浓度的营养液（不是母液），使用 600 倍浓度的微量营养元素母液向该罐中提供微量营养元素。三个基本步骤如下。

　　步骤 1：确定 3 875 L 营养液储罐中所需每种化合物的量。此时，只对微量营养元素的计算如 3.5.2 小节中所示的那样进行演示。

　　Mn：0.8 μmol·mol^{-1}（mg·L^{-1}）

　　（1）计算硫酸锰的使用量：

　　0.8 mg·L^{-1}×4.061（表 3.2 中所示的换算系数）≈3.25 mg·L^{-1}

　　（2）调整纯度百分比（90%）：

$$\frac{100}{90}×3.25 \text{ mg·L}^{-1}≈3.6 \text{ mg·L}^{-1}$$

　　（3）放入容积为 3 785 L 的储液罐中：

$$3\ 785 \text{ L}×3.6 \text{ mg·L}^{-1}=13\ 626 \text{ mg 或约为 } 13.6 \text{ g}$$

　　Cu：0.07 μmol·mol^{-1}（mg·L^{-1}）

　　（1）来源：硫酸铜：

　　0.07 mg·L^{-1}×3.93（表 3.2 中所示的换算系数）≈0.275 mg·L^{-1}

　　（2）调整纯度百分比（98%）：

$$\frac{100}{98}×0.275 \text{ mg·L}^{-1}≈0.281 \text{ mg·L}^{-1}$$

　　（3）放入容积为 3 785 L 的储液罐中：

$$3\ 785 \text{ L}×0.281 \text{ mg·L}^{-1}≈1\ 064 \text{ mg 或 } 1.064 \text{ g}$$

　　Zn：0.1 μmol·mol^{-1}（mg·L^{-1}）

　　（1）来源：硫酸锌

$$0.1 \text{ mg·L}^{-1}×4.4 \text{ mg·L}^{-1}=0.44 \text{ mg·L}^{-1}$$

（2）调整纯度百分比（90%）：

$$\frac{100}{90} \times 0.44 \text{ mg} \cdot \text{L}^{-1} \approx 0.488\ 9 \text{ mg} \cdot \text{L}^{-1}$$

（3）放入容积为 3 785 L 的储液罐中：

$$3\ 785 \text{ L} \times 0.488\ 9 \text{ mg} \cdot \text{L}^{-1} \approx 1\ 850 \text{ mg 或 } 1.85 \text{ g}$$

B：0.3 μmol·mol⁻¹（mg·L⁻¹）

（1）来源：硼酸

$$0.3 \text{ mg} \cdot \text{L}^{-1} \times 5.717 \approx 1.715 \text{ mg} \cdot \text{L}^{-1}$$

（2）调整纯度百分比（95%）：

$$\frac{100}{95} \times 1.715 \text{ mg} \cdot \text{L}^{-1} \approx 1.805 \text{ mg} \cdot \text{L}^{-1}$$

（3）放入容积为 3 785 L 的储液罐中：

$$3\ 785 \text{ L} \times 1.805 \text{mg} \cdot \text{L}^{-1} \approx 6\ 832 \text{ mg 或约为 } 6.83 \text{ g}$$

Mo：0.03 μmol·mol⁻¹（mg·L⁻¹）

（1）来源：钼酸铵

$$0.03 \text{ mg} \cdot \text{L}^{-1} \times 1.733 \approx 0.052 \text{ mg} \cdot \text{L}^{-1}$$

（2）调整纯度百分比（95%）：

$$\frac{100}{95} \times 0.052 \text{ mg} \cdot \text{L}^{-1} = 0.055 \text{ mg} \cdot \text{L}^{-1}$$

（3）放入容积为 3 785 L 的储液罐中：

$$3\ 785 \text{ L} \times 0.055 \text{ mg} \cdot \text{L}^{-1} \approx 208.2 \text{ mg 或约为 } 0.208 \text{ g}$$

步骤 2：计算配制 600 倍浓度的母液所需每种微量营养化合物的量（使用 10 USgal 储液罐）。

Mn：对于 0.8 μmol·mol⁻¹（mg·L⁻¹），使用 3.6 mg·L⁻¹ 的硫酸盐［根据"Mn：0.8 μmol·mol⁻¹（mg·L⁻¹）"中的（2）计算］。

（1）对于 10 USgal 储液罐：

$$10 \times 3.785 \text{ L} = 37.85 \text{ L}$$

$$37.85 \text{ L} \times 3.6 \text{ mg} \cdot \text{L}^{-1} = 136.26 \text{ mg}$$

（2）配制 600 倍浓度的需求量：

$$600 \times 136.26 \text{ mg} = 81\ 756 \text{ mg} \text{ 或约为 } 81.8 \text{ g}$$

（3）将 81.8 g（37.85 L）转换为 g/100 mL，并将其与溶解度极限进行比较：

$$\frac{81.8 \text{ g}}{37.85 \text{ L}} \approx 2.16 \text{ g/L} \text{ 或 } 0.216 \text{ g/100 mL}$$

0.216 g/100 mL < 10.0 g/100 mL（硫酸锰在 21 ℃ 时的溶解度）

说明该浓度完全在溶解度范围内。

Cu：0.07 μmol · mol^{-1}（mg · L^{-1}），使用 0.281 mg · L^{-1} 的硫酸铜。

（1）对于 10 USgal 储液罐：

$$37.85 \text{ L} \times 0.281 \text{ mg} \cdot \text{L}^{-1} = 10.64 \text{ mg}$$

（2）配制 600 倍浓度的需求量：

$$600 \times 10.64 \text{ mg} = 6\ 384 \text{ mg} \text{ 或 } 6.4 \text{ g}$$

（3）换算成克每 100 mL：

$$\frac{6.4 \text{ g}}{37.85 \text{ L}} \approx 0.169 \text{ g/L} \text{ 或 } 0.016\ 9 \text{ g/100 mL}$$

这在溶解度范围内。

Zn：对于 0.1 μmol · mol^{-1}（mg · L^{-1}），使用 0.488 9 mg · L^{-1} 的硫酸锌。

（1）对于 10 USgal 储液罐：

$$37.85 \text{ L} \times 0.488\ 9 \text{ mg} \cdot \text{L}^{-1} = 18.505 \text{ mg}$$

（2）配制 600 倍浓度的需求量：

$$600 \times 18.505 \text{ mg} = 11\ 103 \text{ mg 或 } 11.1 \text{ g}$$

（3）换算成 g/100 mL：

$$\frac{11.1 \text{ g}}{37.85 \text{ L}} \approx 0.293\ 2 \text{ g/L 或 } 0.029\ 32 \text{ g/100 mL}$$

该浓度远远低于溶解度限度。

硼：对于 0.3 μmol · mol^{-1}（mg · L^{-1}），使用 1.805 mg · L^{-1} 的硼酸。

（1）对于 10 USgal 储液罐：

$$37.85 \text{ L} \times 1.805 \text{ mg} \cdot \text{L}^{-1} = 68.32 \text{ mg}$$

（2）配制 600 倍浓度的需求量：

$$600 \times 68.32 \text{ mg} = 40\ 992 \text{ mg 或约为 } 41 \text{ g}$$

（3）换算成克每 100 mL：

$$\frac{41 \text{ g}}{37.85 \text{ L}} \approx 1.083 \text{ g/L 或约为 } 0.108 \text{ g/100 mL}$$

该浓度在溶解度范围内。

Mo：对于 0.03 μmol · mol^{-1}（mg · L^{-1}），使用 0.055 mg · L^{-1} 的钼酸铵。

（1）对于 10 USgal 储液罐：

$$37.85 \text{ L} \times 0.055 \text{ mg/L} \approx 2.082 \text{ mg}$$

（2）配制 600 倍浓度的需求量：

$$600 \times 2.082 \text{ mg} = 1\ 249 \text{ mg 或 } 1.249 \text{ g}$$

（3）换算成 g/100 mL：

$$\frac{1.249 \text{ g}}{37.85 \text{ L}} = 0.033 \text{ g/L 或 } 0.003\ 3 \text{ g/100 mL}$$

该浓度在溶解度范围内。

步骤 3：最后一步，是计算将浓度为 600 倍的营养液母液添加到容积为 1 000 US gal 的储箱中而获得 1 倍浓度的营养液所需要的体积。这必须按照 1 份营养液母液和 600 份水的比例，即使得营养液母液的稀释比例为 600∶1。因此，配制体积为 1 US gal 的营养液则需要浓度为 600 倍的营养液母液的体积为 1/600 US gal。最容易的做法是，利用一个未知的 x 变量来建立以下比例关系：

$$\frac{1.0}{1/600} = \frac{1\ 000\,(1\ 倍营养液)}{x\ \ (600\ 倍母液)}$$

$$x = 1\ 000 \times 1/600\ \ (交叉相乘)$$

$$x = 1\ 000/600 = 1.67\ USgal$$

换算为 L：

$$1.67\ USgal \times 3.785 = 6.321\ L\ 或\ 6\ 321\ mL$$

综上所述，将 600 倍浓度的母液 6.321 L 加入 1 000 USgal 的 1 倍浓度的营养液储罐中。如果营养液必须被每周制备一次，那么 600 倍浓度的 37.85 L 的母液可以维持 6 周。微量元素成分如表 3.12 所示。

表 3.12　微量元素成分汇总表

化合物种类	所需化合物质量/g	所需元素含量/(μmol·mol^{-1})
硫酸锰	81.8	锰：0.80
硫酸铜	6.4	铜：0.07
硫酸锌	11.1	锌：0.10
硼酸	41.0	硼：0.30
钼酸铵	1.25	钼：0.03

■ 3.7 营养液配制

营养液的配制，会根据营养液储罐的容积和使用的是标准浓度的营养液还是母液而会有所不同。

3.7.1 正常浓度的营养液配制

对于小容量储罐（小于 7 570 L），可以将各种肥料化合物预先称重并装入塑料袋中。用水彩笔在每个包装袋上面写上化合物配方，以避免将来使用时混淆，质量较小的化合物可用三梁天平称量。可以将微量元素放在一个袋子里，但铁除外而是应该将其放在一个单独的袋子里。大量元素化合物应使用量程在 9～15 kg 的千克秤称量。如果所需的化合物少于 0.5 kg 时，最好使用克天平秤量。通常，如果在配制营养液时至少称量五批，则速度会更快。不要配制得过多，因为可能需要根据植物生长或天气条件而改变配方。

如果储箱的容积大，则只需称量该批次所需的肥料。分别称好每一种肥料，把它们堆在聚乙烯板上或桶里，这样就不会造成损失。根据每种化合物所需的重量，使用克秤或千克秤时，精度应被保持在 ±5% 以内。通常，按照以下程度制备营养液。

（1）将营养液储罐装水至满了时的 1/3。

（2）将每种肥料分别溶解在容积约为 20 L 的水桶中。把水加到肥料中，并用力搅拌。使用软管和喷嘴协助混合。通常，第一次加水时，肥料不会全部溶解。将已溶解的液体部分倒入储罐，之后继续向未溶解部分加水并搅拌，直至所有的盐都溶解后将溶液倒入储罐。另外，对于难溶解的盐类可采用热水进行溶解。

（3）先溶解大量元素，再溶解微量元素。

（4）在小型系统（如后院温室）中，对于硫酸盐，如硫酸钾和硫酸镁，在溶解之前可以以干燥的形式将它们混合在一起。其次，对于硝酸盐和磷酸盐，如硝酸钾和磷酸二氢钾，可以在溶解前以干燥的形式将它们进行混合，最后添加硝酸钙。

（5）对于大型系统，首先添加硫酸钾。为了更好地混合，启动营养液系统的灌溉泵，这时将旁通阀全开而将通往温室的温室阀门关闭。让泵在储罐中持续循环营养液，直到所有的溶液都被制备好。

（6）把储罐装水到至少 1/2，但不要超过 2/3，然后加入硝酸钾。

（7）把储罐装水至全罐的 3/4，然后加入硫酸镁和磷酸二氢钾。

（8）在进行溶液循环的同时慢慢加入硝酸钙。

（9）加入微量元素，但铁螯合物除外。

（10）检测营养液的 pH 值，如有需要，可用硫酸或氢氧化钾进行调节。这是因为，高 pH 值（7.0 以上）会导致 Fe^{2+}、Mn^{2+}、PO_4^{3-}、Ca^{2+}、Mg^{2+} 等离子作为不溶性和不可用盐而沉淀。

（11）加入铁螯合物（FeEDTA），并把储罐加水至最终容量。

（12）检测 pH 值，根据作物的最佳 pH 值要求将其调整在 5.8～6.4。

（13）如果使用封闭循环水培系统，那么将营养液在系统中循环 5～10 min，再次检测 pH 值，必要时再进行调整。

3.7.2　母液制备

制备母液时，每种化合物所需要的量都会很大，所以只需准备一批溶液。分别称量每种化合物的质量。通常使用整袋装的肥料（22.68 kg 或 45.36 kg），所以只称额外需要的质量。例如，假设需要 187.79 kg

的硫酸镁时，则可以使用 8 个 22.68 kg 或 4 个 45.36 kg 的袋子，然后在秤上称出额外的 6.35 kg。

如果用容积约为 19 L 的桶来溶解肥料，那么只需把桶装至整桶 1/3 的容量，以让足够的水来溶解化合物。通过使用 15 ~ 20 个桶，这样一个人可以不断溶解肥料，而另一个人则将溶液倒入储罐。另外一种方法，不是利用桶而是利用混合罐，即在其中安装一台循环泵以对每种肥料单独进行混合；待肥料一旦溶解，则将溶液泵入母液储罐，如图 3.17 所示。在搅拌时，注意用水量不要超过储罐的容量。

图 3.17　与储罐相连接的带泵混合罐局部外观图

配制母液时，在开始混合前不要向母液池中加入太多的水，否则仅在溶解过程中就可能超过最终体积。另外，添加一半的硝酸钾到每个储罐。

对于母液 A 罐，肥料的添加顺序如下。首先加一半的硝酸钾。然后是硝酸钙和硝酸铵，最后是调整 pH 到 5.5 左右后再加铁螯合物。在调整 pH 值和添加铁螯合物之前，将储罐中的水加到最终溶液水平约 38 L 以内。

对于母液 B 罐，肥料的添加顺序如下：首先加另一半的硝酸钾；然后加硫酸钾。将该储罐加满到 3/4 时，则继续添加硫酸镁和磷酸二氢钾。然后，将该储箱用水加满而使其最终容积达到约 113 L 以内，接着将 pH 值调到约 5.5，并随后添加微量元素。最后，对 pH 值再次进行检测，而且如果有必要则再次对其进行调节。

最后，利用前面介绍过的几种酸中的一种来进行酸罐 C 中酸液的配制。在向水中加酸之前，先向酸罐中加 3/4 的水。用塑料管搅拌后，慢慢地向水箱装满水，直至达到最终水平。如果需要使用碱，如氢氧化钾，以增加 pH 值，则需遵循相同的程序。小心这些强酸或强碱，因为它们具有腐蚀性，因此使用时应戴上防护口罩和手套。

■ 3.8　植物关系和营养液变化原因

在封闭循环系统中，营养液在使用后回到储罐，营养液的使用寿命通常为 2~3 周，这取决于一年中的季节和植物的生长阶段。比如在夏季，对于成熟的高产植物来说，对营养液可能每周就需要更换一次。更换营养液的原因是植物不同程度地吸收了各种元素，这就导致一些元素比其他元素先出现了供应不足。只有通过对营养液进行原子吸收分析，才能确定它们在任何时候的缺乏程度。这种分析只能利用昂贵的实验室设备进行，因此，许多人无法进行这样的分析。这样，防止营养失调的唯一措施就是定期更换营养液。在某些情况下，可能会在更换营养液期间添加部分配方成分，但这只能通过反复试验才能做到，而且可能会导致植物以相对较低速率吸收的营养盐分的过多积累。

植物对各种矿物元素的相对吸收速率受到以下因素的影响。

（1）环境条件：包括大气温度和相对湿度，以及光照强度。

（2）作物的性状（包括生育期、株高、叶面积、果实的质量等。译者注）。

（3）植物所处的不同发育阶段（主要指营养生长和生殖生长。译者注）。

由于植物对各种元素的吸收速率不同，所以营养液的成分会不断变化。有些元素比其他元素被消耗得更快，而且由于植物对水的吸收比盐的吸收更多，所以就会导致营养液的浓度出现升高。除了盐成分的变化外，基质与溶液中的阴离子和阳离子会发生反应，以及对其进行不平衡的吸收也会导致 pH 值发生变化。

3.8.1　营养分析

在更换矿物元素之前，必须用化学分析方法确定它们的浓度，以便确定植物的吸收量。从第一次混合营养液时到分析时的矿物元素浓度差，说明每种元素需添加多少才能使浓度恢复到原来的水平。除了测试营养液中被消耗的成分外，还需要测试未被吸收的离子（如钠、硫酸盐或氯化物）的积累情况，或有毒元素（如铜或锌）的过量存在情况。

3.8.2　植物组织分析

通过对植物组织和营养液的分析，可以将植物生理失调与营养液中各种矿物元素的不平衡进行对比与联系。一旦对在植物组织中矿物元素的波动与营养液中矿物元素的波动之间建立起明确的联系，就有可能控制营养液中成分的变化。另外，在植物组织出现视觉症状之前应当调整营养液。这样，就会防止植物发生矿物元素胁迫，从而使植物在最佳的矿物营养条件下生长，进而增加产量。

组织分析相对于营养分析的一个优点是，组织分析表明植物已经或正在从营养液中吸收营养物质的情况，而营养分析只表明营养物质对植物的相对有效性。必需元素的实际吸收可能受到栽培基质、溶液、环境因素或植物本身条件的限制。例如，如果栽培基质不是惰性的，并能够与营养液发生反应，那么离子可能会被粒子保留，从而导致植物无法吸收离子。营养液的不平衡或 pH 值的波动会导致植物对离子的吸收速率下降。植物根部的病害或线虫会降低其对养分的吸收能力。许多环境因素，如光照不足、极端温度和二氧化碳含量不足，均会阻碍植物有效利用溶液中的营养物质。植物组织分析评估了这些条件对养分吸收的影响。

利用组织分析来确定植物的营养状况是基于这样一个事实，即植物正常、健康的生长与某些组织中每种营养的特定水平有关。由于这些特定水平对任何植物或所有物种的所有组织都不相同，因此有必要选择一种代表特定生长阶段的指标组织。一般来说，会在植物主茎的生长点附近选择一片新生而有活力的叶片作为指标组织。在生长的不同阶段采集样本比在任何一个阶段采集大量样本要更可靠，因为大多数营养物质的浓度会随着植物的衰老和成熟而降低。

为了准确地将组织分析结果与植物的营养需求联系起来，必须提供可比较的特定植物物种和组织的最佳营养水平的可靠数据。这一信息可用于温室生菜、番茄和黄瓜（表 3.13）。番茄的指标组织是主茎生长尖端向下的第五张叶片，包括叶柄和叶片组织。在一种肥料处理下，从同一个品种应至少采集 10 个样品。黄瓜的指标组织是不带叶柄的幼叶，直径约 10 cm，通常是从主茎顶部向下的第三张可见叶片。一个代表性

的样本应该包括10个均匀的重复样品。对这些叶片应该在烤箱中进行
干燥（70 ℃，48 h），或者在新鲜条件下将其迅速送到专业实验室。干
燥前，应将叶片与叶柄分开。另外对硝态氮、磷酸态磷、钾、钙、镁的
分析通常在叶柄上进行，而对微量元素则是在叶片上进行分析。

表 3.13　健康植物组织中营养水平的变化范围

元素	番茄	黄瓜	生菜
氮/%	4.5～5.5	5.0～6.0	3.0～6.0
磷/%	0.6～1.0	0.7～1.0	0.8～1.3
钾/%	4.0～5.5	4.5～5.5	5.0～10.8
钙/%	1.5～2.5	2.0～4.0	1.1～2.1
镁/%	0.4～0.6	0.5～1.0	0.3～0.9
铁/($\mu mol \cdot mol^{-1}$)	80～150	100～150	130～600
硼/($\mu mol \cdot mol^{-1}$)	35～60	35～60	25～40
锰/($\mu mol \cdot mol^{-1}$)	70～150	60～150	20～150
锌/($\mu mol \cdot mol^{-1}$)	30～45	40～80	60～120
铜/($\mu mol \cdot mol^{-1}$)	4～6	5～10	7～17
钼/($\mu mol \cdot mol^{-1}$)	1～3	1～3	1～4
氮：钾比	0.9～1.2	1.0～1.5	—

　　为了核实结果，必须要知道种植的日期、生长阶段和以前的施肥处
理。每周一系列的测试将清楚地显示出任何营养水平的变化趋势。将营
养分析和组织分析结合起来，则可以使种植者在问题出现之前就能够预
料到，并对营养液配方做出必要的调整。

3.8.3　营养液更换

　　Steiner（1980）关于营养液的研究结果表明，假设已知某种特定作

物在给定条件下的营养吸收率，那么离子则能够被连续应用到具有这些共同比率（mutual ratio）的溶液中，并可只通过电导率仪得到控制。虽然这通常是正常的，但长期使用相同的营养液可能会导致来自肥料杂质或水本身的诸如锌和铜等微量元素的毒性积累。

营养液的使用寿命主要取决于外来离子的积累速率，而植物不能很快吸收这些离子。这样的一种积累会导致营养液出现高渗透压浓度。应利用专业电导率仪来确定营养液的浓缩速率。应对新营养液进行测定，然后在每次补充盐类营养物后进行重复测定。当总盐含量增加时，它更容易导电，用来表示电导的单位是姆欧（mho）。为简单起见，电导率通常表示为西门子每厘米（现在一般表示为 $mS \cdot cm^{-1}$），而所要求的范围是 $2.00 \sim 4.00$ $mS \cdot cm^{-1}$。否则，假设盐的电导率高于 4 $mS \cdot cm^{-1}$，则可能会导致植株萎蔫、生长受阻和果实开裂。

营养液中元素的总浓度应该在 $1\,000 \sim 1\,500$ $\mu mol \cdot mol^{-1}$，以便这样的渗透压力会促进根部的吸收过程。这应该相当于盐的总电导率为 $1.5 \sim 3.5$ $mS \cdot cm^{-1}$。一般来说，较低的值（$1.5 \sim 2.0$ $mS \cdot cm^{-1}$）更适合种植黄瓜等作物，而较高的值（$2.5 \sim 3.5$ $mS \cdot cm^{-1}$）更适合种植番茄（1 $mS \cdot cm^{-1}$ 的电导率约等于 650 $\mu mol \cdot mol^{-1}$ 的盐）。

在过去，我们会建议在 2 个月后完全更换营养液，而在循环系统中的新消毒系统和计算机对溶液中离子和 pH 值的监测和调整则有利于溶液保持更长时间。这是因为需要节约用水，减少对环境、地下水和地表水的污染，特别是在像荷兰这样的国家（Van Os，1994）。然而，这只有利用非常纯净的原水或对原水进行反渗透处理后，才能消除外来的微量元素和氯化钠。

然而，封闭循环系统总是面临被感染的风险，因此系统中必须具备有效的消毒单元。消毒方式包括巴氏消毒、慢砂过滤（生物过滤）、紫外线辐射及与其他方法的结合。

巴氏消毒法主要被用于蔬菜作物,对线虫、真菌、寄生虫和病毒有效。在这个过程中,排水被加热到 95 ~ 97 ℃,加热 30 s,然后将其泵入已被消毒过的水箱,并在混合箱中利用新营养液进行稀释。

慢砂过滤法主要被用于开花植物和盆栽植物。可将紫外线辐射(图 3.13)与慢砂过滤(图 3.14)配合使用,来作为通过紫外线消毒器前的预过滤方法,因为所有由有机化合物引起的颜色必须在紫外线处理前予以去除。注入过氧化氢(1 mmol · L⁻¹)可提高紫外线处理的效率(Runia 和 Boonstra,2004)。必须在下游添加额外的铁,因为紫外线会降解螯合铁。不过,紫外线并不能杀死所有的病原体或病毒。

消毒系统是整个灌溉 – 注肥系统的一部分,如图 3.18 所示。被消毒水约占灌溉用水的 30%。将这些被消毒水储存在一个不透明的容器

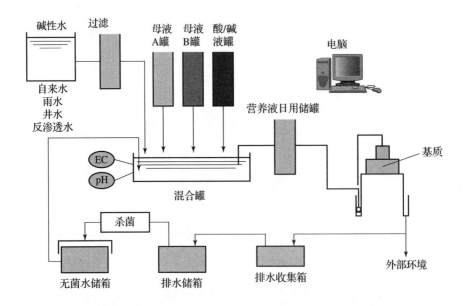

图 3.18　完整的消毒 – 注肥 – 灌溉系统原理示意图

中，然后从那里到达混合罐而与原水和营养物质混合在一起，再回到温室灌溉系统。在大型温室中，将足够的营养液混合供日常使用，并把它储存在一个日用储罐中。这样，根据天气的变化、作物的生长阶段以及营养和生殖阶段之间的生长平衡情况，可以每天对配方进行调整。

3.8.4　利用电导率调整营养液

总溶解溶质（total dissolved solute，TDS）仪，是被用于测定水中溶解固体的仪器，实质上是水电导率的测量仪器。溶解固体的量，以百万分之几（$\mu mol \cdot mol^{-1}$）或每升重量的毫克数为单位，与每单位体积的电导率成正比。然而，电导率的变化不仅与盐的浓度有关，还与营养液的化学成分有关。有些肥料盐比其他的肥料盐具有更高的导电性。例如，硫酸铵的导电性是硝酸钙的 2 倍，是硫酸镁的 3 倍多，而尿素则完全不具有导电性。硝酸根离子的导电性不如钾离子。氮：钾比越高，营养液的 EC 值则越低。EC 仪测量的是总溶质，它对各种元素不加区分。因此，虽然 TDS 和 EC 之间存在密切的理论关系，但应测量营养配方的标准溶液，以确定它们在给定溶液中的相关性。例如，在表 3.9 中，TDS 的浓度为 666 $\mu mol \cdot mol^{-1}$ 时相当于其电导率为 1.0 $mS \cdot cm^{-1}$，后者是浓度为 490 $\mu mol \cdot mol^{-1}$ 的氯化钠溶液或浓度为 420 $\mu mol \cdot mol^{-1}$ 的碳酸钙溶液的电导率被测量值。也就是说，490 $\mu mol \cdot mol^{-1}$ 的氯化钠溶液或 420 $\mu mol \cdot mol^{-1}$ 的碳酸钙溶液的电导率为 1.0 $mS \cdot cm^{-1}$。

在表 3.14 中，给出了氯化钠和碳酸钙溶液的总溶解溶质含量与电导率之间的关系。各种肥料 0.2% 溶液（2 g 肥料中加 1 L 蒸馏水）的电导率见表 3.15。

表 3.14 氯化钠和碳酸钙溶液总溶解溶质与电导率之间的关系

总溶解溶质浓度/(μmol·mol^{-1})	电导率/(mS·cm^{-1})	氯化钠浓度/(μmol·mol^{-1})	碳酸钙浓度/(μmol·mol^{-1})
10 000	15	8 400	7 250
6 600	10	5 500	4 700
5 000	7.5	4 000	3 450
4 000	6	3 200	2 700
3 000	4.5	2 350	2 000
2 000	3	1 550	1 300
1 000	1.5	750	640
750	1.125	560	475
666	1	490	420
500	0.75	365	315
400	0.6	285	250
250	0.375	175	150
100	0.15	71	60
66	0.10	47	40
50	0.075	35	30
40	0.06	28	24
25	0.037 5	17.5	15
6.6	0.01	4.7	4

表 3.15 各种肥料 0.2% 溶液对应的电导率

化合物	电导率/(mS·cm^{-1})
硝酸钙 [$Ca(NO_3)_2$]	2.0
硫酸钾（KNO_3）	2.5

化合物	电导率/（mS·cm^{-1}）
硝酸铵（NH_4NO_3）	2.9
硫酸铵 [（NH_4）$_2SO_4$]	3.4
硫酸钾（K_2SO_4）	2.4
硫酸镁（$MgSO_4 \cdot 7H_2O$）	1.2
硫酸锰（$MnSO_4 \cdot 4H_2O$）	1.55
磷酸二氢钠（NaH_2PO_4）	0.9
磷酸二氢钾（KH_2PO_4）	1.3
硝酸（HNO_3）	4.8
磷酸（H_3PO_4）	1.8

蒸馏水中不同浓度硝酸钙的电导率见表 3.16，这些电导率标准应被用来推导电导率和 TDS 之间的理论关系。由于特定肥料来源的溶解度和纯度不同，因此肥料的实际电导率测量值可能与表 3.14 和表 3.15 所示的值有所不同。如果没有在 25 ℃的标准温度下测量电导率，则必须使用转换系数（表 3.17）。许多电导率仪都有内置的温度补偿设施，因此可以自动进行必要的调整。

表 3.16 蒸馏水中不同浓度硝酸钙的电导率

浓度/%	电导率/（mS·cm^{-1}）
0.05	0.5
0.1	1.0

续表

浓度/%	电导率/(mS·cm⁻¹)
0.2	2.0
0.3	3.0
0.5	4.8
1.0	9.0

表 3.17　在 25 ℃标准温度下矫正电导率的温度系数

温度/℃	温度/℉	温度系数
5	41.0	1.613
10	50.0	1.411
15	59.0	1.247
16	60.8	1.211
17	62.6	1.189
18	64.4	1.163
19	66.2	1.136
20	68.0	1.112
21	69.8	1.087
22	71.6	1.064
23	73.4	1.043
24	75.2	1.020
25	77.0	1.000
26	78.8	0.979
27	80.6	0.960
28	82.4	0.943
29	84.2	0.925

温度/℃	温度/℉	温度系数
30	86.0	0.907
31	87.8	0.890
32	89.6	0.873
33	91.4	0.858
34	93.2	0.843
35	95.0	0.829
40	104.0	0.763
45	113.0	0.705

　　附录 2 中列出了若干个能够分析营养液的植物实验室。此外，许多大学也准备做这样的分析。通过使用电导率来管理营养液，这特别适用于营养液膜技术（nutrient film technique，NFT）封闭系统和地下灌溉系统。然而，电导率可用于监测具有大型营养液储罐的开放系统，而不是利用比例调节器的系统。

　　目前，所有具备水培系统的现代温室都在重复利用沥出液，并作为密闭系统进行运行，即利用 pH 计和电导率仪监测营养液的 pH 值和电导率，并将测量数据反馈到中央计算机控制器，后者随即根据数据判断结果而驱使注入器将酸/碱液和营养液母液分别加到返回液，从而完成对营养液 pH 值和电导率的调节过程，正如之前在 3.6.2 和 3.8.3 小节中所介绍过的。

3.8.5　营养液体积维持

　　必须将溶液的体积保持相对恒定以维持植物的生长，植物吸收的水分比吸收的必需元素要多得多，而且速率也快得多。当水从营养液中被去除时，则营养液的体积自然会减少。这就必然会导致总溶液浓度和各种养分离子浓度出现增加。

研究证明，根据系统的容积以及植物的数量和类型等不同，营养液的日平均失水量为 5%~30%。因此，在利用营养液进行植物培养时，可每天向营养液中添加水分以弥补其中的水损失。使用 NFT 系统，工作人员可以更准确地确定植物吸收水分的速率。在英国，Spensley 等（1978）发现，在一个晴朗的夏日，成熟的番茄每株消耗 1.33 L 的水。Winsor 等（1980）研究发现，番茄植株在夜间通过蒸散（evapotranspiration）失去的水量为 15 mL/（株·h），而在晴朗的夏季中午失水量则会上升到 134 mL/（株·h）这个最大值。Adams（1980）计算得出，黄瓜的耗水量大约是番茄的 2 倍，因为黄瓜的叶面积更大。在下午的最高光照强度和温度期间，每株植物每小时的吸水量最高达到 230 mL。根据经验估计，温室里番茄和黄瓜等藤本作物的用水量约为 $10.8 \, L \cdot m^{-2} \cdot d^{-1}$。有经验的商业种植者可以每周加水，或者他们可以将一个自动浮阀组件安装到营养液罐的进口阀上，这样营养液罐每天都会得到充满水。当每周加水时，会导致加水量超过原溶液体积的水量。当植物吸收水分时营养液会浓缩而低于起始的液位水平。通常，最好的方法是让溶液的体积在初始水平附近均匀波动。因此必须将溶液测试技术与调节溶液体积的方法结合使用。这适用于将溶液再循环到营养液储罐或储箱的封闭系统。

当今的大多数温室，如本节上面所述，通常利用回流储罐和处理系统来对营养液进行处理和储存。之后，将其返回种植系统时进行监测，并通过注肥器系统进行调节。该系统是一种动态流通系统，因此得到调整后的营养液在返回植株前并不像在某些 NFT 系统和上文所述的简化回流罐那样被进行存储。首先将这种原水（约 70%）与来自储箱的被处理过的返回液（30%）进行混合后使之进入注肥回路；然后返回到植物。

参考文献

［1］ ADAMS P. Nutrient uptake by cucumbers from recirculating solutions ［J］. Acta Horticulturae, 1980, 98: 119 – 126.

［2］ ALT D. Changes in the composition of the nutrient solution during plant growth—an important factor in soilless culture ［C］//Proceedings. of the 5th International Congress on Soilless Culture, Wageningen, May 1980: 97 – 109.

［3］ RUNIA W T, BOONSTRA S. UV – oxidation technology for disinfection of recirculation water in protected cultivation ［J］. Acta Horticulturae, 2004, 361: 194 – 200.

［4］ SCHWARZ M. Guide to Commercial Hydroponics ［M］. Jerusalem: Israel University Press, 1968.

［5］ SPENSLEY K, WINSOR G W, COOPER A J. Nutrient film technique crop culture in flowing nutrient solution ［J］. Outlook on Agriculture, 1978, 9: 299 – 305.

［6］ STEINER A A. The selective capacity of plants for ions and its importance for the composition and treatment of the nutrient solution ［C］//Proceedings of the 5th International Congress on Soilless Culture, Wageningen, May 1980: 83 – 95.

［7］ ULISES DURANY C. Hidroponia: Cultivo de Plantas Sin Tierra ［M］.

4th ed. Barcelona, Spain: Editorial Sintes, S. A. 1982: 106.

[8] VAN OS E A. Closed growing systems for more efficient and environmental friendly production [J]. Acta Horticulturae, 1994, 361: 194 – 200.

[9] WELLEMAN K. Disinfection of drain water [C]//6th Curso Y Congreso Internacional de Hidroponia en Mexico, Toluca, Mexico, Apr. 17 – 19, 2008.

[10] WELLEMAN K. Systems for fertilizer dilution and ways to diversity of water drop drippers and ways to distribute solutions across a greenhouse [C]//6th Curso Y Congreso Internacional de Hidroponia en Mexico, Toluca, Mexico, Apr. 17 – 19, 2008.

第 4 章
无土栽培基质

无土栽培基质，如水、泡沫、砾石、岩棉、沙子、锯末、泥炭、椰糠、珍珠岩、浮石、花生壳、聚酯毡和蛭石等，必须像土壤一样能够为植物根部提供氧气、水分、营养和支撑。营养液需要提供水和营养物质，而且在一定程度上还需要提供氧气。这些无土栽培方法如何满足植物的需要将在下一章予以详细讨论。

■ 4.1 栽培基质特性

栽培基质的持水力是由颗粒大小、形状和孔隙率决定的。水被保留在颗粒表面和孔隙空间内。颗粒越小，它们聚集得越紧密，表面积和孔隙空间就越大，因此持水能力就越强。不规则形状的颗粒比光滑的圆形颗粒有更大的表面积，因此具有更强的持水力。多孔材料可以将水储存在颗粒内部，所以其持水能力强。虽然基质必须具有较强的持水能力，但同时也必须具有较强的排水能力。因此，必须避免使用过细的材料，以防止基质持水过多而引起植物缺氧。

栽培基质的选择将取决于可利用性、成本、质量和水培方法的类型。例如，砾石地下灌溉系统（gravel subirrigation system）可以使用非常粗的材料，而砾石滴灌系统（gravel trickle – irrigation system）必须使用较细的材料（第7章）。

栽培基质中不得含有任何有毒物质。例如，锯末通常含有高浓度的氯化钠，因为原木在盐水中会停留很长一段时间。这样，必须检测盐的含量，如果有氯化钠存在，则必须用淡水冲洗。同样，椰糠来自椰子树，其来自海洋附近，因此通常也含有高浓度的氯化钠。不过大多数椰糠作为水培基质被出售前都经过了去盐处理。如果未被处理过，则必须将其在干净的原水中进行充分浸泡，以滤掉氯化钠。这通常可以通过在优质水中浸泡几个小时，然后用新水冲洗几次来实现。将椰糠在水中浸泡后，须排干水分，以去除其中的钠和氯化物。

应避免石灰质（石灰石）来源的砾石和沙子，因为这些材料含有非常高的碳酸钙，而碳酸钙会从栽培基质释放到营养液中，从而导致pH值升高。这种碱性的增加会束缚铁，从而导致植物缺铁。这些材料可以用水浸出或酸浸出或浸泡在磷酸盐溶液中进行预处理，可用于缓冲碳酸根离子的释放。不过，这种做法只是一种短期措施，最终仍会出现营养问题。这个问题使得在一些地区，如加勒比地区，进行植物的砾石和沙子培养非常困难，因为那里的基质材料都是石灰质的，最好的砾石或沙子应为火成岩（火山石）。

栽培基质必须有足够的硬度才能长期耐用，应避免采用易分解的软基质，因为其易于出现结构分解和粒径减少，从而导致板结并进而引起根部通气不良。来自花岗岩的基质是最好的，特别是那些石英、方解石和长石含量高的基质。如果要在室外建立水培系统，应避免采用有锋利边缘的颗粒，否则风吹植物时会损伤它们的茎和冠，并导致寄生虫易于从伤口侵入。如果必须使用相对尖锐的基质，那么在最上面5 cm厚的基质其边缘应当是光滑的，这样就能够使植株与基质接触的大部分运动部位不受磨损。

火成砾石和沙子对营养液的 pH 值影响不大，而含钙物质会将营养液的 pH 值缓冲在 7.5 左右。另外，用磷酸盐溶液处理能够将营养液的 pH 值降到 6.8（第 7 章）。

■ 4.2　水分特征

在水培中，水质是最令人关注的问题。在水中，如氯化钠含量为 50 μmol·mol^{-1} 或更高时则不适宜植物生长。随着氯化钠含量的增加，植物生长会受到限制，而其含量过高将导致植物死亡。不过，有些植物对含盐量敏感性较低。例如，豆瓣菜（*watercress*）和薄荷等香料类植物比番茄和黄瓜能够耐更高水平的钠和氯。在封闭循环系统中，作为营养液来源的原水中氯化钠和其他外来离子的水平变得更加关键。这些系统将原水加入返回液中，以弥补因植物蒸散而造成的水分损失。然而，随着原水的不断添加，如果其硬度高，就会添加进来更多的离子，并最终导致植物中毒。

硬度是表示水中碳酸根离子（CO_3^{2-}）含量的程度。如前所述，随着硬度增加（pH 值增加），如铁等某些离子变得不可用。尤其是在位于钙质和白云质石灰岩地层（calcareous and dolomitic limestone strata）中的地下水中可能含有高浓度的碳酸钙和碳酸镁，这可能高于或等于营养液中所用到的正常水平。

硬水含有钙盐和镁盐。一般来说，这些水和软水一样适合植物生长。钙和镁都是必需的营养元素，通常在硬水中的含量比在营养液中的含量要少得多。大多数硬水含有作为碳酸盐或硫酸盐形式存在的钙和镁。虽然硫酸根离子是一种必需的营养物质，但碳酸根离子不是。在低浓度时，碳酸根对植物无害。事实上，原水中的一些碳酸根和/或碳酸氢根有助于稳定营养液的 pH 值。在大多数水中，所发现的碳酸根或碳酸氢根会导致 pH 值升高或保持高位。因此，有了这些离子，pH 值就不会下降。

这种稳定作用被称为缓冲能力（buffering capacity）。Smith（1987）建议采取这种缓冲措施，即将碳酸根或碳酸氢根含量维持在 30 ~ 50 $\mu mol \cdot mol^{-1}$，以防止 pH 值发生突然波动。对于有很少或根本没有碳酸根或碳酸氢根的高纯原水，他提出可添加一些碳酸钾或碳酸氢钾，以达到该水平，从而提高其缓冲能力。

在使用任何水之前，至少应该对钙、镁、铁、硼、钼、碳酸盐、硫酸盐和氯化物等进行分析。如果正在规划一套大型水培设施，那么应该分析水的所有大量和微量元素。一旦确定了每种离子的含量，就应该相应地添加每种元素的缺少部分，以制成营养液。例如，有些井水镁的浓度很高，所以就没有必要在营养液中加入镁元素。在某些情况下，硼可能过高，较正常需求量（0.30 $mg \cdot L^{-1}$）高出 2 ~ 3 倍或更多，因此必须通过反渗透处理而从水中去除。水中自然发生的溶解盐会随着水的补充而积累起来，经过一段时间，这种积累量将超过植物生长所需的最佳水平，这样则必须更换营养液以避免伤害植物。

营养液中盐的浓度可以用 $\mu mol \cdot mol^{-1}$、毫摩尔浓度（mM）和毫当量每升（$mEq \cdot L^{-1}$）来表示。如第 3 章所述，液体 $\mu mol \cdot mol^{-1}$ 浓度是用溶液中溶质质量占全部溶液质量的百万分比来表示的浓度。毫摩尔浓度单位涉及物质的相对分子质量。1 mol 物质的质量以 g 为单位，在数值上等于相对分子质量，因此通常称为克分子量（gram molecular weight）。1 摩尔浓度（M）的溶液是将 1 mol 的物质溶解在 1 L 的溶液中。毫摩尔浓度（mM）是 1 摩尔浓度（M）的 1/1 000，相当于 1 mol/ 1 000 L 的溶液浓度。

KNO$_3$ 溶液和 KCl 的溶液 K$^+$ 的数量相同，而 KCl 溶液中 Cl$^-$ 的数量与 KNO$_3$ 溶液中 NO$_3^-$ 的数量相同。在营养物质的吸收中，重要的是离子的浓度而不是元素或离子的重量。

当化合物中存在二价离子时，最好使用毫当量每升表示。毫当量每升与毫摩尔单位相似，但涉及的是克当量，而不是摩尔或克分子量。克当量是克分子量除以原子价（离子上的电荷数）的所得数。KCl 等盐的克当量是由单价离子（如 K$^+$ 和 Cl$^-$）组成，其在数量上与摩尔相同，然而，对于像在 K$_2$SO$_4$ 中的二价离子（SO$_4^{2-}$），其克当量在数量上只相当于 1 摩尔浓度的 1/2。因此，K$_2$SO$_4$ 和 KCl 这两种溶液，如具有相同的每升毫当量浓度时，则溶液中 K$^+$ 的浓度相同，但 SO$_4^{2-}$ 的浓度是 Cl$^-$ 的 1/2。利用毫当量每升表达水的主要成分是最有意义的方法，这是对离子化学当量的一种计量方法。

营养液或原水的总浓度有时会根据其潜在渗透压来规定，它是水的可用性或活动性的一种量度。细胞间的渗透压差通常会决定水的扩散方向，渗透压与溶液中溶质粒子的数量成正比，并取决于无机物单位体积的离子数。渗透压通常以标准大气压（atm）为单位表示，在此，1 atm 为 101.3 kPa。

总之，有

$$1 \text{ 摩尔浓度}(M) = \frac{\text{相对分子质量}}{1 \text{ L}}$$

例如，对于 KNO$_3$，化合物的相对分子质量 = 101，故

$$1 \text{ M} = \frac{101 \text{ g}}{1 \text{ L}}$$

对于 KCl，化合物的相对分子质量 = 74.6，故

$$1 \text{ M} = \frac{74.6 \text{ g}}{1 \text{ L}}$$

$$1 \text{ 毫摩尔浓度}(\text{mM}) = \frac{\text{相对分子质量}}{1\,000 \text{ L}}$$

对于 KNO_3，有

$$1 \text{ mM} = \frac{101 \text{ g}}{1\,000 \text{ L}}$$

$$10 \text{ mM} = \frac{1\,010 \text{ g}}{1\,000 \text{ L}}$$

对于 KCl，有

$$1 \text{ mM} = \frac{74.6 \text{ g}}{1\,000 \text{ L}}$$

$$10 \text{ mM} = \frac{746 \text{ g}}{1\,000 \text{ L}}$$

$$1 \text{ 当量}(\text{Eq} \cdot \text{L}^{-1}) = \frac{\text{相对分子质量}}{\text{化合价}}$$

例如，对于 K_2SO_4，相对分子质量 = 174.3，化合价为 2，则

$$1 \text{ 当量}(\text{Eq}) = \frac{174.3}{2} = 87.15$$

$$1 \text{ 毫当量}(\text{mEq}) = \text{当量}/1\,000$$

例如，对于 K_2SO_4，1 毫当量 = 87.15/1 000 = 0.087 15，则

$$1 \text{ 毫当量每升}(\text{mEq} \cdot \text{L}^{-1}) = \text{当量}/1\,000 \text{ L}$$

$$1 \text{ mEq} \cdot \text{L}^{-1} = \frac{\mu\text{mol} \cdot \text{mol}^{-1}}{\text{当量}}$$

例如，100 $\mu\text{mol} \cdot \text{mol}^{-1}$ 的 SO_4^{2-}：SO_4^{2-} 的当量为 96/2 = 48；1 mEq·L^{-1} = 100/48 = 2.08。

有人已经利用盐水进行过作物水培的研究。Schwarz（1968）研究

了使用总盐浓度为 3 000 μmol·mol^{-1} 的盐水的可能性。品种的耐盐性、发育阶段、原水中所缺营养物质的添加量及灌溉频率等都是使用盐水时需要考虑的因素。由 0.4 atm 渗透压所表示的浓度被推荐为最有利于热带地区番茄植株发育的浓度。

盐水就是含有氯化钠的水。高盐水可用于水培，但需要考虑一些因素。可栽培的植物仅限于耐盐和中等耐盐的品种，如康乃馨、番茄、黄瓜和生菜。即使在耐盐的种类中，其品种的耐盐程度也可能会有所不同。种植者应该进行自己的品种试验，以确定最耐盐的品种。然而，当前由于 RO 设备已经很容易获得，所以最好使用这种方法除去水中的盐分，尤其是在规划规模化温室的时候。

耐盐性还取决于植物的生长期。例如，目前还没有研究结果表明成熟黄瓜能够逐渐适应盐碱环境，然而，Schwarz（1968）指出，起初在无盐条件下所培养的黄瓜可被浇灌以盐分逐渐增加的溶液，直至达到所需要的浓度。植物越小，就越容易适应含盐环境。另外，该学者报道称，番茄和黄瓜在盐水中发芽的时间通常比在非盐水条件下要长 20% 左右。对于不同的植物种和品种以及营养液的含盐量水平，植物在盐碱条件下可能会减产 10% ~ 25%。例如，上述学者研究发现，当水中含有 3 000 μmol·mol^{-1} 的盐时番茄和生菜减产 10% ~ 15%，而黄瓜减产 20% ~ 25%。总溶质浓度（具有高渗透压）由于会导致吸水率下降，因此是盐溶液抑制植物生长的原因。同样是上述学者发现，与长时间的中等高渗透压（4 ~ 5 atm）相比，短时间内的极高渗透压（超过 10 atm）的破坏更小。盐中毒的症状一般表现为生长受阻、叶片较小而颜色较深、边缘叶烧伤，并伴随有植物组织发蓝和褪色。

高盐可抑制某些离子的吸收。高浓度的硫酸盐会促进对钠的吸收（导致钠中毒），减少对钙的吸收（导致钙缺乏，特别是生菜），并影响钾的吸收。营养液中的高钙浓度也会影响钾的吸收。高总盐含量被认为会影响番茄对钙的吸收，导致其出现"脐腐病"的症状。盐环境会降低某些微量元素的有效性，尤其是铁，所以必须添加更多的铁。除了氯和钠的毒性外，硼的毒性在一些盐水中较为常见。

另外证明，盐水对黄瓜和番茄生长在一定程度上有利，即与用淡水溶液培养相比较，用盐水培养所结出的果实味道会更甜。同时，利用盐水培养，生菜的结球部分会更为紧实，而康乃馨的花期持续时间会更长。再者，在盐液中培养的植株对锌和铜的耐性明显要高，这样，以前被认为对植物具有毒性的锌和铜的浓度现在则可能不会引起伤害。

■ 4.3　灌　溉

灌溉周期的频率取决于植物特性、植物生长期、气候条件（温室），特别是光照强度、昼长和温度，以及基质的类型。

那些叶片丰富且多汁的植物需要更频繁的灌溉，因为它们通过蒸散会损失水分。叶面积越大，它们消耗的水分越多。随着植物的生长，会产生大量的叶片冠层和结出果实，因此它们对水的需求量也逐渐增加。在高光强并普遍伴有高温的温室条件下，特别是夏季，植物的蒸散速率将大大增加，而吸水速率也显著增加。正如 3.8.5 小节所指出的，研究人员已经发现，在中午时间段，一株成熟的黄瓜每小时可能会吸收多达 230 mL 的水分。

基质的持水性是决定灌溉频率和持续时间的一个因素。较细的基质，如椰糠、泥炭、泡沫或岩棉与较粗的基质，如锯末、珍珠岩、蛭石、沙子或砾石相比，能保持更多的水分。水培系统，如营养液膜技术，必须能够持续不断地运转以提供足够的水分。在这种情况下，如果营养液被停止流动，则仅在植物根部的种植垫中保留部分水分。粗基质在一天中可能需要每小时浇灌 1 次，而细基质如椰糠和泥炭在类似条件下每天只需要灌溉 1~2 次。

灌溉周期的频率和持续时间都很重要，灌溉周期的频率必须足够高，以防止在各个周期之间出现水分亏缺，但周期间隔必须足够长，以确保基质能够充分排水，从而使植物的根系能够接触到更多氧气。植物枯萎表明可能缺水。然而，由疾病、害虫或缺氧引起的根梢枯病也会导致萎蔫，所以在发生萎蔫时，一定要检查根部的健康状况。健康的根会呈现出白色、坚挺和纤维状，而不应出现根段或根尖的褐变。

任何给定的灌溉周期持续时间必须能够保证足够的基质渗滤。对于一些较细的基质，如泡沫或岩棉，需要 20%~30% 的径流量来冲刷基质中的过量养分。如果省去此步骤，盐含量将会增加从而导致植物生长缓慢甚至中毒。在接下来的章节中，详细介绍每种类型的水培系统。

■ 4.4　栽培床中营养液注入

如前所述，营养液必须为植物提供水、营养和氧气。灌溉频率取决于基质特性、作物大小和天气条件。为了在每个灌溉周期中最有效地向植物提供所需的水分，则营养液必须能够均匀地加湿栽培床，并能够完全而迅速地排干，以便植物根部能够获得氧气。

营养液泵送的频率细节将在关于每种无土栽培系统的章节中予以深入讨论。在任何情况下，游离水都不能留在基质中。孔隙（颗粒之间的气象）应该充满潮湿的空气，而不是水，以使根部周围保持高浓度的氧气。在大多数系统中，灌溉都主要应当在白天进行，而在夜间则很少或根本不这样去做（要根据栽培基质的情况而定）。理想情况下，基质中的水分含量可以通过反馈系统保持在最佳水平。例如，在这样的一套系统中，可在其基质中放置一台湿度感应装置，如一台张力计或一支电极。将该装置与一套电路相连而启动一个阀门或一台水泵，这样当湿度低于预设水平时则进行灌溉。通过这种途径，最佳水分条件就能够被保持在一个相当小的变化范围内。

Broad（2008a、b）阐述了太阳辐射和灌溉之间的关系，他认为太阳辐射是植物蒸腾的主要驱动力。另外指出，只有70%的阳光进入温室。在植物接收到的70%的光中，其中有30%被再反射，这样植物实际只吸收了约50%所接收到的太阳光（70%×70%），并将其用于蒸腾作用。因此，对于大型的蔓生作物，约20%（30%×70%）的太阳能被用来加热温室空气。

在温室培养中，营养液与植物根接触时的温度应保持在15.5～18℃。在系统较小时，可在营养液储罐中放置浸入式加热器来加热营养液。近期实验表明，通过对营养液进行加热，则可以降低室温而保存温室中的热量。在冬季，对于番茄等部分作物，假设使根区栽培基质的温度较夜间气温能高出几度，那么这些植物则应当会生长得更好。然而，在任何情况下，都不应将加热线或电加热电缆放置在栽培床内，因为这样的放置会导致加热元件周围出现局部高温，从而损伤植物根部。

■ 4.5　基质消毒

当在任何基质中进行植物长期栽培时，土壤中所携带的致病微生物就会在基质中进行积累，那么疾病发生率就会随着每次连作（successive crop）而增加。有时，可能会连续种植几茬作物而在每茬之间均未消毒，然而，最好的做法是在每茬结束后都应该对基质进行消毒，以便阻止可能的疾病携带与传播发生。最常用的消毒方法是利用蒸汽和化学药品。

如果温室是由中央热水系统或蒸汽锅炉加热，那么利用蒸汽消毒将是最经济的。在锅炉上安装有蒸汽转换器，蒸汽管通向温室，并在每张栽培床上都有出口。在每张床的中央都有一条蒸汽管道，上面覆盖着帆布或一些耐热材料。然后，使蒸汽沿着栽培床的纵向长度以 82 ℃ 注入至少半小时。这种表面蒸汽加热对锯末床的有效深度为 20 cm，但对 3 : 1 沙子 – 锯末混合物的有效深度只有10 cm。如果表面蒸汽加热效果不佳，可以在栽培床的底部安装永久性空心砖或穿孔刚性管道，通过它们可以注入蒸汽。

另外，也可以用一些化学药品代替蒸汽进行消毒，但要记住，其中一些化学药品对人体有毒，因此只能由经过培训的人员使用。在所有情况下，应遵守制造商规定的预防措施。甲醛是一种很好的杀菌剂，但在杀死线虫或昆虫方面并不可靠，将 3.785 L 商品福尔马林（含量为 40%）和 189 L 水的混合物以 20.4 ~ 40.7 L·m^{-2} 的比例作用于基质。对所被处理的区域应立即用密封材料覆盖 24 h 或更长时间。处理完毕后，应在种植前留出约 2 周的时间进行干燥和晾晒。

氯化苦（Chloropicrin，也称三氯硝基甲烷）可作为液体而利用注入器向 8 ~ 15 cm 深的孔中加入 2 ~ 4 mL，间隔为 23 ~ 30 cm，或以 176.7 mL·m^{-3} 的比率用在基质上。氯化苦变成气体会穿透栽培基质。在栽培基质表面洒水，然后用密封材料覆盖 3 d。在种植前，需要 7 ~ 10 d 对栽培基质进行彻底曝气。氯化苦对线虫、昆虫、杂草种子、萎黄病菌和大多数其他耐药真菌有效。氯化苦烟雾对活的植物组织有剧毒。溴甲烷（methyl bromide）可以杀死大多数线虫、昆虫、杂草种子和一些真菌，但不会杀死萎黄病菌。溴甲烷不再可用，因为已被禁止用于农业。

威百亩（Vapam）是一种水溶性的熏蒸剂，可以杀死杂草、大多数真菌和线虫。该杀菌剂作为喷剂可通过灌溉系统或注入设备而被均匀喷洒到基质表面，用法是将 0.95 L 的威百亩溶解于 7.6～11.4 L 的水中，然后将溶液均匀喷洒在面积为 9.3 m^2 的基质上。在完成喷洒后，再用水对威百亩进行密封，这样，待两周之后则可以在此进行种植。

棉隆（Basamid），一种颗粒状的土壤熏蒸剂，能杀死正在发芽的杂草种子、土壤真菌和土传线虫。在基质被种植后，用撒肥机均匀地将其施于基质表面，以消除任何压实，从而使化学物质进入栽培基质中的所有空隙。使用前，应清除未分解的根和植物残渣。处理前 5～7 d，应保持适合种子发芽的土壤湿度。每 100 m^2 使用 3.25～5 kg，使用后，棉隆进入栽培基质的深度可达到 15～23 cm。

待处理完成后，立即用滚筒对栽培基质进行压实而将化学品密封，并用聚乙烯膜覆盖被处理的区域。当温度高于 18 ℃时，5～7 d 后可以将栽培基质进行暴露并进行种植。在较低温度下，被覆盖的时间可以是 2～4 周。根据温度（超过 18 ℃，10 d；8 ℃，30 d）来决定是否揭开覆膜。最后，在盛有基质样品的罐子中对水芹或生菜种子进行发芽，以测试基质的基本特性。一旦种子在样品中均匀发芽，则可以放心种植。

在砾石培养系统中，可以使用普通的漂白剂（次氯酸钠或次氯酸钙）或盐酸。在水罐中配制浓度为 10 000 $\mu mol \cdot mol^{-1}$ 的有效氯，并对栽培床进行半小时的彻底湿润。在种植前，必须对栽培床用清水进行彻底滤过，以消除氯气。

参考文献

［1］ BROAD J. Greenhouse environment control, humidity and VPD ［C］//

6th Curso Y Congreso Internacional de Hidroponia en Mexico, Toluca, Mexico, Apr. 17 - 19, 2008.

[2] BROAD J. Root zone environment of vine crops and the relationship between solar radiation and irrigation ［C］// 6th Curso Y Congreso Internacional de Hidroponia en Mexico, Toluca, Mexico, Apr. 17 - 19, 2008.

[3] SCHWARZ M. Guide to Commercial Hydroponics ［M］. Jerusalem: Israel University Press, 1968.

[4] SMITH D L. Rockwool in Horticulture ［M］. London: Grower Books, 1987.

[5] STEINER A A. Soilless culture ［C］// Proc. of the 6th Coll. Int. Potash Inst., Florence, Italy, 1968: 324 - 341.

[6] VICTOR R S. Growing tomatoes using calcareous gravel and neutral gravel with high saline water in the Bahamas ［C］//Proceedings of the 3rd International Congress on Soilless Culture, Sassari, Italy, May 7 - 12, 1973: 213 - 217.

第 5 章

深水培和雾培技术

■ 5.1 简 介

在所有的无土栽培方法中，按照定义，水栽培技术（water culture）才是真正的水培技术（hydroponics）。水栽培技术包括雾培技术（aeroponics）。在雾培系统中，植物根系被悬浮在一个封闭的暗室中，并在暗室中定期喷洒营养液，以保持100%的相对湿度。在水栽培技术中，植物的根被悬浮在液体培养基（营养液）中，而它们的冠层由聚苯乙烯泡沫塑料（Styrofoam）绝缘盖支撑（如筏式栽培），或由塑料盖支撑（如NFT）。NFT是一种水栽培技术的形式，其中植物根被包含在一个相对较小的通道中，而溶液的"薄膜"穿过该通道。为了成功运行，必须满足以下植物的若干要求。

（1）根系通气。其可以通过以下两种方式来实现：第一，利用泵或压缩机强制曝气，通过被放置在栽培床底或营养液储罐中的多孔管或气泡石将空气注入营养液中；第二，营养液通过泵在各个栽培床中循环，然后回到营养液储罐。当营养液返回营养液储罐时，在栽培床的末端放置一系列挡板而使其通气。通常一个长为 3.5 m 而营养液深度为 10～15 cm 的栽培床，每小时需要完全循环 1～2 次营养液（如筏式栽培系统，raft culture system）。将营养液泵入栽培床，并持续不断地通过植物的根部，以取得最佳效果。这样，新鲜曝气溶液将与植物根部持续接触。

（2）保持根区黑暗。在白天，当根被暴露在阳光下时植物也能正常生长，只要将根部的相对湿度保持在 100%。然而，光会促进藻类生长，而藻类会竞争营养物质、降低营养液酸度、产生气味、在夜间从营养液中竞争氧气并分解产生有毒物质，从而影响植物生长。因此，为了抑制藻类生长，需要用不透明材料制造或覆盖栽培床。

（3）植株支撑。在 NFT 下，可以使用聚苯乙烯泡沫塑料板或塑料盖板来支撑植株。这样将会阻止光线进入营养液，而且聚苯乙烯泡沫塑料也可以作为高温绝缘屏障。

■ 5.2　跑道式、筏式或浮动式水培技术

美国亚利桑那大学的 Merle Jensen 博士，在 1981—1982 年，开发了一个跑道式生菜生产系统，并预计这样一套系统每年每公顷可以生产 450 万株生菜。

该系统由相对较深（15～20 cm）的栽培床组成，其中含有大量

的营养液。栽培床中的营养液流动性小,循环速率仅为 2 ~
3 L·min^{-1}。栽培床的尺寸大约是宽 60 cm × 深 20 cm × 长 30 m (图
5.1)。这样一张栽培床的体积为 3.6 m^3,相当于 3 600 L。因此,以
2 ~ 3 L·min^{-1} 的速率通过每一张栽培床的交换率为 1 m^3·d^{-1}。在栽
培床流出的营养液经过 4 000 ~ 5 000 L 的营养液储罐而实现循环。罐
中溶液通过气泵充气,通过制冷装置冷却,然后再被泵送回到每张栽
培床的远端。

当营养液回到栽培床时,要经过一台紫外线杀菌器 (图 5.2)。这
些杀菌器是由几家公司生产的 (附录 2),通常用于饮料、啤酒、酿酒
厂、水产养殖、服装染料和化妆品等行业,而且现在有专门为商业温
室应用设计的杀菌器。这种杀菌器对许多细菌、真菌、病毒和原生生
物 (如线虫) 都能起到很好的灭杀作用。Mohyuddin (1985) 进行了
紫外线灭菌器对温室作物常见病原真菌和非病原真菌的消杀有效性评
估,证明该装置能够显著降低或消除水溶液中的以下真菌:贵腐霉菌
(*Botrytis cinerea*)、芽枝孢霉 (*Cladosporium sp.*)、镰刀菌 (*Fusarium
spp.*)、核盘菌 (*Sclerotinia sclerotiorum*) 及黄萎轮枝霉 (*Verticillium
albo – atrum*)。

根部感染腐霉菌 (*Pythium*) 会引起植物生长受阻 (图 5.3)。对营
养液进行紫外消毒并不能够杀灭这种病原体。因此,只有利用浓度为
10% 的漂白液对所有栽培床、管道和储箱等在种植间隙进行消毒,才能
够控制住这种病原体。

图 5.1　Bibb 生菜的筏式栽培系统

注：左上角从左至右依次为被移植 4 d、3 d、2 d、1 d 后的生菜。

右边的第一个栽培床刚被收获，第二个正被清理，第三个将被进行移植。

图 5.2 筏式水培系统

注：在左边酸液和母液储罐（各自均带有注射器）的前面是制冷装置，

中间是循环泵，右边是紫外线杀菌器。

图 5.3 Bibb 生菜的腐霉菌感染情况

注：右边为健康植株，左边为受感染的植株。可以看出，

健康植株和受感染植株的叶球和根系存在生长差异。

这些消毒装置的费用随其消毒能力而异。能有效处理的水量越大及单位面积越大，则价格越高。一般情况下，小型消毒装置的价格基本在 3 000～5 000 美元，而针对大面积温室的大型荷兰生产的消毒系统会远远超过 50 000 美元。

使用紫外线杀菌器的一种副作用是对少量微量营养元素的影响。Mohyuddin（1985）发现，经过 24 h 的消毒，营养液中的硼和锰含量降低了 20% 以上。不过，对铁的影响最为显著，即铁被以水合氧化铁的形式析出。几乎全部的铁都受到了影响。例如，铁沉降在消毒器的涂层管道（coated lines）和石英套筒上，因此就会导致紫外线传输率下降。可用过滤器将这种沉淀物除去。在紫外线消毒器中注射双氧水进行清洗也能够提高其效率。在紫外线消毒过程中，营养液中的铁流失必须在下游通过添加铁螯合剂来补充。

在返回管路中，由传感器对 pH 值和电导率进行测量。可自动注入硝酸、硫酸、磷酸或氢氧化钾，以用来调整 pH 值。所有这些变量都由如 Argus 或 Priva 电脑控制器进行监测与调节（附录 2）。同样，通过加入来自两个独立母液储罐（图 5.2）中的硝酸钙和剩余营养元素的混合物来提高电导率，使其电导率值保持在 $1.2～1.3$ mS·cm^{-1}。

目前的一种标准做法是，在筏式栽培系统中种植生菜时，通过使用营养液储罐中的制冷装置（图 5.2）将营养液温度保持在 18～23 ℃。在沙漠和热带地区，这种对营养液进行冷却将会延迟生菜的抽薹（结籽）。

5.2.1　中小型规模化筏式水培系统

欧洲 Bibb 生菜，是由美国佛罗里达州霍夫曼水培有限公司（Hoppmann Hydroponic，ltd.）在超过 43 ℃ 的温室中，通过采用在营养液储罐中装有水冷装置的浮动式栽培系统（也叫筏式栽培系统）来进行规模化种植的。同样，在加勒比海英属西印度群岛安圭拉岛的美膳雅度假村（CuisinArt Golf Resort & Spa）的水培农场，各种生菜在32 ℃的气温下生长，使用如图5.2所示带有制冷装置的筏式水培系统，并将营养液温度保持在18 ℃。植株根与上部的温差可以抽薹延迟3~4 d，还可以减少腐霉菌等真菌感染。

通过水冷却机组，对营养液进行冷却、曝气和循环。它们有1/6 hp、1/2 hp和1 hp机组。1 hp机组能够在2~21 ℃的温度范围内冷却3 800 L左右的水。对于营养液，应该采用带有不锈钢传动轴、蒸发器管和循环叶片的机组。

采用霍夫曼水培法，在移植后的栽培床上以30~34 d为周期生产Bibb生菜（图5.4~图5.6）。生菜可以用岩棉块和Jiffy球播种，也可以直接在塑料播种盘的泥炭混合栽培基质中播种。尽管被放置在240托盘中的岩棉块易于通过自动播种机播种，但岩棉培的成本要高于采用被装于273托盘中泥炭混合物的成本，在后一种托盘中也可以采用丸粒化种子进行自动播种。

应将幼苗在12~14 d株龄时移植到栽培床上。可以在底部利用毛细垫为育苗盘（图5.7）进行灌溉，由此则可以避免从顶部浇水，因为这样会在热带和沙漠地区的极端日照条件下烧伤幼苗。在幼苗子叶展开时，应该用被稀释过的营养液（简称稀营养液）进行灌溉。在播种作物间隙（12~14 d），可利用10%的漂白剂对毛细垫进行消毒，以杀灭藻类、真菌孢子和蕈蚊等昆虫。

图 5.4　移植 6 d 后的生菜幼株外部形态

注：栽培床的营养液入口管位于前方。

另外，在第一块筏板上装有挂钩以方便收获时拉近筏板。

图 5.5 移植 12 d 后的生菜植株外部形态

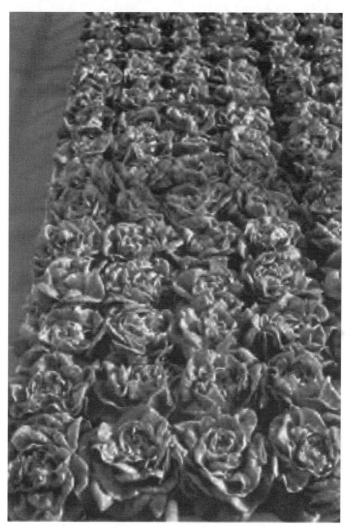

图 5.6　移植 32 d 后的生菜植株外部形态

图 5.7 未被移植前 10 ~ 12 d 株龄的生菜幼苗外部形态

每天都进行播种和移植操作，这样可实现连续生产。在日落后的深夜进行移植将会保证植物有时间适应第二天的全光照条件。如果移植体是裸根状态，就像生菜被播种在泥炭基质中这样的情况，那么这一点就尤其重要。移植时，首先将裸根植物放在纸托中；然后将纸托放在直径为 2.5 cm 的聚苯乙烯泡沫塑料"筏"板的开孔中（图 5.8）。

图 5.8　生菜幼苗正被移植进筏板上直径为 2.54 cm 的开孔中

现在，首先将植物种植在泥炭混合物（pearlite，泥炭岩）中；然后再定植在筏板上的技术已被淘汰，因为在移植期间可以更为方便地利用岩棉块或酚醛泡沫块（Oasis Cubes）来保护根部而使之免受伤害。这些栽培块可被放在一个普通的塑料"平地"上，而不是放在盛有泥炭岩基质的毛细垫托盘中。

在大小约 4 500 m² 或更小的温室中，最常见的筏式栽培系统是利用被并排放置在温室的整个地面上的跑道式栽培床，就像霍夫曼水培公司所使用的那样。从温室的长度方向看，这些栽培床大约宽61 cm。例如，一个长度为36.5 m的温室，其可用长度大约是33 m，在栽培床里放置有2.5 cm×15 cm×61 cm大小的聚苯乙烯泡沫塑料"浮板"或"筏板"（图5.9）。如果需求量大，可以订制特定尺寸的聚苯乙烯泡沫塑料板。将这些泡沫塑料板分割成所需要的尺寸，并在上面开洞以便放置植物。目前来看，在房屋建筑中用到的高密度"瑞福特（RoofMate）"材料（蓝色）是最为合适的。

图5.9 支撑4棵旺盛生长生菜植株的"筏板"局部外观图

筏板将营养液隔离在栽培床的下面，并且是一个可移动的移植和收获系统。在炎热气候中，保持较低的营养液温度（最佳温度为21 ℃）是防止生菜抽薹的主要措施。事实上，我们发现在加勒比海安圭拉岛上美膳雅水培农场中，在大气温度为32～35 ℃的情况下保持营养液的温度大约在18 ℃时，则可以使生菜延迟4～5 d抽薹。将冷却器置于营养液储罐中，在此，将经过冷却的营养液传送到装有大量营养液的栽培床，进而对这些营养液进行一定程度的冷却。

采用筏板，简化了收割过程。在栽培床中的筏板下放置一根绳子，使之连着三四个铁丝钩，而这些铁丝钩又沿着整个栽培床的长度方向连着筏板的几个地方，从而可以在温室的收获端由船绞车（boat winch。又称卷板机）拉近（图5.4和图5.10）。筏板使成熟生菜植株在栽培床内原地漂浮，并且通过堵塞营养液循环系统的回流管而致使在收获前能够提高栽培床内的营养液水平，从而达到更好的漂浮状态，这样就进一步方便收获。

图5.10　用于拉近筏板的一台船绞车外观图

在移苗期间，当将幼株置入筏板后，则将这些板从收获端沿着栽培床往前推动（图5.8）。长着生菜的一长排浮动的筏板很容易被移动。

在作物种植间期，筏板必须经过清洗和消毒，即首先用水冲洗，然后用10%的漂白剂进行浸泡。同样，在每次收获后，必须对栽培床进行排水和清洁（图5.11）。栽培床被洗净后，需要制备新营养液，并为当天移植做好准备。

图5.11　在作物种植间期清理栽培床

播种、移植和收获必须协调一致，才能形成连续的每日循环。根据光照和温度条件，Bibb生菜在栽培床中的生长期可能在28~35 d。在亚热带、热带和沙漠地区的阳光充足，平均日照时长在14~16 h，因此每年可以收获10~12茬作物；而在温带地区，阳光较弱，在冬季一天的日照时长大约为 8 h 或更少，所以每年只能收获 7~8 茬作物。在温带地区，冬季作物可能需要 13 周（从播种到移植需要 40 d），而夏季作物需要 5 周（从播种到移植需要 12 d）。如补充以人工光照，则可将冬季播种至移植的时间缩短一半左右。

将采收后的生菜装在塑料袋中。一些种植者包装时会在植株上留下长约 2.5 cm 的根，以用来延长保质期。然而，有些有可能不喜欢保留的根。而且，在亚利桑那州带根包装并未增加保质期，却反而增加了体积和重量，并由此增加了运输成本。一般情况下，在一箱中装 24 棵生菜。

这种跑道式系统能够最大限度地利用温室的地面空间来生产生菜或其他矮生植物。例如，占地约 4 047 m^2 的温室，前后过道分别为 2.4 m 和 0.6 m，约每 8.84 m 的长度（上面布有 11 套栽培床）上留有约 0.6 m 宽的进出通道，可用生产面积为 3 439 m^2，即温室的地面面积利用率为 84%。在这样的种植面积上，每茬可以生产 112 100 株生菜，这相当于每平方米温室面积可以生产 28 株生菜。

针对小型温室结构，如面积为 9 m×36.6 m，那么筏式栽培技术的另外一种用法是建造内部尺寸大小为 2.4 m×33 m 的栽培床。这样就适合在栽培床内使用标准的 1.2 m×2.4 m 型聚苯乙烯泡沫塑料筏板。这些筏板应该被分割为两半，以便在移植和收割时更容易操作。栽培床可以由混凝土块或木材建造，以达到至少 20 cm 的深度。利用 0.5 mm 厚的泳池用乙烯基塑料作衬里来盛装营养液。每张栽培床的容积约为 11 355 L。沿着床的长度方向放置气泡石，以给溶液通气。这些气泡石可被通过多歧管连接到气泵上。如果需要降低溶液温度，也可以在每张栽培床内安装一台冷却器。在每个温室中布有三张栽培床，在它们之间均留有约 0.6 m 的过道。如果采用 15 cm×15 cm 的株距，那么在每块

1.2 m×1.2 m筏板上可以种植64株生菜或罗勒。一张栽培床可容纳27块整板或54块半板，可容纳3 456株植物。

在池塘中，可开展小规模的筏式栽培，池塘的尺寸为1.2 m的倍数，因为聚苯乙烯泡沫塑料板的尺寸为1.2 m×2.4 m。如上所述，为便于操作，将板对半切开。每块栽培板可容纳64株生菜（图5.12）。

图5.12　上面种植64株生菜的聚苯乙烯泡沫塑料板部分外观图

在安圭拉的美膳雅水培农场建造了两个池塘，它们的尺寸分别为6 m×9.8 m和6 m×4.9 m。池塘的侧壁由两层混凝土砌块构成，深度为30 cm。池塘的底部向一个角落倾斜，在此安置有一台循环泵和两台冷却器（图5.13）。最初，该池塘是用0.5 mm厚的乙烯基塑料作衬里。然而，由于池塘不是长方形，而是有内外角，所以很难密封而导致不断地从衬里处漏水。因此，后来不得已去掉了乙烯基塑料衬里：首先，用铁丝网在底部浇筑带有铁丝网的混凝土，并对侧壁块进行勾缝处理；然后，用如Thoroseal品牌等的混凝土封口剂（一种黏稠糊状物）进行处理;最后,涂上一层用于处理地基的沥青底漆。重要的一点是使池塘变为矩形,以使内部角落允许使用乙烯基塑料衬里。循环泵与一根直径约为 5 cm 的 PVC 管相连,而 PVC 管位于池塘四周的内角底部,而所具有的三通上每隔约 0.6 m 安装一个直径约为 0.63 cm 的减径管,从而使营养液不断充气和混合,如图 5.13 和图 5.14 所示。

图 5.13 带有冷却器的循环泵外观图

待连续种植两茬后,用 10% 的漂白剂清洗池塘。首先将池子排干,然后移走带有幼苗的生菜筏板,并将该筏板根对根堆放(图 5.14)。这样,当清理池塘的时候,水分就能被保持在根系中。此外,每隔 0.5 h 还可以洒些水,以防止它们干燥。

使用背携式喷雾器喷洒漂白剂溶液,并且用拖把清洁池塘(图 5.15)。首先使消毒液流经循环管道而冲洗系统;然后用清洁水进行冲洗;最后,重新注满池塘并添加营养液,清洗和更换营养液需要 1 ~ 2 h。

图 5.14　带有三通的周边混合管局部外观图

注：背景为堆叠的栽培板。

图 5.15　对生菜栽培池进行消毒

5.2.2　大型规模化筏式水培系统

　　在大型规模化筏式栽培技术领域的世界领先者是 Hydronov 公司，其总部位于加拿大魁北克省。1982 年，他们成立 Bioserre 公司，1987年成立位于魁北克省米拉贝尔市的海卓诺米拉贝尔公司（Hydroserre Mirabel 公司），其温室面积被扩大到了 27 000 m²。1992 年，二期又扩大了 20 000 m²，如图 5.16 所示。1995 年，他们成立了一个子公司，即 Hydronov 公司，用于在北美、墨西哥和世界其他各地推广他们作为交钥匙工程的水培技术"浮筏栽培技术"（Floating Rafts Growing Technology）。

图 5.16　加拿大魁北克省米拉贝尔 Hydroserre Mirabel 公司的温室整体俯视图

1998 年，Hydronov 公司与深圳常绿蔬菜有限公司（Shenzhen Evergreen Vegetable Co. Ltd.）、1999 年与北京常绿蔬菜有限公司（Beijing Evergreen Vegetable Co. Ltd.）成立合资企业。作为合资企业，他们在中国深圳建立了一个栽培面积为 15 000 m² 的温室，并在北京建立了另一个栽培面积为 15 000 m² 的温室（图 5.17）。

图 5.17　上海常绿蔬菜公司建成栽培面积为 15 000 m² 的温室

2000 年，该公司将加拿大魁北克省的业务扩展为 Hydroserre Mirabel 公司三期，占地面积为 230 000 m²。2001—2003 年，在中国继续发展更多的业务：上海常绿蔬菜有限公司位于中国上海，建成占地面积为 15 000 m² 的温室；大连华绿蔬菜有限公司位于中国大连，建成占地面积为 15 000 m² 的温室；沈阳环际精品蔬菜有限公司位于中国沈阳，建成占地面积为 10 000 m² 的温室。

2003—2008 年，该公司在墨西哥莱昂市成立全生命水培温室公司（Omnilife Hydroponic Greenhouses），并建成 52 000 m² 的温室；在日本广岛成立日本种植园公司（Japan Plantation Co. Ltd.）建成面积为 15 000 m² 的温室；在中国沈阳建成栽培面积为 10 000 m² 的温室；2007 年，

Hydroserre Mirabel 公司在田纳西州利文斯顿拥有占地 50 000 m² 的温室。之后，该公司还在魁北克省继续扩建其他两个占地 1 000 m² 的项目。Hydronov 公司在世界范围内建成的温室总面积接近 300 000 m²。它们目前正在计划在斯洛伐克、加拿大阿尔伯塔省、加拿大不列颠哥伦比亚省、法属马提尼克岛和中国曲靖等地的其他项目。

尽管该公司主要进行叶类生菜的生产，然而目前也正在培养越来越多的香料类植物，而且扩大到水产养殖领域，也就是将养鱼与水培结合在了一起。该公司生产的大多数生菜品种为比伯（Bibb）或波斯顿（Boston），但也生产多种欧洲型的叶用生菜品种。例如，红绿橡树叶（Red and Green Oakleaf）、罗莎红（Lollo Rossa）、罗莎绿（Lollo Bionda）、八达维亚（Batavia）和罗曼（Romaine）等。其他蔬菜包括意大利罗勒、紫罗勒、西洋菜（watercress）、细叶芹（chervil）、芝麻菜（arugula）、欧芹（parsley）、苋菜（amaranth）、水菜（mizuna）、芜菁（Asian greens）以及若干药用香料植物。

Hydronov 公司称，它们的产量达到了每年 500 株·m⁻²（200 g·株⁻¹），并且它们将其与大田生产的 36 株·m⁻² 和普通温室土壤生产的 108 株·m⁻² 进行了比较。

它们系统的主要优点是通过机械化将植物从种植区移到收获区，或从播种区移到移植区。操作人员不必弯着腰去干活，这样就避免了背部受伤。将筏板上的植物从漂浮的生产区移到专门为播种、移植、收割、包装和冷却而设计的机械传送带区域。由于作物、包装类型和机械化水平等不同，每 10 000 m² 需要的工人数量从 5 人到 15 人。种植过程如下。

（1）播种。种子由机械播种机播种到位于塑料平板内的酚醛泡沫板中。首先向盛放酚醛泡沫板的托盘内浇水；然后将该托盘运输到浮动种植台系统，在此向位于育苗盘下方的聚苯乙烯泡沫塑料板进行移植，并用高架吊杆灌溉机进行灌溉，如图 5.18 和图 5.19 所示。这是萌芽阶段。

图 5.18　给被播种后的酚醛泡沫塑料板进行首次浇水

图 5.19　在浮动工作台系统上已被播种的生菜托盘外观图

（2）移植。幼苗一旦发芽形成（4～6 d，形成第一片真叶）：首先应将其移植到聚苯乙烯泡沫塑料筏板上；然后将其放置在浮式筏板栽培系统中。在这个阶段，它们之间的距离非常近，每个约 0.6 m×1.2 m 的筏板上具有 288 株幼苗，如图 5.20 和图 5.21 所示。

图 5.20　将位于方块中的幼苗移植至含 288 个穴的聚苯乙烯泡沫塑料筏板上

第二阶段移植处于第三片真叶期，在播种后 10～12 d，确切的时间取决于天气情况。在光照充足和温度较高的情况下，生长期可能会缩短几天。在图 5.21 中，前面的植物比后面的植物要小得多。第二期植株同样被移植到 0.6 m×1.2 m 尺寸的筏板上，但上面有 72 株幼苗（6×12 株）。这是在移植站完成的，然后通过传送带将筏板移动到筏板池，第二期被移植的作物则在这里生长，如图 5.22～图 5.24 所示。

图 5.21　被移植后的第一期位于筏板上的幼苗

图 5.22　将第一期的植株移植至第二期的筏板（每板 72 株）

图 5.23　将第二期移植植株通过传送带运输到筏板池

图 5.24　位于筏板栽培池的第二期移植幼苗

在植株进入第四真叶期后开始进行最后一次移植，这个阶段处于从播种后的第 18 ~ 21 d，或上次移植后的 8 ~ 10 d，这取决于天气条件（图 5.25 和图 5.26）。在这个阶段：首先在每个约 0.6 m × 1.2 m 的筏板上放置 18 株植物（3 × 6 株）；然后将筏板运送到最终的筏板栽培池，在这里再培养 24 ~ 30 d；最后在播种约 45 d 后开始收获（图 5.27）。

图 5.25　适于被移植到最终栽培板的二期幼苗的外部形态

（3）收获。从筏板上收获成熟的生菜，然后将其放置到传送带，再把筏板送到包装间（图 5.28），通过一个专门的绞车把筏板拉向末端。输送系统中含有水，这样筏板在被下面的链条拉动时可以漂浮，如图 5.28 和图 5.29 所示。在包装间，将生菜从筏板上取出、修剪或者放在另一条传送带上而将其送达装箱区，或者立即在同一个操作台上进行装箱，如图 5.30 和图 5.31 所示。一旦将生菜装箱，就把它们运送至快速冷却（真空冷却）室，然后运入冷藏室（图 5.32）。如图 5.31 和图 5.33 所示，将筏板通过传送带从包装区移动至清洗区，之后将筏板运回到温室的种植区域，从而使之用于新一轮的栽培周期。

图 5. 26 最后移植到每板栽培 18 棵植株的筏板上

图 5. 27 在播种后 45 d 左右的可采收生菜植株

图 5.28　收获生菜栽培筏板并将其放入传送带系统以便运往包装间的过程

注：通过绞车系统拉动筏板从栽培池向收获端移动。

图 5.29　生菜搭乘传送带运输系统到达包装间的过程

注：筏板通过绞车系统拉动而到达生菜栽培池的收获端。

图 5.30　包装间内部局部图

注：生菜被从筏板上取下并放入包装箱。

图 5.31　将生菜从筏板取下并在包装区进行装箱的过程

注：筏板清洗机位于左侧。

图 5.32　移动经过一台真空冷却器的装箱生菜

图 5.33　筏板清洗＋消毒机

将营养液循环到处理区，并利用营养液母液注肥器对其进行 pH 值和 EC 调节，如图 5.34 所示。在图 3.35 中给出一种在日本占地面积为 15 000 m² 的典型温室外观图。

图 5.34 利用注肥系统调整营养液

图 5.35 位于日本广岛的日本种植园公司的一种典型温室

■ 5.3 雾培技术

雾培技术是将植物栽培于不透明的槽子或支撑容器中，其根部被悬浮，而且是被浸泡在营养雾而不是营养液中。这种培养方式被广泛应用于植物生理学的实验室研究，但在商业规模上不如其他方法常用。几家意大利公司正在使用雾培技术种植大量的蔬菜作物，如生菜、黄瓜、甜瓜和番茄。此外，一些单位正在使用雾培技术种植药用植物，特别是那些以根部为最终产品的植物。例如，巴西的一家公司正在利用雾培系统种植马铃薯。

参观用到水培和雾培技术的未来农业的最佳地点是陆地馆（The Land Pavilion），它位于美国佛罗里达州奥兰多附近的迪士尼世界度假区未来世界主题公园（Epcot，艾波卡特）。也就是说，艾波卡特中包含陆地馆。在实验中名为"与陆地一起生活"（Living with the Land）的船上，可以进行一场特殊的"在风景后"旅行，这样能够参观各种水培和雾培展览。

该展览演示了几种类型的雾培系统，主要是A字形架系统和可移动高架轨道系统。A字形架系统的侧面是由聚苯乙烯泡沫塑料筏板构成，并由一个位于营养液储箱上方的架子支撑（图5.36）。植物被插进泡沫板侧面的孔洞中，根被悬挂在里面。高压喷雾嘴将营养液由下而上喷洒至根部，而多余的营养液再流回营养液储罐。植物的根从营养液的喷雾和室内的空气中获取氧气。这种系统最适合用于栽培生菜、香料类植物和药用植物，其根部含有生产维生素或药物等的活性成分。

图 5.36　A 字形架雾培系统中苦菊的生长状态

　　可移动高架轨道系统是一种草本植物和观赏植物的移动式轨道支撑柱，它们围绕展区活动（图 5.37 和图 5.38）。首先从柱子的顶部向植物喷洒雾状营养液；然后从下面排出。另一个系统是用于栽培的高架移动式支撑系统，悬着的根会经过一个喷雾室，在每个循环过程中，喷雾室都会为它们提供养分（图 5.39）。当植物离开喷雾室时，多余的营养液就会排到下面，并被引流离开该区域。

图 5.37 可移动轨道支撑柱中的香料植物

图 5.38 可移动轨道支撑柱中的辣椒

注：旱金莲（*nasturtium*）位于后面。

图 5.39　位于高架可移动系统中的木瓜

注：由位于下面的喷雾室向根部喷雾。

　　20 世纪 80 年代，美国亚利桑那大学环境研究实验室（ERL）的早期工作是在围绕人造光源旋转的大滚筒内部种植生菜。生菜是通过内筒上的孔种植，且内筒以 $50\ \mathrm{r \cdot min^{-1}}$ 的转速旋转。随着内筒的旋转，植物的顶部向着中心生长，向封闭于内外筒之间的根部定期喷雾状营养液。目前，这种栽培方式已由加拿大不列颠哥伦比亚省温哥华国际欧米伽花园（Omega Garden, Int. ）公司开发而用于业余爱好和规模化水培种植，如图 5.40 ~ 图 5.43 所示。该公司生产供兴趣爱好用的特制旋转木马（carousel）和大型垂直旋转木马，后者带有 6 个 2.4 m 长的欧米伽花园（Omega Gardens™），相当于栽培面积为 139 m² 的温室，但其占地面积仅为 14 m²。这些系统是可堆叠的，即可以将多个单元放置在一起进行更大规模的操作运营，如图 5.43 所示。

图 5.40　种植有罗勒的趣味欧米伽花园

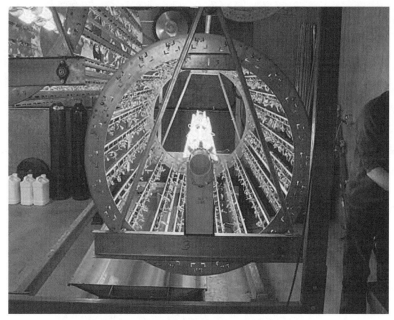

图 5.41　种植有甜菜幼苗的单个欧米伽花园

图 5.42　种植有甜味罗勒的欧米伽花园单个旋转木马

图 5.43 可堆叠框架中欧米伽花园中的旋转木马系列

该系统是完全自动化的，即每个旋转花园在旋转木马上被轮流向下旋转而到达在地面上的水/施肥盘。水盘坐落在位于旋转木马底部的营养液池的上方，这样当圆筒旋转并通过该水盘时就能够给所有植物浇水。

这种被简化的灌溉系统使管道最小化，并消除了传统滴灌系统中液滴发射器和管道堵塞的可能性。

■ 5.4 草类水培技术

在封闭环境控制室或单元内利用营养液来种植谷物，这作为一种为动物全年提供新鲜草料的来源具有重要意义（Arano，1998）。

谷物，如燕麦、大麦、黑麦、小麦、高粱和玉米，需要将它们的种子预先浸泡 24 h，然后再将其在栽培托盘（约 0.5 m²）中放 6 d。对位于架子上的盘子可手动浇灌营养液，并将多余的营养液排到废物收集箱；或者将整个盘子安装在旋转鼓上，并利用被回收利用的营养液对其进行自动灌溉。采用冷白色荧光灯进行人工光照。生长 6 d 后等到谷物

（草类）长到 15～20 cm 时，则可将其收获及喂养动物。

现存的各种专业草类种植装置有多种尺寸可供选择，一台 6.0 m（长）×2.4 m（高）×3.6 m（宽）的装置如图 5.44 所示。

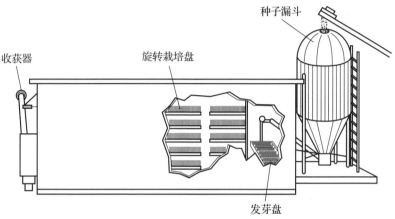

收获器　　　旋转栽培盘　　　种子漏斗

发芽盘

图 5.44　一种规模化自动草类种植装置示意图

在该装置中，一个具有 6 层而每层间隔约为 30 cm 的叠层盘子的四重组（fourfold bank），会在人工光照下进行旋转。每层有 5 个尺寸为 0.9 m×0.45 m 的托盘，每层的总面积为 2.0 m²。在每一层（5 个托盘）中，每天需要播种大约 11.3 kg 的草籽。将温度保持在 22～25 ℃，相对湿度保持在 65%～70%。

据估计，这个由 4 排 30 个托盘组成的装置每天可以从 45 kg 的草籽生产出近 0.5 t（450 kg）的新鲜青草。总体而言，会将青草的根、种子和绿叶等都喂给动物。种植计划是这样设置的，每天收获一组托盘，同时也播种一组托盘。这样，1 年 365 d 连续生产是可能的。据说，1 kg 青草的营养价值相当于 3 kg 的新鲜苜蓿。另外估算，一头奶牛每天需要 16～18 kg 的青草来产奶。

分析认为，一个标准的 6 层草类种植装置，每层有 40 个托盘，可以全年喂养 80 头奶牛。在一项以牧草为食与以普通饲料（如谷物、干草和青贮饲料）为食的牛奶生产试验中，60 头以牧草为食的奶牛的产奶量比以普通饲料为食的奶牛增加了 10.07%。另外，吃牧草的那一组奶牛所产牛奶的乳脂含量比吃普通饲料的那一组高 14.26%。

除了奶牛，这些牧草已经被证明对其他动物也有益处。以牧草为食的赛马表现得更好，而动物园里的动物，在它们原栖息地已经习惯了以鲜草为食，当它们全年都以鲜草为食时，圈养状态下更健康。有证据表明，采用水培草类装置生产动物饲料的成本约为传统生产成本的一半，这是根据对生产和运输传统动物饲料所需大量燃料的计算而得出的。这些草类种植装置使动物养殖者能够全年在原地种植牧草，而不需要储存干草或青贮饲料，因为每天都可以生产鲜草，并且这种牧草生产所需要的占地面积较小。传统牧草种植所使用的杀虫剂、化肥、种植和收获的机械以及人工饲料的成本估计至少是水培牧草种植的 10 倍。

另外，在秘鲁建成了一台简易草类种植装置，以便为肉牛和乳牛提供绿色饲料，这在干旱地区尤其重要，因为那里没有鲜草。该封闭结构具有用来进行冷却的屋顶通风口和在开放后允许光线进入的半开放侧壁，并足以容纳层叠在架子上的托盘。在该项目中，用了 7 层架子来支撑托盘。每一层上面都有一组喷嘴，以便为种子生长提供水分和营养。

需对种子进行清洗以去除杂质和劣质种子，然后根据温度情况在水罐中使之浸泡 18 ~ 24 h。温度越高所需时间越短。让吸水后的种子在木盒中部分干燥 24 h。对所有的盒子和容器等在每次使用前都必须进行消毒。当把吸水的种子移到发芽盘时，必须小心以免损伤其幼根。

首先，将种子播种在托盘中，深度达到约 1.5 cm（图 5.45）；然后，将种子托盘放置在生产间带有喷雾系统的架子上，并停留 6 ~ 7 d（图 5.46）。在此期间，每天浇水 8 ~ 10 次，每次持续时间为 20 ~ 60 s。另外，通过喷雾系统施加稀营养液。

图 5.45 不同浸泡和干燥处理时间后的种子萌发情况

注：左边的托盘是经过 20 h 浸泡和 24 h 干燥后 1 d 的情况，

右边的托盘是经过浸泡和干燥后的情况。

图 5.46 带有喷雾系统的生产车间

　　采用这种方法生产出来的产品平均重量大约是原来的 5 倍。对于紫花苜蓿或豆芽，一般为原来的 8 倍，而使用优质种子可增加到 12 倍。该操作使用小麦、大麦和玉米作为种子来源。动物食用所有的植物性材料，包括根、种子和叶子（图 5.47 和图 5.48）。

图 5.47　可供动物食用的成品玉米植株

图 5.48　可供动物食用的成品大麦植株

以上运行结果表明，每天给每头奶牛饲喂配量为 12 kg 的草料，则对于日产奶量超过 28 L 的奶牛其产奶量会增加 7% 以上，而对于日产奶量为 14 L 或更少的奶牛，其产奶量更会增加 53%。对于孕牛，其流产率几乎被降为了零，且每牛产后保持干燥所用的时间也被缩短了。另外，当给菜牛饲喂 7~8 kg 的青饲料及 7 kg 的精饲料时，其每天会长出 1.4 kg 的肉。

■ 5.5 苜蓿芽和豆芽水培技术

苜蓿芽、豆类、萝卜、花椰菜以及苜蓿与洋葱、大蒜、三叶草、卷心菜、茴香、韭菜、小扁豆、豇豆和豌豆的混合物，是人们食用沙拉、三明治和东方烹饪的常用材料，大多数苜蓿混合物是由 60%~80% 苜蓿和其他一种或多种成分组成。

5.5.1 苜蓿芽培养

对原种子必须被进行表面消毒以杀死真菌和细菌。应特别注意沙门氏菌（*Salmonella*）的污染，通常可以采用 2 000~4 000 μmol·mol^{-1} 的活性氯浸泡至少 10 min 进行消毒处理。本书利用的浓度为 2 000 μmol·mol^{-1}，其证明在消毒 30 min 后对种子活性未造成任何影响。

首先，在塑料盒中，利用原水对种子进行数次清洗，直到在消毒前将所有的脏东西都冲走，这时排水应变清；然后，取 1 份漂白剂兑上 19 份原水而配制成 3 000 μmol·mol^{-1} 的氯液（chlorine solution），并利用其进行种子消毒；最后，待表面消毒结束后对种子进行数次冲洗，直至排水变清。

　　将种子撒在5 cm深的塑料托盘或箱里，浸泡4～6 h而使之吸收水分。每小时换一次水以使之通气。在用沙子和活性炭过滤之前，所有这些过程中被使用的水都应该经过氯化处理。为了方便起见，把干净的水储存在带盖的塑料容器里，用管道把它们连接到一个由水泵加压的封闭系统里。当然，对所有的容器和托盘等设备在使用前必须用10％的漂白剂进行消毒。在进入种植设施之前，必须将水温保持在21 ℃。种子须吸水膨胀，但不能弄破种皮。在把它们放入栽培盘之前，再洗几次。

　　两种最常见的种植系统是货架式和滚筒式（图5.49）。不锈钢栽培架可以是单架或双架，通过安装脚轮以方便移动（图5.50）。单架宽约0.6 m，长1.4 m，高2 m。根据作物的不同，栽培架可以包含7～10层。对于紫花苜蓿，通常使用10层的栽培架。

图5.49　滚筒式和货架式育苗系统

注：左侧为滚筒式，右侧为货架式。

图 5.50　带有脚轮的不锈钢栽培架外观图

种植盘采用高抗冲橡胶改性聚苯乙烯 （high - impact rubber - modified polystyrene） 材料制成 （图 5.51）。其棱纹能最大限度地排水和减少根的挤压。10 层单架可容纳 20 ~ 30 个托盘，而 8 层双架可容纳 48 个托盘。在种植间建立足够的栽培架，以满足市场需求。

复杂的规模化系统，利用计算机控制的自动洒水车在一排排栽培架之间穿梭灌溉，也可以将不太复杂的固定喷雾嘴安装在栽培架的每一层

图 5.51　位于栽培盘上方的喷雾嘴

注：芽苗为种子被浸泡 1 d 后长出的。

来实现同样功能。每层栽培架上的三个托盘可以用位于每层上方等距离的两个喷雾嘴进行浇水（图 5.51）。带有电磁阀的灌溉控制器，能够自动按照设定间隔对芽苗进行灌溉。将育苗架送达光照室，这样苜蓿芽苗在接受光照处理几个小时到一天后就会变绿，而处理时间的长短由市场对绿色程度的要求而定。

生长周期为 4~5 d。可以使种子在散装托盘中发芽，也可以将其放在翻盖式塑料容器中。散装托盘可装约 0.5 kg 已吸水的种子或 20 个翻盖式塑料容器。种子在托盘中向内伸展 0.6~1.3 cm。并设置灌溉周期为 30 s/h 或 1 min/2h。在 4 d 内，芽苗将生长至约 6 cm 高（图 5.52）。收获后用 2~3 ℃ 的冷水冲洗。在生产和收获的时候，必须穿戴好手套、工作服和发帽，并严格按照卫生程序处理芽菜。在收获后的清洗过程中：首先，应立即除去至少 60% 的种皮，种皮的去除是在清洗过程中进行，一般通过轻轻搅动芽菜来完成此项工作；然后，在包装前用离心机将芽菜进行干燥，这样芽菜的保质期至少可以达到 5 d。

图 5.52　4 d 后可被收获的紫花苜蓿芽

在翻盖式塑料容器托盘中培养芽苗时，在第二天当芽苗高度达到 2～3 cm 时对其进行冲洗；然后将这些芽苗转移并培养在被盛放于托盘中的 20 个翻盖式塑料容器中，并继续培养 2～3 d。在培养结束后，应立即用 10% 的漂白剂对托盘和洗涤箱等所有设备进行消毒。

图 5.49 所示为一个完全自动化的滚筒式系统，可进行清洗、浸泡、预发芽和种植。滚筒被分成四个栽培室。可以为特定的作物设定程序，以控制温度、通风、水流、转速和光照。在生长过程中，滚筒每小时转动一次，每 6 min 灌溉一次。

每个栽培室含有约 5.1 kg 重的种子，每个滚筒含有 20.5 kg 的种子，约 4 d 内苜蓿芽的产量将达到 160 ~ 205 kg。苜蓿芽的质量应该是种子的 8 ~ 10 倍。在 4 ~ 6 d 的生长周期内，一套装有 30 个托盘的栽培架系统将生产 150 kg 的苜蓿芽菜。假设在每个托盘中播种 0.5 kg 种子，那么其将生产 5 kg 的芽菜，这相当于约 44 个翻盖式塑料容器（每个的质量约为 113 g）的总产量。

5.5.2　绿豆芽培养

在将绿豆种子放入栽培室之前，关于它们的准备工作与苜蓿的相似。根据种子的年龄、品质和来源等，在 22 ℃ 的水中浸泡 4 ~ 6 h 不等。与苜蓿一样，种子在被转移至生长室前必须吸足水分，但不得涨破种皮，生长室温度必须被保持在 22 ~ 24 ℃。在支架上安装有大型规模化栽培箱，其尺寸为 0.95 m × 1.0 m × 1.7 m。它们由波纹塑料侧面和可拆卸的板条底部构成，在保证种子不通过的情况下可提供快速排水。该系统利用一台动臂式灌溉机（traveling boom irrigator）进行自动灌溉，能够使水流均匀地漫过种子，水循环被设置为每 2 h、0 ~ 6 次。现在，许多生产厂家可提供每套由 5 个箱体组成的系统，并带有计算机控制的高架灌溉机。

在委内瑞拉加拉加斯的委内瑞拉水培技术（Hidroponias Venezolanas）股份公司，技术人员利用在洗衣工业所用到的塑料桶制成了较小的栽培箱，其大小为 60 cm × 60 cm × 55 cm。这种桶由不锈钢框架支撑并带有脚轮以便从种植区向包装设备转移。水通过安装在每个箱子上方的两个喷头和一个如图 5.53 所示的多孔塑料帽进行喷洒。利用穿孔的活底（false bottom）进行排水。灌溉周期是由被安装在总管路上的控制器和电磁阀控制栽培箱上方的喷头来进行调节的。在灌溉期间，利用风扇对生长室内的空气进行交换。

图 5.53　绿豆发芽箱局部外观图

在生长周期的第二天和第三天，添加稀磷和钾两种营养元素，则豆苗就会长得更为粗壮。在 4～5 d 内，豆苗从根尖到上胚轴之间的长度可达到 6～7 cm（图 5.54）。当豆苗生长时，整个发芽箱中的豆芽应均匀长高。假如在芽苗中出现低洼处，则表明此处可能存在缺水、升温或缺氧等异常情况。

在收获后的清洗过程中须除去种皮。将豆芽放入冰水浴中，轻轻搅动，同时用滤网撇去表面的豆芽。处理豆芽时必须小心，以防止污染（图 5.54）。用离心机甩干豆芽，之后包装好，并立即置于 2～3 ℃的温

图 5.54　播种 4 ~ 5 d 后时收获的绿豆芽

度下冷藏。可利用商业清洗系统来冷却、冲洗和去除种皮，并使豆苗部分干燥。清洗系统内的细菌是由氯气注入系统控制的。

　　与苜蓿相似，绿豆发芽时的质量是其种子质量的 8 ~ 10 倍。为了实现这一产量，重要的是使用高活力的优质种子。这种种子的大小应一致且无污染物，而且在大量购置前需要对不同来源及不同批次的种子进行测试。绿豆芽比苜蓿芽更容易遭受生理障碍和疾病。缺氧、通风不良或高温会导致种子发芽不良和生长不均匀。水中的铁或过量的氯会导致产生棕色根。与其他农作物一样，通过连续监测和调整环境条件而实现的成功管理会决定绿豆芽的产量和质量。

■ 5.6　微型蔬菜水培技术

　　微型蔬菜（microgreens。简称微菜）和芽菜非常相似，但不同之处在于它们生长在光照下而不是黑暗中。它们和芽菜一样，可作为业余爱好而在家中进行小规模栽培，也可作为小型或大型规模化运作而被栽培。

典型的微型蔬菜通常包括混合的作物，如芜菁、味道浓烈或温和的蔬菜沙拉混合物和萝卜等。想要了解可用作微型蔬菜的植物种类，可以查看常见的花园种子目录，如《约翰尼的精选种子》一书（*Johnny's Selected Seeds www. Johnnyseeds. com*）。一些常见的作物包括红苋菜、芝麻菜、甜菜、琉璃苣、甘蓝、叶甜菜、水菜、羽衣甘蓝、水菜、芥菜、青菜、马齿苋、萝卜、紫苏、酢浆草和塌棵菜等。

遵循这里列出的简单程序，即可在家种植微型蔬菜。其所需材料包括：无孔塑料托盘、厚纸巾、营养液母液、种子、几盏紧凑型荧光灯和一些用来对种子消毒的漂白剂。《约翰尼的精选种子》一书中，将"微混合蔬菜"（micro – mix）定义为"由多种作物嫩苗组成的美味蔬菜的五彩组合"。

如果购买了那些被专门列为微型蔬菜的种子，则它们未经过处理，这样其表面可能具有真菌或细菌孢子，所以必须通过表面消毒来消除这些病原体，以防止其导致正在发芽的幼苗凋亡。如果不同的幼苗需要在同一个托盘中组合生长，那么最好选择生长速率相同的作物品种，而不是把发芽快的和发芽慢的种子放在一起。例如，萝卜幼苗的收获时间为 5~6 d，而一些生菜和其他蔬菜可能需要 7~10 d。部分实用组合包括：①紫色萝卜与 Diakon 萝卜；②苋菜与全绿蔬菜（all greens）（图 5.55）；③苋菜与温和型克什锦生菜或水菜；④苋菜与辛辣型克什锦生菜或辛辣型绿叶蔬菜；⑤小松菜（Komatsuna，绿色或红色）与野火生菜（Wildfire lettuce）。

图 5.55　播种 7～10 d 后可以食用的全绿蔬菜和苋菜

　　在将种子放置在纸巾或毛细垫子上之前，为了成功而进行表面消毒是非常重要的。在塑料杯中加入 10% 的漂白剂（1 份漂白剂加 9 份水）；首先将种子旋转 3～4 min；然后在家用滤器（图 5.56）中用原水清洗。利用一些原水湿润纸巾或垫子；最后用勺子把种子从滤网转移至托盘内，并用勺子或干净的手指均匀地撒在表面（图 5.57）。在前 3 d 加入原水直到种子发芽，小心地沿着托盘一端的边缘慢慢地倒水，这样种子就不会漂浮。

　　将播种盘置于两盏光照约 30 W 的紧凑型荧光灯下，灯光应该在托盘上方约 30 cm 处，每天光照时间 12～14 h。待发芽且根部扎进了纸巾或垫子（通常是 3 d）后，开始使用稀营养液（建议用标准浓度的一半），营养液母液可以从水培专业厂家购买。在 7～10 d 后进行收获，方法是利用剪刀剪掉嫩芽，因为并不食用根部（图 5.58）。

图 5.56　用 10％漂白剂对种子进行表面消毒

图 5.57　将干净的萝卜种子摊开在托盘中的毛细垫子上

图 5.58　播种后第 2 d（近处）和第 9 d（远处）时的绿豆芽生长状态

　　一般来说，由于市场需求量有限，所以微型蔬菜的种植规模并不很大。通常，种植叶类蔬菜和/或生菜等其他作物的种植者，会在其温室中划出一小块地来进行微型蔬菜生产。例如，位于美国俄亥俄州的 CropKing 公司建成小型微型蔬菜生产系统。该系统具有两种尺寸规格：第一种为双层培养架结构，所需温室面积为 5.5 m×8.5 m，设计产量为 23 kg/周；第二种为 4 层培养架结构，所需温室面积为 6.7 m×17 m，设计产量为 46 kg/周。

　　单培养架系统由 24 张 PVC 培养床组成。培养架为镀锌钢架结构，每个培养架有 6 层，每层具有 4 个栽培槽，通过管道系统将营养液输送到每个栽培槽（图 5.59）。每个培养架长 4.27 m，宽 1.1 m，高 1.9 m。下面储箱中的潜水泵首先将营养液循环至栽培槽；然后营养液返回到储箱（图 5.60）。该系统可以很容易地成为 NFT 生菜或香料植物系统的一部分，即均可以利用相同的储箱、泵、冷却器，等等。

图 5.59　一套基本的单架微型蔬菜培养系统

图 5.60　基本的单架微型蔬菜培养系统的排水端

　　微型蔬菜被播种在毛细垫子上；在美国俄亥俄州洛迪的作物五公司（CropKing）的系统中，他们采用了粗麻布垫子（burlap mat）（图5.61）。该垫子将种子固定在适当的位置，这样种子就不会在灌溉时被冲走。在灌溉周期之间，需要用垫子来分配营养液和保持水分。

图 5.61　在粗麻布垫子上发芽的微型蔬菜

　　灌溉系统是一个封闭系统，营养液通过滴灌管的一端进入，并通过回流管收集到营养液储箱（图5.59和图5.60）。每张培养床上的阀门调节进入每张培养床的营养液流量，将培养床向排水端倾斜，这类似于NFT系统。图5.62和图5.63显示了一种典型的微型蔬菜培养系统。

图 5.62　微型蔬菜培养系统中培养床上的入口滴液管

图 5.63　生长于培养架系统中的微型蔬菜

根据特定物种的生长速率，在 7 ~ 14 d 可以收割作物。首先，把带有植株的粗麻布垫子从培养床中取出并挂起，而使之"滴干"一小段时间；然后，将垫子移动到一个支持区域，在那里将它们悬挂在一只收集产品的桶上，并用电动刀切割植株（图 5.64）；最后，将切割下来的植株放入翻盖式塑料容器中进行包装以供运输。这是一种不同于荷兰 Koppert Cress 公司的方法，因为该公司是在翻盖式塑料容器内种植微型蔬菜。

图 5.64　微型蔬菜收获前的"滴干"（drip drying）处理

Koppert Cress 公司是最大的微型蔬菜种植者之一，在荷兰和其他欧洲国家以及北美都有温室产业。微型蔬菜生长在潮汐灌溉系统（ebb - and - flow system）中（第 6 章）。他们专注于世界各地的餐馆，也将产品（类似于芽菜）装在翻盖式硬塑料容器中而销往超市（图 5.65），以及装在无盖的带袖塑料容器中（图 5.66）。他们将种子播种在干净的天然纤维基质中（图 5.67 和图 5.68）。产品达到了食品安全级，因此无须清洗即可直接使用。

图 5.65　被装在翻盖式塑料容器中的樱花菜水芹（Sakura cress）微菜

图 5.66　芥菜和琉璃苣微菜

图 5.67　甜罗勒和柠檬水芹微菜

图 5.68　天然纤维中生长的意大利罗勒微菜

参考文献

[1] COLLINS W L, JENSEN M H. Hydroponics technology overview [R]. Tucson, AZ: Environmental Research Laboratory, University of Arizona, 1983.

[2] JENSEN M H. Tomorrow's agriculture today [J]. American Vegetable Grower, 1980, 28 (3): 16 – 19, 62, 63.

[3] JENSEN M H, COLLINS W L. Hydroponic vegetable production [J]. Horticultural Review, 1985, 7: 483 – 557.

[4] MOHYUDDIN M. Crop cultivars and disease control [C]//SAVAGE A J. Hydroponics Worldwide: State of the Art in Soilless Crop Production. Honolulu, HI: International Center for Special Studies, 1985: 42 – 50.

[5] VALDIVIA BENAVIDES V E. Forage or green grass production [C]// International Conference of Commercial Hydroponics, Aug. 6 – 8, 1997, Lima, Peru: University of La Monlina, 1997: 87 – 94.

[6] VINCENZONI A. La colonna di coltura nuova tecnica aeroponica [C]// Proceedings of the 4th International Congress on Soilless Culture, Las Palmas, Oct. 25 – Nov. 1, 1976.

第6章
营养液膜技术

■ 6.1 概 述

营养液膜技术（nutrient film technique，NFT）是一种新型水培技术，其主要特点是植物的根生长在塑料膜槽或硬质渠道中，而营养液通过该塑料膜槽或硬质渠道而被不断循环。

1965 年，英国利特尔汉普顿温室作物研究所（Glasshouse Crops Research Institute）的艾伦·库珀（Allen Eooper）率先开展了 NFT 研究。他持续改进 NFT 系统，并在 20 世纪 70 年代和 80 年代写了很多综述文章。NFT 这个术语是在温室作物研究所创造的，它强调液体流经植物根部的深度应很浅，以确保能够将足够的氧气供应给植物根部。其他研究人员称为"营养液流动技术"（nutrient flow technique），因为营养液是被连续循环的。

▨ 6.2　早期 NFT 系统

在早期的 NFT 系统中，通常在温室地基中间挖一条集水沟（catchment trench），地面向沟的两边倾斜，坡度范围在 1%～4% 之间。陡坡可以降低局部洼地产生的影响。沟衬里为乙烯基或聚乙烯薄膜。在植物行距的正常范围内铺设聚乙烯槽，其被放置在 20 cm 长的板条上，并从两侧向中央集水沟倾斜（图 6.1）。在平面薄膜中心打孔，以适合栽培特定作物。每个槽的下端都垂到集水沟中，而每个槽的上端都被向上翻过来并用 PVC 胶带密封，以防止营养液流失。

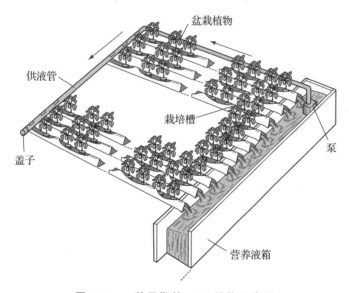

图 6.1　一种早期的 NFT 结构示意图

集水沟中的营养液通过潜水泵和 ABS（acrylonitrile butadiene styrene，丙烯腈 – 丁二烯 – 苯乙烯共聚物）塑料管道，被循环到每个栽培槽的上端。利用位于每个栽培槽入口管路上的闸门阀调节营养液的流量，以使之均匀流入每个栽培槽。将植物的根通过种植孔插入栽培槽，植物的上部由悬挂在温室内支撑索上的缆绳支撑。

■ 6.3　近期 NFT 系统

为了解决在植物根部缺氧和乙烯积累的问题，对 NFT 系统进行了多次改进。首先将植物播种或移植到泥炭盆、泥炭球或岩棉块中；然后将它们放在每行植物所在位置的一层狭窄的聚乙烯薄膜上；最后将聚乙烯薄膜的边缘围绕这些栽培盆或栽培块向上卷起，并在每两个盆（或栽培块）之间进行装订而形成一条沟槽，接着让稀薄营养液从中流过。

虽然这种布局（图 6.1）可以更有利于上述栽培沟槽通风并减少乙烯积累，但它仍然不适合许多较长生长期的蔓生作物，如番茄、黄瓜和辣椒的种植。这些作物的根会快速穿过栽培盆（或栽培块），并分散在沿着沟槽流动的营养液浅流中。之后，这些根会逐步汇合而在沟槽底部形成一体、稠密而连续的垫子，这最终会阻塞营养液流而引起其液位在沟槽中升高，进而导致根部供氧不足。

■ 6.4　NFT 系统的规模化应用

20 世纪 90 年代初，有超过 68 个国家尝试大规模种植番茄。然而，除了矮生的短期生长作物如生菜和一些香料类植物外，其他作物在栽培过程中仍然存在缺氧问题。之后，岩棉培在 20 世纪 90 年代被引入后很快成为蔓生作物（如番茄、辣椒和黄瓜）最受欢迎的栽培方法。目前，NFT 系统主要用于种植生菜和香料类植物。

一种 NFT 系统的布局如图 6.2 所示。通过 PVC 主管，营养液被泵入位于 NFT 栽培槽上端的集水管中。通过小型柔性滴液管，营养液被从集水管排到栽培沟或栽培槽中。营养液由于重力沿栽培槽向下流动：首先在底部被排到一个大的集水管中；然后该集水管将营养液引回到储箱。这些种植矮生作物的栽培槽被安装于台面上，以便于照料植物。这将在后面的 6.6 节中予以讨论。

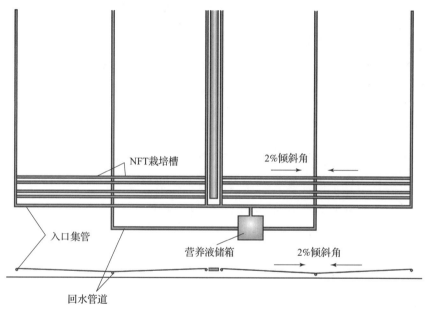

图 6.2　一种 NFT 系统布局图

一些种植者已经开发了一种改良的岩棉–NFT 系统，他们将在 NFT 系统栽培槽中放置的部分岩棉板中种植植物。利用该系统，可在不缺氧的情况下种植蔓生作物。但是，这比完整的岩棉培更复杂，并且仍然无法给植物的根提供足够的氧气。

■ 6.5　营养液流技术：立管、A 字形架或级联系统

1977 年，位于美国纽约州里弗黑德（Riverhead）的康奈尔大学长岛园艺研究实验室的 P. A. Schippers 博士，开发了他所称的"营养液流

技术"（nutrient flow technique）。他改进了 NFT 系统以节省温室空间。通过增加温室内可种植植物的数量，从而可以降低每株植物的成本。在垂直管道中（vertical pipe，以下简称为立管）对生菜进行了栽培试验，即营养液沿着立管往下滴，这样就给植物供应了水分和养分。如图 5.37 和图 5.38 所示，将该系统在位于美国佛罗里达州奥兰多附近的迪士尼世界度假村的艾波卡特内进行了展示。

其基本的运行原理是，将营养液洒入在传送带上移动的立管中。当这些带有植物的立管穿过营养液被喷洒向立管中根部的位置时，它们会接着移动到营养液收集池的上方，因此能够使排水及时流回到系统中。该系统主要被用于种植生菜、香料类植物、草莓和南瓜。最好利用该系统栽培生长期较长的作物，如草莓、豌豆、菜豆等。

后来，研究人员试图在 NFT 的基础上开发新的栽培途径来增加利用温室内的垂直空间，特别是对于矮生作物，如生菜。例如，在美国康奈尔大学建立了所谓的级联系统（cascade system）。研究人员把直径 7.6 cm 的 PVC 塑料管切开后制成营养液槽，将一个槽挂在另一个槽的上面，总共高达 8 个槽高。营养液进入稍微倾斜的顶部管道的高端，从该管道的低端流出，再进入下一个管道的高端，依次类推，最后从它被泵出的地方进入营养液箱。利用该系统成功培养了生菜、萝卜、豌豆和其他作物。如图 6.3 所示，该系统被用于培养相当小的植物。

如果将种植槽安装在 A 字形架上，则该系统能够更有效地利用温室空间。对 A 字形架，需要在北纬地区按照南北方向进行安装，这样则可以有效减少互相遮挡。该系统只适用于矮生作物，如生菜、草莓、菠菜和一些香料类植物。

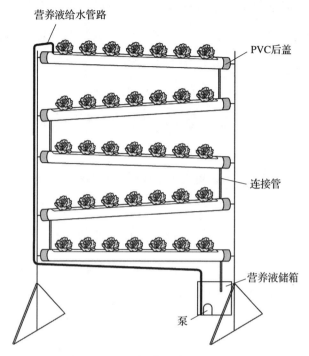

图 6.3　NFT 级联系统结构示意图

在进行 A 字形架系统的设计时，必须考虑几个因素。第一，框架的基座必须足够宽，以消除上层栽培槽对下层的遮挡。第二，栽培槽的各层须彼此分开，并留出足够的距离，以适应作物成熟时的高度。也就是说，下层的植物绝对不能长到位于上层的植物中去。第三，由于这基本上是一种 NFT 系统，因此所有的营养液氧气供应、养分供应和最佳温度调节原则依然适用。为了提供足够的氧气，各层的种植槽总长度不应超过 30 m。各层之间的距离可以通过将部分液体排到主回水总管下面的水箱中来缩短，为提供足够的液流，各栽培槽的斜率应不小于 2%。

植物可被用大小为 3.8 cm×3.8 cm×3.8 cm 的岩棉方块进行播种，然后将其放进适合 NFT 栽培槽植物空间的网孔盆（mesh pot）中。这样在网孔盆底部会形成一个大的根垫，然后植株一起生长。然而，尽管产量有所增加，但这种级联系统的投资成本较高，而且在种植间隙清理每个栽培槽所需的时间较长，因此与采用筏式栽培系统培养种植密度几乎相同的植物时相比较，其在经济上并不可行。

■ 6.6　管式和槽式 NFT 系统

槽式 NFT 系统可以由家庭使用的传统塑料屋檐槽构成，也可以从几家生产硬质 PVC 挤压栽培槽的厂家购买，如美国水培公司（American Hydroponics）和作物王（CropKing）公司（附录 2）。该 NFT 栽培槽大小为 10 cm 宽 ×4 cm 深。Rehau 塑料公司也生产了一种构型略有不同的 NFT 种植槽。NFT 种植槽也有的是挤压铝材，如由兹瓦特系统公司（Zwart Systems）现场生产的（附录 2）。这些 NFT 种植槽特别适合生菜和香料类植物的生长，虽然一些 NFT 沟槽的制造商为其他作物生产了更宽更深的种植槽，但作者并不建议种植其他矮生作物，如生菜、白菜和香料类植物。生长期长的作物根系较大，会堵塞水槽而导致营养液流动不畅和作物根部缺氧，进而引起果实开花后腐烂并最终引起植株死亡。

这些种植槽长度可能不一，但不应超过 15 m，因为过长会导致供氧不足、根系堵塞沟槽，并可能出现营养梯度。另外，15 m 长的种植槽不利于收获和清理。最大的适用长度约为 4.6 m，由金属框架制成的台面支撑，其高度大概达到腰部的位置，以便于照料植物（图 6.4）。从中央过道向两端回水沟槽的倾斜角应设为 2%～3%（图 6.5）。例如，在一个 9 m 宽的温室，可以设置两组种植槽（两个均 4 m 长或一个 3.6 m 长和一个 4.3 m 长），从 1.2 m 宽的中央过道倾斜到位于温室侧壁的集水槽在种植槽底部装有肋骨，以保证营养液在中心流动。

图 6.4 为支撑 NFT 种植槽而建造的台架系统

注：沟槽被放在后面的支撑架上，而且支撑架朝向温室的两侧倾斜，

设有 7.5 cm 高的 PVC 排水管立管，用于集水沟槽的排水，并最后返回到营养液储箱。

图 6.5 生长于 NFT 棱纹种植槽中的罗勒植株

注：棱纹种植槽的排水端进入敞开式集水槽。

种植槽应该具有覆盖物，以防止光线进入，从而避免藻类在内部生长（图 6.6）。对于大多数叶菜类植物，如生菜，其在种植槽内间距为 20 cm，而种植槽从中心到中心的间距为 15 ~ 18 cm。对于较小的香料类植物，可以设置种植槽内的间隔为 15 cm，而种植槽之间的间隔也为 15 ~ 18 cm。罗勒和生菜在 NFT 系统中生长良好（图 6.7）。

图 6.6　封闭式集水槽

注：图中示从集水沟到营养液储箱主回流管的排水管。

将植物种子播种在边长均为 2.54 cm 的岩棉栽培块（第一阶段），并在 10 ~ 18 d 后将幼苗移植到幼苗种植槽中（第二阶段）（图 6.8）。在这些幼苗种植槽上，每隔 5 cm 开一个孔，而且各开孔之间的中心距离为 10 cm。

图 6.7　在 NFT 系统中所栽培的罗勒植株

图 6.8　品种繁多的生菜植株

注：右侧有 4 条幼苗种植槽。

该 NFT 系统利用了大约 80% 的温室占地面积。在面积约为 4 000 m² 而宽度为 9.1 m 的温室中，可以设计宽为 1.1 m 的中央过道，以及两套 4 m 长的栽培床，其垂直于集水槽和温室的立柱。12 个区间总尺寸为 9.1 m×36.6 m，那么该温室将生产 105 000 株罗勒（每个区间生产 8 800 株）。这里，假设使用两个支撑架，每个区间所占用的温室有效尺寸为 4 m×33.5 m。

这里，就生菜的种植顺序举例说明如下（注意，这一顺序会随着位置的不同而变化，这取决于日照强度和长度）。

（1）在边长为 2.54 cm 的岩棉方块中进行播种，种植密度为 200 个/平板（尺寸为 30.5 cm×62 cm）。

（2）在育苗架上培养 18 d（第一阶段）。

（3）在第 18 d 时移植到幼苗种植槽（第二阶段）。

（4）在幼苗种植槽内培养 10～12 d（播种后 28～30 d）。

（5）播种后 28～30 d，最后移植至种植槽（第三阶段）。

（6）在种植槽内培养 20～25 d（25 d 的情况下每年可种植 14 季作物）。

从播种到收获的总天数为 18 + 12 + 25 = 55 d。利用幼苗种植槽的原因是为了更有效地利用工作台区（bench area），因为假设在第一种植阶段后直接将植株置入终端种植槽时，则会缩短最后的第三种植阶段的运行时间。

在收获时，移除种植槽可保持植株完整（图 6.9）。这样可以使种植者选择更优质的植株，以便在不利的天气条件下使之比同龄的小植株更早得到收获。在有选择地收获后，可在原地对种植槽进行更换，从而让剩下的生菜继续生长，直至其达到可收获的质量。但是，在大规模栽培中不可能进行这样的操作，因为这样做会打断种植周期。通常，用尖刀在叶冠处剪掉植物。在某些情况下，这些植物可被包装在翻盖式塑料容器中，以便对根部进行修剪，但使其在栽培块中仍然完好无损，以保持产品的新鲜度。

图 6.9　从支撑台架上移除整个 NFT 种植槽以便于收割的做法展示

在把植物移到包装区域之前，须清除植物底部枯死或发黄的叶子。将种植槽运送到中央清洗与消毒缸，在此先用清水冲洗，再在 10% 漂白剂中浸泡至少 1 h。托盘在被消毒后应立即取出并用水进行冲洗，然后晾干。将生菜用聚乙烯袋装好并放在纸板箱里以供运输，而且必须在 1.7 ℃ 的低温下冷藏。这样，Bibb 生菜的保质期可达到 7 ~ 10 d。

在许多国家，包括巴西，种植生菜、香料类植物以及尤其是芝麻菜（arugula）等的 NFT 系统已经变得流行起来，这带来了水培产业的迅速扩张。通常情况下，一开始只是某所大学的试验工作，然后则在商业规模上得到应用。例如，在巴西位于弗洛里亚诺波利斯（Florianopolis）的圣卡塔琳娜州联邦大学（Universidade Federal de Santa Catarina），利用 NFT 对香料类植物、生菜和芝麻菜的栽培进行了研究（图 6.10 ~ 图 6.12）。

图 6.10　生长于 NFT 种植槽中的芝麻菜

注：芝麻菜被播种在一种酚醛泡沫块中。另外，在 NFT 种植槽的每个种
植孔中放置两个栽培块，其中包含大约 10 株幼苗。

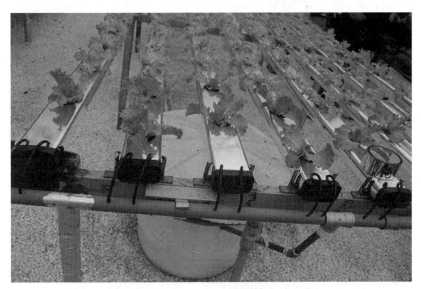

图 6.11　生长于 NFT 种植槽中的生菜

注：在 NFT 种植槽外表面上覆盖有反光箔带，以降低根部温度。

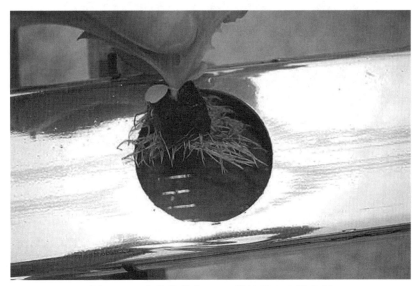

图 6.12　生菜幼苗在 NFT 种植槽中生根良好

注：健壮的根从栽培块伸出，另外 NFT 种植槽底部的脊状结构引导营养液在植株下流动。

它们正在试验用铝箔纸带覆盖 NFT 种植槽的表面，以反射来自光源的热量，以便保持较低的营养液温度。一旦某个行业开发出一种用 NFT 种植这些作物的方法，那么厂家就会生产 NFT 管道和其他水培用品和组件，如温室、灌溉设备、营养物质、基质和病虫害控制产品等。例如，巴西圣保罗的 Dynacs 公司就生产了许多不同大小的 NFT 种植槽。

通常，将收获的芝麻菜两小捆装一袋而进行出售，连同根和栽培块一起装袋，如图 6.13 所示。

图 6.13　每包中装有两把的芝麻菜

6.7　Agri – Systems 式 NFT 系统

20 世纪 80 年代，美国位于加利福尼亚州索米斯（Somis）的 Agri – Systems 公司开发了一种高效的 NFT 系统。将幼苗培养在带有

154 个种植杯的"奶油杯"（cream cup）托盘中。在底部用一种特殊
的多刃台锯开孔。利用平板灌装机，在托盘里装满粗蛭石，然后用自
动播种机播种生菜欧洲比伯品种（European Bibb）。将幼苗栽培于小
型育苗温室或有人工光照、自动浇水和温度控制的受控环境生长室内
（图 6.14）。为了降低用电成本，后来将这些幼苗在一个独立的育苗
温室中用潮汐灌溉系统培养。在约 3 周以后，则可将幼苗移植到温室
的 NFT 种植槽中。将塑料托盘中包含幼苗的种植杯从托盘中取出来，
并将带有种植杯的生菜幼苗直接种植在种植槽内的可移动带状盖板中
（图 6.15 和图 6.16），种植杯底部的缝隙使根可以穿出去而进入种植
槽中的营养液。

图 6.14　采用 Agri – Systems NFT 系统培养的生菜幼苗

注：每个塑料盘中包含装有蛭石的 154 个种植杯，并利用潮汐水培系统进行培养。

图 6.15　生长于种植杯中的生菜幼苗

Agri - Systems 公司试验了 2 ~ 5 层种植槽的生菜生产情况，他们发现，5 层系统中其高层遮挡了低层的自然光，因此导致较难收获到较为理想的产品。试验表明，双层系统在利用自然光方面是最有效的。然而，由于缺乏光照，低层的生菜中有很大一部分并不是优质类型（图6.17）。

由一台种植 - 收获机将一条盘绕的厚重塑料带（这里称为带状盖板）送入种植槽的凹槽中。在带状盖板上按预设的间距为生菜打孔。当带状盖板进入 NFT 种植槽时，种植 - 收获机的操作人员只需将含有幼苗的种植杯放入带状盖板上的开孔中即可（图6.16）。

图 6.16　将生菜幼苗移植到 NFT 槽的可移动式带状盖板中

图 6.17　利用四层 Afri – Systems NFT 系统进行的生菜生产

因此，需要对种植进行规划，以便将不同成熟阶段的种植行混合在一起，从而使尽量多的光能够穿透进入较低的栽培层。然而，如果将生长阶段相近的植株放置在相邻的种植槽中，那么当生菜成熟时就会导致下层的光线不足。

该公司声称，利用该系统，在约 10 000 m² 的土地上，每年可以种植 800 万株生菜，而在同一地区，利用传统的露天土地只可种植 7.5 万株生菜。这相当于每平方英尺（0.093 m²）的温室面积可种植 9 株生菜，如果每年生产 8 茬，则每年每平方英尺可种植 72 株生菜。如果在 750 万 ~ 800 万株的总产量中只有 650 万株是较为理想，那么估计每人的劳动力成本仅为 0.02 美元，而田间种植生菜的劳动力成本则为每人 0.07 ~ 0.10 美元。

但这些产量数据能否达到是值得怀疑的，因为温室的操作被原来的业主重新进行了调整，即放弃了多层系统而改用单层。20 世纪 90 年代初，Agri - Systems 公司在索米斯地区帮助建立了另外两座占地约 2 000 m² 的温室。该公司提供了 NFT 种植系统组件，并向这些种植者进行了技术转化。

其中一座温室属于 F. W. 阿姆斯特朗农场（F. W. Armstrong Ranch）的，在其中种植了面积约为 1 860 m² 的生菜。NFT 种植槽位于温室地面上方约 1 m 处，采用框架支撑（图 6.18）。从冷却垫端，风扇将冷空气吹至栽培床下。

风扇首先带动空气穿过湿帘（cooling pad）；然后顺着位于地板上的对流管吹冷空气，并使之横穿温室和生菜沟槽的下面。这里，该正压冷空气被围在周边挡有聚乙烯帘的 NFT 沟槽下面（图 6.19）。之后，空气将上升而纵穿温室，并最终通过锯齿状结构的顶部通风口而被排出。

图 6.18　由金属框架抬高约 0.9 m 的 NFT 种植槽

注：对流管（onvection tube）位于桌子下面，

而在导流板（deflector panel）后方的湿帘（cooling pad）位于右上方。

图 6.19　位于栽培床周围的聚乙烯帘将冷空气围在栽培床下面

NFT 管道由铝构成，约 7.6 cm 宽 × 5 cm 深，底部有散热器脊，有助于散热（图 6.20 和图 6.21）。植株由柔性塑料带支撑，而该塑料带位于种植槽内顶部边缘的几个脊之间。

图 6.20　铝制 NFT 种植槽的出口结构

注：从该出口将回流营养液排到其储箱。

图 6.21　NFT 种植槽入口端

注：在种植槽底部具有散热器脊，入口集管上装有种植槽供液管；

种植槽的柔性带状盖板由种植槽顶部的隆起支撑。

NFT 种植槽起初长为 46 m，但后来缩短为 21～22 m，并在温室中间留出一条 2 m 长的过道。两个部分各包含 228 个种植槽。这样，两个系统独立运行，而且每个都有独自的营养液。如果一个部分出现了问题，那么相对易于隔离和修复它而不会中断另一个部分的生产。通过直径为 3.8 cm 的 PVC 集管和直径为 0.6 cm 的滴管，将位于温室制冷湿帘这一端储箱（容积为 1 890 L）中的营养液输送到每个种植槽的入口端（图 6.21）。NFT 种植槽到收集端具有 2% 的斜率，这样在收集端就能够使营养液得以收集并返回储箱（图 6.20）。植株间距为 15 cm × 15 cm，在面积约为 1 858 m² 的温室中总共种植了 7 万株植物。

生菜的种植期为 28～38 d，视天气情况而定，特别是受日照时数和白昼长度的影响，一般春末夏初种植期较短。因此，每年大约可收获 10 茬。阿姆斯特朗农场平均每天收获 2 200 株植物。植株中心距离为 15 cm，那么从每行（长度为 21 m）上大约收获 140 棵植株，而且每天大约收获 16 行。这是基于 32 d 的种植期而予以计算得出的。

利用收获机，从 NFT 种植槽中拉出可移动带状盖板，并在操作员从带状盖板上切下生菜头后将其卷起（图 6.22）之后，将生菜储存在移动式冷藏装置中，然后将其运输到包装区域（图 6.23）。同时，将所收获的冷藏生菜独立包装在热封聚乙烯袋中，并以每箱 12 株进行运输（图 6.24）。

把移动式带状盖板放在 10% 的漂白剂溶液中进行消毒。在冲洗和干燥后，将它们一次一条放置在移栽机上，并按照前面描述的方法，通过移栽机将带状盖板装回到 NFT 种植槽，并将幼苗置入带状盖板的孔中。移植的顺序是：首先每三行种植槽移植一次，直至到达最后一行；然后重复并种植第二行；最后种植最后一行。这样，较小的植株就会挨着较大而较成熟的植株（图 6.25），从而可以使作物获得更好的光照，而且在收获时，当带状盖板被拉起时植株之间不会互相摩擦。

图 6. 22　利用收获 – 移苗机将一排排生菜从种植槽中提出来的过程

注：当带状盖板通过而被从下面卷起时，操作人员则将生菜从基部剪下。

图 6. 23　带有储物柜的移动式冷藏装置

图 6.24　生菜的塑料袋热封包装过程

图 6.25　显示种植日期顺序的生菜种植行

■ 6.8　Hortiplan 式自动化 NFT 系统

位于比利时梅赫伦附近的 Hortiplan 公司设计并建成全自动 NFT 系统，在比利时有面积超过 6 km² 生产生菜的温室。在这 6 km² 中，有 5 km² 是没有中央供暖的温室，因此称为"冷棚"（cold frame）。另外

1 km² 是有供暖的温室，这些生产者大多在土壤中种植。比利时和荷兰的一些农场已经将它们土壤种植生菜的作业转换成 Hortiplan 公司的自动"移动式沟渠系统"（Mobile Gully System，MGS），该公司还在澳大利亚、意大利、英国和拉脱维亚等国家建成 MGS。目前，他们正在智利建造一个采用 MGS NFT 系统的温室。位于美国加利福尼亚州卡宾特里拉（Carpenteria）的霍蓝迪亚温室公司（Hollandia Greenhouses），就有面积为 72 000 m² 的生菜和香料类植物是采用 MGS 种植的。

在独立于自动化生产区域的特殊育苗室内进行育苗，或者在那些具有大量生菜种植者的国家，可以将这种幼苗生产的工作外包给专业育苗单位。采用大尺寸的泥炭块进行播种，密度为 300 株·m⁻² （图 6.26）。在进入自动化生产区域前，要将幼苗培养 3~4 周。

图 6.26　3 - 4 周株龄而适于进入扩展苗圃的生菜幼苗

之后，植物进入 MGS 的第一部分，即扩展苗圃，该扩展苗圃对种植重型生菜（大个头）的种植者特别有利。在温室中，大约 7% 的表面积包含了植物总数的32%以。将它们移至100株·m^{-2}的特殊托盘中（图6.27和图6.28），在此它们能够高密度生长。泥炭块在夏季的间距为5 cm×5 cm，而在冬季（10月至下一年3月）的间距为6 cm×6 cm。在冬季，使用较大的育苗块，因为这样可以减少灌溉周期，从而降低湿度和真菌感染的概率。扩展苗圃通常是在温室前部的一个靠近栽培槽的区域，这些栽培盘可以从它们被移植的这一侧，沿着一种植台而到达NFT种植槽附近的另一侧。在冬季10~14 d或夏季7 d后，将它们移入NFT种植槽（图6.29），移植可以手工或由植物机器人完成（图6.30和图6.31）。

图6.27　到达育苗盘（左侧）和被移植到拓展苗圃（右侧）中的生菜幼苗

当对种植槽进行移植后：首先，它们会在种植台下面的传送带上自动移动而到达种植台的远端（图6.32）；然后，这些种植槽会被升高而置于种植台的顶部（图6.33）。在该种植槽中，最初的生菜种植密度为40株·m^{-2}。

图 6.28　将生菜苗移植至扩展苗圃内的专用育苗盘

注：每个区块都包含有红（深色）绿（浅色）两色的生菜。

图 6.29　将幼苗从扩展苗圃育苗盘移植至 NFT 种植槽

图 6.30　自动移植机抓取幼苗并将其置入 NFT 种植槽中

图 6.31　植物机器人把幼苗移植至 NFT 种植槽

图 6.32　位于种植槽中的生菜被从下面移动到种植台的远端

图 6.33　位于种植台远端的种植槽被自动提升到种植台顶部

经过 5~6 周的生长后，使用下面的拉杆系统将其自动分开（图 6.34）。随着植物的生长而相应扩大沟槽之间的间距，以便为处在每个生长阶段的植物提供最佳空间（图 6.35 和图 6.36）。最终间隔达到 14 株·m^{-2}（图 6.37），并得到 400 g 每株的成熟植株。

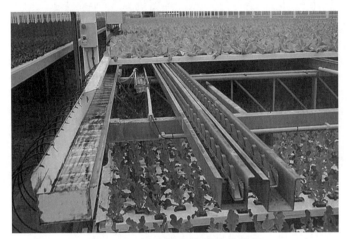

图 6.34　用于隔离种植槽的拉杆

注：位于左侧的入口管路在其下面具有沟槽。该沟槽收集剩余的营养液，并将其向下排入总排水管，后者将营养液回送到中央储罐，并在此对营养液在被循环回到种植槽之前进行处理。

生菜的种植槽宽度为 10 cm，而香料类植物的为 7 cm。种植槽的长度取决于温室开间的宽度为 9.6 m、12.0 m 或 12.8 m。最常见的种植槽长度为 12.0 m 和 12.8 m，因为这是最常见的房屋宽度。植物的种植孔大小根据作物种类和基质大小来确定，如泥炭块、岩棉或其他基质块。最常见的植物种植孔直径为 5 cm 和 6 cm。孔为方形时，其最常见的尺寸为 6.5 cm×6.5 cm 或 6.8 cm×6.8 cm。种植槽的深度为 5 cm，种植槽上两个开孔的中心间距为 26 cm。达到 14 株·m^{-2}植物的种植槽之间的最终间距为 24~25 cm。比利时通常采用这种间隔，种植出单株质量超过了 400 g 的硕大生菜。小生菜的密度则会更高。

图 6.35　被置于种植台上的种植槽最初相互接触的情形

图 6.36　种植槽的间隔距离被逐渐扩大而最终

使蔬菜的种植密度达到 14 株·m^{-2}

图 6.37　在种植槽中生菜 Lollo Rossa 品种和茴香的最终间隔状态

注：这是种植槽的收集端，在此处通过处理系统对营养液进行收集并使之返回。

种植槽由滴灌系统进行灌溉。种植槽的一端具有开口，以收集营养液。滴灌供水管道被间隔设置，以便它们在移动时能与种植槽对齐。种植槽的这种移动是通过牵引杆实现的，以便使其始终位于滴灌供液管道的前面。在下方有一条收集沟，以便在生产过剩或维护期间清空系统时，用于收集未进入种植槽的营养液（图 6.34）。入口管道的位置也可以在沟槽盖上移动。将入口管道连接到主管道，来自收集槽的排水管在第二个入口收集槽的顶部下方通过管道输送（图 6.38）。总排水管将营养液输送到温室的中心地带，在此进行水处理，并在进入下一轮循环之前对营养液进行成分调节（图 6.39）。位于低处的收集槽是种植槽入口系统的一部分，即当该种植槽被移植幼苗后则其在种植区的下面进行移动而到达温室远端。

图 6.38 进口集水槽

注：进口集管（inlet header）、滴流进料管（trickle feed line）和回流排水主管（return drain main）位于低处进口集水槽的顶部。当种植槽从种植区的一端移动到其下面的另一端时，该进口集水槽对种植槽进行给排水。需要注意的是，位于通道右侧的种植槽的排水端对返回端的营养液进行收集。Lollo Rossa 生菜和 Bibb 生菜分别位于种植槽的右侧和左侧。

图 6.39 受中央计算机控制并带有过滤器的营养液处理和注入系统

注：营养液储罐位于后面。

收集槽从入口端到排放端有1%的坡度。营养液返回到储罐中，并在那里被进行消毒后而作为处理过的溶液进行储存，然后与注入液混合而返回到植株（图6.39）。每个系统中都有沙子和活性炭过滤器。这里采用了两种配方：一种是针对幼龄植株的，即在育苗以及移植后的前10 d期间均采用这种配方；另一种是针对老龄植株的，即在移植后最初的10 d之后直到收获均采用这种配方，在每个种植区具有5个不同的灌溉区。

在温室的每个区域内都安装了置顶悬臂式喷雾器，以便在必要时喷洒杀虫剂（图6.40）。在温室的顶部安装了燃烧器，以提高大气中的二氧化碳浓度。另外，在温室上方还安装了用于补光的高强度放电（HID）灯（高压钠灯），以便在秋季和冬季改善光照条件（图6.41）。

图6.40　置顶悬臂式喷雾器

图 6.41　位于顶部作为补光用的光强放电灯

在收割期间，自动化系统将种植槽从种植区移动到传送带，这样将每个托盘传送到包装区，操作人员在那里采摘和包装生菜。将生菜包装好后，使装有生菜的塑料箱经过喷雾系统而使之湿润，然后将其放入冰箱（图 6.42 和图 6.43）。

图 6.42　对沿着传送带移动的产自 NFT 种植槽的生菜进行收获

图 6.43　袋装生菜在喷雾系统下移动

　　这里，所栽培的生菜品种包括波士顿/比伯、绿红橡树叶（green and red oakleaf）、Lollo Rossa 以及三重组合［trios，每片种植三个品种：红橡树叶（red oakleaf）、Lollo Rossa 和 Lollo Bionda）］。这些组合提供了市场上需求量很大的多样化产品（图 6.44）。这些产品是被以带根出售的方式来保鲜。所有产品都通过荷兰拍卖系统出售，其中大部分通过网上电子竞价。为此，所有种植者都必须生产质量一致的产品，因为消费者希望产品的质量均衡而不会去考虑种植者。比利时的市场需要的是大头生菜，其质量至少要达到 400 g（最小量应达到 1 b）（图 6.45 ~ 图 6.47）。

图 6.44　叶类生菜的三重组合

图 6.45　待收获的 Bibb 生菜

图 6.46　待收获的 Lollo Rossa 生菜

注：生菜在种植槽中交错排列。

图 6.47　被包装好并放在塑料搬运箱中的成品生菜

▨ 6.9 基于 NFT 的豆瓣菜培养

位于美国加利福尼亚州菲尔莫尔的加利福尼亚州豆瓣菜公司（California Watercress, Inc.。以下简称为加州豆瓣菜公司），是一家以香料类植物为主要种植作物的公司，它在传统的田间地床（field bed）上种植了 240 000 m^2 的豆瓣菜。然后，在 1989—1990 年，公司由于干旱原因而不得不将生产规模减少了近一半。到 1990 年，地下水位已经下降到很低，以致灌溉水在到达生长床的后部之前就会渗透到植物根部以下。缺水促使该公司寻找替代的种植方法，以便能够更有效地利用现有的水。作者为该公司开发了一种 NFT 水培系统：栽培床宽度为 2.75 m，长度为 152~183 m。相比之下，传统的田间地床宽度为 15~18 m、长度超过了 305 m。利用护堤，将田间地床划分为 6 m 宽的区域。

这种水培系统产量非常高，但是在大约一年后，它被附近的圣克拉拉河在发大水期间冲毁了。1997 年，该项目在菲尔莫尔附近的另一座农场的高地得到重建。该基地位于一口水井的附近，其流量达到 32~38 $L \cdot s^{-1}$，这足以灌溉 12 000~20 000 m^2 的豆瓣菜。这种 NFT 是一个开放而非循环的系统。

所在场地通过激光设备进行分级和填充，使其纵向坡度最小为 1%，而横向为水平（图 6.48）。在筑护坡道或用 0.25 mm 厚的黑色聚乙烯塑料膜给栽培床做衬里之前，应安装地下灌溉系统（图 6.49）。利用连接在拖拉机上的双盘挖出宽为 30 cm 及高为 15 cm 的护坡道（图 6.50），从而形成了栽培床的侧面。每个部分包括 4 张栽培床和一条 3 m 宽的过道。这块面积为 12 000 m^2 的土地由 5 个单元（共包括 20 张栽培床）组成。

图 6.48　利用激光设备平整土地

图 6.49　田间边上被埋于地下的直径为 10 cm 的

原水主管和直径为 7.5 cm 的营养液主管

注：横穿田间的直径为 5 cm 的次主管，在其上面装有电磁阀以及立管。

图 6.50　由拖拉机牵引双盘在 3 m 的中心位置处形成护坡道

　　用宽为 6.7 m 及长为 30.5 m 的聚乙烯塑料膜覆盖在两张栽培床及其相应的护堤上，并保证其外部护堤具有足够的重叠，以密封每对相邻的栽培床(图 6.51)。聚乙烯塑料膜的接缝是用通常用来去除油漆的热吹风机熔化在一起（图 6.52）。护堤上覆盖着 61 cm 宽的苗圃杂草垫，以保护底层聚乙烯塑料膜免受阳光侵蚀（图 6.53），杂草垫由 15 cm 和 23 cm 的宽型订书钉（landscape nail）进行固定（图 6.54）。

图 6.51　用 0.25 mm 厚的黑色聚乙烯塑料膜衬里覆盖地面栽培床

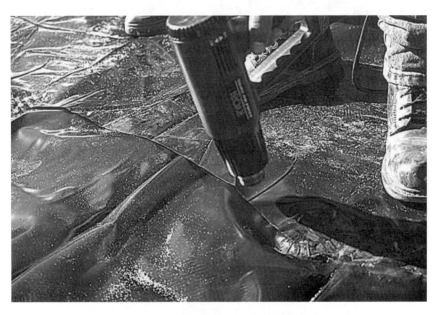

图 6.52　利用热风枪将聚乙烯塑料膜接缝进行熔合

图 6.53　在护堤上要盖覆 60 cm 宽的杂草垫以防止阳光损害黑色聚乙烯塑料膜

图 6.54　利用宽型订书钉在护堤顶上固定杂草垫

作为该灌溉系统的一部分，通过一口主井向容积为 37 850 L 的储罐供水。位于储罐底部外面的 50 hp 增压泵可以将水压提高到 414 kPa（图 6.55）。利用一条直径为 20 cm 的 PVC 水管，将水输送到该灌溉系统的角落并在此被分配到两个直径为 10 cm 的管道。一条直径为 10 cm 的主供水管道为栽培床提供原水，而其他管道由注肥系统提供营养。

图 6.55　利用增压泵给直径为 20 cm 的主水管加压

注：主水管与容积为 37.8 m³ 的储箱连接，其中装满井水。

由于豆瓣菜的培养会源源不断地供水，因此，在开放的水培系统中持续使用营养液并不具有成本效益。鉴于此，只能将肥料按规定的时间间隔注入灌溉系统的各个部分。由直径为 10 cm 的主管路供应的水，在进入注射回路之前先要通过一个过滤器。该回路由一条直径为 7.62 cm 并与注入器相连的管路、混合罐和叶轮流量传感器（paddle wheel sensor）组成，后者通过控制器来调节水的注入流量（图 6.56）。

图 6.56　注肥器系统

注：左侧为酸液储罐，中间为混合罐，右下方为注肥器系统的部分装置，

其中上方为灌溉控制器。

两个容积为 8 705 L 的营养液母液储罐（A 和 B），为注射器提供正常浓度 200 倍的溶液，然后，分别利用两个注射器按比例加注 199 份原水而将其稀释回到正常浓度（图 6.57）。有关注射器系统的操作细节，请参见 3.6.1 小节。第三个容积为 454 L 的较小塑料罐，其中装有硝酸或硫酸，通过第五个较小的注射头加注而用于调节营养液的 pH 值。营养液母液储罐具有两周的溶液供应量。

图 6.57　两个左侧带有注肥器且容积为 8.7 m³ 的营养液母液储罐

由一台控制器来启动两个通径为 5 cm 并位于上述直径为 10 cm 的主管路之上的电磁阀，来调控施肥周期。面积共为 30 000 m² 的种植区被分为 5 个种植单元，在每个种植单元中都具有这样的一套系统（图 6.58）。将电磁阀与直径为 7.62 cm 的次主水管相连，后者从所有间隔为 30.5 m 的栽培床下面沿着其长度方向穿过。在原水管路上一个常开的电磁阀使水流能够在施肥周期之间持续到达栽培床。在施肥周期期间，控制器向一个种植单元的电磁阀发送电信号，这样就将常开电磁阀关闭并将常闭电磁阀打开，进而则停止原水流动并使营养液进入栽培床。

每次循环的设定时间为 5~8 min，营养液会依次经过田间的 5 个单元。营养液在任何给定的循环中一次只进入 1 个单元，而其他 4 个单元均接收原水，施肥周期为白天每 1~2 h 进行一次。

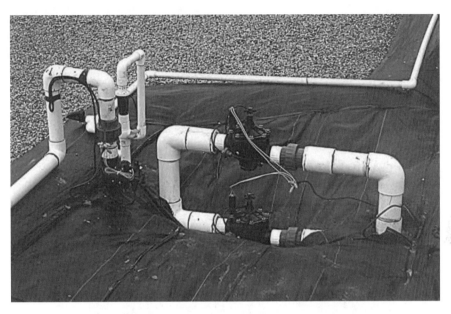

图 6.58 在田间 5 个单元的主管路上均被分别安装

有通径为 5 cm 的两个电磁阀

注：上面的电磁阀位于营养液主路上，而下面的电磁阀位于水主路上。

直径为 2.5 cm 的立管引导灌溉水沿着作为集管的护坡道进行流动，

而且直径为 1.9 cm 的黑色聚乙烯塑料管从集管处穿过栽培床。

从通径为 7.5 cm 的次主管伸出的通径为 2.5 cm 的立管和集管，位于通往每个种植单元的道路旁一侧的护堤中间（图 6.59）。从集管伸出通径为 1.9 cm 的黑色塑料管，以 3.8 m 的间距并排穿过每个种植单元栽培床长度的前半部分，而以 7.6 m 的间距并排穿过每个种植单元栽培床长度的后半部分（图 6.60）。另外，每隔 50 cm 安装一个小型喷嘴三通，以将营养液或水洒向栽培床。在每个立管上面的塑料球阀，对到达侧面每个部分的液流进行流量平衡。

图 6.59　从每个次主管伸出且直径为 2.54 cm 的

立管向每个种植单元供料

图 6.60　黑色聚乙烯塑料膜的侧面带有喷嘴以灌溉栽培床

　　豆瓣菜的生长采用改良的生菜营养液配方，如表 6.1 所示。由于原水含有大量的硼、碳酸钙和碳酸镁，所以只添加少量的钙和镁，而不添加硼。母液 A 由所需的一半硝酸钾、硝酸钙、硝酸铵、硝酸和铁螯合物组成。母液 B 包括一半硝酸钾、硫酸钾、磷酸二氢钾、硫酸镁、磷酸和微量元素。将母液的 pH 值保持在 5.0 左右。10% 的硫酸母液从母液 A 和 B 的进口进入注肥器回路的下游，将营养液的 pH 值最终调节到 5.8～6.2。

表 6.1　豆瓣菜营养液配方

元素	浓度/（μmol·mol^{-1}）
氮	160
磷	45
钾	200
钙	175
镁	50
铁	5
铜	0.07
锌	0.1
锰	0.8
钼	0.03
硼	0.3

　　各种肥料首先分别溶解在超过 750 L 的大型塑料桶中；然后将溶液泵入适当的储罐，并有两台潜水泵与水管相连（图 3.17）。每次添加肥料之前：首先将水加到储罐中；然后用搅拌桨搅拌，以防止沉淀。备好母液后，使搅拌器每 2 h 搅拌 15 min。

最初，将豆瓣菜培养在改良的 NFT 系统中，采用厚度约为 3.2 mm
的 100%聚酯纤维毛细垫（图 6.61）。由于栽培床的黑色聚乙烯塑料膜
衬里不能为根部提供锚固作用，而且一薄层水膜无法扩散到整个栽培
床，因此需要一种能够横向扩散水的介质。另外，也需要毛细垫来保护
栽培床衬里不被阳光降解。然而，经过了几个栽培周期后发现，毛细垫
会阻碍栽培床中水的流动而引起其停滞，进而导致其中出现缺氧和藻类
生长。另外，在两茬之间也难以对毛细垫进行清洗。鉴于此，后来采用
苗圃杂草垫（将其置于黑色聚乙烯塑料膜衬里的顶部）而解决了这一问
题。植物的根会附着在该草垫上，但不会像进入毛细垫那样进入其中
（图 6.62）。在对作物进行换茬期间，植株很容易被顺着根而从杂草垫
中移走（图 6.63）。最后，可利用水管和大型推帚（push broom）对栽
培床进行清洗。

图 6.61　被置于栽培床聚乙烯塑料膜衬里顶部的毛细垫

图 6.62   植物的根系附着在草垫上

图 6.63   在作物换茬期间从草垫上耙去旧植物

虽然繁殖豆瓣菜可以使用种子或插枝，但播种产生的新植株在炎热的夏季温度下开花较少。利用两张育苗床，其尺寸为 2.75 m×137 m，其中填充有 5 cm 厚的豆状砾石（也称细硕），然后用"旋风鸟"手动播种机进行播种（图 6.64）。位于护堤上的高架洒水装置，在种子发芽期间每 10 min 洒水一次，持续 30 s，时间为 5~8 d。一旦幼苗在 2 周内长成，则可将喷水装置关闭或缩短灌溉周期。当幼苗长到 5~7 cm 时，可在 6 周内移植到栽培床上（图 6.65）。

图 6.64　作者使用"旋风鸟"手动播种机在豆状砾石育苗床上播种豆瓣菜种子

可以将移植体（transplant）轻易地从豆状砾石（peagraves）中取出而不伤害根系，然后将其装在塑料板条箱里并运输到栽培床上，在此将它们成束排列。这种种植模式使水能够扩散到整个栽培床，并使所有移植体在生根前能够保持足够的湿润（图 6.66）。每天播种一段 15 m 长的育苗床，以供应 18 张栽培床中的一张。在移植后 3~4 周内进行第一次收获。

图 6.65　适于移植到栽培床上的 6 周龄豆瓣菜幼苗

图 6.66　跨床放置移植体

在春季和秋季，由于这时的气温较夏季要低，所以对同一植株可进行若干次收获。在冬季，在两次收获之间大约需要 45 d 的时间，而在这一期间并不更换植株。可利用长度为 18~20 cm 的茎切条进行扦插繁殖，但它们往往会比种苗更早成熟，这样可在较冷的季节使用它们。由于豆瓣菜种子价格昂贵，因此可以在夏季的几个月里进行播种，并收集种子。从植物生长的草垫上收集种了要相对容易。可以让植物种子掉落在下面的草垫上，而后得以干燥和裂开。收集种子后应当对残茬进行清理，这有助于在栽培床中直接播种。事实上，这较传统的育苗方法节约了大量劳力。

在 2.75 m 宽的栽培床上，正常情况下栽培床每 0.3 m 的长度上平均能够生产 12 捆豆瓣菜。这一产量相当于每张栽培床生产 5 400~6 000 捆。豆瓣菜是由手工切割的（图 6.67）：首先将其用"扎带"捆扎起来（图 6.68）；然后用塑料箱运送到包装间，清洗并在冰上包装；最后放入冷藏室冷藏。与田间种植的豆瓣菜相比，水培豆瓣菜更高、叶更大、口感更嫩也更温和（图 6.69）。这种水培产品因为多汁，所以必须小心，以免碰伤，独立包装比散装更有助于避免在运输过程中造成损伤。

蚜虫和蕈蚊是豆瓣菜的主要害虫。除虫菊酮和 M - pede 杀虫剂可被在收获前 1 d 施用，是控制这些害虫的有效方法。浮萍是种杂草，是由工作人员未清洗他们的靴子或重复使用附着杂草的板条箱所引起的。解决该问题的方法是为水培豆瓣菜准备专门的储运箱，并在进入栽培床前进行清洗。要求工作人员在进入栽培床前用 10% 的漂白剂清洗他们的靴子。其他存在的问题包括缺铁、通风不良、藻类生长和存在一些病毒。在良好的管理下，作物的产品均匀，且品质优良（图 6.70）。

图 6.67   被移栽 23 d 后手工收获豆瓣菜

图 6.68   被用"扎带"捆绑并被送到包装室以储藏于塑料箱中的豆瓣菜

注：每个塑料箱中放有 120 束豆瓣菜。

图 6.69　大田种植的豆瓣菜（左）与水培种植的豆瓣菜（右）外形比较

图 6.70　一片随时可被收割的健康豆瓣菜

6.10　潮汐式灌溉系统

潮汐式 NFT 技术 [ebb – and – flow，E&F，又称涨潮（flood）式
NFT 技术]，实质上是一种地下灌溉方法。将营养液泵入浅床内，深
度为 2~3 cm，时长约 20 min，当水泵被关闭后，营养液则被排回到
营养液储罐。潮汐式 NFT 系统可从兹瓦特系统公司（Zwart Systems）
等专业厂家处获得（附录 2）。这种系统特别适合于幼苗移植体和观赏
盆栽植物的种植（图 6.71）。种植台的底部有小横槽，与深槽垂直
（图 6.72）。这可以使在灌水周期内的注水均匀，且排水完全。深槽
通向进出口管道，从种植台的两端进行浇水。种植台长 15 m，由金属
框架和混凝土底座支撑，以保持良好水平。

图 6.71　潮汐式种植台

图 6.72　潮汐灌溉栽培床的供水/排水槽

另一种类型的潮汐式 NFT 系统是溢流底板（flood floor）系统，如位于加拿大不列颠哥伦比亚省兰利的 Bevo Agro 公司，用它来为商业温室和大田种植者等繁育移植体，他们的产品遍布加拿大、美国和墨西哥。Bevo Agro 公司自 1989 年成立以来，他们现在的温室设施面积已扩大到136 000 m²。在温室产业中，他们专门生产番茄、黄瓜和辣椒，并且他们也种植许多蔬菜幼苗，以用于田间生产和温室花卉生产。

将种子用自动播种机播种到特殊的聚苯乙烯泡沫塑料托盘中的岩棉基质内，当幼苗进入数片真叶期后（黄瓜：4～5 d；番茄：10～12 d；辣椒：12～14 d），将其移植至岩棉块或"Jiffy"椰糠块，并间隔20 cm×20 cm，该公司也为许多客户提供番茄嫁接服务。嫁接是在一个特殊的房间里进行，嫁接后这些植物首先放置在托盘中 1 周左右，直到其嫁接口愈合；然后将它们移植到岩棉块上，并将它们放置在潮汐式 NFT 系统中。利用专用运输机进行岩棉块的运输，并在这些岩棉块离开运输机而到达水泥地面时将其铺开。

在这种系统中，温室的整个地面都是混凝土，这形成了潮汐式NFT系统的基础。每张栽培床的侧面尺寸大约为 6 m×30.5 m，可以用一层混凝土砖将其边缘粘接起来而建成。从边缘到中心的一个轻微的斜坡，使进水和排水可以通过一条凹陷的排水管道在每张栽培床的中间进行（图 6.73～图 6.76）。V 形的中心通常低于边缘 0.5～0.8 cm。水被泵入地下供水管道，直到 V 形管道顶部的深度达到要求。排水是通过相同的供应管道回到营养液储罐，该系统需要大约 5 min 的进水时间和 7 min 的排水时间，利用总 PVC 集管上的电磁阀控制灌溉周期，营养系统由计算机实现了完全自动化控制。该温室采用天然气锅炉热水系统进行加热，加热管道被埋设在混凝土地板中。通过将底部加热和顶部加热系统相结合而为各种作物提供最佳温度，从而可以生产出健康而强壮的番茄、黄瓜和辣椒移植体（图 6.74～图 6.77）。

图 6.73　在混凝土溢流底板上岩棉块中种植的番茄

图 6.74　在混凝土溢流底板上岩棉块中种植的辣椒

注：地面正在排水。

图 6.75　在溢流底板上岩棉块中种植的辣椒

图 6.76   在潮汐式 NFT 系统中利用椰砖种植的番茄幼株

注：椰砖是捷菲椰糠块，每个块中长有两株植物。

图 6.77   在潮汐灌溉系统中采用椰砖种植的番茄植株

6.11　A 字形架 NFT 系统

将 NFT 种植槽布置在 A 型架结构上，可以增加生菜、芝麻菜和香料类植物等矮生作物的产量，这已经在许多地方被进行了小规模试验。最初，在 20 世纪 80 年代末在中国台湾地区设计成这种系统，并用于试验上述作物。然而，这样的系统在小范围内运行良好，但从未被用于大规模生产。2011 年 4 月，在哥斯达黎加的一次国际会议上，哥伦比亚的一家名为阿庞特技术集团的公司（Grupo Tecnico Aponte），展示了它们在哥伦比亚波哥大附近的 A 型架项目。

哥伦比亚的波哥大，位于海拔 2 600 m 处，这里气候温和，夜间温度约 6 ℃，白天温度约 18 ℃，最大温度和最小极端温度分别为 24 ℃ 和 −5 ℃。这些条件非常有利于生菜等喜凉作物的生长。该公司在一个温室里建造了轻型金属管道的 A 字型架，高 2.1 m，底部宽 2 m，顶部宽 20 cm。这些结构长 6 m，每个架子上装有 16 根直径约为 5 cm 的 PVC 管（图 6.78）。种植孔的直径为 5 cm，种植孔之间的中心距离为 15 cm。每根管子上具有 40 个孔，因此，每一个 A 字形架具有 640 个种植孔（16 根管子）。一座种植面积为 500 m^2 的温室，可包含 30 个这样的 A 字形架。通过每根管道上的滴管对管道进行灌溉。管道末端有盖子，对营养液不进行循环，而只是将其从储箱中抽出而不返回。

在塑料容器中，采用椰糠和稻壳混合物作为基质来培养植物（图 6.79）。首先在 NFT 管道布局紧密的苗圃区进行育苗（图 6.80）；然后把它们移植到 A 字形架（图 6.81 和图 6.82）。生菜在 7 周内即可收获（图 6.83），每株植物都以套了由形式出售，并使其根部保留在种植盆中。

图 6.78　每个具有 16 根 PVC 管的 A 字形架

图 6.79　在装有椰糠–稻壳混合基质的塑料盆中育苗

图 6.80　具备双层 NFT 管道系统的育苗区

图 6.81　被移植到 A 字形架 NFT 管中的生菜幼苗

图 6.82　NFT 管中以椰糠 – 稻壳为基质培养的生菜

图 6.83 种植 7 周后适于收割的生菜

■ 6.12 小 结

　　未来，成功实现水培作物生产要依靠对水和肥能够进行有效利用的通用种植系统。尤其是在世界干旱地区，比如中东，这里的土地是不可耕种，且水资源较为稀缺。在这些地区，可以使用淡化海水，但成本很高。在过去，这些地区的许多地方都使用了沙培，但沙子通常为石灰质，这导致了 pH 值的快速变化及铁和磷等必要元素的聚集。在这些阳光充足的地区，如何有效利用昂贵的淡化海水是水培成功与否的关键。

　　可以说，NFT 就是这样一种水培系统，它能够有效地利用水和肥料，同时又不一定要依赖于当地合适的栽培基质，如非石灰质的沙子或砾石。

参考文献

［1］ APONTE A. Cultivos protegidos con tecnica hidroponica y nutricion bio – organica ［C］//Proceeding of Tercera Congreso Internacional de Hidroponia, Costa Rica, Apr. 13 – 16, 2011.

［2］ BURRAGE S W. Nutrient film technique in protected cultivation ［J］. Acta Horticulturae, 1992, 323: 23 – 38.

［3］ COOPER A J. Rapid crop turn – round is possible with experimental nutrient film technique ［J］. The Grower, 1973, 79: 1048 – 1051.

［4］ COOPER A J. New ABC's of NFT. In: SAVAGE A J (Ed): Hydroponics Worldwide: State of the Art in Soilless Crop Production. Honolulu, HI: International Center for Special Studies, 1985: 180 – 185.

［5］ COOPER A J. Hydroponics in infertile areas: problems and techniques ［C］. //Proceedings of the 8th Annual Conference of the Hydroponic Society of America, San Francisco, CA, Apr. 4, 1987: 114 – 121.

［6］ COOPER A J. NFT developments and hydroponic update ［C］// Proceedings of the 8th Annual Conference of the Hydroponic Society of America, San Francisco, CA, Apr. 4, 1987: 1 – 20.

［7］ EDWARDS K. New NFT breakthroughs and future directions ［C］// SAVAGE A J (Ed): Hydroponics Worldwide: State of the Art in Soilless Crop Production. Honolulu, HI: Int. Center for Special Studies, 1985: 42 – 50.

［8］ GILBERT H. Hydroponic Nutrient Film Technique: Bibliography Jan.

1984 – Mar. 1994 ［M］. Darby, PA：DIANE Publishing Co. , 1996：54.

［9］ GOLDMAN R. Setting up a NFT vegetable production greenhouse ［C］// Proceedings of the 14th Annual Conference on Hydroponics, Hydroponic Society of America, Portland, Oregon, Apr. 8 – 11, 1993：21 – 23.

［10］ RESH H M. Outdoor hydroponic watercress production ［C］// Proceedings of the 14th Annual Conference on Hydroponics, Hydroponic Society of America, Portland, Oregon, Apr. 8 – 11, 1993：25 – 32.

［11］ SCHIPPERS P. A. Soilless culture update：nutrient flow technique ［J］. American Vegetable Grower, 1977, 25 (5)：19 – 20, 66.

［12］ SCHIPPERS P A. Hydroponic lettuce：the latest ［J］. American Vegetable Grower, 1980, 28 (6)：22 – 23, 50.

第 7 章
砾石栽培技术

■ 7.1　前　言

从 20 世纪 40 年代到 60 年代，砾石栽培（gravel culture）是使用最为广泛的水培技术。在 20 世纪 60 年代末到 70 年代初，在美国亚利桑那州凤凰城附近的一家商业运营公司——Hydroculture，拥有种植面积近 80 000 m² 的砾石栽培温室。在美国各地的许多小型商业温室中都采用砾石培养技术，因为其具有良好的使用记录。而且，如 Hydroculture 等几家公司，正在向有兴趣建立自己水培温室的人们供应"夫妻套餐"产品。

格里克（W. F. Gericke）利用砾石栽培技术将水培技术实现了规模化。如第 1 章所述，砾石栽培技术主要被用在第二次世界大战期间的非耕地岛屿上所建立的室外设施中。当前，在加那利群岛和夏威夷等火山岩丰富的地区，砾石栽培技术仍被广泛利用。不过，目前 NFT、岩棉、椰糠和珍珠岩等栽培技术更为流行，因为它们具有共同的特性、易于在作物种植间隙进行消毒、节约劳动力，而且操作、维护和管理也较为便捷。

▓ 7.2　基质特性

在第 4 章，讨论了基质应具有的一些共性。对于地下灌溉系统来说，砾石的最佳选择是破碎的不规则形状的花岗岩，颗粒直径大小为 1.6~19 mm，而且超过一半的颗粒直径在 1.3 cm 左右。这些颗粒必须足够坚硬而不破碎，能够在空隙中保持水分，并且排水良好而能够使根部透气。

为了避免 pH 值的变化，颗粒不应是钙质材料。如果只有钙质材料，那么营养液中的钙和镁的量就必须根据该钙质材料释放到营养液中的这些元素的水平而进行调整。石灰石和珊瑚砾石等钙质材料中的碳酸钙与营养液中的可溶性磷酸盐会发生反应，可产生不溶性的磷酸二钙和磷酸三钙。这个过程一直持续到钙质材料颗粒的表面被不溶性磷酸盐所覆盖。当它们被完全覆盖后，反应速率就会被减慢到一定程度，即营养液中磷酸盐的减少速率慢到足以维持磷酸盐的水平。

当含有超过 10% 未被利用的酸溶性新钙质材料（如碳酸钙）时，应使用可溶性磷酸盐进行预处理，以使其表面覆盖不溶性磷酸盐。利用每 1 000 L 含 500~5 000 g 3 倍过磷酸钙的溶液处理钙质材料。应将新砾石浸泡数小时。当溶液中磷酸盐含量降低时，则其中的 pH 值会升高。如果磷酸盐浓度在浸泡 1~2 h 后下降到 300 μmol · mol^{-1}（含有 100 μmol · mol^{-1} 的 P）以下时，则应将营养液注入储箱，并向营养液中第二次添加磷酸盐后再将其重新泵回栽培床。在与砾石接触数小时后应重复这一过程，直至磷酸盐的浓度保持在 100 μmol · mol^{-1}（磷的浓度为30 μmol·mol^{-1}）以上。

当这种情况发生时，则表明所有的碳酸盐颗粒都被磷酸盐覆盖了。这时，溶液的 pH 值将会保持在 6.8 或更低。然后将磷酸盐溶液从水池中抽出，并使水池充满淡水。用淡水冲洗几次栽培床，并将水池再一次抽干并注满淡水，然后则可以利用栽培床进行种植。

随着时间的推移磷酸盐被消耗，则游离碳酸钙会逐渐暴露在砾石的表面，这样 pH 值将开始上升，然后必须重复上述磷酸盐处理的过程。已有研究证明，经过预处理的石灰质砾石或水洗的石灰质砾石并不能预防发生石灰诱导失绿。钙质砾石的高 pH 值也会使植物无法获得铁元素。另外发现，每天按照每 3 785 L 的营养液中添加 50 mL 磷酸和 12 g 螯合铁（FeEDTA）等这样的比率添加磷和铁，则会阻止番茄植株发生石灰诱导失绿。

由页岩所烧制的陶粒或钢化玻璃，具有多种粒径，通常用在庭院小型水培装置。该陶粒为多孔材质，在许多情况下都有很好的应用效果。首先，在持续使用后，肥料盐在颗粒表面的吸附可能会带来问题，被吸收的盐不易用水洗去；其次，植物的根会卡在陶粒表面的小孔中，从而导致每茬之间的基质消毒较为困难；最后，该陶粒会断裂并分解成小块，最终形成细小的沙子和淤泥而堵塞供液等各种管道。

如果使用滴灌系统而不是地下灌溉系统，则必须使用粒径较小的基质。对于这样的系统，砾石的粒径应为 3 ~ 10 mm，而且超过一半总体积的砾石粒径大小应该为 5 ~ 6 mm，并且不应当具有淤泥或粒径大于 10 mm 的颗粒存在。陶粒砾石特别适合于滴灌系统，因为它的毛细作用使营养液能够横向围绕植物根而移动。然而，当植物的根系向侧面生长时，它们也会截留水而使之向侧面流动。

■ 7.3 滴灌式砾石栽培

几乎所有的砾石培养都采用地下灌溉系统。也就是说，将营养液泵到栽培床内，淹没几厘米深，然后再流回营养液储箱。这类似于在第 6 章中所讨论的潮汐式 NFT 系统。由于在 2～6 周的时间内，在每次泵循环中均使用相同的营养液，因此，称此为封闭或可回收系统。然后把旧的营养液处理掉，并加入新的营养液。

7.3.1 灌溉频率

最低灌溉频率取决于以下因素。

（1）基质颗粒的大小。

（2）基质颗粒表面的粗糙程度。

（3）作物类型。

（4）作物大小。

（5）气候因素。

（6）当日时间。

与多孔、形状不规则及粒径较小的基质相比较，对光滑、形状规则及粒径大且表面积大的基质应更为频繁地进行灌溉。高秆结果作物比矮生叶类作物（如生菜）需要更频繁的灌溉，因为它们的表面积较大，所以蒸发损失量也较大。炎热干燥的天气促使水分迅速蒸发，因此也需要更频繁的灌溉。另外，在中午光照强度和温度均最高的时候，则必须缩短灌溉周期的间隔时间。

对于大多数作物来说，在冬季的几个月里，每天需要灌溉 3～4 次，而在夏季，在白天往往每小时至少需要灌溉一次，在晚上无须灌溉。在温带地区，夏季的灌溉时间为上午 6 点至下午 7 点。而在冬季，可以将灌溉时间调整为上午 8 点至下午 4 点。

植物从营养液中吸收水分的速率比吸收无机元素的速率要快得多。结果，当吸收发生时，基质颗粒表面上的营养液膜被无机盐浓缩。随着植物蒸腾速率的增快，基质中的营养液浓度就会增大，那么吸水速率也会相应增大。通过加快灌溉次数，植物的高需水量则会得到满足，从而将砾石空隙中的含水量保持在更优水平。

灌溉后不久，在基质中的营养液组成与在储箱中的营养液组成基本相同。由于植株会不断吸收养分和水分，所以栽培床中营养液的各种离子比例、养分浓度以及 pH 值等成分均会持续发生变化。如果灌溉频次不够充分，则可能会出现营养缺乏的情况，即使在储箱中营养液的养分含量足够高。另外，假设基质中细小颗粒所占比例不是太高以及每次灌溉时间不是太长，那么只要在栽培床被灌溉之后对其进行彻底排干，则频繁灌溉并不可能会引起基质出现缺氧问题。栽培床被灌溉的越频繁，则基质中的营养液组成则会越接近储箱中的营养液组成。

7.3.2　抽排速率

从砾石中抽排营养液的速率决定了植物根系的通气速率。根需要氧气来进行呼吸，而呼吸作用反过来为吸收水分和养分离子提供所需的能量。植物根系周围的氧气不足会阻碍根系的生长或可能导致根系死亡，从而造成植株损伤、减产并最终死亡。

在地下灌溉系统中，当营养液从下方填满砾石空隙时：首先，将氧气含量相对较低而二氧化碳含量相对较高的空气排出；然后，当营养液从砾石中流出时，它会将空气吸入该基质中。这种新供应的空气含氧量相对较高，而二氧化碳含量相对较低。营养液在砾石基质中移动的速率越快，则空气被更新的速率就越快。另外，由于氧在水中溶解度较低，因此如果灌水和排水的速率快，则尽管自由水在砾石中，但低氧供应的时间会被缩短。

一般来说，每次安排 10～15 min 的灌水和排水时间或 20～30 min 的总时间较为适宜。在从栽培床除去游离营养液时，建议完全排干。只需要在砾石颗粒上覆盖一层水膜。如果在植物床的底部残留有水坑，则会影响植物的生长。栽培床的这种快速灌水和排水可以通过栽培床底部的大管道实现。总之，适当的灌溉周期应当是能够：①迅速灌满栽培床；②迅速排干栽培床；③将所有营养液排出。

7.3.3　灌溉周期对植物生长的影响

通过减少营养液灌溉的次数，可以降低砾石基质中的水分含量。相反，通过降低营养液的灌溉次数，则能够降低砾石基质中的水含量，并对砾石颗粒上水膜中所含的养分离子具有浓缩效应。在任何时候，只要提高营养液的渗透浓度就会导致植物的吸水能力出现下降，同时也会降低植物对养分离子的吸收能力。这样，植株生长会受到抑制，而且其形态变得更为坚硬结实。

鉴此，在冬季黑暗、多云或日照短暂的日子里，在温室里减少每天的灌溉周期次数将有助于保持植物的坚硬和结实。

7.3.4　基质中营养液液位高度

营养液液位应该升高到基质表面下 2.5 cm 以内。这种做法可以保持基质表面干燥，以防止藻类生长，并减少水分流失和植物底部的高湿度积聚；这种做法还可以防止根系生长到基质表面之上，因为在高光照强度条件下，这样所导致的高温可能不利于根系生长。可以通过在增压室（plenum）中安装溢流管而调节各个栽培床中的营养液液位，这些构造详情将在7.3.6小节中讨论。

7.3.5 营养液温度

在温室栽培中，营养液温度不应低于室内夜间的气温。使用浸入式加热器或电热电缆可以提高储箱中营养液的温度。注意不要使用任何带有铅或锌护套的加热元件，因为这些可能对植物造成毒害。最好采用不锈钢或塑料涂层电缆。另外，也可采用电加热灯。在许多地方用来补充营养液储箱的外来水的温度可能会低至7~10℃。因此，假设需要装满一个大型储箱，则应当是在完成最后一次灌溉周期之后的当天晚些时候进行。这样，在下一次灌溉周期前，即在次日上午加热装置就会有足够的时间将营养液温度升高到较为合适的水平。

在任何情况下，都不应该把加热电缆放在栽培床内。不然，这会导致加热元件周围出现局部高温，从而对植物根部造成伤害。

7.3.6 温室地下灌溉系统

1. 建筑材料

由于用于配制营养液的肥料盐分具有腐蚀性，因此任何暴露在营养液中的金属部件，如泵、管道或阀门，在很短的时间内就会被腐蚀。另外，镀锌材料可能释放出足够的锌，从而引起植物出现中毒症状。铜质材料也会引起同样的问题。应使用无腐蚀性的塑料管道和配件、带有塑料叶轮的泵和塑料罐等。植物栽培床可以用木材建成，在里面铺上厚度为0.5 mm的乙烯基塑料衬里。

在第二次世界大战期间，混凝土的应用较为广泛，因为它具有耐久性和耐腐蚀性的优点，但其成本较高。雪松或红木是最常被使用的建筑材料，而且正常致密型地面基底的直接衬里对于栽培床的制造最为经济。

2. 栽培床

栽培床的设计必须能够迅速地灌水和排水，而且是能够完全排水。采用直径为 7.6 cm 的 PVC 管和 V 形床结构可以满足这些灌溉需求（图 7.1）。栽培床的最小宽度应为 61 cm，深度为 30.5~35.5 cm，而最大长度为 36.5~40 m。栽培床还应该每 30.5 m 倾斜 2.5~5 cm。水通过直径 0.64~1.27 cm 的小孔或 0.32 cm 宽的锯缝（在 PVC 管的底部 1/3 处）进入栽培床并从中流出。这些孔或锯缝是通过沿整个管道每隔 30.5~61 cm 切割一次而形成的。

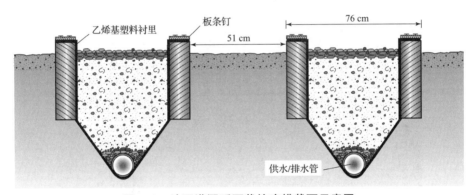

图 7.1　地下灌溉砾石栽培床横截面示意图

倾斜度可以通过倾斜侧板并将它们码放而实现。一些种植者会在这些栽培床之间铺设混凝土走道。栽培床应采用致密的河沙。采用含有所需结构的夹具来开挖栽培床（图 7.2）。

在经过压实而形成合适的结构和坡度后，在栽培床内铺上 0.5 mm 厚的乙烯基塑料衬里。然后，将直径 7.5 cm 的 PVC 供水/排水管安装到位（图 7.3），而且需要使管子上的孔或缝朝下，以防止根须轻易长到管子里。乙烯基塑料是通过将其折叠在约 5 cm 厚的雪松木板上，并在沿其整个长度的顶部钉上一根木条而被固定在床的两侧。

图7.2 在压实的河沙中开挖栽培床

图7.3　被置于栽培床内的乙烯基塑料衬里及 PVC 排水管的所在位置

PVC 管中的水可以沿着栽培床的底部快速流动，并沿整个长度均匀垂直地对栽培床进行灌水和排水。通过这种快速的灌水和排水，从基质中排出旧的空气，并吸入新的空气。

栽培床通常应在靠近营养液储罐的这一端填充砾石高度至 2.5 cm 以内，而在远离营养液储罐的那一端填充砾石高度在 5 cm 以内。为了防止在灌溉周期中近表面的不均匀加湿，需要平整砾石的表层。需要注意栽培床不是平的，但水是平的。因此，当砾石的顶面被平整后，被淹没的栽培床的水位应与砾石的表面平行。如果沿着整个栽培床的长度将砾石放置在其内具有 2.5 cm 高度差的范围内，那它就真正具有 2.5 cm 的斜度。因此，如果在灌溉循环期间，栽培床在靠近营养液储罐的这一侧被灌溉到砾石表面以下的 2.5 cm 范围内，而栽培床在远离营养液储罐的这一侧被灌溉到砾石表面以下的 5.0 cm 范围内。这将导致从栽培床的一端到另一端植物根系的不均匀灌溉。由于在栽培床中的水位不够高，这样刚被移植的幼株在栽培床的远端可能会遭遇水胁迫。否则，假如将栽培床远端的水位保持在 2.5 cm 范围之内，则在营养液储箱的这一端就会到达栽培床砾石基质的表面，这样会引起藻类生长的问题。

直径为 7.5 cm 的 PVC 管应具有一个 45° 的弯头，并伸出到砾石表面的上方，而且在储罐远端有一个盖子，以便于清洗管道。通常，基本上每年都要利用蛇形拔根机对管道中的残根进行清理。营养液储罐处的管道末端进入一个增压室。

3. 增压室

研究证明，通过采用增压室（plenum，也称静压箱）而不是来自泵的固体管道可以大大减少充水和排水的时间。增压室只是一个水槽，水被从水箱泵入其中。直径为 7.5 cm 的 PVC 管道沿着栽培床的底部而通向该增压室（图 7.4 ~ 图 7.6）。必须将通向栽培床的管道密封在增压室内，否则水会泄漏到水箱后面，从而导致营养液流失，并在温室和水箱下面积水。

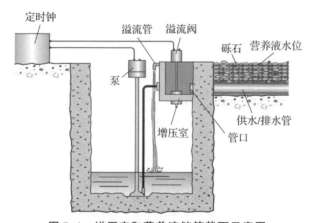

图 7.4　增压室和营养液储箱截面示意图

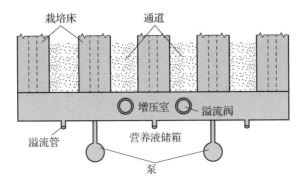

图 7.5　增压室和营养液储箱平面示意图

图 7.6　进入增压室的供水/排水管

这里，可以使用潜水泵将营养液从营养液储箱泵入增压室。该潜水泵是由时钟或附着在栽培床上的水分传感器的反馈机构启动。栽培床内的水位是由增压室内的溢流管进行调节。增压室和栽培床中的营养液液位相当于栽培床中砾石表面下方约 2.5 cm 的位置。当该泵工作时，由用于控制泵的相同时钟或反馈机构启动的溢流阀关闭增压室的排水孔（图 7.4），具体操作如下。

（1）栽培床上的湿度传感器向反馈机构发出信号，以打开水泵（或由预设的时钟触发灌溉周期）。

（2）打开水泵，并关闭增压室的溢流阀。

（3）向增压室和栽培床添加营养液。

（4）继续加液，直到过量的营养液通过溢流管溢回到营养液储箱。

（5）到达预定灌溉时间，栽培床内充满了营养液。

（6）关闭水泵，打开溢流阀，营养液从栽培床排回到增压室，最后流入营养液储箱，而在这一时期对营养液进行了充分通气。

（7）整个灌水 – 排水周期应在 20 min 内完成。

4. 营养液储箱

营养液储箱须由不透水的材料构成。首先采用 10 cm 厚的钢筋混凝土；然后再涂上一层沥青漆使混凝土防止漏水，这应该是一种最耐用的材料。增压室应该与储箱成为一体，这样它们之间就不会发生泄漏。根据砾石中空隙的大小，储箱中的水容量必须足以完全灌满砾石栽培床。首先可以通过取一定量的基质样本（约 28 L）并将其灌满水；然后测量充满空隙空间所需的水体积来确定；最后，外推以计算所有栽培床内的总空隙空间。营养液储箱的容积应该比灌满栽培床所需的容积大30% ~ 40%。例如，一个大小约为 9 092 L 的水池可以供应 5 张宽61 cm × 深 30.5 cm × 长 36.5 m 的栽培床（图 7.7）。

图 7.7　建设中的营养液储箱

　　可以将自动浮阀连接到补水管道上，以保持营养液储箱中的水位。这样，在每一个灌溉周期中，可以立即补充由于植物的蒸腾蒸发作用而损失的水分。在营养液储箱中，应当具有一个用于安放泵的集水坑，以便在营养液更换期间能够使营养液储箱完全排干并对其进行清理（图 7.4）。

　　对储箱中增压室的结构可以做一些改变，以减小其体积。要做到这一点，可以将增压室分成两个部分，每一部分分别为 3 张栽培床供液（图 7.8）。当启动水泵和溢流阀时，三通会自动将营养液交替排放到一个增压室中，每个灌溉周期能够灌满 3 张栽培床（图 7.9）。在这种情况下，必须使用定时钟，而不是湿度传感器反馈系统，灌溉周期之间的间隔比采用前面介绍的那个较大的增压室所需的间隔更短。

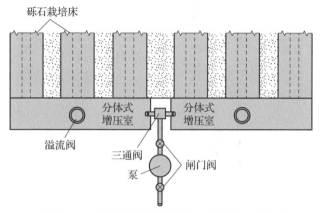

图 7.8　带有分体式增压室的营养液储箱平面图

图 7.9　位于分体式增压室进液端的自动三通阀

　　该水泵也可以通过管道连接到排水管道，而排水管道可被连接到外部排水系统，利用闸门阀来控制营养液的流向。当需要更换营养液时，则将废水管内的闸门阀打开，从而将营养液抽到废水池中。正常情况下，在一般供液期间，该废水管内的闸门阀是被关闭的，而水泵和三通阀之间的阀门是被打开的。

通过使用分体式增压室，可以将营养液储箱的容量几乎减少到原来容量的一半，并可以一次灌满 6 张栽培床。因此，一个容积为 5 455 L 的储箱应该容易为宽 61 cm × 深 30.5 cm × 长 36.5 m 的砾石栽培床提供营养液。

图 7.10 显示了一种砾石培养系统的总体规划，该系统有 6 张栽培床以及附加的增压室和营养液储箱。另外，如图 7.11 和图 7.12 所示，通过地下灌溉砾石系统可以种植高产作物。

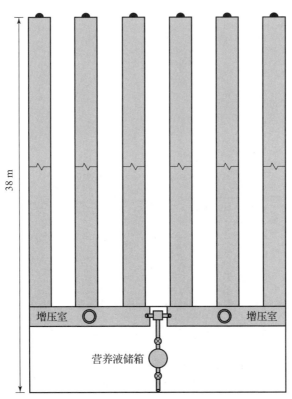

图 7.10　包含 6 张砾石栽培床的温室建设规划

图 7. 11　在砾石栽培系统中生长的番茄植株

注：三通阀位于右下角。

图 7. 12　待收获的成熟番茄

■ 7.4　滴灌栽培技术

滴灌系统（trickle irrigation system）的栽培床设计和施工与地下灌溉系统相似，但由于其栽培床不需要被灌营养液，所以需要的水箱较小。这是一种封闭循环系统，其类似于地下灌溉砾石培养系统。营养液通过滴管或渗管被输送到每株植物的根部。营养液渗透砾石和植物根部，然后通过排水管到达一个大的类似于地下灌溉的排水管道系统，之后返回到储箱。因此，应将营养液储箱放置在温室的下端，以便所有排水管都能将营养液排入其中。在滴灌系统中，有必要使用小粒砾石（直径 33~66 mm），以便于营养液在基质中能够横向移动，这样就可以沿植物侧根进行分布。

在加州豆瓣菜公司，建造了一套改良型循环式豆石栽培系统，主要用于种植婴儿沙拉型蔬菜（baby salad greens）和晚熟薄荷（later mint）。该公司建造了一座大小为 6 m × 37 m 的温室，具有 4 张栽培床，每张栽培床宽 1.2 m。将灌溉系统安装在地面下，然后用苗圃草垫覆盖地面，以阻止杂草生长并在底层土壤和温室环境之间形成无菌屏障。用一个直径 5 cm 的主管和一个容积约 9 400 L 的水箱建成一个封闭循环式水培系统。从主管开始，沿着温室的长度方向在通道下安装了 2.5 cm 的支管。将三个通径为 1.9 cm 的立管（沿着栽培床长度方向按 12 m 的间隔分布）连接到通径为 1.9 cm 的黑色聚乙烯软管上，在后者的长度方向上每隔 30.5 cm 装配一个通经约为 0.6 cm 的三通，以供应营养液。每 30.5 cm 有 0.6 cm 的三通，以供给营养液。营养液通过直径为 10 cm 的 PVC 集水管回流到储箱中，这些 PVC 集水管放置在栽培床的下侧而作为收集水槽（图 7.13 和图 7.14）。这些集水管会合到一条通往储箱的直径 7.5 cm 的公共回流管。

图 7.13　被置于混凝土高台上的栽培床

注：在左前方的植物为播种后 18 d，在左后方的植物为播种后 15 d。

砾石栽培床的尺寸为长 33.5 m × 宽 1.2 m，由 5 cm × 10 cm 的防腐木和 1.6 cm 厚的胶合板制成，被放置在尺寸为 20 cm × 20 cm × 40 cm 混凝土砌块的顶部（图 7.14）。栽培床（宽度 1.2 m）向集水管倾斜7.5 cm。在涂了两层涂料后，在栽培床内覆盖上一层 0.25 mm 厚的黑色聚乙烯塑料膜衬里。在栽培床内铺有深度为 4 cm 的豆石基质。

图 7.14　上方具有喷雾管的婴儿沙拉型蔬菜

注：中间栽培床的前方是播种 19 d 后的甜菜，右边栽培床为播种 10 d 的生菜。

每 2～3 h 重复一次灌溉周期，每次持续 15 min，这一期间采用改良型香料植物的营养液配方，如表 7.1 所示。在每个栽培床的上方都安装了喷雾系统（图 7.15），以便为被直接播种于栽培床的种子的发芽提供充足水分。在发芽过程中，通过喷雾每 10 min 控制器喷洒一次，每次持续 15 s。一旦幼苗的子叶完全展开，则将喷雾周期设置为每 30 min 喷洒 45 s。

表 7.1　改良型香料植物的营养液配方

营养元素	浓度/（μmol·mol^{-1}）	营养元素	浓度/（μmol·mol^{-1}）
氮	150	磷	40
钾	182	钙	230
镁	50	铁	5
锰	0.5	锌	0.1

营养元素	浓度/($\mu mol \cdot mol^{-1}$)	营养元素	浓度/($\mu mol \cdot mol^{-1}$)
铜	0.035	钼	0.05
硼	0.5		

图7.15　在豆石栽培床中通过喷雾系统促进豌豆种子发芽

注：集水管位于栽培床中心的聚乙烯塑料膜下。

在对市场需求进行评估后，加州豆瓣菜公司对许多品种的生菜和其他嫩绿作物进行了试验，决定在每个尺寸为30.5 m×1.2 m的栽培床上种植下列混合作物。

1号栽培床只含有甜菜，品种为公牛血（Bull's Blood）。每周在长度为2.4 m的栽培床区域内播种两次，种植周期为6周。将甜菜播种3周后开始进行收获，并在换作物前收获两次。这样，就可以在长度为2.4 m的栽培床区域内每周都收获几次甜菜。

2 号和 3 号栽培床中栽培有混合型生菜（mesclun mixes），其中各个品种所占的比例分别是：探戈（Tango）20%、红橡树（Red Oak）20%、绿罗马（Green Romaine）20%、红罗马（Red Romaine）20%、水菜（Mizuna）5%、乌踏菜（Tah Tsai）10% 和阔叶水芹（Broadleaf Cress）5%。生菜的种植周期为 3 周。因此，采用长度为 30.5 m 的两张栽培床，那么生菜所占的总栽培床长度为 61 m。每周播种两次，就能够在每周内连续进行几次收获。在每次收获后对作物进行更换。以上每周两次的播种安排如下：7 种作物共占用 61 m 长的栽培床，每次播种占用 10 m 长，其中探戈、红橡树、绿罗马和红罗马等四个品种分别占 2 m（各占 10 m 的 20%）；乌踏菜占 1 m（占 10 m 的 10%）；水菜和阔叶水芹分别占 51 cm（各占 10 m 的约 5%）。

4 号床包含莳萝（Delikat 品种）、芝麻菜、菠菜和茴香等四种作物。假如每周播种一种作物、对每种作物培养 3 周且对每种作物收获一次，那么，在 10 m 长的栽培床上每周播种上述四种作物所占用的长度分别为：莳萝—4.9 m，芝麻菜—2.4 m，菠菜—1.5 m 及茴香—1.2 m。

红色蔬菜的行间距为 7.6 cm，行内种子之间的距离约为 3 mm。对于绿色蔬菜，间距为 7.6 cm，而在行内几乎是连成一排。为红色蔬菜设更宽间距，是为了让更多的光进入作物，从而有助于产生红色。种子是用木棒作为向导而人工播种的。

种子被直接播种在砾石表面，并在前 10 d 白天通过自动喷雾而保持湿润，喷雾为种子的吸胀和随后的生长提供了充足水分。与此同时，它还能将细小种子带入砾石的空隙中，以防止种子在喷雾周期之间干燥。一旦植株长到 2~3 cm 高，则停止喷雾，因为在硬水中含有大量的碳酸钙和碳酸镁，如持续进行喷雾则会在叶片上留下白色污渍。然后，在白天每隔 2 h 用循环营养液系统灌溉植株 15 min。3 周的种植期结束时，植株应不高于 5 cm，如果让它们长得过高，则它们会随着株龄的增长而变得不那么嫩。

与短生长期的作物有关的病虫害问题，如生菜嫩叶，不如长生长期的作物的严重。不过，蚜虫、白蛉、壁虱、各种蛾类和蝴蝶幼虫是常见的害虫。这些可以利用吡喃酮（Pyrenone）、苏云金杆菌（Dipel）或苏云金芽孢杆菌 aizawai 亚种（Xentari）进行控制。

最棘手的问题是要在种植间隙把砾石中多余的根去掉，因为只是用刀切除了植株的地上部分。当具备 6.10 节中所讨论的潮汐式栽培系统等其他栽培手段时，就不要采用砾石栽培法来培养混合型生菜。在潮汐式栽培系统中，可以在盘中或毛细垫上进行作物培养，而且在收获后可对毛细垫进行更换，而后重新播种。此外，在 5.6 节中介绍了一种可被用于栽培混合型生菜的较好方法。

混合型生菜的种子可以从种子公司购置，它们首先被混合在一起了，所以更容易作为一个品种播种，而不是将许多不同的品种分开播种；然后在收获时将其混合。混合型生菜最好以不需要清洗的即食形式进行包装，因此需要拥有最新标准的清洗包装设施。

■ 7.5 砾石滴灌技术的优缺点

砾石滴灌技术的优点如下。

（1）减少根堵塞排水管的问题。

（2）更好地通气到根部，因为根系从未完全浸没在水里。同时，水滴下后经过根部，随之为根部带来了新鲜空气。

（3）建造成本较低，因为需要的营养液储箱较小，而且不需要阀门或增压室。

（4）系统简单，且故障发生率很低。不涉及阀门、泵以及其他部件之间的协调。而且，安装、维修和操作简单。

（5）营养液被直接供给每一株植物。

砾石滴灌技术较砾石地下灌溉技术的缺点如下。

（1）有时水运动的"锥形"是由于砾石颗粒相对粗糙造成的。也就是说，水不会在根部横向流动，而是直接向下流动。这就导致了植物和根系的缺水，而根系会沿着存有大量水的河床底部生长，这样最终会堵塞排水管道。相比而言，地下灌溉系统会均匀湿润所有植物的根部和基质。

（2）滴管有时会堵塞或被人为拔出。在主管道中使用过滤器可以减少阻塞，使用渗流管［sweat（ooze）hose］或喷头，可以减少人为不小心拉出管线的问题。

■ 7.6　种植间隙的砾石消毒

目前，采用在游泳池用到的家用漂白剂（次氯酸钙或次氯酸钠）或盐酸可以很容易对种植间隙的砾石进行消毒。首先，在营养液储箱中配制 10 000 $\mu mol \cdot mol^{-1}$ 的可用氯溶液，并向栽培床多次注水，每次 20 min；然后，将氯溶液抽到废水中，再用干净的水冲洗几次，直到所有漂白剂残留物都被清除。在种植下一种作物之前，温室应被通风 1~2 d。另一种可选择的消毒剂是过氧化氢的一种形式——Zerotol。

在滴灌系统中，必须堵住排水管出口而让栽培床充满水，然后通过滴管泵入消毒水。这会占用时间，因此一种较好的做法是利用辅助泵和软管来自上而下冲洗栽培床直至其中装满水。随后，采用同样的程序用干净水来冲洗栽培床。

随着每次的连续种植，一些根会留在基质中。若干年后，除非将根部去除，否则氯化物的杀菌效果会降低。但是，更换成本将非常高，因此最终将不得不使用更强烈的消毒手段，如蒸汽消毒或化学药品，如威百亩（Vapam）或巴西米德（Basimid）。有时根将会堵塞排水管的某些部位，这样就不得不通过在管道运行"蛇形"拔根器来清除。如果这样不起作用，则在栽培床中替换这些管道之前，必须先将其挖开并清理干净。

■ 7.7　砾石栽培养技术的优缺点

砾石栽培技术最初有许多优点，但随着时间的推移，其中一些优点就消失了。

砾石栽培技术的优点如下。

（1）对植物实现均匀的灌溉和施肥。

（2）可以完全自动化。

（3）为植物根系提供良好的通气。

（4）适用于多种农作物。

（5）对许多被户外和温室种植的商业作物都证明是成功的。

（6）可用于只有砾石可用的非耕地地区。

（7）可通过循环系统有效利用水和营养物质。

砾石栽培技术的缺点如下。

（1）建造、维护和维修成本昂贵。

（2）自动阀门等部件经常发生故障。

（3）其中一个最大的问题是根在砾石中积累而会堵塞排水管道。每一种作物都会留下一些根，这样就会导致基质的持水能力增强。因此，会降低每年浇水的频率。然而，这样会出现浇水和通气胁迫。若干年之后，这种根系的累积会导致形成砾石土，这样其就失去了相对于土壤系统的优势。最后，如果不是被完全更换，则必须将砾石中的根系清除。在种植间隙，仅用氯气对砾石进行消毒是无效的。

（4）一些疾病，如枯萎病和萎黄病，会通过一种循环系统快速传播。

参考文献

［1］ SCHWARZ M, VAADIA V. Limestone gravel as growth medium in hydroponics ［J］. Plant and Soil, 1969, 31: 122 – 128.

［2］ VICTOR R S. Growing tomatoes using calcareous gravel and neutral gravel with high saline water in the Bahamas ［C］. //Proceedings of the International Working Group in Soilless Culture Congress, Las Palmas, Spain, 1973.

［3］ WITHROW R B, WITHROW A P. Nutriculture ［M］. Lafayette, IN: Purdue University Agricultural Experiment Station Publisher S. C., 1948: 328.

第 8 章
沙子栽培技术

■ 8.1 概 述

在世界上沙子较多的地区，沙子栽培技术（简称沙培技术）是最常见的水培方式。沙培技术特别适合于中东和北非的沙漠地区。然而，现在营养液膜技术（NFT）和岩棉培技术已经逐渐取代了沙培技术，因为前两种技术均能够循环利用营养液，并可以通过利用计算机而自动化控制营养液成分。

由于在大多数沙漠地区都很少有高质量的水，因此通过蒸馏或反渗透进行某种形式的净化对于成功至关重要。从经济角度来看，采用能够有效利用昂贵净化水的循环水培系统至关重要。

过去，一些规模较大的沙培运营主要单位、所在地及拥有的温室面积等基本情况如表 8.1 所示。

表 8.1　早期国际上具有较大规模沙培的单位情况

单位名称	所在地	拥有的温室面积/m^2
高级农业公司 (Superior Farming Company)	美国亚利桑那州图森市	44 000
基昌环境农场 (Quechan Environmental Farms)	美国加州尤马堡 印第安人保留地	20 000
哈格环境农场 (Kharg Environmental Farms)	伊朗哈格岛	8 000
干旱土地研究所 (Arid Lands Research Institute)	阿拉伯联合酋长国 阿布扎比萨迪亚特	20 000
太阳谷水培公司 (Sun Valley Hydroponics)	美国得克萨斯州法本斯	40 000
环境研究实验室 (Environruente Research Laboratory)	美国亚利桑那大学	—

▓ 8.2　基质特性

在墨西哥和中东国家，将温室建在了海岸上，因此一般采用海滩沙子作为栽培基质（Jensen 和 Hicks，1973；Massey 和 Kamal，1974）。只要该沙子被滤除掉其中多余的盐分，则其就能够被直接用来播种蔬菜种子或进行幼苗移植。在美国的西南部地区，采用的是混凝土河床冲积物沙子（concrete river – wash sand）而不是灰泥用砂（mortar sand），因为后者太细而会形成水坑。通过振动沙子而使水到达沙子表面则表明形成了水坑，这是泥沙和细沙含量高而导致的结果。因此，必须洗掉该栽培基质中的细泥沙和黏土。另外，也应当在很大程度上去掉直径大于2 mm或小于0.6 mm的颗粒。在灌溉大量水后，一种经过适当筛滤的沙培基质应当能够自由排水而不会形成水坑。

另外，应避免使用松软而易解体的基质。然而，在只有石灰岩沙的地区，可能无法避免使用软颗粒。如第7章所述，在这种情况下，应每天添加养分并调整pH值。

■ 8.3　详细结构

目前，有两种利用沙子作为栽培基质的方法已被证明是令人满意的。一种是采用塑料衬里的栽培床；另一种是在整个温室地板上铺上沙子。

8.3.1　用聚乙烯塑料膜做衬里的栽培床

可将栽培床建造成带木边的地上水槽（图8.1），类似于第7章中所描述的砾石栽培技术中的栽培床结构。可利用0.15 mm厚的黑色聚乙烯塑料膜作衬里，但衬里0.5 mm厚的乙烯基塑料膜更为耐用。槽的底部应该每61 m有一个15 cm的倾斜，以便在必要时可排水或过滤。应该使排水管沿着栽培床的纵向分布，并覆盖整个长度。直径为5 cm的管道就完全够用，因为在沙培中只有多余的营养液（约占总添加量的10%）被排出。首先将所有栽培床的排水管连接到一端的总管；然后总管收集废水并将其从温室中排出。

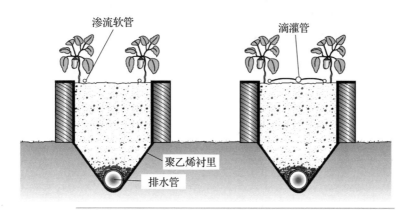

渗流软管　　　　　　滴灌管

聚乙烯衬里
排水管

图 8.1　沙培床剖面示意图

与砾石培养类似,排水孔用锯条横切而成,在每隔 46 cm 处横切管道,切口长度为管道直径的 1/3。切面必须紧贴栽培床的底部,以防止植物根部进入管道。与砾石培养一样,每根排水管的一端都应被置于地面之上,以便用 Roto - Rooter 公司等生产的除根机清理。由于制造这些排水管非常费力,因此另一种选择是从灌溉设施供应商那里直接购买预先打洞的黑色塑料盘管。

该沙培床的宽度为 61 ~ 76 cm,而深度为 30.5 ~ 40.6 cm。另外,沙培床的底部可以是水平、圆形或 V 形,但排水管都位于其中间。

8.3.2　用聚乙烯塑料膜作衬里的温室地板

在木材价格昂贵或难以获得的地区,降低建筑成本的一种方法是在温室地板上衬里 0.15 mm 厚的黑色聚乙烯塑料膜,然后填充厚度为 30.5 ~ 40.6 cm 的沙子。温室地板应该每 30.5 m 长稍微倾斜 15 cm,以便在必要时可对该区域进行排水或过滤,通常采用两层 0.15 mm 的黑色聚乙烯塑料膜覆盖整个地板。

在安装聚乙烯塑料膜衬里之前，应将地面整成斜坡并压实。如果温室较宽而需要铺设1张以上的聚乙烯塑料膜时，那么该塑料膜之间应该至少重叠0.6 m。将直径为3.1~5 cm的排水管或上面提到的黑色排水管放置在聚乙烯塑料膜顶部，并使管道之间的间距均匀保持为1.2~1.8 m，这取决于沙子的颗粒大小，其颗粒越细，管道之间的距离就越近。这些排水管道必须与斜坡平行而向下进入主排水管，而后者横穿温室斜坡的低端。一旦安装好排水管，就可以将沙子在整个区域铺开，厚度为30.5 cm（图8.2~图8.4）。

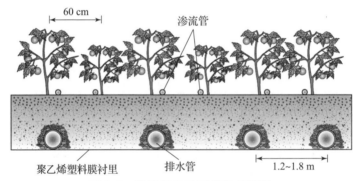

图8.2 沙培温室地面设计剖面图

图8.3 聚乙烯塑料膜衬里和排水管的铺设情况

图 8.4 回填厚度约为 30.5 cm 的沙子

如果在栽培床中所铺的基质较浅而深度小于 30.5 cm 时，就会出现水分分布不均匀和根容易长入排水管等问题。栽培床的表面坡度应与地面坡度保持一致。

▨ 8.4 滴灌系统

滴灌系统 ［drip（trickle）irrigation system］必须与沙培配套使用，对废弃营养液（占供应总量的约 10%）不予回收。这种系统称为开放系统，而不是像砾石培养一样的回收或封闭系统，滴灌系统通过滴灌头和滴灌管或渗流管为每一株植物单独提供养分（图 8.5）。

图 8.5　工作人员正在安装自动滴灌系统的渗流管

如果使用渗流管，建议采用 10 cm 的出口间距。如果栽培床的表面是水平的，则渗流管不应该超过 15 m 长。如果栽培床的表面有 15 cm 的倾斜角，则可以将渗流管的长度增加到 30.5 m。

在水平栽培床上，供应歧管可以沿长度为 30.5 m 栽培床的中心向下延伸，两侧各有 15 m 长的管线。建设温室滴灌系统的目标，是以最佳水平向所有植物供应均匀的水分。

将整个温室区域划分为相等或相似的作物区或单独的房间。规划灌溉系统，使每个房间或区域能够独立灌溉（图 8.6）。每 93 m² 种植面积的管道营养液供应能力应达到 6～9 L·min⁻¹，或者每 465 m² 种植面积的管道营养液供应能力应达到 30～45 L·min⁻¹。

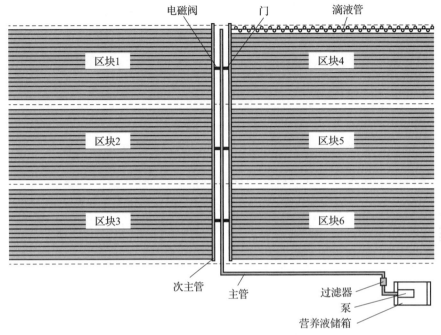

图 8.6　一种典型的滴灌系统

每个灌溉周期的速率和持续时间将取决于植物的类型、成熟度、天气条件和白天的时间。在所有情况下，都应该设置一套张力计系统（tensiometer system），以使在任何灌溉周期中使用的营养液浪费量不超过 8%~10%。这可以通过测量通过主供水管道的水量和流出主集水管的水量来确定。

进入每个温室部分的水量应通过流量控制阀调节，而对流量控制阀的大小应根据温室部分中的植物需水量大小进行选择。流量控制阀通常以 3.8 L·min^{-1} 和 7.6 L·min^{-1} 的尺寸增量提供，并适合与通径为 1.9 cm 和 2.5 cm 的管道连接。流量阀控制应该位于电磁阀的上游，在此对灌溉周期进行自动控制。虽然大多数流量控制阀的正常运行最少需要 103.5 kPa 的供水压力，但为了获得最佳性能，应将主供水管线的压力保持在 138~276 kPa 之间。流量控制阀能够保证供水量恒定，并将灌溉系统管道内的水压降低到 13.8 ~ 27.6 kPa，这对于低压滴灌喷射器来说是最理想的水压范围。

主管道应当是直径为 5 ~ 7.5 cm 的 PVC 管，这要取决于所要灌溉的最大温室区块面积或任何一次所被灌溉的区域数量。由于不是对所有区域都同时灌溉，所以主管的总容量只需要满足一次运行中区域的最大数量。集水管应当是直径为 2.5 cm 的 PVC 管，以便为种植面积为 465 m² 区域供水。较大的部分应该使用较粗的管道。将集水管与主管通过一个三通在其中心位置相连接，以将水均匀分配（图 8.6）。在下游主管和次主管（集管）之间的连接处，具有一个带有电磁阀的闸门阀，其对灌溉周期进行控制。从这次集水开始，将一根直径为 1.25 cm 的黑色聚乙烯滴管沿着每行植物的内部铺设。将喷射器被装在位于每株植物基部的柔性聚乙烯塑料侧管中。该侧管的管径约为 12.5 mm，管内压力通常在 552 ~ 690 kPa 之间，可以为 30.5 ~ 46 m 长的整个温室纵灌区域进行水的等量配置和均匀供给。

根据侧管中的水压，大多数喷射器能够以 2 ~ 11 L·h⁻¹ 的速率供水。温室滴灌系统的设计应使每个喷射器以 4 ~ 6 L·h⁻¹ 的速率供水。虽然滴管（spaghetti tubing）比喷射器管更经济，但其需要较多的劳动力来安装和维护。多孔（渗流）软管的安装较为容易，但是不耐用（在种植间隙必须对其进行更换）。喷射器、管道和配件均应为黑色，以防止藻类在管道系统内生长。

水在流入滴灌系统之前应经过过滤，Y 形列式过滤器（Y – typein – line straner），其至少含有 100 个网孔并被装有清洁水龙头，因此在下面应给其装有滤网外壳（screen housing）和冲洗阀。应将过滤器安装在主供应管中肥料喷射器的下游，明智的做法是在肥料喷射器上游的主供应管路中安装一个过滤器。

在每个灌溉周期内，注肥器或比例混合器会自动将适量的母液加入主供给管路中。正排量泵注射器（positive - displacement pump injector）、文丘里配比器（venturi proportioner）和强制流计量箱（forced - flow batch tank）等均是在市场上可购买到的某种类型的施肥器（图 8.7）。或者，将营养液从一个大的储罐直接泵入滴灌系统。现在，大多数种植者使用注肥器和营养液母液储罐来为植物提供营养。

图 8.7　自动比例施肥器系统

如前所述，如果使用石灰质沙子，则必须增加进入植物体内的螯合铁的量。当使用肥料比例混合器时，需要准备两种母液：一种母液是硝酸钙和铁溶液；另一种母液含有硫酸镁、磷酸二氢钾、硝酸钾、硫酸钾和微量元素。比例混合器（proportioner）必须是双头型。例如，如果每个头将 3.785 L 的母液注入 757 L 的水中，那么母液浓度将是到达植物的最终浓度的 200 倍。在本例中，比例混合器的比例为 1:200。在美国，现有两家比例调节机制造商——安德森（Anderson）和史密斯（Smith）公司。

■ 8.5　浇水方式

如果使用定时器，则可以根据作物的苗龄、天气和一年中的时间，每天给作物浇水 2 ~ 5 次。如前所述，在每个周期中加入足够的水，使其中 8% ~ 10% 的水得以排出。每周应对该排水系统的样本进行两次总溶解盐含量（total dissolved salts，TDS）测试。如果 TDS 达到 2 000 $\mu mol \cdot mol^{-1}$，那对整个栽培床则应该用纯水进行无盐过滤。然而，如果没有发现像钠这样的外来盐，则可以直接用纯净水灌溉作物，直到作物本身在几天内将 TDS 的水平降低到可以继续在灌溉水中添加养分的程度。

当使用比例混合器时，应该每天检查流入植物的营养液的 TDS，以确保注肥器工作正常。大多数注肥器系统的主管路上都有一台 pH 值和电导率仪，因此监测是自动进行的。另外，定时检查每个注肥器泵是否向灌溉水注入了适量的母液。如果使用水箱或水罐来储存营养液，则要求其必须足够大，以足够供应温室内所有植物至少 1 周的需水量。因此，它的大小将取决于整个温室面积。如果种植几种对营养需求非常不同的作物，则应该使用两个储箱，而每个储箱都有适合其所灌溉作物的特定配方，连接到一个储箱的整个灌溉系统必须独立于另一个储箱。

由于沙培系统是一个开放系统，即会将多余的营养液排掉，所以其储罐中营养液的配方变化不大。然而，应该每天检查 pH 值，特别是在水碱性强的地区。在沙子培养中，对储罐中的营养液不必像在砾石培养中一样需要定期进行更换。不过，肥料盐中含有惰性载体，因此只需定期清理储罐中的污泥和沉淀物。为了有助于阻止沉淀物的出现，可对储箱中的营养液进行搅拌或通气。另外，当已有的营养液被消耗而所剩无几时，则需要对其重新进行配制。

与储罐相比，肥料注射器有两个优点：①需要较小的空间；②能够迅速改变营养液配方，以适应在不断变化的天气条件下植物的需求变化。例如，在阴天时，可以较容易地降低氮的浓度，而在储罐系统中则需要改变全部营养物质。

■ 8.6 作物种植间隙沙床消毒

蒸汽消毒是消除沙中致病微生物和线虫的最佳方法。如果温室是用热水锅炉加热的，那么应给锅炉安装一台蒸汽转换器，这样就可以产生足够的蒸汽而对栽培床进行消毒（巴氏消毒）。在排水管道不会因高温而损坏的情况下，蒸汽可以通过排水系统注入。或者，在释放蒸汽之前，可以将管道置于沙子顶部几厘米处，并覆盖上厚厚的帆布或聚乙烯塑料膜。当对栽培床的每个部分完成消毒后，将管道沿着栽培床进行移动。

■ 8.7 香料植物沙培技术

在美国加利福尼亚州菲尔莫尔加州豆瓣菜公司的沙培床上，已经成功种植了香葱、罗勒、鼠尾草和薄荷等香料植物。在大小为 9 m×47.5 m的温室中，该公司利用尺寸为 2.5 cm×15 cm 的防腐木材建造了一套一侧有 17 个大小为 2.4 m×3.65 m 栽培床而另一侧有 17 个大小为 2.4 m×4.27 m 栽培床的沙培设施。在深度为 15～20 cm 的栽培床衬里上厚度为 0.15 mm 的黑色聚乙烯塑料膜。将栽培床的底部从一边到另一边倾斜 5 cm，以有助于排水。

　　在另外一个地方，该公司建成了一座占地面积 2 000 m² 的温室，用来种植香料植物。在该温室中，利用一个大小为 9 m×50 m 的区域在沙子中种植鼠尾草和薄荷。在建造栽培床之前，先安装了灌溉系统，包括管径为 5 cm 的 PVC 主管与连接到每张栽培床且管径为 1.9 cm 的立管。由灌溉控制器控制的主管道上的电磁阀，通过施肥器系统启动进料循环。温室的整个地面都铺上了苗圃杂草垫，以防止杂草生长（图 8.8）。下层土壤沙化程度很高，其中岩石较多，因此排水较好。栽培床的尺寸与其他温室的相同，将其放置在杂草垫的顶部，并用木桩固定。然而，与其他栽培床不同的是，在这些栽培床中未铺聚乙烯塑料膜衬里。将构成栽培床的防腐木板简单地放置在杂草垫覆盖物的顶部，因为杂草垫允许水自由流动而根不容易穿透。

图 8.8　覆盖有杂草垫的温室地面

使用花岗岩来源的粗河冲砂（river – wash sand）作为栽培基质。在更大的温室里，在沙层之上覆盖了约 2.5 cm 厚的泥炭 – 珍珠岩混合物，以改善溶液的横向移动。后来发现，由于该地区的硬水形成了硬壳而导致沙子中的淤泥太多。为了改善沙子，将大约 1/3 的沙子取走，并用泥炭 – 珍珠岩混合物代替，即后者掺入沙子中。小温室里的其他栽培床有来自不同来源的更好质量的沙子，因此韭菜和罗勒生长得很好。

从管径为 1.9 cm 的集管开始，沿栽培床的长度方向每隔 30.5 cm 的中心距离布置一根滴灌管（图 8.9）。在 69 kPa 的压力下，该带孔的 T 形滴灌管每 30.5 m 长度的供应能力为 144 L · h^{-1}。首先，T 形带滴灌管被连接到管径为 6 mm 的黑色聚乙烯塑料滴灌喷射器管（poly drip emitter line）的适配器进行固定；然后，通过开孔将其插入管径为 1.9 cm 的集管，并用硅橡胶密封（图 8.10）。将 T 形滴灌管的末端密封起来，并折叠几次，然后用管道胶带将其粘住。

图 8.9 栽培有香料植物的沙培床滴灌系统

图 8.10　将 T 形滴灌管连接到多管适配器上

　　将鼠耳草被播种在盛放于托盘（开有 98 个孔穴）中的泥炭 – 珍珠岩混合基质中，然后将其移植到栽培床中（图 8.11）。在将薄荷移植之前，将其剪枝插入尺寸为 6 cm（直径）× 7.5 cm（深度）并盛有泥炭 – 珍珠岩混合基质的塑料盆中而使其生根。从大田进行香葱移植，但在这之前需要清洗掉其根部的泥土。罗勒从种子进行栽培。在将薄荷种植 6 周后可对其进行第一次收获（图 8.12），并根据季节的变化而每 4 ~ 5 周可对其进行连续收获。对罗勒每 3 周可收获一次。香葱的收获周期为 30 ~ 35 d，这由白天的日照长度和光照条件所决定（图 8.13 ~ 图 8.15）。在两周的收获期间，每天切割 2 ~ 4 张栽培床上的香葱苗。与豆瓣菜相类似，将这些香料植物用松紧带或扎带进行捆扎，并按束销售。

图 8.11　将鼠尾草移植到沙培床上

图 8.12　栽培床上的鼠尾草和薄荷植株

图 8.13 被收割 7 d 后的香葱

图 8.14 被收割 33 d 后可再次收割的香葱植株

注：前面为空气加热器。

图 8.15　刚被收割过的香葱（右边）

■ 8.8　沙培技术的优缺点

与地下灌溉砾石栽培技术相比，沙培技术的优点如下。

（1）它是一种开放系统，即不对营养液进行回收利用，因此病原体，如镰刀菌或萎黄病菌，在基质中传播的概率被大大降低。

（2）由于密度较大的沙子这种基质有利于侧根生长，因此排水管被根系堵塞的问题较少。

（3）较细的沙粒通过毛细作用使水横向移动，这样使灌溉在每株植物基部的营养液都能够均匀分布在整个根区。

（4）通过正确选择沙子和滴灌系统，可以实现充分的根系通气。

（5）在每个灌溉周期中，每茬作物都被单独灌溉新的完全营养液，因此不会发生营养失衡的问题。

（6）建造成本低于地下灌溉砾石栽培系统。

（7）该系统比地下灌溉砾石栽培系统更简单、更易于维护和检修，而且更安全可靠。

（8）由于沙子粒径小，保水率高，因此每天只需少量灌溉。如果发生故障，在植株耗尽基质中的现有水并开始经历水胁迫之前，有更多的时间来修复系统。

（9）可以在远离温室实际生长区域的地方，建造较小的且位于中心的营养液母液储罐或施肥器。

（10）沙子在很多地方都可被轻易获得。当使用石灰质的沙子时，可以调整配方，以补偿每日的 pH 值变化和铁或其他元素的短缺。

与地下灌溉砾石栽培技术相比，沙培技术的缺点如下。

（1）必须使用化学或蒸汽消毒法在作物种植间隙进行较长时间的熏蒸来消毒，此方法消毒比较彻底，但比使用漂白剂所需的时间要长。

（2）滴灌管可能会被泥沙堵塞。但是，这可以通过在管内使用 100～200 目的过滤器来克服，且对过滤器每天都可以很容易地进行清洗。

（3）需要通过良好的管理来克服沙培技术比砾石栽培技术使用更多的肥料和水分的情况。通过监测和重新调整排出液，使实际排放不超过所添加溶液的 7%～8%。

（4）在生长期间，盐分可能会在沙子中积聚。因此，需要通过定期用纯水冲洗基质来进行改善。同样，需要严格监控排水中盐分的积累，以防止出现过量盐分的问题。

参考文献

[1] FONTES M R. Controlled – environment horticulture in the Arabian Desert at Abu Dhabi [J]. HortScience, 1973, 8: 13 – 16.

[2] HODGES C N, HODGE C O. An integrated system for providing power, water and food for desert coasts [J]. HortScience, 1971, 6: 30 – 33.

[3] JENSEN M H. The use of polyethylene barriers between soil and growing medium in greenhouse vegetable production [C]. //Proceedings of the 10th National Agricultural Plastics Conference, COURTER J W. [Ed.], Chicago, IL., Nov. 2 – 4, 1971: 144 – 150.

[4] JENSEN M H, LISA H M, FONTES M. The pride of Abu Dhabi [J]. American Vegetable Grower, 1973, 21 (11): 35, 68, 70.

[5] JENSEN M H, HICKS N G. Exciting future for sand culture [J]. American Vegetable Grower, 1973, 21 (11): 33 – 34, 72, 74.

[6] JENSEN M H, TERAN M A. Use of controlled environment for vegetable production in desert regions of the world [J]. HortScience, 1971, 6: 33 – 36.

[7] MASSEY JR P H, KAMAL Y. Kuwait's greenhouse oasis [J]. American Vegetable Grower, 1974, 22 (6): 28, 30.

第 9 章
锯末栽培技术

■ 9.1　前　言

　　20 世纪 70 年代，在加拿大不列颠哥伦比亚省引进无土栽培技术时，锯末栽培（sawdust culture）特别受种植者的欢迎。究其原因是，加拿大西海岸和美国西北太平洋地区的大型森林工业较为发达，因此产生了很多锯末。在那个时候，锯末是锯木厂的一种废料，常用的处理方法是将其燃烧。因此，锯末当时没有价值，只要支付用卡车把它从锯木厂运到温室场地的运费，种植者就可以得到这种东西。在加拿大不列颠哥伦比亚省萨尼奇顿（Saanichton），加拿大农业部研究站（Canada Department of Agriculture Research Station）多年来进行了广泛研究，目的在于为温室作物开发一种锯末培系统。随着土传线虫感染和疾病的增加，再加上土壤结构不良等而使得温室作物的利润非常微薄，因此对无土栽培系统的需求变得日益明显。这样，在接下来的几十年里，不列颠哥伦比亚省在超过 90% 的温室中均采用了某种形式的无土栽培技术来种植蔬菜和花卉。蔬菜种植者通常采用锯末培养技术，而花卉生产者通常采用泥炭 –

沙子 – 珍珠岩混合物培养技术。

20 世纪 80 年代初，随着岩棉栽培技术（rockwood culture）的引进，锯末栽培技术逐渐开始衰落。现在即使有也只有很少的种植者仍然使用锯末培养技术，因为现在锯末被用作制造纤维板的副产品，可以用于建造房屋和制造家具。因此，在所有可用的栽培基质中它不再是一种廉价的类型。

■ 9.2　栽培基质

不过，在加拿大不列颠哥伦比亚省的沿海地区，锯末因为其成本低、质量小和易于获得而被用作一种栽培基质。最好采用适度细微的锯末或刨花比例较高的锯末，因为与粗锯末相比，水分在这些锯末中的横向扩散要更好。

来自道格拉斯冷杉（*Pseudotsuga menziesii*）和异叶铁杉（*Tsuga heterohylla*）的锯末应用较为普遍，不应使用有毒的北美乔柏（*Thuja plicata* D. Don）。另外，虽然对其他基质，如水藓泥炭类（sphagnum peat）、细碎杉木树皮和锯末与沙子和/或泥炭的混合物等的试验获得成功，但它们的价格较为昂贵，如果在有锯末的情况下可能不会被采用。

另外，对于锯末应该采取的一项预防措施是测定其中的氯化钠含量。原木经常在海洋上漂浮好几个月才被送去锯木厂。在此期间，原木从海水吸收的盐（氯化钠）会对植物产生毒害作用。因此，一旦收到锯末，应立即采集样品进行氯化钠含量测试。假设在锯末中发现了大量氯化钠（浓度大于 10 μmol·mol^{-1}时），那么在锯末被放进栽培床后但在种植之前，应该用纯净淡水对其彻底进行沥滤。为了使锯末中的氯化钠浓度降低到可接受的水平，该沥滤过程可能需要长达一周的时间。

█ 9.3　栽培床系统

栽培床通常由雪松的木材制成，衬里0.15 mm厚的黑色聚乙烯塑料膜或0.05 mm厚的乙烯基塑料膜（图9.1）；侧面采用厚2.5 cm×高20 cm的粗雪松木板；栽培床底部选用V形或圆形更合适；深度为25～30.5 cm。在栽培床的底部安装置直径为5 cm的排水管（图9.1）。

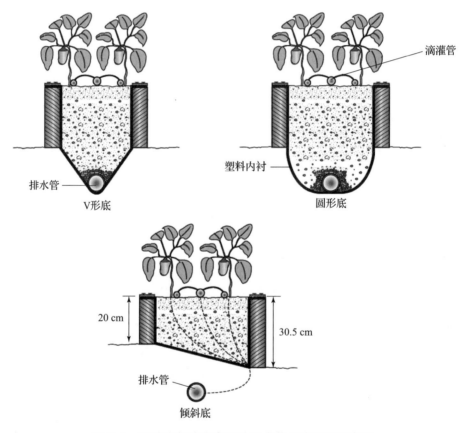

图9.1　三种底部结构类型的锯末栽培床剖面示意图

　　栽培床的常用宽度为 61 cm，但也有采用宽 51 cm 的，它们之间的过道宽 81 cm。研究表明，即使是略窄和略浅一些的栽培床，只要每株植物的所占体积达到 0.009 m³，则能够满足植物的正常生长。但是，如果使用较窄的栽培床，则应拓宽过道，以便为每一株植物提供相同的温室总面积，因为无论提供足够营养所需栽培基质的体积大小如何，植物对光照的要求都是相同的。

　　针对这些标准床设计的另一种方案是使用斜底床（图 9.1）。这种方案的栽培床也是由粗雪松制成：一侧厚为 2.5 cm × 高 20 cm；另一侧厚为 2.5 cm × 高 30.5 cm。该斜底床的整个内表面和上下边缘均被聚乙烯塑料衬里覆盖。在聚乙烯塑料膜衬里的末端与栽培床宽边之间有一个约 0.6 cm 宽的间隙，因此可以将多余的营养液排放到位于栽培床下约 61 cm 处的排水管道中（图 9.1）。

　　在建立温室之前，对地面进行平整时即需要安装排水管。在此情况下，应采用标准化并带有开孔的塑料排水管。首先可利用美国 Pitch Witch 公司生产的自动挖沟机进行挖沟；然后将该排水管置入其中。当出现细密结构的土壤（即黏质土壤）时，应在排水管之上及其周围放置一种过滤材料（应对其进行捆绑），以便阻止该排水管其管壁上的开孔被堵塞（图 9.2）。过滤材料最好是具有多种粒径的颗粒混合物，包括粗沙、细沙和豆状砾石。另外，在排水管之上及其周围所放置的过滤材料其厚度应为 15 ~ 20 cm。

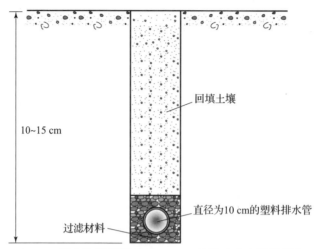

图 9.2　排水沟及管径约为 10 cm 的带孔排水管横截面

■ 9.4　袋培系统

最常见的袋培系统是利用类似岩棉板（rockwool slab）的长塑料袋，这种包装形式被形象地称为"锯末板"。这些"锯末板"是由一端被加热密封的 0.15 mm 厚黑白相间的聚乙烯塑料膜制成。通常采用料斗和滑槽从袋子顶部装入基质，待装满后在袋子的另一端用热封机封好，整个过程可以完全通过机械化以减少人工操作。该成品袋宽 20～25 cm × 长 90 cm × 厚 8～10 cm，如图 9.3 所示。在一个袋子中，最多可种植 6 株番茄。

首先幼苗开始在小岩棉块中生长；然后被移植到大岩棉块中；最后被放入锯末袋中，这种栽培方式和岩棉培类似。对于早熟作物（于 12 月中旬播种）：首先将栽培块放置在锯末袋的上面，直到第一束花（flower truss）坐果之后才允许根伸出（root out）；然后在塑料袋里的大岩棉块下面挖洞，并把大岩棉块塞进洞内。

图 9.3　被种植有 6 株番茄的锯末板

　　在加拿大不列颠哥伦比亚省的冬季光照较弱，所以当番茄幼苗开始生长时建议使用 400 W 的高压钠灯进行补光，从而使植株表面的光照强度达到 5 500 lx，且光照周期达到 20 h。在移植幼苗前，应该在温室的育苗室内对其进行培养。对于幼苗培养，一般在当年的 12 月中旬进行播种，而在下一年的 1 月中旬进行移植。

　　在温室地板衬里白色聚乙烯塑料膜，以防止植物根从袋子中长出而与下面的土壤接触。再者，白色聚乙烯塑料膜还可以反射光（在冬季特别需要这样），并可以隔离下面土壤中的昆虫和病原体。与岩棉培相似，地板是倾斜的，在每两排袋子之间形成一个低洼地，从而将多余的营养液排出温室。在两排袋子之间的过道下面铺设有热水快暖管道，以传送来自中央锅炉中的热量（图 9.4）。热水供暖管道还可被用作移动式植物收获作业车的轨道（图 9.5）。

图 9.4　具有热水供暖管及二氧化碳供应管的番茄锯末培

注：二氧化碳供应管位于热水供应管的左边。

图 9.5　移动式植物收获工作车在热水供暖管道上运行

　　利用置于锯末袋中岩棉块上意大利面条样的滴灌管，为每棵植株供应营养，该滴灌管位于每排锯末袋其长度方向的一侧（图 9.6）。利用营养液母液罐，从中央注射器系统泵送营养液。通过紧邻滴灌管并与之平行排列的细聚乙烯塑料导管，向植物进行高浓度二氧化碳供应（图 9.4 和图 9.6）。二氧化碳是用于烧中央锅炉的天然气燃烧产生的副产品，将其通过管道而送入每一个温室（图 9.7）。

图 9.6   带有滴灌管和供暖管的锯末培植地

图 9.7 附在中央锅炉上的二氧化碳发生装置

利用行驶在热水供暖管道上的移动式植物收获作业车,将连带藤蔓的番茄收入 11 kg 重的塑料搬运箱中,并在温室中对其进行装箱(图 9.8 和图 9.9)。通过利用上述可机械升降的移动式植物收获作业车,则会使植株授粉、分株及系绳支架等活动变得容易一些,如图 9.5 所示。利用托盘搬运车、叉车或拖车,可将已被收获并储藏于上述塑料搬运箱或盒子中的番茄进行移动。

在加拿大不列颠哥伦比亚省,利用锯末栽培系统一般每年只种一季番茄。播种期在当年的 12 月中旬,到下一年的 3 月底开始结果,并会一直持续到 11 月。

图 9.8　番茄被收入塑料搬运箱

图 9.9　带有拖斗的牵引车运送被收获的农产品

现在，许多美国北部和加拿大的种植者在美国西南部建立了分支机构，因为这里的光照较为充足。例如，位于加州卡马里洛的 Houwelling Nurseries Oxnard 公司，在 1997 年建造了占地面积为 80 000 m² 的温室，而到 2009 年其温室占地面积则持续扩大到了共 500 000 m²，关于该公司的更多运行情况将在第 10 章和第 11 章中具体讨论。

第一年在泡沫基质中种植番茄，这种基质培与采用滴灌系统的岩棉培和锯末培类似。因为泡沫板中水分分布不均匀，所以种植者又将基质换回到传统的锯末。在扩张过程中，他们利用 Tradiro 品种种植了大量藤上番茄（tomato – on – vine，TOV）。在美国南方，温室公司能够集中精力于高价格的冬季生产，而它们在加拿大则很少生产或根本就不生产。对于番茄，7 月份进行播种，9 月份进行移栽，10 月开始收获果实，并且会持续到下一年的 6 月。

类似于岩棉板大小的锯末填料板（袋）来自加拿大（图 9.10）。在安装之前，先在地板上覆盖 0.15 mm 厚的黑白聚乙烯塑料膜，以防止植物的根与其下面的基质接触（图 9.11）。锯末板的尺寸为长 100 cm × 宽 20 cm × 高 7.5 cm。将种子播种在小岩棉块中，几周后将幼苗移植到大小为长 15 cm × 宽 7.5 cm × 高 6.5 cm 的大岩棉块（双块）中，给每个双块移植两棵幼苗。如第 6 章所述，许多种植者从像拜沃农业公司（Bevo Agro）这样的专业移植体种植商那里购买幼苗。移植体达到 4 ~ 5 周苗龄时（约 15 cm），将其移入锯末板（图 9.12）。每个锯末板包含 6 株植物，它们以 V 形饰带（V – cordon）的方式修整，并被交错悬挂到架空支撑线上（图 9.13）。V 形饰带的修整方式也为行间间作一种新作物提供了更多光照。

图 9.10　来自加拿大的锯末袋

图 9.11　黑底白面的聚乙烯塑料膜地面屏障

注：聚乙烯塑料膜地面屏障下方的排水管道位于每两排植物的中间。

图 9.12　被置于锯末板上的番茄移植体

图 9.13　带蔓番茄的 V 形饰带修整系统

对每株植物，都用被小桩固定的滴灌管进行灌溉。另外，在每一块锯末板的聚乙烯塑料覆膜上开几个缝隙以便排水通畅。排水（渗滤液）通过该地上覆膜的缝隙流入地下排水管道。

■ 9.5 营养液分配系统

在锯末培养的栽培床和袋系统中，都使用滴灌系统来满足植物对水分和养分的需求。正如第 8 章中所述，需要大小适当的主集管（main header）和阀门来平衡流向支集管（row header）的液流量。支集管尺寸通常采用直径为 1.9 cm 的黑色聚乙烯塑料软管，可连接 200 根直径为 1.66 mm 的供液管。直径为 1.2 cm 和 2.5 cm 规格的支集管可分别连接 100 根和 300 根的供液管。将滴灌管连接在黑色聚乙烯支管上，采用流速为 2 L·h^{-1} 的流量补偿喷射器。

植物的营养液直接来自稀释液（dilute – solution）储罐，或者通过肥料比例混合器（fertilizer proportioner）从容器中获得浓缩母液，稀释溶液系统需要储液罐、水泵、过滤器和分配系统等部件。

根据一次要供应的植物数量来确定储液罐的容量。该储液罐应该能够为每株植物每次加营养液提供至少 1 L 的量，以满足 1 周内的总加液需求。所需要的总容量则取决于所需要的灌溉周期次数，而这又取决于天气条件、植物的成熟度和植物的特性。有些种植者安装多个储罐，以便在另一个储罐被预计耗尽之前至少一天制备好营养液。采用这种方法，使新制成的营养液可以用浸入式加热器加热至少 12 h，并使其在被施用于植物之前的温度达到最佳的 18～21 ℃。

如第 3 章所述，这种在大型储罐中使用标准浓度营养液的系统现在逐渐被母液和注肥器所替代，新系统也同样使用大型母液塑料储罐。应当将储罐和注入系统安装在供水设备附近的集管室（header house）内，而且应与肥料靠近。

该营养液分配系统由一根主供应管（main supply line）、若干次主集管（submain headers）、若干支管（lateralline）和带有喷射器、附件和控制器的滴灌管组成（图 8.6）。另外，应当在次主管（submain line）上安装闸门阀和电磁阀，以便在控制向每个温室区块供应营养液时可进行选择。这样，如果植物的体积需求不同，那么流向各个部分的流量也可以不同。次主集管与主集管相连，并位于靠近主集管的下部。另外，最好埋置主供应管，以便人行道畅通无阻（图 9.14）。

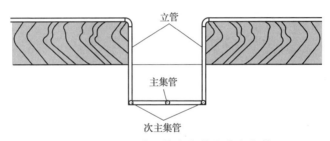

图 9.14　位于地下的主集管和次主集管

选择管道尺寸时，必须要考虑到流量和摩擦损失。通常采用威廉姆斯和哈森公式（Williams and Hazen formula）来确定正确的管道尺寸。否则，在制定灌溉系统计划时，可以要求灌溉产品供应商的相关合格人员进行这些计算。另外，系统中的总摩擦损失将决定供水所需的泵的大小。

目前，种植者通常使用流速为 $2 \sim 4 \ L \cdot h^{-1}$ 的喷射器（emitter），而不是细软管（spaghetti line）（图 9.15）。将喷射器直接插入直径约为 1.2 cm 或 1.9 cm 的带有特殊开孔的黑色聚乙烯塑料支管。首先将滴灌管的一头与喷射器的另一侧相连，而将其另一头通过一个特殊的小桩（stake，称为滴箭）固定在每棵植株的基部；然后该滴箭将营养液沿其长度向下引导至植物根部，如图 9.15 所示。喷射器排出的溶液体积是均匀的，而且如果温室地板的高度不同，也可以采用压力补偿式喷射器（pressure – compensating emitter）。压力补偿式喷射器比常规的成本要高，但无论海拔高度差异或沿聚乙烯塑料支管的位置如何，它们的输出都是恒定的。

图 9.15　喷射器、滴灌管和滴箭的外形及其分布位置

当采用这些滴灌管或滴箭时，应当对它们做定期检查，以确定它们中是否有盐分积累或根须伸入而引起堵塞。如果灌溉充分而使植物不寻求水分，并且将滴箭插入基质的长度仅为其长度的 1/4，则可以避免发生上述情况。如果出现了植株根须长入滴灌管而导致其堵塞或根须缠绕滴箭而导致其堵塞等情况，则可以将其浸泡在 10% 的漂白剂中数小时，以溶解根来去除。在种植季节结束后，用酸液彻底冲洗整个系统，以溶解其中的所有盐沉积物。

■ 9.6　锯末栽培技术的优缺点

锯末栽培技术的优点如下。

（1）与沙培一样，由于锯末培是一种开放系统，因此病害，如枯萎病和萎黄病等的传播机会较少，尤其是在番茄种植中。

（2）不存在作物根堵塞排水管的问题。

（3）营养液在根区有良好的横向移动。

（4）植物的根区有良好的通气。

（5）在每个灌溉周期中重新加入新的营养液。

（6）系统简单，易于维护和维修。

（7）锯末的高保水能力降低了水泵出现故障时迅速出现水胁迫的风险。

（8）该方法适合采用施肥器，因此需要的储罐容积较小。

锯末栽培技术的缺点如下。

（1）该方法只适用于具有大型森林工业的地区，因此在干旱的沙漠国家采用这种方法并不可行。当前，由于锯末被用在刨花板等木材副产品中，因此它也变得不易获得。

（2）锯末必须用蒸汽或化学方法进行消毒。

（3）最初，如果栽培基质在种植前未被充分沥滤，那么可能存在氯化钠对植物造成毒害的问题。

（4）在种植季节，盐在基质中会积累到对植物有毒害的程度。不过，该毒性可以通过在灌溉周期中充分利用营养液进行沥滤来降低。

（5）如果未采用适当的过滤器，或者忽略了过滤器的清洗，则可能会造成滴灌管路的堵塞。

（6）如果所使用的锯末非常粗糙，则可能会发生水的锥形分布现象，从而导致根向下生长，而不是横向生长。

（7）由于锯末是有机物，因此它会随时间不断进行分解。在种植间隙，必须对其进行旋耕（rototill），并添加一定比例的新锯末，以弥补腐烂掉的锯末和在每次种植结束后拔出植物根系时所损失的锯末。

参考文献

［1］ MAAS E F, ADAMSON R M. Soilless Culture of Commercial Greenhouse Tomatoes ［M］. Canadian Department of Agriculture Publisher. 1971：1460, Information Services, Agriculture Canada, Ottawa, Canada.

［2］ MASON E B B, ADAMSON R M. Trickle Watering and Liquid Feeding System for Greenhouse Crops ［M］. Canadian Department of Agriculture Publisher, 1973：1510, Information Services, Agriculture Canada, Ottawa, Canada.

附录 1
园艺、水培和无土栽培学会

　　国际园艺科学学会（ISHS）是参加国际会议和专题讨论会并发表有关园艺的科学论文的最大组织（www. ishs. org）。它们与许多水培学会一起参加和举办有关水培和园艺的活动。例如，它们最近协助了2011年5月15日至19日在墨西哥普韦布洛举行的第二届无土栽培和水培技术国际研讨会（www. soillessculture. org）。这是一个由 ISHS、植物基质和无土栽培委员会（CMPS）和墨西哥的 Colegio de Postgraduados（CP）出版社联合组织的活动。

　　任何对包括水培学在内的园艺学有兴趣的人士，均可申请成为 ISHS 的会员。ISHS 会员可以通过出版物、参加研讨会、互发电子邮件等与合作伙伴交流和关注最新信息。这种方式可以使知识在国际范围内得到分享。

　　美国水培学会（Hydroponic Society of America，HAS）主要提供在线服务。可以通过美国水培学会联系他们，地址在美国加利福尼亚州埃尔塞里托市，邮政信箱1183号（www. hydroponicsociety. org）。另一个北美水培学会是水培商人协会（Hydroponic Merchants Association，HMA），地址在美国弗吉尼亚州马纳萨斯市（www. hydromerchants. org）。

在世界上的其他水培学会包括以下一些。

澳大利亚：澳大利亚水培和温室协会（AHGA）（现更名为澳大利亚受保护作物协会）（Protected Cropping Austrilia，PCA）。网址为 www. protectedcroppingaustralia. com。

巴西：（Encontro Brasileiro de Hidroponia）（www. encontrolhidroponia. com. br）。

哥斯达黎加：Centro Nacional de Jardineria Corazon Verde in Costa Rica（www. corazonverdecr. com）。

墨西哥：墨西哥水培协会（Asociacion Hidroponica Mexicana A. C. ）（www. hidroponia. org. mx）。

新加坡无土栽培学会（Singapore Society for Soilless Culture，SSSC）：新加坡克拉福德街 461 号 13 - 75，190461。

其他学会，可以在谷歌上通过搜索"Hydroponic Societies"或"Hydroponic Associations"找到。另外，网上还有很多相关论坛，我们可以加入并与其他成员一起讨论和解决相关问题。

附录 2
温室生产相关机构

1. 出版物及研究推广服务机构

这里，介绍一些常见的包括水培的园艺信息来源。尽管如此，搜索信息的最佳方式是通过互联网上的谷歌公司等搜索引擎提出特定请求。

美国政府印刷局文档管理局：http://www. gpoaccess. gov, http://www. gpo. gov, http://www. bookstore. gpo. gov, http://www. access. gpo. gov.

维基百科合作推广服务中心：http://en. widipedia. org/wiki/Cooperative_extension_service

阿拉巴马合作推广系统中心：http://www. aces. edu/

亚利桑那合作推广中心：http://extension. arizona. edu/

加州大学合作推广中心：http://ucanr. org/

康涅狄格大学推广服务中心：http://www. extension. uconn. edu/

佛罗里达大学 IFAS 推广中心：http://solutionsforyourlife. ufl. edu/

佐治亚大学合作推广中心：http://ugaextension. com/

伊利诺伊大学推广中心：http://www. extension. uiuc. edu/

普渡大学推广中心：http://www.ces.purdue.edu/

肯塔基大学合作推广服务中心：http://www.ca.uky.edu/ces/
index.htm/

密歇根州立大学推广中心：http://www.msue.msu.edu/

明尼苏达州服务中心：http://www.extension.umn.edu/

密西西比州立大学推广中心：http://msucares.com/

罗格斯大学合作推广中心：http://www.rce.rutgers.edu/

康奈尔大学合作推广中心：http://www.cce.cornell.edu/

北卡罗来纳合作推广中心：http://www.ces.ncsu.edu/

俄亥俄州立大学合作推广中心：http://extension.osu.edu/

俄勒冈州立大学服务中心：http://extension.oregonstate.edu/

宾夕法尼亚州立大学合作推广中心：http://www.extension.psu.edu

得克萨斯州农机大学－得克萨斯农业生活推广服务中心：http://
texasextension.tamu.edu/

犹他州立大学推广中心：http://www.ext.usu.edu/

华盛顿州立大学推广中心：http://ext.wsu.edu/

威斯康星大学推广中心：http://www.uwex.edu/ces/

2. 部分土壤和植物组织测试实验室

A&L 南方农业实验室，美国佛罗里达州庞帕诺滩市；

A&L 加拿大实验室东方分部，加拿大安大略省伦敦市：http://www.
alcanada.com；

A&L 东方实验室分部：http://al－labs－eastern.com；

A&L 五大湖实验室分部，美国印第安纳州韦恩堡市：http://www.
algreatlakes.com；

A&L 平原实验室分部，美国得克萨斯州卢伯克市：http://www.al-labs-plains.com；

阿尔比恩实验室分部，美国犹他州克利尔菲尔德市：http://www.AlbionMinerals.com；

ALS 实验室集团分部，加拿大萨斯喀彻温省萨斯卡通市：http://www.alsglobal.com；

农业化学分析（Agrichem Analytical）实验室，加拿大不列颠哥伦比亚省盐泉岛市：http://www.agrichem.ca；

哈里斯农业资源（Agsource Harris）实验室，美国内布拉斯加州林肯市：http://harris.agsource.com；

分析（Analytica）环境实验室分部，美国科罗拉多州桑顿市：http://www.analyticagroup.com

布鲁克塞德（Brookside）分析实验室，美国俄亥俄州新诺克斯维尔市：http://www.blinc.com

科罗拉多分析实验室，美国科罗拉多州布莱顿市：http://www.coloradolab.com

科罗拉多州土壤、水和植物测试实验室，美国科罗拉多州柯林斯堡市：http://www.extsoilcrop.colostate.edu/SoilLab/soillab.html

康奈尔大学分析实验室，美国纽约州伊萨卡市：http://cnal.cals.cornell.edu/analyses/index.html

能源实验室分部，美国怀俄明州卡斯珀市：http://www.energylab.com

环境测试（Envio-Test）实验室，加拿大萨斯喀彻温省萨斯卡通市：http://www.envirotest.com

埃克索瓦（Exova）集团分部，加拿大不列颠哥伦比亚省素里市：

http://www.exova.com

格里芬（Griffin）实验室分部，加拿大不列颠哥伦比亚省基洛纳市：
http://www.grifflabs.com

希尔（Hill）实验室，新西兰汉密尔顿市：http://www.hill-laboratories.com

堪萨斯州研究与扩展土壤测试实验室，美国堪萨斯州曼哈顿市：
http://www.agronomy.ksu.edu/soiltesting/

金赛（Kinsey's）农业服务中心，美国密苏里州查尔斯顿市：
http://www.kinseyag.com

Les Laboratoires A&L du Canada，加拿大魁北克省 Saint Charles sur Richelieu 市：http://www.al-labs-can.com/soil/ser_QCsoil.html

马克萨姆分析（Maxxam Analytics）中心，加拿大不列颠哥伦比亚省本拿比市：http://www.maxxam.ca

MB 实验室有限公司，加拿大不列颠哥伦比亚省悉尼市：http://www.mblabs.com

麦克罗曼克罗（Micro Macro）国际公司，美国佐治亚州雅典市：
http://www.mmilabs.com

中西部（Midwest）实验室公司，美国内布拉斯加州奥马哈市：
http://www.midwestlabs.com

中西部生物农业（Midwestern Bio-Ag）控股有限责任公司，美国威斯康星州蓝丘市：http://www.midwesternbioag.com

西北实验室，加拿大曼尼托巴省温尼伯市：http://www.norwestlabs.com

奥尔森（Olsen's）农业实验室公司，美国内布拉斯加州麦库克市：
http://www.olsenlab.com

服务技术（Servi‐Tech）实验室，美国堪萨斯州道奇城：http://www.servitechlabs.com

斯考兹（Scotts）测试实验室，美国宾夕法尼亚州艾伦顿市：http://www.scottsprotestlab.com/plantTesting.php

圭尔夫大学土壤与营养实验室，加拿大安大略省圭尔夫市：http://www.uoguelph.ca/labserv

威斯康星大学土壤与植物分析实验室，美国威斯康星州维罗纳市：http://uwlab.soils.wisc.edu

土壤与植物实验室公司，美国加利福尼亚州安纳海姆及圣何塞市：http://www.soilandplantlaboratory.com

康涅狄格大学土壤营养分析实验室，美国康涅狄格州斯托斯市：http://soiltest.uconn.edu/

密苏里大学土壤测试与植物诊断实验室，美国密苏里州哥伦比亚市：http://soilplantlab.missouri.edu/

斯特拉特福农业（Stratford Agri）分析公司，加拿大安大略省斯特拉特福德市：http://www.stratfordagri.com

沃德（Ward）实验室公司，美国内布拉斯加州科尔尼市：http://www.wardlab.com

维尔德（Weld）实验室公司，美国科罗拉多州格里利市：http://www.weldlabs.com

西部实验室，美国爱达荷州帕尔马市：http://www.westernlaboratories.com

以上这些只是许多提供土壤、水质、营养和植物组织分析的实验室中的一小部分。有些网站也提供实验室的目录，举例如下。

加拿大园艺‐如何利用园艺资源‐测试你的土壤：http://www.

canadiangardening. com

农业部和国土资源部营养检测实验室：http：//www. agf. gov. bc. ca/resmgmt/NutrientMgmt

加拿大安大略省农业部食品与农村事务部营养测试与认证及土壤测试实验室：http：//www. omafra. gov. on. ca/english/crops/ resource/soillabs. htm

普渡大学 – 大学相关植物病害和土壤检测服务平台，2010 年 3 月：http：//www. apsnet. org/members/Documents/SoilLabsandPlantClinics. pdf

美国可持续农业资讯中心（ATTRA） – 国家可持续农业信息服务公司 – 可供替代的土壤测试实验室：http：//www. attra. org/attra – pub/soil – lab. html

3．生物控制剂

销售和/或生产生物控制剂的部分单位名录如下。

1）生产单位

应用生物技术（Applied Bio – Nomics）有限责任公司，加拿大不列颠哥伦比亚省悉尼市：http：//www. appliedbio – nomics. com

美国昆虫合作社（Associates Insectary），美国加利福尼亚州圣保拉市：http：//www. associatesinsectary. com

贝克安德伍德公司（Becker Underwood）公司，美国艾奥瓦州艾姆斯市：http：//www. beckerunderwood. com

有益昆虫（Beneficial Insectary）公司，美国加利福尼亚州雷丁市：http：//www. insectary. com

碧奥特（Biobest）加拿大有限责任公司，加拿大安大略省利明顿市：http：//www. biobest. ca

环境科学（EnviroScience）公司，美国俄亥俄州斯豆市：http://www. enviroscienceinc. com

水培花园 - HGI 国际（Hydro Gardens - HGI Worldwide）公司，美国科罗拉多州科泉市：http://www. hydro - gardens. com

IPM 实验室公司，美国纽约州洛克市：http://www. ipmlabs. com

科伯特生物系统（Koppert Biological System）公司，美国密歇根州豪厄尔市：http://www. koppert. com

自然昆虫控制（Natural Insect Control）公司，加拿大安大略省斯蒂文斯维尔市：http://www. naturalinsectcontrol. com

布拉姆克农业诊断（Pramukh Agri Clinic）公司，印度古吉拉特邦马德希市：Email：pramukhagriclinic@ yahoo. co. in

瑞肯 - 维陶瓦（Rincon - Vitova Insectaries）昆虫饲养公司，美国加利福尼亚州文图拉市：http://www. rinconvitova. com

塞西尔（Sesil）公司，韩国忠清南道市：http://www. sesilipm. co. kr

森根塔生物线路（Syngenta Bioline）公司，美国加利福尼亚州奥克斯纳德市：http://www. SyngentaBioline. com

2）经销单位

生物控制公司，哥斯达黎加卡塔戈市：Email：biocontrolsa@ ice. co. cr

伊麦克斯配置（Distribuciones Imex）可变动资本额公司，墨西哥哈利斯科州：http://www. distribucionesimex. com

生态解决方案（EcoSolutions）公司，美国佛罗里达州棕榈港市：http://www. ecosolutionsbeneficials. com

常绿种植者供应（Evergreen Growers Supply）公司，美国俄勒冈州俄勒冈城：http://www. evergreengrowers. com

环球园艺（Global Horticultural）公司，加拿大安大略省比姆斯维尔市：http://www.globalhort.com

国际技术服务（International Technical Services）公司，美国明尼苏达州威扎塔市：http://www.greenhouseinfo.com 或 http://www.intertechserv.com

MGS园艺公司，加拿大安大略省利明顿市：http://www.mgshort.com

植物产品有限责任公司，加拿大安大略省布兰普顿市：http://www.plantprod.com

瑞希特斯香料植物（Richters Herbs）公司，加拿大安大略省古德伍德市：http://www.richters.com

桑德园艺（Sound Horticulture）公司，美国华盛顿州贝灵厄姆市：http://www.soundhorticulture.com

3）生物防治信息来源单位

自然生物控制生产者协会：http://www.anbp.org/biocontrollinks.htm

加州农药管理部：北美有益生物供应者：http://www.cdpr.ca.gov/docs/pestmgt/ipminov/bensuppl.htm

康奈尔大学农业与生命科学学院，美国纽约州伊萨卡市：http://www.biocontrol.entomology.cornell.edu/

北卡罗来纳州立大学生物控制信息中心，美国北卡罗来纳州罗利市：http://www.cipm.ncsu.edu/ent/biocontrol/links.htm

俄勒冈州立大学综合植物保护中心，美国俄勒冈州科瓦利斯市：http://www.ipmnet.org/

亚利桑那大学受控环境农业中心（CEAC），美国亚利桑那州图森市：http://ag.arizona.edu/ceac/

加利福尼亚大学，美国加利福尼亚州戴维斯市：http://www.ipm. ucdavis.edu/

夏威夷大学拓展中心，美国夏威夷州马诺阿市：http://www. extento.hawaii.edu/kbase/

明尼苏达大学，美国明尼苏达州明尼阿波利斯 – 圣保罗市：http:// www.entomology.umn.edu/cues/dx/pests.htm

美国农业部（USDA）：http://www.usda.gov/wps/portal/usda/ usdahome? navid = PLANT_HEALTH

4. 特种水培设备生产单位

1）NFT 水槽

美国水培（American Hydroponics）公司，美国加利福尼亚州阿卡塔市：http://www.amhydro.com

作物王（CropKing）公司，美国俄亥俄州洛迪市：http://www. cropking.com

戴纳克斯（Dynacs）公司，巴西圣保罗市：http://www.dynacs. com.br

希德罗好尤尼匹索尔（Hidrogood Unipessoal）公司，葡萄牙莱利亚市：http://hidrogood.com.pt

园艺规划（Hortiplan）公众有限公司，比利时瓦夫尔市：http:// www.hortiplan.com/MGS

水培（Hydrocultura）公司，墨西哥特拉尔潘市：http://www. hydrocultura.com.mx

水培花园（HydroGarden）批发供应有限责任公司，英国考文垂市：http://www.hydrogarden.co.uk

水培技术开发（Hydroponic Developments）有限责任公司，新西兰陶朗加市：http://hydrosupply.com

兹瓦特系统（Zwart Systems）公司，加拿大安大略省州比姆斯维尔市：http://www.zwartsystems.ca

2）UV 消毒器

高级紫外线（Advanced UV）公司，美国加利福尼亚州喜瑞都市：http://www.advanceduv.com

大西洋紫外线（Atlantic Ultraviolet）公司，美国纽约州霍波格市：http://www.ultraviolet.com

阿阔菲（Aquafine Corporation）公司，美国加利福尼亚州瓦伦西亚市：http://www.aquafineuv.com

豪提乌克斯（Hortimax）私人有限公司，荷兰：http://www.hortimax.com

普瑞瓦拉丁美洲（Priva America Latina）可变动资本额公司，墨西哥克雷塔罗市：http://www.priva.mx

普瑞瓦（Priva）私人有限公司，荷兰：http://www.priva.nl

普瑞瓦北京国际（Priva International Beijing）有限责任公司，中国北京：http://www.priva-asia.com

普瑞瓦（Priva）北美公司，加拿大安大略省维兰站市：http://www.priva.ca

普瑞瓦（Priva）英国公司，英国沃特福德市：http://www.priva.co.uk

兹瓦特系统（Zuart Systems）公司，加拿大安大略省比姆斯维尔市：http://www.zwartsystems.ca

3）水冷却器

制冷单元（Frigid Units）公司，美国俄亥俄州托莱多市：http://www. frigidunits. com

4）垂直植物塔

水培堆叠（Hydro – Stacker）公司，美国佛罗里达州布雷登顿市：http://www. hydrostacker. com

垂直栽培（Verti – Gro）公司，美国佛罗里达州萨默菲尔德市：http://vertigro. com

参考文献

Leppla N C and Johnson KL. 2010. Guidelines for purchasing and using commercial natural enemies and biopesticides in Florida and other states[R]. University of Florida IFAS Extension document IPM – 146, Gainesville, FL, http://www. anbp. org/documents/Leppla_Paper_2010. pdf（accessed May 23, 2011）

附录 3
测量单位换算系数

参数	数量	公制单位	转换为美制单位	相乘系数
		长度		
	25.401	毫米	英寸	0.039 4
	2.540 1	厘米	英寸	0.393 7
	0.304 8	米	英尺	3.280 8
	0.914 4	米	码	1.093 6
	1.609 3	千米	英里（法定）	0.621 4
		面积		
	645.160	平方毫米	平方英寸	0.001 550
	6.451 6	平方厘米	平方英寸	0.155 0
	0.092 9	平方米	平方英尺	10.763 9
	0.836 1	平方米	平方码	1.196 0
	0.004 046	平方千米	英亩	247.105
	2.590 0	平方千米	平方英里	0.386 1
	0.404 6	公顷	英亩	2.471 0
		体积		
	16.387 2	立方厘米	立方英寸	0.061 0
	0.028 3	立方米	立方英尺	35.314 5

续表

参数	数量	公制单位	转换为美制单位	相乘系数
	0.764 6	立方米	立方码	1.307 9
	0.003 785	立方米	加仑	264.178
	0.004 545	立方米	加仑	219.976
	0.016 39	升	立方英寸	61.023 8
	28.320 5	升	立方英尺	0.035 31
	3.785 0	升	加仑	0.264 2
	4.545 4	升	加仑（英制）	0.220 0
质量				
	28.349 5	克	盎司	0.035 3
	31.103 5	克	盎司（troy 金衡制）	0.032 1
	0.453 6	千克	磅	2.204 6
	0.000 453 5	公吨	磅	2 204.62
	0.907 185	公吨	吨	1.102 3
	1.016 047	公吨	吨（英制）	0.984 2

说明：要将美制/英制单位转换为公制单位，则反方向进行计算。

附录 4
无机化合物的物理常数

名称	化学式	密度/ ($kg \cdot cm^{-3}$)	溶解度/($g \cdot 100 \ mL^{-1}$)	
			冷水	热水
硝酸铵	NH_4NO_3	1.725	118.3	871
磷酸二氢铵	$NH_4H_2PO_4$	1.803	22.7	173.2
四水钼酸铵	$(NH_4)_6Mo_7O_{24} \cdot 4H_2O$	43	—	—
磷酸氢二铵	$(NH_4)_2HPO_4$	1.619	57.5	106.0
硫酸铵	$(NH_4)_2SO_4$	1.769	70.6	103.8
硼酸	H_3BO_3	1.435	6.35	27.6
碳酸钙	$CaCO_3$	2.710	0.0014	0.0018
氯化钙	$CaCl_2$	2.15	74.5	159
六水氯化钙	$CaCl_2 \cdot 6H_2O$	1.71	279	536
氢氧化钙	$Ca(OH)_2$	2.24	0.185	0.077
硝酸钙	$Ca(NO_3)_2$	2.504	121.2	376
四水合硝酸钙	$Ca(NO_3)_2 \cdot 4H_2O$	1.82	266	660
氧化钙	CaO	3.25 - 3.38	0.131	0.07
一水磷酸氢钙	$Ca(H_2PO_4)_2 \cdot H_2O$	2.220	1.8	分解
硫酸钙	$CaSO_4$	2.960	0.209	0.1619
二水硫酸钙	$CaSO_4 \cdot 2H_2O$	2.32	0.241	0.222
五水硫酸铜	$CuSO_4 \cdot 5H_2O$	2.284	31.6	203.3

续表

名称	化学式	密度/ $(kg \cdot cm^{-3})$	溶解度/$(g \cdot 100\ mL^{-1})$	
			冷水	热水
氢氧化亚铁	$Fe(OH)_2$	3.4	0.000 15	—
六水硝酸亚铁	$Fe(NO_3)_2 \cdot 6H_2O$	1.6	83.5	166.7
七水硫酸亚铁	$FeSO_4 \cdot 7H_2O$	1.898	15.65	48.6
氧化镁	MgO	3.58	0.000 62	0.008 6
磷酸镁	$Mg_3(PO_4)_2$	—	不溶	不溶
七水磷酸氢镁	$MgHPO_4 \cdot 7H_2O$	1.728	0.3	0.2
四水磷酸镁	$Mg_3(PO_4)_2 \cdot 4H_2O$	1.64	0.020 5	—
七水硫酸镁	$MgSO_4 \cdot 7H_2O$	1.68	71	91
四水氯化锰	$MnCl_2 \cdot 4H_2O$	2.01	151	656
氢氧化锰	$Mn(OH)_2$	3.258	0.000 2	—
四水硝酸锰	$Mn(NO_3)_2 \cdot 4H_2O$	1.82	426.4	极易溶
二水磷酸二氢锰	$Mn(H_2PO_4)_2 \cdot 2H_2O$	—	可溶	—
三水磷酸一氢锰	$MnHPO_4 \cdot 3H_2O$	—	微溶	分解
硫酸锰	$MnSO_4$	3.25	52	70
四水硫酸锰	$MnSO_4 \cdot 4H_2O$	2.107	105.3	111.2
硝酸	HNO_3	1.502 7	可溶	极易溶
磷酸	H_3PO_4	1.834	548	极易溶
五氧化二磷	P_2O_5	2.39	分解为 H_3PO_4	
碳酸钾	K_2CO_3	2.428	112	0.156
二水碳酸钾	$K_2CO_3 \cdot 2H_2O$	2.043	146.9	331
碳酸氢钾	$KHCO_3$	2.17	22.4	60
三水碳酸钾	$2K_2CO_3 \cdot 3H_2O$	2.043	129.4	268.3
氯化钾	KCl	1.984	34.7	56.7
氢氧化钾	KOH	2.044	107	178
硝酸钾	KNO_3	2.109	13.3	47

名称	化学式	密度/ $(kg \cdot cm^{-3})$	溶解度/$(g \cdot 100\ mL^{-1})$	
			冷水	热水
磷酸钾	K_3PO_4	2.564	90	可溶
磷酸二氢钾	KH_2PO_4	2.338	33	83.5
磷酸氢二钾	K_2HPO_4	—	167	极易溶
硫酸钾	K_2SO_4	2.662	12	24.1
碳酸锌	$ZnCO_3$	4.398	0.001	—
氯化锌	$ZnCl_2$	2.91	432	615
磷酸锌	$Zn_3(PO_4)_2$	3.998	不溶	不溶
二水磷酸二氢锌	$Zn(H_2PO_4)_2 \cdot 2H_2O$	—	分解	—
四水磷酸锌	$Zn_3(PO_4)_2 \cdot 4H_2O$	3.04	不溶	不溶
七水硫酸锌	$ZnSO_4 \cdot 7H_2O$	1.957	96.5	663.6

附录 5
温室及水培相关供应单位

1. 生物防治体

1）微生物/生物制剂

ACM - 得克萨斯有限责任公司，美国科罗拉多州科林斯堡市：www. ampowdergard. com

农业达因（AgriDyne）技术公司（BioSys 公司），美国得克萨斯州罗森博格市：www. biosysinc. com

拜耳（Bayer）公司，美国密苏里州堪萨斯市：http://usagri. bayer. com

碧奥特（BioBest）加拿大有限责任公司，加拿大安大略省利明顿市：www. biobest. ca

生物安全（BioSafe）系统有限责任公司，美国康涅狄格州东哈特福德市：www. biosafesystems. com

拜沃（BioWorks）公司，美国纽约州维克特市：www. bioworksinc. com

陶氏农科（Dow AgroSciences）有限责任公司，美国印第安纳州印第

安纳波利斯市：www.dowagro.com

生态智慧（EcoSmart）技术公司，美国田纳西州富兰克林市：www.ecosmart.com

种植产品（Growth Products）有限责任公司，美国纽约州怀特普莱恩斯市：www.growthproducts.com

国际技术服务中心（International Technology Services），美国明尼苏达州威扎塔市：www.intertechserv.com

麦劳林高姆雷王（McLaughlin Gormley King）公司（MGK），美国明尼苏达州明尼阿波利斯市：www.pyganic.com

蒙特利农业资源（Monterey AgResources）公司，美国加利福尼亚州弗雷斯诺市：www.montereyagresources.com

麦克珍（Mycogen）公司，美国加利福尼亚州圣地亚哥市：www.dowagro.com

自然工业公司，美国得克萨斯州休斯顿市：www.naturalindustries.com

奥林匹克园艺产品公司（OHP），美国宾夕法尼亚州梅恩兰市：www.ohp.com

植物（Phyton）公司，美国明尼苏达州布卢明顿市：www.phytoncorp.com

有机材料评估研究所（OMRI），美国俄勒冈州尤金市：www.omri.org

瓦伦特生物科学（Valent BioSciences）公司，美国伊利诺伊州利伯蒂维尔市：www.valentpro.com

2）传粉昆虫（熊峰）

蜜蜂西部（Bees West）公司，美国加利福尼亚州弗里德姆市：

www. beeswestinc. com

碧奥特（BioBest）比利时公众有限公司，比利时韦斯特洛市：www. biobest. be

碧奥特（BioBest）加拿大有限责任公司，加拿大安大略省利明顿市：www. biobest. ca

伊麦克斯配置（Distribuciones Imex）可变动资本额公司，墨西哥哈利斯科州：www. distribucionesimex. com

国际技术服务（International Technical Services）公司，美国明尼苏达州威扎塔市：www. intertechserv. com

科伯特（Koppert）私人有限公司，荷兰贝尔克蓝罗登吉斯省：www. koppert. nl

科伯特（Koppert）加拿大有限责任公司，加拿大安大略省斯卡伯勒市：www. koppert. com

科伯特（Koppert）墨西哥可变动资本额公司，墨西哥克雷塔罗州埃尔马克斯市：www. koppert. com. mx

科伯特（Koppert）生物系统公司－USA，美国密歇根州豪厄尔市：www. koppert. com

2. 温室结构、覆盖物和设备

顶峰（Acme）工程与制造公司，美国俄克拉荷马州马斯科吉市：www. acmefan. com

高级可选方案（Advancing Alternatives）公司，美国宾夕法尼亚州斯库尔基尔港市：www. advancingalternatives. com

农业技术（AgraTech）公司，美国加利福尼亚州匹兹堡市：www. agratech. com

美国冷气（Coolair）公司，美国佛罗里达州杰克逊维尔市：www. coolair. com

美国勒克斯（AmeriLux）国际有限责任公司，美国威斯康星州迪皮尔市：www. ameriluxinternational. com

阿戈斯（Argus）控制系统有限责任公司，加拿大不列颠哥伦比亚省白石市：www. arguscontrols. com

RPC BPI 农业公司，加拿大艾伯塔省艾德蒙顿市：www. atfilmsinc. com

阿特拉斯（Atlas）制造公司，美国佐治亚州阿拉普哈市：www. atlasgreenhouse. com

伯尔考（Berco）公司，美国密苏里州圣路易斯市：www. bercoinc. com

BFG 供应公司，美国俄亥俄州伯顿市：www. bfgsupply. com

生物热液体循环加热/冷却（Biotherm Hydronic）公司（又称真叶（TrueLeaf）技术公司），美国加利福尼亚州佩塔卢马市：www. trueleaf. net

B & K 安装公司，美国佛罗里达州霍姆斯特德市：www. bk - installations. com

鲍姆（Bom）温室公司，荷兰纳尔德韦克市：www. bomgreenhouses. com

加拿大水培花园（Hydro - Gardens）有限责任公司，加拿大安大略省安卡斯特市：www. hydrogardens. ca

气候控制系统公司，加拿大安大略省利明顿市：www. climatecontrol. com

康利斯（Conley's）温室建造与销售公司，美国加利福尼亚州蒙特

克莱尔市：www.conleys.com

克拉沃（Cravo）仪器有限责任公司，加拿大安大略省布兰特福德市：www.cravo.com

作物王（CropKing）公司，美国俄亥俄州洛迪市：www.cropking.com

道尔森（Dalsem）园艺工程私人有限公司，荷兰登霍伦市：www.dalsem.nl

德克罗艾特（DeCloet）温室制造有限责任公司，加拿大安大略省希姆科市：www.decloetgreenhouse.com

德尔塔 T 解决方案（Delta T Solutions）公司，美国加利福尼亚州圣马科斯市：www.deltatsolutions.com

埃沃尼克塞罗（Evonik Cyro）加拿大公司，加拿大安大略省多伦多市：www.acrylitebuildingproducts.com

法格（Fogco）系统公司，美国亚利桑那州钱德勒市：www.fogco.com

霍牟斯特克（Foremostco）公司，美国佛罗里达州迈阿密市：www.foremostco.com

霍姆弗莱克斯（FormFlex）园艺系统公司，加拿大安大略省比姆斯维尔市：www.formflex.ca

DACE 基金会，荷兰奈凯尔克市：www.dace.nl

格雷浩克（Grayhark）温室供应公司，美国俄亥俄州斯旺顿市：www.grayhawkgreenhousesupply.com

格林 - 泰克（Green - Tek）公司，美国威斯康星州埃杰顿市：www.green - tek.com

种植者温室供应（Growers Greenhouse Supplies）公司，加拿大安大

略省威兰德站市：www. ggs – greenhouse. com

种植者供应（Growers Supply）公司，美国艾奥瓦州戴尔斯维尔市：www. growerssupply. com

戈鲁珀印沃卡（Grupo Inverca）股份公司，西班牙阿尔马佐拉市：www. invercagroup. com

哈诺伊斯（Harnois）温室公司，加拿大魁北克省圣托马斯若利耶特市：www. harnois. com

赫尔弗萨乌（Herve Savoure）公司，美国弗吉尼亚州赖斯顿市：www. richel – usa. com

荷兰温室（Holland Greenhouses）公司，荷兰兰辛格兰市：www. holland – greenhouses. nl

贾德鲁（Jaderloon）公司，美国南卡罗来纳州哥伦比亚市：www. jaderloon. com

JVK 有限责任公司，加拿大安大略省圣凯瑟琳斯市：www. jvk. net

科斯格瑞乌（Kees Greeve）私人有限公司，荷兰贝赫斯亨胡克市：www. keesgreeve. nl

KGP 温室公司，荷兰马斯蒂耶克市：www. kgpgreenhouses. com

库尔霍格（Koolfog）公司，美国加利福尼亚州棕榈沙漠市：www. koolfog. com

库珀（Kubo）温室工程公司，荷兰曼斯特市：www. kubo. nl

LL 克林克与桑斯（LL Klink & Sons）公司，美国俄亥俄州哥伦比亚站市：www. LLKlink. com

LS 斯文森（LS Svensson）公司，瑞典金纳市：www. ludrigsvensson. com

拉蒂（Ludy）温室制造公司，美国俄亥俄州新麦迪逊市：www.

ludy. com

卢迈特（Lumite）公司，美国佐治亚州盖恩斯维尔市：www. lumiteinc. com

勒克斯（Lux）照明有限责任公司，中国广东省深圳市：www. growlight. cn

麦肯基（McConkey）咨询公司，美国华盛顿州萨姆纳市：www. mcconkeyco. com

幂（Mee）工业公司，美国加利福尼亚州蒙罗维亚市：www. meefog. com

迈塔泽特兹崴绍乌（Metazet Zwethovve）私人有限公司，荷兰瓦特林亨市：www. metazet. com

奈克萨斯（Nexus）公司，美国科罗拉多州诺斯格伦市：www. nexuscorp. com

俄勒冈州山谷温室公司，美国俄勒冈州奥罗拉市：www. ovg. com

PAR 源（PARsource）光照方案公司，美国加利福尼亚州佩塔卢马市：www. parsource. com

保尔鲍尔斯（Paul Boers）有限责任公司，加拿大安大略省威尼兰站市：www. paulboers. com

普拉斯提卡克里提斯（Plastika Kritis）股份公司，希腊克里特岛市：www. plastikakritis. com

P. L. 光源系统（P. L. Light Systerns）公司，加拿大安大略省比姆斯维尔市：www. pllight. com

帕列噶（Polygal）公司，美国北卡罗来纳州夏洛特市：www. polygal. com

保利‐泰克斯（Poly‐Tex）公司，美国明尼苏达州城堡石市：

www. poly – tex. com

能源工厂（Powerplants）澳大利亚私人有限公司，澳大利亚维多利亚州：www. powerplants. com. au

普林斯（Prins）温室公司，加拿大不列颠哥伦比亚省阿伯兹福德市：www. prinsgreenhouses. com

类星体（Quasar）照明有限责任公司，中国广东省深圳市：www. quasarled. com

里歇尔（Richel）集团公司，法国易加利瑞斯市：www. richel. fr

拉夫兄弟（Rough Brothers）公司，美国俄亥俄州辛辛那提市：www. roughbros. com

智雾（Smart Fog）公司，美国内华达州雷诺市：www. smartfog. com

南方艾萨克斯（Essex）制造公司，加拿大安大略省利明顿市：www. southsx. com

西南农业塑料（Agii – Plastics）公司，美国得克萨斯州达拉斯市：www. swapinc. com

结构无限（Structures Unlimited）公司，美国佛罗里达州萨拉索塔市：www. structuresunlimited. net

斯达皮（Stuppy）温室制造公司，美国密苏里州堪萨斯市：www. stuppy. com

阳光供应公司，美国华盛顿州温哥华市：www. sunlightsupply. com

美国真雾（TrueFog）工业加湿系统公司，美国加利福尼亚州沙漠温泉市：www. truefog. com

瓦尔 – 科（Val – Co）环境与温室系统公司，美国宾夕法尼亚州布尔德因翰德市：www . valcogreenhouse. com

瓦尔 – 科（Val – Co）温室公司，荷兰洛皮克市：www.

valcogreenhouse. com

范德胡芬（Van der Hoeven）私人有限公司，荷兰斯赫拉芬赞德市：www. vanderhoeven. nl

凡温格尔登（Van Wingerden）温室公司，美国北卡罗来纳州米尔斯里弗市：www. van - wingerden. com

芬洛（Venlo）温室系统公司，美国弗吉尼亚州斯波特瑟尔韦尼亚市：www. venloinc. com

渥巴克尔/薄姆达斯（Verbakel/Bomdas）私人有限公司，荷兰德利尔市：www. verbakel - bomkas. com

V & V 集团公司，荷兰德利尔市：www. venv - holland. nl

瓦兹沃史（Wadsworth）控制系统公司，美国科罗拉多州阿瓦达市：www. wadsworthcontrols. com

韦斯特布鲁克（Westbrook）温室系统公司，加拿大安大略省比姆斯维尔市：www. westbrooksystems. com

史密斯 XS（XS Smith）公司，美国南卡罗来纳州华盛顿市：www. xssmith. com

兹瓦特（Zwart）系统公司，加拿大安大略省比姆斯维尔市：www. zwartsystems. ca

3. 温室遮阳材料

兹瓦特（Zwart）系统公司，加拿大安大略省比姆斯维尔市：www. mardenkro. com

4. 栽培基质

博格（Berger）泥炭公司，加拿大魁北克省圣莫德斯特市：www.

bergerweb. com

康拉德·法法德（Conrad Fafard）公司，美国马萨诸塞州阿格瓦姆市：www. fafard. com

作物王（CropKing）公司，美国俄亥俄州洛迪市：www. cropking. com

迪威特（DeWitt）公司，美国密苏里州赛克斯顿市：www. dewittcompany. com

荷兰普郎廷（Dutch Plantin）私人有限公司，荷兰海尔蒙德市：www. dutchplantin. com

欧洲基质（Euro Substrates）（私人）有限公司，斯里兰卡皮塔科特市（Forteco Coco Coir）：www . eurosubstrates. com

Fibrgro 园艺岩棉公司，加拿大安大略省萨尼亚市：www. fibrgro. com

格露丹（Grodan）公司，荷兰鲁尔蒙德市：www. grodan. nl

格露丹（Grodan）公司，加拿大安大略省米尔顿市：www. grodan. com

水培花园（Hydro – Gardens）公司，美国科罗拉多州科泉市：www. hydro – gardens. com

水培农场（Hydrofarm）园艺产品公司，美国加利福尼亚州佩塔卢马市：www. hydrofarm. com

捷菲（Jiffy）产品国际私人有限公司，荷兰角港市：www. jiffypot. com

密歇根泥炭公司，美国得克萨斯州休斯敦市：www. michiganpeat. com

植物产品有限责任公司，加拿大安大略省布兰普顿市：www. plantprod. com

普莱米尔技术（Premier Tech）园艺公司，加拿大魁北克省里维耶尔 – 迪卢市：www. premierhort. com

圣戈班基质（Saint – Gobain Cultilene）私人有限公司，荷兰蒂尔堡市：www. cultilene. nl

斯密舍斯 – 绿洲（Smithers – Oasis）北美公司，美国俄亥俄州肯特市：www. smithersoasis. com

太阳陆地花园（Sun Land Garden）产品公司，美国加利福尼亚州沃森维尔市：www. sunlandgarden. com

太阳种植（Sun Gro）园艺公司，加拿大不列颠哥伦比亚省温哥华市：www. sungro. com

斯科兹精品 – 种植（the Scotts Miracle – Gro）公司，美国俄亥俄州马里斯维尔市：www. thescottsmiraclegrocompany. com

惠特莫尔（Whittemore）公司，美国马萨诸塞州劳伦斯市：www. whittemoreco. com

5. 灌溉设备

美国园艺供应（American Horticultural Supply）公司，美国加利福尼亚州卡马里奥市：www. americanhort. com

阿米亚德（Amiad）过滤系统有限责任公司，美国加利福尼亚州奥克斯纳德市：www. amiadusa. com

安德逊（H. E. Anderson）公司，美国俄克拉荷马州马斯科吉市：www. heanderson. com

BFG 供应公司，美国俄亥俄州伯顿市：www. bfgsupply. com

气候控制系统（Climate Control Systems）公司，加拿大安大略省利明顿市：www. climatecontrol. com

作物王（CropKing）公司，美国俄亥俄州洛迪市：www. cropking. com

多仕创国际（Dosatron International）公司，美国佛罗里达州克利尔沃特市：www. dosatronusa. com

美国国内/国际（Domestic U. S. A. /International）公司，美国得克萨斯州卡罗尔顿市：www. dosmatic. com

德拉姆（Dramm）公司，美国威斯康星州马尼托沃克市：www. dramm. com

种植系统（Growing Systems）公司，美国威斯康星州密尔沃基市：www. growingsystemsinc. com

赫默特国际（Hummert International）公司，美国密苏里州厄斯锡蒂市：www. hummert. com

狩猎者工业（Hunter Industries）公司，美国加利福尼亚州圣马科斯市：www. hunterindustries. com

水培花园（Hydro – Gardens）公司，美国科罗拉多州科泉市：www. hydro – gardens. com

杰恩（Jain）灌溉公司，美国纽约州沃特敦市：www. jainirrigationinc. com

凯勒－格拉斯哥（Keeler – Glasgow）公司，美国密歇根州哈特福德市：www. keeleer – glasgow. com

马克斯杰特（Maxijet）公司，美国佛罗里达州邓迪市：www. maxijet. com

萘塔菲姆（Netafim）灌溉公司，美国加利福尼亚州弗雷斯诺市：www. netafimusa. com

植物产品（Plant Products）有限责任公司，加拿大安大略省布兰普

顿市：www. plantprod. com

雨鸟农产品（Rain Bird Agri – Products）公司，美国加利福尼亚州格伦多拉市：www. rainbird. com

罗伯兹（Roberts）灌溉公司，美国威斯康星州普洛弗市：www. robertsirrigation. net

赛宁格（Senninger）灌溉公司，美国佛罗里达州克莱蒙市：www. senninger. com

雨水出租（Rain For Rent）公司，美国加利福尼亚州贝克斯菲尔德市：www. rainforrent. com

托罗公司（the Toro Company），美国加利福尼亚州河滨市：www. toro. com

兹瓦特（Zwart）系统公司，加拿大安大略省比姆斯维尔市：www. zwartsystems. ca

6. 种子供应

美国塔奇（Takii）公司，美国加利福尼亚州萨利纳斯市：www. takii. com

阿斯格种子公司/孟山都公司（Asgrow Seed Co. /Monsanto Company）美国加利福尼亚州萨利纳斯市：www. asgrowandekalb. com；www. monsantovegetableseeds. com

鲍尔（Ball）种子公司，美国伊利诺伊州西芝加哥市：www. ballhort. com

日冕（Corona）种子公司，美国加利福尼亚州卡马里奥市：www. coronaseeds. com

德鲁伊特（De Ruiter）种子公司/孟山都公司，美国加利福尼亚州奥克斯纳德市：www. deruiterseeds. nl；www . monsantovegetableseeds. com

怀瑞 – 莫尔斯（Ferry – Morse）种子公司，美国肯塔基州富尔顿市：www. ferry – morse. com

哈里斯莫兰（Harris Moran）种子公司，美国加利福尼亚州莫德斯托市：www. harrismoran. com

哈里斯（Harris）种子公司，美国纽约州罗彻斯特市：www. harrisseeds. com

HPS 园艺产品与服务公司，美国威斯康星州蓝道夫市：www. hpsseed. com

海泽拉（Hazera）种子公司，美国佛罗里达州椰子溪市：www. hazerainc. com

哈默特（A. H. Hummert）种子公司，美国密苏里州圣约瑟夫市：www. hummertseed. com

杰尼斯（Johnny's）精品种子公司，美国缅因州温斯洛市：www. johnnyseeds. com

孟山都公司，美国加利福尼亚州奥克斯纳德市：www. monsantovegetableseeds. com

尼克森（Nickerson – Zwaan）有限责任公司，荷兰梅德市：www. nickerson – zwaan. com

诺斯拉普王（Northrup King）种子公司，美国明尼苏达州明尼阿波利斯市：www. nk. com

美国纽内姆（Nunhems USA）种子公司，美国爱达荷州帕尔马市：www. nunhemsusa. com

装饰性食物（Ornamental Edibles）生产公司，美国加利福尼亚州圣何塞市：www. ornamentaledibles. com

泛美（PanAmerican）种子公司，美国伊利诺伊州西芝加哥市：www. panamseed. com

派拉蒙（Paramount）种子公司，美国佛罗里达州帕姆锡蒂市：www. paramountseeds. com

帕克（Park）种子公司，美国南卡罗来纳州格林伍德市：www. parkseed. com

宾夕法尼亚州（Penn State）种子公司，美国宾夕法尼亚州达拉斯市：www. pennstateseed. com

里克特斯（Richters）公司，加拿大安大略省古德伍德市：www. Richters. com

美国瑞克斯旺（Rijk Zwaan USA）公司，美国加利福尼亚州萨利纳斯市：www. rijkzwaanusa. com

德利尔瑞克斯旺（Rijk Zwaan De Lier）公司，荷兰德利尔市：www. rijkzwaan. com

皇家斯路易斯（Royal Sluis）公司（塞米尼斯（Seminis）蔬菜种子公司），美国密苏里州圣路易斯市：www. seminis. com

美国萨卡他（Sakata）种子公司，美国加利福尼亚州摩根山市：www. sakata. com

斯托克斯（Stokes）种子公司，美国纽约州布法罗市或加拿大安大略省索罗尔德市：www. stokeseeds. com

先正达（Syngenta）种子公司（罗杰斯（Rogers）种子公司），美国爱达荷州博伊西市：www. syngenta – us. com

汤普森与摩根（Thompson & Morgan）种子公司，美国印第安纳州劳伦斯堡市：www. tmseeds. com

7. 芽苗供应

考迪尔（Caudill）种子公司，美国肯塔基州路易斯维尔市：www.caudillseed.com

国际特产供应（International Specialty Supply）公司，美国田纳西州库克维尔市：www.sproutnet.com

索　引

0～9（数字）

A～Z（英文）

A ~ B

C

D

G

N ~ P

（王彦祥、张若舒　编制）

国家出版基金项目
NATIONAL PUBLICATION FOUNDATION

"十四五"时期
国家重点出版物出版专项规划项目

空间生命科学与技术丛书
名誉主编　赵玉芬　主编　邓玉林

水培食物生产技术
（下册）

Hydroponic Food Production

［加］霍华德·M.莱斯（Howard M. Resh）　著

郭双生　译

CRC Press
Taylor & Francis Group

北京理工大学出版社
BEIJING INSTITUTE OF TECHNOLOGY PRESS

图书在版编目（CIP）数据

水培食物生产技术：全2册／（加）霍华德·M.莱斯
著；郭双生译. —— 北京：北京理工大学出版社，
2023.5
书名原文：Hydroponic Food Production
ISBN 978 - 7 - 5763 - 2375 - 7

Ⅰ. ①水… Ⅱ. ①霍… ②郭… Ⅲ. ①水培 - 作物 -
食品加工 - 生产技术 Ⅳ. ①TS205

中国国家版本馆 CIP 数据核字（2023）第 085378 号

北京市版权局著作权合同登记号 图字 01 - 2022 - 6164

Hydroponic Food Production by Howard M. Resh / ISBN: 9781439878675
Copyright © 2003 by CRC Press.
Authorised translation from English language edition published by CRC Press, part of Taylor & Francis Group LLC; All rights reserved.
本书原版由 Taylor & Francis 出版集团旗下，CRC 出版公司出版，并经其授权翻译出版。版权所有，侵权必究。

Beijing Institute of Technology Press Co., Ltd. is authorized to publish and distribute exclusively the Chinese (Simplified Characters) language edition. This edition is authorized for sale throughout Mainland of China. No part of the publication may be reproduced or distributed by any means, or stored in a database or retrieval system, without the prior written permission of the publisher.
本书中文简体翻译版授权由北京理工大学出版社独家出版并仅限在中国大陆地区销售，未经出版者书面许可，不得以任何方式复制或发行本书的任何部分。

Copies of this book sold without a Taylor & Francis sticker on the cover are unauthorized and illegal.
本书贴有 Taylor & Francis 公司防伪标签，无标签者不得销售。

责任编辑：李颖颖　　　　文案编辑：李颖颖
责任校对：周瑞红　　　　责任印制：李志强

出版发行／北京理工大学出版社有限责任公司
社　　址／北京市丰台区四合庄路6号
邮　　编／100070
电　　话／（010）68944439（学术售后服务热线）
网　　址／http://www.bitpress.com.cn

版印次／2023 年 5 月第 1 版第 1 次印刷
印　　刷／三河市华骏印务包装有限公司
开　　本／710 mm×1000 mm　1/16
印　　张／54.75
字　　数／760 千字
定　　价／240.00 元（全 2 册）

图书出现印装质量问题，请拨打售后服务热线，负责调换

《空间生命科学与技术丛书》
编写委员会

名誉主编：赵玉芬

主　　编：邓玉林

编　　委：(按姓氏笔画排序)

马　宏　　马红磊　　王　睿

吕雪飞　　刘炳坤　　李玉娟

李晓琼　　张　莹　　张永谦

周光明　　郭双生　　谭　信

戴荣继

译者序

《水培食物生产技术》（*Hydroponic Food Production*）一书由加拿大不列颠哥伦比亚大学植物科学系城市园艺学教授霍华德·M. 莱斯（Howard M. Resh）博士主编，从 1978 年出版第 1 版，到 2013 年已出版到第 7 版，本书即为这一版本。莱斯博士长期从事温室等受控环境条件下蔬菜的水培技术研究，并在世界范围内完成了很多项目，堪称这一领域的学术权威。

几年前，本人第一次从太空农业水培技术文献中看到这本书，并后来看到有不少人在引用这本书时，我从此对之充满了好奇。后来，终于拿到这本书时，真的就被其深深地吸引了，这是我在植物水培领域见到的第一本具有代表性的外文专著。尽管本专著出版时间相对较远，但它全面而系统地介绍了相关理论知识、技术和丰富经验，就目前来看很多都并不过时。本书的特点主要体现在以下几个方面。

（1）系统介绍了营养液的配制措施和注意事项，以及世界上（包括我国）较为著名的各种营养液配方及其主要特点。

（2）详细介绍了深水培、浅水培（如营养液膜技术，NFT）、基质培、雾培等几种栽培技术及其注意事项及优缺点；介绍了大滚筒立体水培、室内旋转式水培及自动化垂直水培等具有特色并节能的水培技术。

（3）系统比较了不同栽培基质，如砾石、沙子、珍珠岩、岩棉、蛭石、泥炭（也称草炭）、锯末、椰糠及其两种或三种混合物的主要应用技术、使用中的注意事项及其优缺点比较；如何对基质进行消毒，包括巴氏消毒、紫外线消毒或高温消毒。

（4）详细阐述了营养液管理技术：包括如何配制、消毒、酸碱度和溶解氧的检测与调节、养分和水分补充、通气、藻类生长抑制等；灌溉对提高品质的影响，如如何减少裂果，方法之一是选择在夜间或凌晨进行灌溉。

（5）简要介绍了温室环境控制技术：包括温室中大气温度、相对湿度、通风和二氧化碳施肥等控制技术；光照技术，包括光周期调控及补光技术；二氧化碳浓度对提高果实蔬菜的结果率、产量和品质影响的调控机制。

（6）详细阐明了植物管理技术，包括移栽（含时间选择）、嫁接、修剪（如何打枝去叶及如何选择时机）、果实采摘、运输和储存等技术；如何诱导植株的营养生长阶段向生殖生长阶段转变，如采用营养液成分、温度和光照等调控手段；温室中植株授粉技术，包括如何在温室中进行授粉并提高其授粉效率，如加大温室内风速、实施振动或利用大黄蜂进行授粉；病虫害防治技术，尤其是引入昆虫等生物防治技术。

（7）介绍了目前国际上生菜、番茄、黄瓜、茄子等许多种优质的蔬菜品种。

（8）介绍了如何进行太阳能发电与室内加热；如何实现节能降耗。

（9）注重在国际上进行项目推广，如在世界各地开发了多个水培项目，包括建在房顶和驳船等上的水培温室。

（10）简要论述了未来蔬菜作物等的水培技术，包括立体水培技术的发展方向以及水培技术在未来太空站、月球或火星基地等太空农业中的应用潜力。

因此，相信该书对我国在温室等受控环境中开展高效而高产的蔬菜水培技术的研究、开发与应用等具有重要的参考价值，而且对于开展太空农业作物水培技术的研发也极具重要的参考与借鉴作用。

本书由本人全面主持翻译工作，另外合肥高新区太空科技研究中心的科技人员王振参加了翻译工作，同时熊姜玲和王鹏参加了校对工作。在后来的校对过程中，译者对本书的译文书稿进行过几次大的修改，以力求准确无误和语句顺畅，因此给北京理工大学出版社增加了很多工作量，但他们对此积极配合而毫无抱怨。在此，表示衷心地感谢。

本书得到了中国航天员科研训练中心人因工程国家级重点实验室和国家出版基金的资助；得到了中国航天员科研训练中心领导和课题组同事的大力鼓励与支持；得到了家人的默默关心与支持！在此，一并表示衷心谢意！

由于译者水平有限，不准确和疏漏之处在所难免，敬请广大学者和同仁不吝指教！

郭双生

2023 年 3 月

第 7 版序言

本书的第 1 版于 1978 年出版。一般来说，本书每 4 年更新一次。最后一版也就是第 6 版，于 2001 年进行了修订，至今已有 10 余年了。因此，第 7 版已经经历了一些重要改动，以保持其在水培技术领域的最高发展水平。作者保持了原书的格式，但扩展了许多章节，并增加了一个新的章节（第 11 章"椰糠栽培技术"）。同时，还讨论了水培法的新应用和新概念。在这本书的最初几章中，介绍了关于植物功能和营养的水培学基础，但不是高度技术性的，目的是让读者了解水培法的最新进展、各种基质和系统的使用以及已证明成功栽培的具体蔬菜作物。虽然大多数材料涉及温室水培系统，但也有少数是在良好气候条件下的室外水培系统。本书可作为有兴趣成为专业水培者或水培爱好者的实用指南。读者可能感兴趣的操作规模无论是多大，本书均给出了入门原则，并给出了阐明这些方法的许多例子和插图。

前 4 章向读者介绍了水培法的历史：植物营养、基本植物元素、营养吸收、营养失调及营养来源，之后详细说明了营养液组成。给出了营养源的转换表，以有利于计算植物所需的营养量与所配制的营养液体积之间的比例。对浓缩营养液母液进行了说明，并明确给出了计算实例。介绍了很多营养液配方，以便作为栽培特定作物所需营养液起始配方的一种参考（当然，针对特定条件可根据经验对初始配方进行优化）。另外，介绍了最适合水培或无土栽培的各种栽培基质，并说明了其特性，以帮助读者选择最适合自己的作物和栽培系统。

第 5 章对水培体系进行了阐述和说明。包括规模相对较小的浮筏或浮板系统到大型专业运行系统。本部分包含了大量关于跑道式或浮筏式培养的新材料。针对欧米伽花园（Omega Garden），介绍了其中的自动旋转雾培（aeroponic）系统。以紫花苜蓿和豆芽菜为例，介绍了芽菜发芽的基本原理。另外一部分新内容是微型蔬菜（microgreens），作为一种新产品，对其需求量越来越大，在营养和味道上都优于芽菜。本章给出了自建的方法，可以方便地在住宅中建造这样的系统。

在第 6 章，介绍了目前在欧洲和北美最新的自动化水培系统——营养液膜技术（Nutrient Film Technique，NFT），其被扩展到目前在欧洲和北美运行的最先进的自动化系统。本章还详细介绍了用于育苗的潮汐灌溉系统（ebb‐and‐flow（flood）system）。在 A 字形架 NFT 系统的应用这一节中，还补充介绍了新的内容，通过在哥伦比亚的运行案例对其加以说明。第 7 章至第 9 章分别介绍了砾石、沙子和锯末的培养方法，这里主要强调其目前的应用情况。

第 10 章的岩棉培的内容已经被大量更新。本章已经更新了北美和世界温室蔬菜产业的面积和作物的统计数据，并给出了大型种植者的位置和规模。在本章中，介绍了最先进的大型温室的运行情况，并阐述了收获、分级和包装设备等领域的新技术。以岩棉培为例，介绍了如何进行营养液循环利用的措施。介绍了用岩棉栽培番茄、辣椒、黄瓜等主要藤蔓作物的实例和具体情况。此外，还介绍了温室茄子的新品种。高架栽培床的使用和营养液循环利用的设计表明，该产业正在努力减少对环境的影响，并支持对环境的"绿色"理念。

在第 11 章中，关于椰糠培是该书的新增的内容。其中，介绍了该系统中所用到的小块、大块和板块椰糠的来源、分级及其特性。温室栽培正在朝着利用来自其他产业的普通废物来制备这种可持续基质的方向发展。几年前，加拿大不列颠哥伦比亚省的锯屑培就是这样，如第 9 章。后来，锯屑被用于制造木材产品，因此目前作为栽培基质并不容易被获取。随着对环境影响或产业"足迹"的密切关注，特别是在欧洲，强调"可持续发展"方法的新型温室技术变得非常重要。阐述了封闭循环水培系统与温室环境控制因子的集成。详细阐述了通过利用太阳能电池板、进行二氧化碳回收和采用密闭"正压"温室大气而实现营养液回收利用及减少温室环境能源需求的发展趋势。另外，详细介绍了利用椰糠基质种植番茄的方法。

在第 12 章中，讨论了其他无土栽培，包括稻壳栽培和珍珠岩栽培。关于珍珠岩栽培的部分详细介绍了珍珠岩产品，如块和板，还包括使用珍珠岩基质栽培茄子的例子。

在第 13 章中，在水培屋顶温室的"特殊应用"中增加了新的内容。用插图描述了纽约和加拿大蒙特利尔的几个例子。随着"绿色"理念在城市中心的传播，水培法将继续在这一领域得到更多应用。最终，如书中所展示，城市核心的垂直高层建筑的概念将成为水培法的另一个未来应用方向。介绍了一种新型的自动化垂直水培系统，描述了水培技术在学校屋顶水培花园中的教学应用情况，并简要介绍了纽约哈德逊河上科学驳船（Science Barge）的公共功能。

　　在第 14 章的植物栽培技术中，更详细说明了植物培养、幼苗生长、品种选择以及利用害虫综合管理系统（IPM）进行病虫害防治，这些种植技术中也包括茄子的栽培。目前，藤本作物的绿色嫁接是一种常见的做法，以减轻作物病害。

霍华德·M. 莱斯
（Howard M. Resh）

致　谢

本书的完成是基于超过 35 年的个人工作经验，拜访了很多种植者，在会议上与相关研究人员和种植者进行了讨论，并参加了以下单位举办的许多会议：墨西哥水培协会（Asociacion Hidroponica Mexicana）、哥斯达黎加国家绿色园艺中心（Centro Nacional de Jardineria Corazon Verde）、巴西水培协会（Encontro Brasileiro de Hidroponia）、美国亚利桑那大学受控环境农业中心温室作物生产与工程设计短期课程（Greenhouse Crop Production and Engineering Design Short Course，CEAC，University of Arizona）、美国水培协会（Hydroponic Society of America）、无土栽培国际协会（International Society of Soilless Culture）以及秘鲁利马拉莫利纳国立农业大学水培与矿质营养研究中心（Research Center for Hydroponics and Mineral Nutrition，Universidad Nacional Agraria，La Molina，Lima，Peru）。非常感谢这些会议的组织者，包括格洛丽亚·桑佩里奥·鲁伊斯（Gloria Samperio Ruiz）、劳拉·佩雷斯（Laura Perez）、佩德罗·费拉尼博士（Dr. Pedro Ferlani）、吉恩·贾科梅利博士（Dr. Gene Giacomelli）和阿尔弗雷多·罗德里格斯·德尔芬（Alfredo Rodriguez Delfin）。

此外，多年来从众多书籍、科学期刊和政府出版物中获得了一些资料，这些资料在每章节后的参考文献和总书目中都予以说明。特别感谢委内瑞拉首都加拉加斯的委内瑞拉水培技术理事会（Hidroponias Venezolanas C. A.）的西尔维奥·维兰迪亚博士（Dr. Silvio Velandia），感谢他多年来在我们协会开发他的水培农场期间给予的热情款待和启发。他给予了我获取热带水培经验的机会，并鼓励我就此经验编写一章。我真诚地感谢精确艺术（Accurate Art）公司的乔治·巴里尔（George Barile）更新了这本书的图片，这样使其面貌焕然一新，因此大大增强了其感染力。

同时，也要感谢那些为我提供了开发项目机会的相关人士，这里只能提到少数几个人。例如，美国弗吉尼亚州尚蒂伊市霍普曼公司（Hoppmann Corporation）的彼得·霍普曼（Peter Hoppmann）、美国佛罗里达州邓迪市环境农场（Environmental Farms）的汤姆·塞耶（Tom Thyer）、美国加利福尼亚州菲尔莫尔市加利福尼亚豆瓣菜公司（California Watercress, Inc.）的阿尔弗雷德·贝塞拉（Alfred Beserra）、加拿大魁北克省蒙特利尔市卢法农场公司（Lufa Farms, Inc.）的穆罕默德·哈格（Mohamed Hage），以及我目前所在单位英属西印度群岛安圭拉岛美膳雅水培农场（CuisinArt Resort & Spa）的林德罗·里扎托（Leandro Rizzuto）。

另外，我还要特别感谢许多大型温室种植者，他们非常慷慨地向我提供了有关他们经营的信息，并允许我拍照，许多照片都出现在这本书里。例如，美国加利福尼亚州卡马里奥市霍韦林苗圃公司奥克斯纳德分公司（Houweling Nurseries Oxnard）的凯西·霍韦林（Casey Houweling）、上述公司的主要种植者马丁·魏特尔斯（Martin Weijters）、加拿大不列颠哥伦比亚省德尔塔市吉兰达温室有限责任公司（Gipaanda

Greenhouses Ltd.）的大卫·赖亚尔（David Ryall）、上述公司的主要种植者戈登·亚克尔（Gordon Yakel）、加拿大魁北克省米拉贝尔市海卓诺乌公司（Hydronov Inc.）的吕克·德斯罗彻总裁（Luc Desrochers）、美国亚利桑那州威尔科克斯市欧洲新鲜农场（Eurofresh Farms）的法朗克·凡·斯特拉冷（Frank van Straalen）、美国佛罗里达州威尔斯湖市美食家水培公司（Gourmet Hydroponics Inc.）的斯蒂恩·尼尔森（Steen Nielsen），以及美国加利福尼亚州奥克维尤市 F. W. 阿姆斯特朗公司（F. W. Armstrong, Inc.）已故的法兰克·阿姆斯特朗（Frank Armstrong）。

另外，我要感谢为我提供了其操作和/或产品图片的以下合作人员：哥伦比亚波哥大市阿庞特技术集团（Grupo Tecnico Aponte）的阿方索·阿庞特（Alfonso Aponte）、美国俄亥俄州洛迪市作物王公司（CropKing, Inc.）的玛丽莲·布伦特林格（Marilyn Brentlinger）和杰夫·巴尔达夫（Jeff Balduff）、美国加利福尼亚州阿克塔市美国水培公司（American Hydroponics）的埃里克·克里斯琴（Eric Christian）、比利时园艺规划公众有限公司（Hortiplan N. V.）的库尔特·科内利森（Kurt Cornelissen）、挪威吉菲国际股份有限公司（Jiffy International AS）的罗洛夫·德罗斯特（Roelof Drost）、加拿大安大略省比姆斯维尔市弗姆福莱克斯园艺系统公司（FormFlex Horticultural Systems）的费杰特·艾根拉姆（Fijtie Eygenraam）、英国佩恩顿动物园环境公园［Paignton Zoo Environmental Park）（瓦尔森特产品公司（Valcent Products Inc.）］的凯文·弗雷迪亚尼（Kevin Frediani）、加拿大安大略省多伦多市农业－生态建筑公司（Agro－Arcology）的戈登·格拉夫（Gordon Graff）、加拿大不列颠哥伦比亚省温哥华市欧米伽花园公司（Omega Garden Int.）的特德·马尔希尔顿（Ted Marchildon）、美国纽约州纽约太阳工厂公司（New York Sun

Works）的劳丽·舍曼（Laurie Schoeman）、加拿大安大略省比姆斯维尔市兹瓦特系统公司（Zwart Systems）的罗勃·凡德斯汀（Rob Vandersteen），以及比利时威尔姆斯 – 珍珠岩公司（Willems – Perlite）的赛文·威尔姆斯（Seven Willems）。

我要真诚地感谢所有工作人员和我的家人，由于我承担的很多工程项目路途遥远且施工周期长，所以不得已让他们有时要一直待在那里。

作者简介

霍华德·M. 莱斯，生于 1941 年 1 月 11 日，是世界上公认的水培权威专家。他的网站：www.howardresh.com 提供了各种蔬菜作物水培的信息。此外，他还撰写了 5 本关于水培的书，以供专业种植者和水培爱好者使用。1971 年，当他还是加拿大温哥华不列颠哥伦比亚大学的研究生时，一个私人团体就请他帮助他们在温哥华地区建造水培温室。他继续进行温室的场外研究工作，并不久后就被邀请讲授水培的相关拓展课程。

1975 年，在获得园艺学博士学位后，他成为不列颠哥伦比亚大学植物科学系的城市园艺学家。他在这一职位上干了 3 年，直到受邀进行专业水培项目开发。他主持了委内瑞拉、中国台湾、沙特阿拉伯和美国等国家和地区的许多项目，并在 1999 年去了位于加勒比海东部的英属西印度群岛安圭拉岛，至今仍在那里。

担任城市园艺师期间，他负责讲授园艺、水培、植物繁殖、温室设计及蔬菜生产等方面的课程。在这段时间里，他是城市园艺师，后来成为一个大型苗圃的总经理，但继续做研究和生产咨询，为委内瑞拉一个商业水培农场种植莴苣、豆瓣菜和其他蔬菜。后来，1995—1996 年，莱斯成为委内瑞拉一座农场的项目经理，种植莴苣、豆瓣菜、辣椒、番茄和欧洲黄瓜，用的是一种专用培养基，包括来自当地的稻壳和椰壳。他还设计和建造了一台绿豆和苜蓿芽培养设施，并将豆芽引入了当地市场。

20 世纪 80 年代末，莱斯与佛罗里达州的一家公司合作，在浮板毛管系统中种植莴苣。1990—1999 年，在水培项目中，莱斯担任技术总监和项目经理，在加利福尼亚州种植豆瓣菜和香草。他使用一套独特的 NFT 系统设计和建造了占地 3 英亩的几套户外豆瓣菜水培设施。这些措施弥补了该地区干旱造成的产量损失。

从 1999 年中开始，莱斯成为第一个与高端度假酒店美膳雅度假村相关的水培农场经理（该度假村位于加勒比海东北部的英属西印度群岛安圭拉岛）。该水培农场的独特之处在于，它是世界上唯一一个由度假村拥有的农场，专门在这里种植自己的新鲜沙拉作物和香草。该农场已经成为吸引客人体验真正本土蔬菜的度假胜地的关键组成部分，其中所种植的蔬菜包括番茄、黄瓜、辣椒、茄子、莴苣、白菜和香草。

莱斯继续为许多独特的水培温室操作提供咨询，如加拿大蒙特利尔的卢法农场。在那里，他为蒙特利尔市中心的屋顶温室建立了水培系统。所有的蔬菜都通过社区支持型农业（Community Supported Agriculture，CSA）项目供给周围居民。

目 录

上 册

下　册

第 10 章
岩棉栽培技术

■ 10.1 前 言

在过去的 30 年里，岩棉培技术（rock wool culture 或 stone wool culture。以下简称岩棉培）成了种植蔓生作物的主要技术之一，尤其是番茄、黄瓜和辣椒。商业岩棉生产始于 1937 年的丹麦岩棉集团公司（Rockwool Group）。1949 年，它们开始在荷兰生产岩棉。格罗丹（Grodan）公司是岩棉集团的子公司，成立于 1969 年，旨在研究在园艺产业中岩棉被用作栽培基质的潜在用途。1979 年，格罗丹公司开始在荷兰规模化生产用于园艺的岩棉，格罗丹公司现已在全球 60 多个国家建立了分支机构。

20 世纪 80 年代中期，英国利特尔汉普顿温室作物研究所（Glasshouse Crops Research Institute in Littlehampton）的一项研究表明，1978 年英国使用岩棉生产的番茄总面积不足 10 000 m², 而 1984 年、1985 年和 1986 年期间分别增加到 0.775 km²、1.26 km² 和 1.48 km²。同样，在 1978—1986 年，黄瓜的岩棉栽培面积从不足 10 000 m² 增加到

0.68 km²。1991 年，调查结果表明，英国的黄瓜岩棉种植面积为2.30 km² 及番茄为 1.60 km²。在荷兰，这一岩棉生产的发源地，其使用岩棉作为水培基质的温室面积要大得多。岩棉栽培技术是目前被世界上最广泛采用的水培方法，在荷兰有超过 20 km² 的温室作物采用这种方法进行了种植。

岩棉由玄武岩（basalt rock，固化的熔岩）制成。玄武岩的基本制备程序如下：①在熔炉中将玄武岩加热到 1 500 ℃ 下而使之进行熔化；②将液态玄武岩纺成丝线；③在干燥炉中于 230 ℃ 下利用热空气对丝线进行固化；④将固化后的丝线压缩为岩棉包；⑤将岩棉包切成板、块或塞子，并用塑料膜包装。1 m³ 的玄武岩可生产约 90 m³ 的岩棉。

在过去的 15 年里，温室产业的快速扩张大多与岩棉培有关。然而，在过去的十年里，由于废弃岩棉在填埋场中不会分解，因此人们一直对岩棉的处理感到担忧。现在许多种植者转向一种天然、环保、可持续的可替代栽培基质——椰糠（第 11 章）。下面是关于加拿大安大略省温室产业的统计数据，其中一个例子说明了椰糠作为栽培基质的使用量正在增加。在安大略省，温室蔬菜作物的栽培基质 57% 为岩棉和 39% 为椰糠。

为了避免失去市场份额，格罗丹为废岩棉提供了一个回收计划。它们声称，作为"可持续商业政策"的一部分，它们已经为特定国家的种植者建立了回收服务机构。格罗丹把用过的岩棉回收制成用于生产新的岩棉产品或其他产品的原材料，如建筑用砖。

■ 10.2　北美温室蔬菜产业

下列统计数字表明，北美温室蔬菜产业正在扩大，而欧洲也出现了类似的增长。大部分的扩张都与岩棉培有关，但如前所述，人们越来越多地将椰糠作为栽培基质。

1998 年，在加拿大不列颠哥伦比亚省和安大略省，据报道该行业拥有的温室占地面积达到 4.56 km²。安大略省市场委员会称，1999 年温室蔬菜种植面积超过 3.2 km²，而 1998 年仅为 2.4 km²。1998 年，不列颠哥伦比亚省农业和土地部报告的温室蔬菜生产面积为 1.24 km²。在接下来的 4 年（到了 2002 年），这一面积增加到 2.04 km²。2008 年和 2009 年，加拿大统计局的最新数据分别为 11.10 km² 和 11.27 km²。表 10.1 中列出了四种蔬菜所占的栽培面积。

表 10.1　2008—2009 年期间在加拿大四种蔬菜生产区的栽培面积

单位：km²

地区	番茄	黄瓜	辣椒	生菜	总数
2008 年					
不列颠哥伦比亚省	1.09	0.44	1.212	0.113	2.855
安大略省	2.98	2.15	2.050	0.024	7.204
其他省	0.69	0.26	0.072	0.016	1.040
总计	4.76	2.85	3.334	0.153	11.099
2009 年					
不列颠哥伦比亚省	1.11	0.40	1.230	未知	2.746
安大略省	3.13	2.24	2.102	未知	7.474
其他省	0.67	0.25	0.091	未知	1.007
总计	4.91	2.89	3.423	0.181	11.277

表 10.2 中列出了美国、加拿大和墨西哥 2007 年的温室面积,其中美国的数据来自美国农业普查局(U.S. Census of Agriculture),而墨西哥的数据来自专著《温室蔬菜产量统计:温室蔬菜国际生产的最新数据综述》(Greenhouse Vegetables Production Statistics:A Review of Current Data on the International Production of Vegetables in Greenhouses)(Hickman,2011)。

表 10.2 北美洲三国的温室生产面积

生产面积/km²	美国	加拿大	墨西哥	北美洲
番茄	4.08	4.32	19.51	28.41
黄瓜	1.05	2.82	3.30	6.34
辣椒	0.61	2.96	5.50	7.85
总计	5.74	10.10	28.31	42.60

在美国,超过一半的温室蔬菜是由以下 8 家公司生产的。2008 年报道称,在美国总共 5.74 km² 的温室蔬菜生产面积中,这 8 家公司就占到了约 3.75 km²。也就是说,它们经营着美国近 65% 的温室面积。美国 8 家公司所拥有的温室生产面积见表 10.3。

表 10.3 美国主要 8 家农业公司所拥有的温室生产面积

公司名称	统计年份/年	拥有温室面积/km²	所在州
Eurofresh Farm	2008	1.29	亚利桑那
ArizonaWijnen	2009	0.56	加利福尼亚
Houwelings	2008	0.5	加利福尼亚
Village Farms	2009,2011	0.49 + 0.12	得克萨斯
Sunblest	2008	0.36	科罗拉多

续表

公司名称	统计年份/年	拥有温室面积/km²	所在州
Intergrow	2011	0.25	纽约
Backyard Farms	不详	0.17	缅因
Windset Farms	2011	0.125	加利福尼亚

■ 10.3 世界温室蔬菜产业

尽管全世界有许多关于温室蔬菜生产的统计报告，但应该意识到，这些统计数据通常包括所有的防护结构，如小拱棚、遮阴结构和任何延长植物生长季节的结构。在这些温室中，有很多都没有能够加热或制冷的环境控制系统、滴灌式养分供应系统、害虫防护系统，以及其他用来改变内部环境以达到作物生长最佳条件的组件。此外，许多国家的温室可能仍然使用土壤，而不是无土栽培或水培系统，以下内容主要侧重于用于蔬菜种植的无土栽培或水培温室设施（表 10.4）（Hickman，2011）。

表 10.4 世界一些国家大型温室蔬菜生产面积

国家/地区	单位名称	温室生产面积/km²
摩洛哥	GroupAzura	7.51
墨西哥	Desert Glory	4.05
墨西哥	Melones	3.50
中国香港	Le Gaga	2.63

国家/地区	单位名称	温室生产面积/km²
墨西哥	Agricola la Primavera	1.62
俄罗斯	Yuzhny	1.48
加拿大	Petro Veg. Co.	1.35
墨西哥	Divemex	1.35
墨西哥	Bioparques de Occidente	1.3
美国	Eurofresh Farms	1.29
俄罗斯	Agrikombinat Moskovsky	1.20
墨西哥	Grupo Batiz – Wilson Batiz	1.15
荷兰	Royal Pride Holland	1.02
以色列	Gilad Desert Produce	1.00

　　如上所述，在以上所列的世界上最大温室的运行中，并非所有的温室都可以实现水培。根据经验判断，只有在墨西哥瓜达拉哈拉的 Desert Glory 公司、加拿大的 Petro Vegetable 公司以及美国亚利桑那州威尔科克斯市的 Eurofresh Farms 公司中，采用了水培技术。表 10.5 中列出了一些国家温室中无土栽培或水培的面积。

表 10.5　无土/水培温室蔬菜生产区

国家/地区	面积/km²	备注
中国	12.50	—
日本	15.00	—
土耳其	5.00	—
意大利	40.00	—
摩洛哥	4.26	—

续表

国家/地区	面积/km^2	备注
荷兰	46.00	部分面积为非无土栽培
墨西哥	43.05	部分面积为非无土栽培
新西兰	6.88	95%的面积为无土栽培
美国	5.74	—
英国	0.89	—
南非	0.75	—
中国台湾	0.35	—
新加坡	0.30	—
加拿大	11.41	—

■ 10.4　岩棉成分

如上所述，岩棉来源于玄武岩。它是一种惰性纤维材料，由玄武岩、石灰石和焦炭的混合物，在 1 500 ~ 2 000 ℃ 的温度下熔化后形成。然后，被挤压成细线，并被压成松散编织的薄片。而且，在冷却过程中加入酚醛树脂以降低其表面张力。虽然岩棉的成分因制造商不同而会略有不同，但基本上由二氧化硅（45%）、氧化铝（15%）、氧化钙（15%）、氧化镁（10%）、氧化铁（10%）和其他氧化物（5%）组成。

岩棉为弱碱性，但它为惰性且不可被生物降解。岩棉具有良好的保水性，达到约80%，因为其孔隙率高达约95%，必须将所有的肥料都添加到灌溉用水中以满足植物生长。岩棉的 pH 值在 7 ~ 8.5。由于岩棉没有缓冲能力，所以在进行番茄和黄瓜培养时，它很容易将弱酸性营养液 pH 值降到 6.0 ~ 6.5 的最佳水平。

在过去，岩棉栽培通常是一种开放而不循环的水培系统，将养分通过喷射器和滴灌管输送到每一株植物的根部。每次灌溉时，供应 20% ~ 30% 的营养液，以用来沥滤岩棉板上的矿物质而防止盐分沉积。目前，由于对环境的重视而要求必须减少对环境污染的任何行为，因此从岩棉系统的渗滤液中回收养分已势在必行。现在的做法是，岩棉由收集渗滤液并将其回流到中央注射区的沟槽支撑，在中央注射区进行植物病害的控制处理，并由注射器调节其 pH 值和电导率。在本章的后面，将更详细地讨论这一点。

■ 10.5 岩棉块

通常，将番茄和辣椒播种在 3.75 cm × 3.75 cm × 3.75 cm 的岩棉育苗块（cube）中（图 10.1），或播种在含有 240 个小穴的聚苯乙烯泡沫塑料托盘中的粒状岩棉中。黄瓜可播种在岩棉育苗块或可被直接在栽培块（block）中播种（图 10.2 和图 10.3）。

在使用育苗块或栽培块播种种子后，可以用粗蛭石进行覆盖，以使种子在发芽期间保持水分，并帮助植物去除种皮，但这不是标准做法，因为这很耗时。极为重要的是，在播种前一定要把岩棉浸透，通常是用电导率为 0.5 mS · cm^{-1} 的稀营养液（dilute nutrient solution）来协助调节 pH 值。

图 10.1　岩棉育苗块

注：后方尺寸为长 2.5 cm×宽 2.5 cm×深 3.8 cm（200 穴/板），

　　前方尺寸为 3.8 cm×宽 3.8 cm×深 3.8 cm（98 穴/板）。

图 10.2　播种于育苗块中的黄瓜幼株

图 10.3　被种植于岩棉栽培块中的黄瓜幼株

　　对这些托盘用原水浇灌至发芽，之后用稀营养液浇灌，直到出现第一片真叶。根据番茄幼苗的生长速率，通常在 2～3 周内将其定植到岩棉栽培块中。黄瓜的定植时间较早，一般为 6～10 d。将带着幼苗的育苗块定植到留有大孔的岩棉栽培块中（图 10.4～图 10.6）。在 23 ℃，用电导率为 2.5 mS·cm⁻¹和 pH 值为 6.0 的营养液预浸泡岩棉栽培块。

图 10.4　被移植到岩棉栽培块 3 周后的番茄植株

注：如果未对植株进行嫁接，可以将它们放在栽培块的侧面。

图 10.5　将岩棉育苗块中的黄瓜幼苗移植到开有大孔的岩棉栽培块上

图 10.6　作者正在移植黄瓜幼苗

岩棉种植块有多种尺寸：①7.5 cm × 7.5 cm × 6.5 cm；②7.5 cm × 7.5 cm × 10 cm；③10 cm × 10 cm × 6.5 cm；④10 cm × 10 cm × 8 cm（长×宽×高）。栽培块被制成条状，而且对每块用塑料膜单独包装。栽培块的选择取决于所种植物及其生长阶段，这时种植者希望可以直接将它们移植到最终的岩棉种植板上。许多种植者在每个双孔岩棉栽培块（长15 cm ×宽7.5 cm ×高6.5 cm）中移植两棵植株，或者在每个大的单孔岩棉种植块中移植一棵植株，之后会允许其形成两棵植株。

在每块岩棉板上移植6棵植株，或在强光下移植4棵植株，并允许后者分枝而在每块岩棉板上形成相当于种植有8棵植株的规模。

种植者若希望在幼苗区种植植物的时间越长，那么，就应该选用更大的岩棉育苗块（图10.3～图10.6）。小育苗块适合播种番茄和辣椒，但大育苗块更适合播种生长迅速的黄瓜。将育苗块放置在金属网台面上，从而将从育苗块底部生长出来的气生根系剪掉。这样，可以将大部分根系保留在育苗块内，从而减少对移植体的伤害。

■ 10.6　岩棉板

将岩棉板（rockwool slab）用白色聚乙烯塑料膜进行包装。它们有多种尺寸可供选择：①90 cm × 30 cm × 5 cm；②90 cm × 15 cm × 7.5 cm；③90 cm × 20 cm × 7.5 cm；④90 cm × 30 cm × 7.5 cm；⑤90 cm ×45 cm ×7.5 cm（长×宽×厚）。

一般推荐，利用15～20 cm宽的岩棉板种植番茄和辣椒，利用20～30 cm宽的岩棉板种植黄瓜，而利用30 cm宽的岩棉板种植甜瓜。如果在每块板中只种植2～3株植物，那么较宽的番茄种植板会导致过度的营养生长。现在的趋势是使用宽板，在其中种植 4 ~ 6 株植物。板也有几种开孔密度可供选择。高密度板在 2 ~ 3 年的时间可被用于种植多种作物，特别是在种植间隙进行蒸汽消毒时，将可以保持其结构形状。

由于岩棉板的成本较高，因此更具成本效益的做法是将同样的种植板用上 2 ~ 3 年，采用蒸汽消毒或更换作物。例如，如果在温室中种植番茄、黄瓜和辣椒，那么就可以将番茄种植在新板上，之后这些板可用来种植黄瓜和辣椒。当然，会有一些结构上的破坏而导致 10% ~ 15% 的损失，但这可以通过使用更高密度的岩棉板来弥补损失。

为了对种植板进行消毒，则必须在去除塑料包装后将其堆放在托盘上。使每一层都应该朝相反的方向进行堆叠，并在每一层之间留一定空隙，以便蒸汽能够渗透过整摞。在其上覆盖着帆布，并使蒸汽进入帆布下的叠垛中。中心板的温度必须达到 60 ~ 80 ℃，且持续 30 min，以确保完全消毒。消毒后对种植板重新进行包装。

目前，格罗丹公司制作了 5 种岩棉板，以试图更好地满足特定作物的需求。Grodan Classvc M/Y 型岩棉板可被应用于若干个种植季节。对它的含水量（WC）很容易根据作物对水需求的季节性而被差异而进行修改，以促进作物的转向（crop steering，从营养期过渡到生殖期）（第 14 章）。Grodan Vital 型岩棉板是一种单季节种植板，适合番茄、辣椒、黄瓜和茄子的种植。他们声称含水量的波动毫无问题，即处在 55% ~ 78%（日间水平）之间的安全范围内。如果含水量不足，也可以使岩棉板很快重新进行饱和。其他型号的产品，如 Grotop Expert、Grotop Master 和 Grotop Master Dry，都有不同的含水量百分比，以帮助引导植物变得更具各营养或生殖能力。

■ 10.7 岩棉培布局方式

岩棉培最初被设计为一种开放而非循环的水培系统。最近，随着对环境保护和节约用水的意识提升，岩棉培的回收系统得到了重视。这些回收系统将在后面予以讨论。养分通过滴灌管和喷射器输送到每株植物的根部。每次浇水时需要多供应15%~20%的溶液，以滤出岩棉板中的矿物。

开放系统的岩棉培的典型布局如图10.7所示。在放置种植板之前，应对温室地板进行消毒，并平整土壤表面（地板）。栽培床由两块岩棉板组成，对于黄瓜种植板之间需间隔60~75 cm；对于番茄和辣椒种植板可离得更近，植物所需的间距一般为40~45 cm，这取决于所需要的特定植物行距。土壤或沙子是最好的地板，因为它很容易被形成，以实现排水通畅。在两块岩棉板之间有一个朝向中心的小斜坡，以利于其排水。在整个温室覆盖0.15 mm厚的白面黑底的聚乙烯塑料膜，以实现光

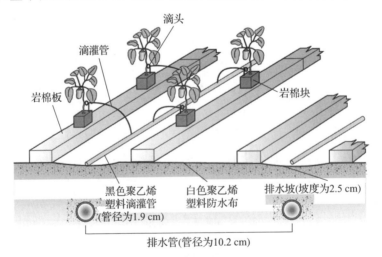

图 10.7　一种岩棉培开放系统示意图

线反射和提供良好的卫生条件（图 9.11）。如果温室内排水条件较差，则有必要在床的中间布一根排水管道。在排水管道上应覆盖豌豆砾石和/或粗粒沙子，并在其上放置白色防潮布。

若采用上述方法，则应在防水布上打孔以使多余的营养液渗透到排水管中。另外，未被穿孔的聚乙烯塑料膜将作为排水沟，而将多余的营养液导入温室远端的排水管。然而，如果在该排水沟中存有死水，则会引起藻类滋生，并也有利于蕈蚊(fungus gnats) 繁衍。因此，为了避免藻类和蕈蚊的出现，则最好是在下层基质的顶部铺一块苗圃杂草垫，后者可允许水从中穿过而到达下面的基质。

在高纬度地区，地面温度较低，常见的做法是在地面上铺一层 2.5～10 cm 厚的聚苯乙烯泡沫塑料板用来保温。目前，几乎所有的种植者都使用收集渠道，在收集渠道中设置了收集板，以收集排水并将其返回到中央处理区，将在后面予以详细讨论。

大多数种植者现在使用高密度的岩棉板，将它们排成一排，按 V 形饰带形状进行修剪。每张岩棉板上放 5～6 株植物。这既降低了岩棉板的成本，同时还为作物根系提供了足够的生长空间。

▨ 10.8　灌溉系统

图 10.8 所示为一种带有注肥器并可为每株植物单独供应养分的滴灌系统。通过与滴灌管相连的喷射器，以 2 L·h^{-1} 的速率为每株植物供应营养液。PVC 主管必须要有足够大的通径（至少 7.6 cm），以便其在一定时间内能够提供进行温室区域面积灌溉所需的营养液。营养液的供应顺序依次为：从主管、次主管或集管到达各个栽培区块。通常，采用直径 2.5 cm 的立管连接每行通往集管的直径为 1.9 cm 的支管。当支管

长度达到 60~90 m 时，那么可将立管和支管的长度分别增加到 3.8 cm
和 2.5 cm。如果将喷射器在种植间距处直接插入支管，而不是将其置于
滴灌管的末端，则堵塞会较少，因为它们在灌溉周期之间不会干透。不
应使用喷吐式喷射器，因为它们会滋润植物的根部并促进疾病发生。这
里，将特殊的小肋桩（ribbed stake）连接到带有喷射器的滴灌管的末
端，并在岩棉块或岩棉板上支撑滴灌管（图 10.9）。

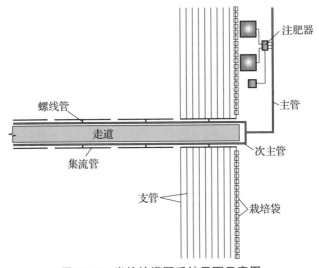

图 10.8　岩棉培灌溉系统平面示意图

在移植前，对岩棉板必须用电导率为 2.5~3.0 mS·cm^{-1} 和 pH 值
为 6.0 的营养液浸泡（图 10.10）。将岩棉板用营养液浸泡 24~48 h，
这将调节其 pH 值并使之均匀浸润。为此，将岩棉板放置在其最终位置，
并使三条滴灌管以等间距进入每块岩棉板顶部的一个小缝。操作营养液
供应系统，直到岩棉板充分膨胀。在岩棉板未被浸透之前，不要在板上
挖排水孔。另外，需要查明是否所有的岩棉板均被浸透。通常情况下，
一些岩棉板的包装上有洞而导致它们不能正常浸泡。如果发生这种情
况，植物在这种缺水的岩棉板上的生长将受到很大限制。

图 10.9　被置于岩棉块边上并带有肋桩的滴灌管

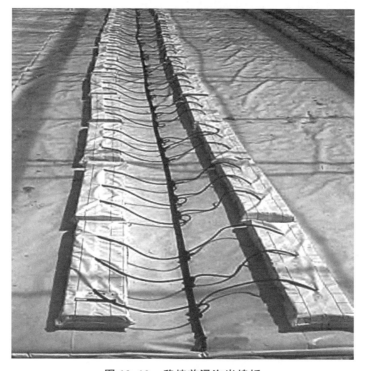

图 10.10　移植前浸泡岩棉板

在移植后的第一次灌溉后，应再次检查岩棉板上滴灌管之间的干燥点，因为岩棉板必须得到完全饱和，以确保在最初的移植后期间能够为植物提供充足的营养液储备。另外，必须在岩棉板侧的底部边缘处切割排水孔（图10.11），排水孔的形状应该是一个倒 T 形或一个高度为 4~5 cm 的斜角直切（angled straight cut）。在每块岩棉板的内表面上应开 2~3 个孔。在所栽培作物的位置之间进行切割，而不是其下方，否则营养液不会进行横向流动，而是会立即从排水孔中流走。

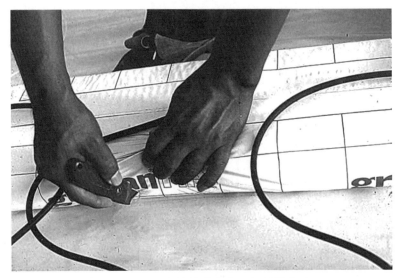

图 10.11 在岩棉板的内底面切割排水孔

另外，在岩棉板顶部的聚乙烯塑料膜上移植体被放置的部位开孔。移植时，只需将培养有幼苗的岩棉块穿过塑料薄膜上的开孔而置于岩棉板的顶部。将滴灌管放置在带有滴箭的岩棉块的边上。用滴箭可以防止将营养液喷到植物的叶冠层，从而降低病害感染。将滴箭插入的深度不应超过滴箭长度的1/3，因为如果将滴箭在岩棉块或岩棉板上插得太深，则植物的根可能会长进去。使用这种岩棉块的植物很少会受到移植伤害。几天之内，根系就会从岩棉块长到岩棉板上。

在移植前，应将所有的支撑线系在高架缆绳上。移栽时，将支撑线的下端系在位于植株第一片真叶下面茎上的夹子上。不要把支撑线拉得太紧，这样在植物生长时，可以将它很容易缠绕在植物周围。移植后，需要立即进行频繁灌溉直到植株成活。之后，根据植物的生长阶段和环境条件，应保证每天 5~8 次的灌溉频率。

大型温室的灌溉周期由计算机系统控制，该系统监测周围的天气状况和岩棉板中的湿度，从而相应调节灌溉周期。在这种情况下，选择其中的某一块板代表种有作物的所有板，并将其放置在"启动托盘"（start tray）中（图 10.12）。该启动托盘监测存在于种有健康植物的岩棉板中的营养液量。将放置在起始托盘中岩棉板的外包装膜的底部去掉，以便于排出多余的溶液。不锈钢托盘底部的 V 形槽将溶液导入电极所在的一端。只要有足够的溶液存在，则它就会与电极和电路完全接触。然后，该信号阻止启动灌溉周期。一旦电路断开，由于植物吸收，

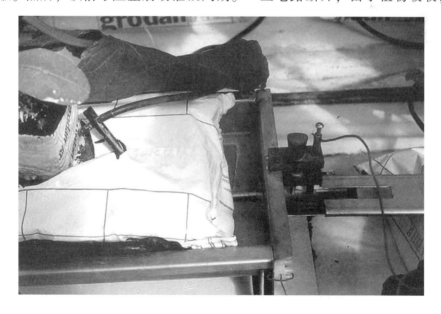

图 10.12　利用启动托盘监控存在于岩棉板中的溶液量

则溶液含量会随着岩棉板的干燥而下降，这样灌溉周期重新启动，并将按照灌溉控制器或计算机中设置的预设时间间隔继续进行。研究表明，在岩棉板失去超过 5%～10% 的溶液时应及时进行灌溉。通过提高或降低启动盘中探头的位置，可以提高或降低岩棉板中的湿度。也就是说，如果在灌溉周期之间要保持较高的湿度水平，则可以使探头升高，这样就会出现更为频繁的灌溉周期（Smith，1987）。

　　一个灌溉周期的持续时间应足够长，以从岩棉板获得 20%～25% 的径流。可以通过在一块长有健康植物的岩棉板下面设置一个特殊的收集托盘，来确定该岩棉板的排水量大小（图 10.13）。收集盘下端的管道出口将废液引导至下方的容器中，该容器被埋在地板中。第二个容器从一个喷射器收集溶液。这给出了每个喷射器实际流出的水量，但前提是假设它们都是相等的。如果使用压力补偿喷射器，则通过每个喷射器的流量应该相同。为获知进入岩棉板的溶液体积，方法是将从一个喷射器

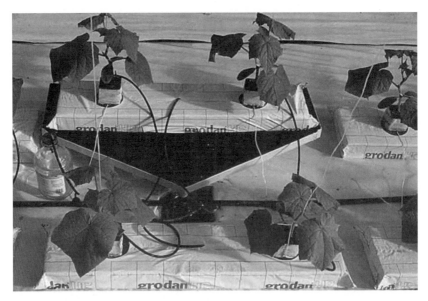

图 10.13　利用收集盘监测从岩棉板排出的营养液径流量

收集的溶液体积乘以每张岩棉板中喷射器的数量，并将收集盘的废液体积除以喷射器的入口体积。使用 mL 作为体积计量单位是最简单的。利用量筒就足以能够测量液体的体积。

现在使用的根区监视系统比这些启动和收集盘要更加先进。通过严格控制根区条件，可以实现良好的根系生长，从而避免疾病和浪费水肥，并引导作物优化产量和质量。为此，必须控制和调整营养液的灌溉量、灌溉频率、电导率和 pH 值，以达到理想的根系生长条件。必须使基质在夜间时微变干，但在早晨被迅速润湿。基质渗滤液必须足量，以避免盐的积聚（出现过量电导率），同时保持其充分湿润。

例如，新西兰的自动种植公司（Autogrow）所生产的"Minder"型自动数据记录系统，其利用一被埋置于栽培基质中的水分探头，对来自一个喷射器的灌溉量及其电导率和 pH 值、基质含水量、基质温度和径流量及其电导率和 pH 值等参数进行测量。该系统对径流比（runoff ratio）进行计算，并把它与电导率、pH 值、基质含水量和温度等参数一同以图形进行显示。除了根区参数外，太阳能传感器还可以测量接收到的阳光。将该信息发送到计算机，计算机则根据预先设定的水平控制灌溉周期和灌溉时间。这种反馈控制会根据根区内的现有条件和可利用的光线来优化灌溉周期。此外，具备类似功能的其他计算机控制器生产的厂家还有 Argus Controls 公司和 Priva 公司。

对岩棉板中的含盐量应至少每隔一天监测一次。装有计算机的温室中，在其内部的几个地方的岩棉板内具有许多电导率传感器和 pH 值传感器，以便进行连续监测。否则，须用小注射器从岩棉板上取样，并测试其 pH 值和电导率（图 10.14）。这些值应接近于提供给植物的营养液值。如果检测到过高的电导率或非最佳的 pH 值，则须更加频繁地灌溉岩棉板，直到其中的溶液浓度接近输入溶液的浓度。不应该使用"清澈"的原水，因为其通常含有钠、钙和镁。这些离子会在岩棉板中积累，而其他养分，如钾、硝酸盐和磷酸盐会被植物吸收，因此导致岩棉板中的营养失衡。

图 10.14　用电导率计和 pH 试纸测量岩棉板中溶液的电导率和 pH 值

■ 10.9　岩棉培黄瓜

美国佛罗里达州邓迪的环境农场开展了黄瓜的岩棉栽培，所用温室面积为 6 000 m²，是利用之前的柑橘苗圃改造而成。在地面上安装排水管后，在其上面填充厚度为 15 cm 的沙子。在地板上面首先铺一层白色聚乙烯塑料膜衬里，并在其上面放置岩棉板；然后，安装滴灌系统；最后将播种在岩棉块上的黄瓜幼苗移植到岩棉板上（图 10.2、图 10.5 和图 10.6）。将黄瓜幼苗在播种 14 d 后移植到岩棉板上（图 10.15），幼苗在 2～3 d 内开始生根并快速生长，在移植 18 d 后（播种 32 d 后）植株高度可以达到 1.5 m（图 10.16）。

图 10.15　黄瓜播种 14 d 后被移植到岩棉板上

对欧洲型黄瓜，采用"选优去劣"（renewal umbrella）系统进行修剪。要将黄瓜植株至少第 7 片或第 8 片叶子以下的所有小茎果都去掉。将所有的侧枝都去除，但最靠近支撑线的顶部两个除外，允许它们沿着支撑线向上生长，并在植物主茎的顶部正好在支撑线的上方垂下时将其切掉。有关植物修剪的更多细节，请参见第 14 章。播种后 40 d 开始收获（图 10.17）。在上午晚些时候待植株表面干了之后开始对其进行收获。利用塑料搬运箱收获果实，并通过牵引式挂车将它们运到包装区

图 10.16　播种后 32 d（移植后 18 d）的黄瓜植株

（图 10.18）。对黄瓜用 L 形密封条和烤箱进行收缩包装（图 10.19）。然而，大型企业，如美国加利福尼亚州卡马里洛的霍韦林苗圃公司（Houweling Nurseries），使用大型烤箱收缩包装机进行包装（图10.20）。在每箱中装 12 个果实，对其打托盘后在 10 ~ 13 ℃的温度下冷藏（图10.21）。环境农场规定了三个等级：普通型、大型和超大型，这由果实的长度决定。大部分产品被运往美国东北部和加拿大。与任何农作物一样，在岩棉培中病虫害问题也会出现。最令人讨厌的害虫包括蚜虫、白粉虱和蓟马。在佛罗里达州潮湿的条件下，也容易出现蔓枯病和霉菌病。白粉病是采用一种抗病品种 Marillo 克服的。在植物茎的基部涂上一种杀菌剂，可防止了蔓枯病。病毒防控最具挑战性，因为蚜虫和白粉虱是病毒载体，所以病毒的控制在很大程度上取决于对昆虫病毒载体的控制。在工作人员修剪、整枝和收获的过程中，病毒传播主要是通过将工具浸泡在工作人员携带的乳浴中进行防控，而且在接触每一株植物之前都需要进行浸泡。

图 10.17　播种后 40 d 开始收获黄瓜

图 10.18　塑料搬运箱中收获的黄瓜果实

图 10.19　用 L 形密封条对黄瓜进行收缩包装

图 10.20　大型商用收缩包装机

图 10.21　贴标签后每箱装 12 根黄瓜

图 10.22 所示为使用喷雾器喷洒杀虫剂；图 10.23 所示为将雾化器放在推车上将雾喷洒在每一行作物的冠层内。

图 10.22　雾化器可向高密度作物有效喷洒农药

图 10.23　穿着防护服施用杀虫剂

由于美国佛罗里达州的黄瓜在阳光的照射下生长极为旺盛，因此采用了改良型"选优去劣"的修剪方式，即只允许其中一棵长势最好的植株长过高架缆绳。由于佛罗里达州属于亚热带气候条件，因此存在大量的昆虫和病害，这样大多数黄瓜种植者每 3~4 个月就得更换所种植的作物，不然病害和昆虫最终会严重感染作物，从而大幅降低其产量。

位于加拿大不列颠哥伦比亚省德尔塔的霍韦林苗圃公司，每年种植两茬欧洲型黄瓜。第一茬当年 12 月 1 日播种，12 月下旬移植，来年 2 月初收获。生产将持续到 6 月。第二茬作物于当年 6 月在单独的苗圃播种。将 3 周大的植株进行移植，之后 3 周内开始生产，一直持续到当年的 11 月中旬。

黄瓜的种植密度为 1.2~1.4 株·m^{-2}，或 1.25 万株·ha^{-1}。20 世纪 90 年代末，业内的黄瓜平均年产量为 110 根·m^{-2}，而这家公司的黄瓜平均年产量超过了 140 根·m^{-2}。这相当于每株产 73~93 个果实。目前，种植者平均每株每年生产 120 个果实。在一定程度上讲，这是因为获得了高产、抗病性强和健壮的改良品种并掌握了更为先进的栽培技术所致。

■ 10.10　岩棉培番茄

1993 年，不列颠哥伦比亚省素里市的吉帕安达温室有限公司（Gipoanda Greenhouse Ltd.），用岩棉种植了 21 000 m^2 的番茄。起初，在边长为 2.5 cm 的岩棉小方块中进行育苗，待 12~14 d 后则将幼苗移植至边长为 7.5 cm 的岩棉大方块中。现在常见的做法是：首先把番茄种在岩棉块里；然后按照这个步骤把番茄苗移植到岩棉板上。吉帕安达温室有限公司现在搬到了不列颠哥伦比亚省的德尔塔，并在那里建造了一个约 72 000 m^2 的新温室设施，将在第 11 章椰糠栽培技术中进行具体讨论。因为它们现在已经更换到了椰糠基质，将幼苗移植到尺寸为 10 cm×10 cm×7.5 cm 的岩棉块上。使用较大的岩棉块，以便在将植株放置在岩棉板上之前使植株不会快速干燥。

为了克服镰刀菌病和根腐病，在缺乏抗性品种的情况下，可使用抗性砧木品种。对于带蔓番茄（TOV）的品种，如"Tricia"和"Success"，种植者通常使用"Maxifort"砧木。另外，将这种抗病砧木用于其他 TOV 品种和牛排番茄品种，如"Caramba"。"Beaufort"砧木则被用于樱桃番茄品种, 如 "Favorita"。两个品种(接穗和砧木), 都在 26 ℃ 下进行催芽。接穗是植物的上部, 理想的品种有 Tricia、Success、Caramba 和 Favorita。发芽后, 两株幼苗分别在温室的不同区域和不同温度条件下生长。砧木生长在 18 ℃ 下, 而接穗品种生长在 22 ℃ 下。为了获得茎较粗的砧木, 可使砧木品种比接穗品种早播种 2 d。嫁接前, 将砧木品种培养 14 d, 而将接穗品种培养 12 d, 称为 "绿色嫁接"(green grafting)。该程序将在第 14 章中进行讨论。现在, 大多数种植者都与种植幼苗的专业移植体种植者签订合同。例如, 位于加拿大不列颠哥伦比亚省兰里的拜沃农业公司(Bevo Agro Inc.)以及上述位于该省德尔塔的霍韦林苗圃公司, 就属于其中的两家。

在加拿大不列颠哥伦比亚省, 一种较为典型的种植时间安排是, 在每年 1 月的第一周从苗圃种植者那里购买 6 周龄的嫁接幼苗和移植体。每个岩棉块中种有 2 株植物(图 10.24)。移植时, 将带有幼苗的岩棉块放在岩棉板的顶部, 但要等到第一支花束(flower truss)打开时才能把岩棉块放进岩棉板中。另外, 允许植物在第一个花束处分叉。在本地区, 这大约是在 1 月 17 日实施。这种分枝将使植物密度从 1.65 株·m^{-2} 增加到 3.3 株·m^{-2}。在阳光充足的地区, 如美国加利福尼亚州和亚利桑那州南部, 可以使番茄在生长早期就进行分叉(图 10.25)。在加拿大不列颠哥伦比亚省等北方地区, 在番茄的生长后期会对其实施分叉操作, 即在后面的几个月随着白天长度增加而诱使植株生成双茎, 以便提高作物产量。牛排型番茄的年平均产量在 50 ~ 75 kg·m^{-2}(或 15.0 ~ 22.7 kg·株$^{-1}$)之间。

图 10.24　在每个岩棉块上长有 2 株被嫁接的番茄幼苗

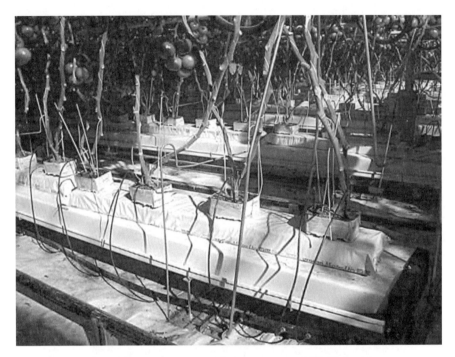

图 10.25　在高光强地区番茄在其生长早期出现了分叉

采用这种独特的修剪方式，可以节省岩棉块和岩棉板。在两个岩棉块上各种有两棵植株，而不是传统的三个岩棉块，而每块上只种有一棵植株。在岩棉板上，植物株距为 75 cm，而行距为 45～50 cm。也就是说，过去种植两排植株用两排岩棉板，而现在只用一排岩棉板，但加倍了植株和岩棉板上栽培块的数量。这样每株植物都占有相同的面积，但是却只使用了一半的岩棉板。这相当于每株植物占地 0.6 m²。到 4 月中旬，当光照有所改善时，这将被降低到每株番茄占地 0.3 m² 的最终正常间距。另外，通过让每棵植株形成两个茎来增加植株密度。到 2 月底，通过让一个健康的吸盘（sucker）生长而使得 1/6 的植株形成第二根茎。这个过程会持续 2 个月，所以到 4 月底每棵植株都能具有 2 根茎，因此植物密度增加了 1 倍。

吉帕安达温室公司现已对 TOV 品种进行了试验，植株茎的密度为 $1.8 \sim 3.6$ 株·m^{-2}。产量可以达到 63 kg·m^{-2}。其他特色番茄（樱桃、日本莓和葡萄），其种植密度为 $3 \sim 6$ 株·m^{-2}，产量为 $25 \sim 30$ kg·m^{-2}。

每棵植株由长约 9 m 的聚乙烯线绳进行支撑，首先将绳子缠绕在双钩上，而将双钩挂在高架缆绳上（图 10.26），栽培季节结束时，植株藤蔓会长到 $7.6 \sim 9$ m；然后把绳子从钩子（称为番茄钩（tomahook））

图 10.26 利用带有线绳的番茄钩来支撑番茄植株

上解开，植株就会落下来。通过采用直径为 7.5 cm 的塑料排水瓦管或其他金属丝支架环绕在每张栽培床的两端，以防止植物茎秆破损（图 10.27）。沿着岩棉板的顶部放置番茄茎。将直径约 5 mm 的铁丝箍横放在筏板上，以支撑植株的茎而使其保持干燥（图 10.28）。该方法现已被更新为使用凸盘（raised tray）的小管道支撑框架来支撑植物的茎（图 10.29）。在第 11 章中，将详细讨论用于岩棉和椰糠培养的凸盘。

图 10.27　利用直径为 7.5 cm 的管子使植株围绕每排的末端进行弯曲

将裸茎支撑在地板和岩棉板之上，可以保持良好的通风和保持茎干燥，以避免真菌感染。它还可以将接穗保持在岩棉板之上，这样它们就不会将根孔入岩棉块。吉帕安达温室公司发现，灌溉管理在岩棉板的氧合过程中非常重要。若最后一次灌溉是在日落前的 2.5 ~ 3 h 进行，则可以将岩棉板中的溶液保留率降低到其容量的 65%。这种在一夜之间使岩棉板干燥而使之产生水分不足，这样使根部实现更好的氧化作用，进而可促进根系的活跃生长。

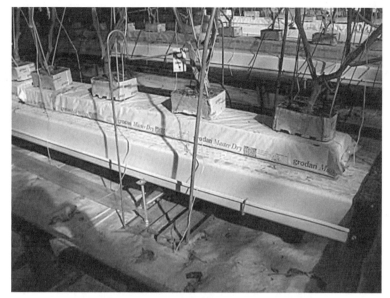

图 10.28　钢丝箍支撑地面上方的植株茎秆

注：岩棉板被置于 FormFlex 托盘的顶部，托盘两侧的收集边可被用来回收营养液。

第一次灌溉在日出后 2 h 左右进行。之后，灌溉由计算机根据光照强度予以启动。在阳光明媚的日子里，一天可灌溉多达 20 次。总的来说，在每个灌溉周期内，对岩棉板进行灌溉而使之产生 40% 的渗滤液。中午需水量大的时候，可将排水量增加到 60%。

Jeff Broad（2008）进一步研究了这种灌溉管理技术，以便利用灌溉技术引导作物的发育方向（合理平衡植物的营养和生殖阶段）。他指出，灌溉停止时间可被用于引导植物，即越早停止灌溉将导致岩棉板越干燥，并引导作物转向生殖生长。然而，他指出，如果让岩棉板太干，则第二天就很难把它们弄湿。他建议灌溉起始的时间为临近日出，但最迟不要晚于日出后 2 h。否则，离日出过近或日出前进行灌溉可能会导致番茄果实分裂相反。如果日出后很久才开始灌溉，则可能很难使岩棉板变湿，因为作物在灌溉开始前要从基质中吸收水分。

图 10.29　用于凸起形栽培床的新型茎支架

■ 10.11　北美大型温室运行状态

作为大型温室公司及其种植程序的例子，这里对位于美国亚利桑那州威尔科克斯的欧鲜农场（Eurofresh Farms）和位于加利福尼亚州卡马里洛的 Houweling Nurseries Oxnard 公司进行介绍。欧鲜农场在威尔科克斯市拥有 5 栋占地面积为 210 000 m² 的温室群，总面积为 1 050 000 m²，另外在亚利桑那州的斯诺弗雷克还拥有一栋占地面积为 210 000 m² 的温室设施。所有温室都是荷兰文洛（Datch Venlo）玻璃结构，温室侧墙高约 6 m，温室利用湿帘与风机降温。温室内中央通道两侧的一排排植物总长度为 114 m。它们主要种植 TOV 番茄并在一座温室中种植了黄瓜，另外也种植樱桃型番茄和其他特色番茄。

2007 年，欧鲜农场使用了德鲁伊特公司（De Ruiter）（Monsanto 公司在 2008 年收购了这家公司）的 TOV 品种 "Brilliant"，并将其嫁接到 Maxifort 砧木上。它们采用的其他 TOV 品种包括 "Campari" "Lorenzo" 和 "Balzano"，这些品种也被嫁接到 "Maxifort" 砧木上。它们还种植了樱桃型 "Conchita" 品种和李子型 "Savantas" 品种。有关番茄品种的详细信息，请参见第 14 章。

如前所述，他们进行了间作种植。在第 40 周对植株进行拧掐（Pinch），并在第 47 周将其移除。在把它们移除之前间作另一种作物，并在移除前一种作物时允许该作物达到约 1 m 的高度。将新的间作作物放置在现有岩棉板旁边的新岩棉板上，并将其推到收集托盘上。在每块岩棉板上种植 4 株植物，但每株植物可以分叉而得到 3.3 株·m⁻² 的适当种植密度。之后，当茎数量增加后种植密度则被提高为 3.8 株·m⁻²。

另外，欧鲜农场设计了一个岩棉培循环系统，其能够将渗滤液带回储罐，在储罐中用紫外线（UV）灯消毒，监测电导率和 pH 值，并根据计算机设置而注入营养液母液（图 10.30）。FormFlex 公司的标准回收托盘由一个钢架抬高到地面以上 25 cm 处，该钢架可以调整栽培床的坡度而使其向回收端均匀倾斜，而不会在沟槽上出现低洼（图 10.28）。把岩棉板放在 FormFlex 托盘的上方，并且为每行设置一个沟槽以实现排水。每块岩棉板包含 4 棵分叉的番茄植株，对它们以 V 形饰带的方式进行修剪，并通过塑料线连接到上面的支撑缆绳上。这使得每一行岩棉板实际上具有的植株数量与正常两行岩棉板具有的相当。与两行单茎番茄植株相比，这种方法节省了岩棉块、岩棉板和凸型水槽的数量。

图 10.30　位于营养液回路上的紫外线消毒器

荷兰的 FormFlex 公司，在美国和加拿大均设有分支机构。FormFlex 公司是开发在现场成型的栽培水槽的先驱。它们引进了 "AG 凸起形水槽（AG plateau gutter）"，用悬吊缆绳来减少植株对光的阻挡。这些系统通常需要对水分和养分进行循环。通常使岩棉板或椰糠板的渗滤液由凸起形水槽收集，并输送到中央系统，在此进行病害控制及养分和 pH 值调节，然后再把它返回作物。这些凸起形水槽还具有以下优势：①能够为作物提供合适的空气循环条件；②改善工作人员的工作条件，从而提高其工作效率；③促进植物之间的水均匀分布。它们提供了一系列完整的沟槽设计，以最好地适合特定的作物生长。

位于美国亚利桑那州威尔科克斯市的欧鲜农场和加利福尼亚州卡马里洛的 Houweling Nurseries Oxnard 公司，在岩棉和椰糠栽培系统中采用了 FormFlex 凸起形水槽。在第 10.14 节中，将对这种凸起形水槽系统进行详细介绍。

欧鲜农场是最早引进 FormFlex 凸起形水槽的温室公司之一（图 10.31）。2007 年，它们开始了岩棉培的大型试验。这种做法现在北美和欧洲很普遍，但用的是椰糠板。他们还介绍了正压冷却系统的原理，在位于温室一端的风扇通过湿帘吸入空气，并通过聚乙烯对流管将空气分配到凸型水槽的下方（图 10.31 和图 10.32）。通过对流管，风扇将来自湿帘中的冷空气或来自装有热水的热交换器中的热空气进行输送。另外，它还通过对流管将二氧化碳注入温室。利用这个系统，他们可以加热或冷却长达 200 m 的温室。凸起形水槽从岩棉板收集渗滤液，并将其返回后在中央注肥室进行消毒，并对其进行电导率和 pH 值调节。

图 10.31　FormFlex 凸起形水槽外观

图 10.32　正压冷却/加热温室系统

　　滴灌管位于凸型水槽的旁边（图 10.33）。可以将灌溉系统增加 1 倍，使一套系统灌溉幼苗，而使另一套系统灌溉成熟植株。凸形水槽在被降低时也为植物茎提供支撑，以使茎保持在或高于凸型水槽水平（图 10.31）。加热管，即使不需要加热，也仍然被放置在过道里，以作为电动采摘车的轨道，该系统将在第 11 章进一步予以讨论。

图 10.33　带有支架、对流管和灌溉管的 FormFlex 凸起形水槽

■ 10.12　收获、分级和包装

将收获的松散番茄放在搬运箱中：首先将 TOV 番茄则直接收获到包装箱里；然后利用位于过道的加热管上的电动采摘车进行运送。例如，欧鲜农场具有一台非常现代化的包装设施。如果番茄被以 TOV 的形式出售，则把它们收获后放到最终纸板箱中，然后放在电动采摘车上而沿着温室的中央过道运输（图 10.34）。

图 10.34　采摘车将装箱后的番茄运送到包装间

采摘车会经过一台电子秤来称取番茄的质量。采摘车由一辆机场行李车牵引，这样，许多采摘车就可以跟随其后。一旦它们到达包装间，就会将它们排成行（图 10.35）。然后，用手将采摘车推到一台机器上，该机器将采摘车上的所有箱子推出来，并将其放置，以便另一台机器可以拾取一层箱子（5 个箱子），并将它们放在传送带上，从而将箱子带到分级和包装区域（图 10.36 ~ 图 10.38）。

图 10.35　在包装间内被一字形排开的采摘车

图 10.36　利用机器将箱子从采摘车上升起并将其放置在分级打包传送带上

图 10.37　机器从采摘车将装箱番茄提起

图 10.38　一串串带蔓番茄被运往分级包装区

在欧鲜农场，工作人员每天都会采摘、打包和运输。由于现场没有大型冷库，因此通常将这些番茄放在冷藏车内，并将其温度保持在 13 ℃。每天运送220 000 kg。每平方米每年的产量为 75 kg（每株每年生产约 22.5 kg，按照每平方米上栽培 3.3 株进行计算）。

多数温室公司会根据其产品不同而采用相应的收获与包装设施，其目的是尽可能高效和减少高密度劳动。如上所述，TOV 番茄的特殊处理方式与牛排型番茄（beefsteak tomato）和其他类型的番茄有所不同。例如，针对 TOV 番茄，Houweling Nurseries Oxnard 公司采用了和欧鲜农场相同类型的采摘车。首先将牛排型番茄和零散番茄（loose tomato）收获到搬运箱；然后通过电动或天然气牵引的运输车将它们运到中央包装间，在那里对其进行清洗、分级和包装。首先番茄被漂浮到包装设施中；然后对其在分级和最后的包装前进行干燥。（图 10.39 ~ 图 10.41）。漂浮水槽具有一个 U 形角而有助于将番茄推在一起，这样后者就能够全部一致并无缝隙进入包装系统，从而使得操作人员能够持续进行包装。

图 10.39　装在搬运箱中的零散番茄倒入水槽而漂浮到包装间

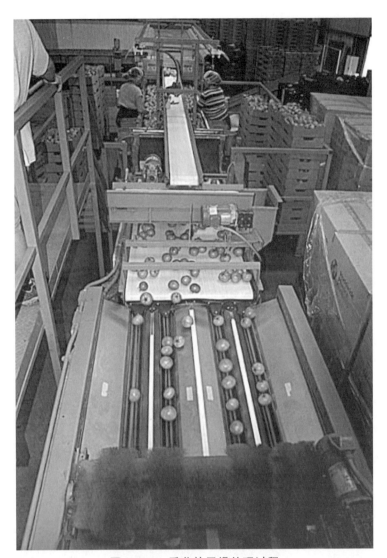

图 10.40　番茄的干燥处理过程

图 10.41　牛排型番茄的分级与包装

对牛排型番茄按尺寸进行包装，所以看起来较为统一（图 10.42）。对 TOV 番茄可以用敞口的盒子进行包装，也可以用袋子包装，然后将其装入盒中或网袋中（图 10.43 和图 10.44）。

图 10.42　盒装大号牛排形番茄

图 10.43　盒装 TOV 番茄

图 10.44　网袋装带蔓番茄

美国 FormFlex 园艺系统（FormFlex Horticultural Systems）公司和 FormFlex 自动化（FormFlex Automation USA）公司，销售 Metazet 公司生产的 MTZ 品牌产品，如升降式采摘车，其可以在加热管上行驶。通常，采用充电电池供电的 M - Truck 电动拖车来牵引采摘车。FormFlex 销售各种型号的产品，而且它们可以定制与 M - Truck 一起使用的采摘车。对于大型温室作业，Metazet 公司开发了行驶在地板上的无人链轨收获系统（unmanned chain track system for harvesting）。采摘车行驶在作物通道与中央通道之间的链条上。在温室作业的主要通道和包装设施中，安装带有链条的开槽轨道（图 10.45）。将辣椒、茄子和黄瓜收获到沿着轨道系统移动的箱子里（图 10.46），这些箱子在无人操作下进入包装区，在那里它们被转移到分级传送带上（图 10.47 ~ 图 10.49）。

图 10.45　在中央通道中链轨系统上移动的运输车

图 10.46　用于收获辣椒和黄瓜的集装箱在链轨系统上移动

图 10.47　装在大箱子中的辣椒被自动卸货

图 10.48　装在搬运箱中的茄子被自动卸货

图 10.49　盒装番茄被转移到通往包装间的传送带上

自 2004 年以来，在全球有超过 134 座用于培养观赏植物、花卉和蔬菜的温室中安装了这种链轨系统。该系统的优点包括可连续提供采摘车、减少人工成本，并将空采摘车自动返回生产区。目前，许多这样的自动化系统正在被开发，以降低劳动力成本和提高温室运行效率。我们将会在未来继续看到这一点，即在种植、收割、运输和包装方面向着机器人化的发展趋势，如在第 6 章中所描述的 Hortiplan 生菜系统。

在欧鲜农场，第一季的种植期是从当年的 7 月份到下一年的 3 月份。它们购置 3 周大的移植体。生产时间是从当年的 10 月到来年的 3

月。第二季作物在当年的 12 月中旬间作（interplant，也称套种），一直到来年的 7 月份，它与第一茬作物在同一块岩棉板上进行间作（图 10.50）。将株龄较大的植物放在岩棉板的一边，而将株龄较小的植物放在岩棉板的另一边。系统中有 4 根金属支撑线（图 10.51），将株龄较大的植株串在第一组两根一组的支撑线上，而将株龄较小的植株串在第二组两根一组的支撑线上。这里，植株被修剪成 V 字形饰带状。当在间作作物上形成第一朵花时，就对株龄较大的作物进行打顶（去除生长尖）。在给高苗龄植株打顶后，将植株底部的叶子去掉，以便让光线能够照射到幼株上。

虽然，最初这种间作只在光照强度高的地区进行，如美国亚利桑那州和新墨西哥州，但现在加利福尼亚州的 Houweling Nurseries Oxnard 公司和北纬地区的大多数种植者都是在春季到夏季的几个月里，也就是前面提到的长日照季节采用相同的间作方式。在美国和加拿大的北部高纬度地区，所有的作物都在每年的 11 月中下旬被收走，然后再开始新的种植周期。

在美国亚利桑那州这样的沙漠地区，其相对湿度（RH）很低，所以温室内的空气流通不能太快，以免相对湿度突然下降而给植物带来胁迫。因此，从每年的 3 月到 9 月的夏季，利用 ReduSol 白色涂料代替窗帘来为温室遮阴。而且，在每年的 3～4 月，采用的 ReduHeat 保护剂，可达到 25% 的制冷效果。另外，在雨季采用被用在飞机上的 ReduClean 清洁剂来去除上述遮荫剂（译者注：经查阅资料后认为白色涂料的品牌应为 "ReduSol"，而清洁剂的品牌应为 "ReduClean"，因此翻译时进行了修正）。在 9 月末，当遮荫剂被去掉后则开始启用窗帘。它们还用专用清洗机清洗玻璃以除去沙漠尘埃（图 10.52）。这种清洗工作由夜班工作人员完成，他们一年每天都会不间断地清洗玻璃。

图 10.50　间作番茄

图 10.51　番茄植株支撑系统

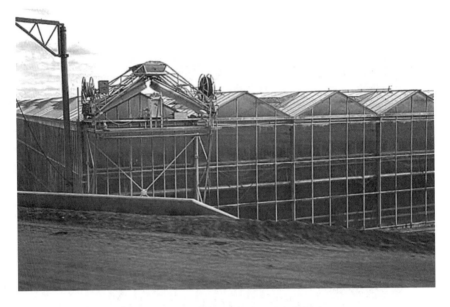

图 10.52　温室屋顶涂料粉刷与清洗机

专门对植物的徒长枝（sucker）进行修剪（suckering），以用来在温室中保持相对湿度的稳定。威尔科克斯温室公司（Wilcox Greenhouse），拥有占地 30 000 m² 的温室，在去掉生长尖之前，在徒长枝上留 2 片叶子。对于部分植株，技术人员以这种方式剪掉所有的徒长枝，而在另一些植物中，他们给每株植物留 2～3 根徒长枝，并使每枝长两片叶子。所留徒长枝的数量取决于植物的生长特性、季节和相对湿度。在作物冠层中，通过徒长枝保持其中的相对湿度。温室内的相对湿度为 75%～80%，而室外只有 8%。它们强调必须要谨防作物干燥。当植物每周长出 3 片叶子时，他们则每周为每株植物剪掉 3 片叶子。夏天的时候，将更多的叶子留在植株上，而在冬天时剪掉更多的叶子。在作物上方保持热空气，并通过 6 m 宽的屋顶天沟（gutter）来改善空气流通。

■ 10.13　岩棉培辣椒

　　辣椒的种植方式与番茄类似。把种子播种到岩棉育苗块中，然后将幼苗移植到岩棉栽培块上。在发芽期间，将昼夜温度均保持在 25 ~ 26 ℃，相对湿度保持在75% ~ 80%。7 ~ 10 d 内开始萌发，使用电导率为 0.5 mS·cm^{-1} 的稀营养液配方。一周左右待种子萌发后将温度降至 23 ~ 24 ℃。在第一片真叶期，像番茄一样，将部分幼苗分开并移到侧面，而使得它们之间的距离扩大 1 倍。但是，这种方法对于小型种植者来说很好，而对于大型种植者来说并不可行。此外，假设辣椒是经过嫁接的，则绝不能将它们置于其边上。大多数大型商业公司通常从专业育苗公司那里购买幼苗，通常购买 4 ~ 5 周龄的幼苗。

　　大约 2 周后（播种后 3 周），将其移植到尺寸为 7.5 cm × 10 cm 的岩棉栽培块上。与番茄相似，在 23 ℃下，用电导率为 2.5 mS·cm^{-1} 的营养液预浸泡岩棉栽培块，当将辣椒苗放入岩棉栽培块时，也可以把它们侧放（图 10.53）。这可以刺激根系生长，从而为茎提供更好支撑。将昼夜温度分别保持在 24 ℃ 和 22 ℃，将相对湿度保持在 70% ~ 75%。像番茄一样，当辣椒植株的叶片互相重叠时则扩大栽培块之间的距离。在第 30 d，将种植密度减小为 20 株·m^{-2}植物。另外，将大气二氧化碳浓度提高到 800 μmol·mol^{-1}。将幼苗在播种后 5 ~ 6 周龄时移栽到温室生产区（图 10.54）。在这个阶段，将岩棉块的电导率提高到 3.0 ~ 3.5 mS·cm^{-1}之间，在每张岩棉板上放置有四个岩棉块，在每个岩棉块内种有 1 株植物，植株间距与番茄的相似。

图 10.53　被移植到岩棉块上的辣椒幼株

图 10.54　播种 39 d 后要被移植的辣椒

由于根区温度非常重要，所以最好在板条支撑架上种植，以便达到良好的空气流动，尤其在种植季期间环境温度较低的北方地区更应是如此。在支撑架下面，利用管道热水加热而使热量上升是比较理想的。温室生产的植物密度为每公顷（hm²）（1 hm² = 10 000 m²）20 000 ~ 25 000 株，这相当于在每平方米温室面积上种植 2 ~ 2.5 株植物，这与番茄的种植密度相似。然而，因为每株辣椒植株被修剪后保留双茎，所以其密度将增加到 4 ~ 5 株·m⁻²。

如果将岩棉板放置为两行（双排），在每块岩棉板上放置 3 株植物，而在单行中，则是在每块岩棉板上放置 5 株植物。大多数种植者利用单排法（single - row method）来种植较多的植物，并将其顶部围成 V 形饰带状。在单排之间以及排水管与灌溉管之间的间隔距离分别为 40 cm 和 1.46 m。如果岩棉板的长度为 100 cm，则每一行中岩棉板之间的间隔距离为 23 cm。对单行结构来说，每行之间的距离为 1.8 m，而且将在每行中的岩棉板首尾相连地摆放在一起。通过对抵达上部支撑缆绳的辣椒茎进行 V 形饰带状修剪，则每平方米温室地面上的最终种植面积为 3.3 ~ 3.5 株，而与行的结构无关。

若辣椒在岩棉板上形成了良好的根系，茎生长达到 40 cm 左右时，则应将夜间温度和白天温度分别降至 18 ~ 19 ℃ 和 22 ~ 23 ℃。白天，生长旺盛的作物在阳光充足的条件下可以承受高达 30 ℃ 的高温，但超过 35 ℃ 的过高温度则对植物的生长不利。

当被移栽到岩棉种植板上时，辣椒苗应约 25 cm 高，而且在主茎上应至少长有 6 片叶子。移栽前，将岩棉板在电导率为 2.5 ~ 3.0 mS·cm⁻¹ 的营养液中浸泡 24 h。首先通过在每张岩棉板中放置 3 ~ 5 根滴灌管而对岩棉板进行充分浸泡；然后在其中切割排水孔，方法与上述关于欧洲型黄瓜的相同。在植株之间切出 5 cm 的长缝，与岩棉板底部成一定角度，以便排水顺畅。目前，大多数种植者使用 FormFlex 或类似的凸形收集盘来支撑岩棉板，以便使营养液能够得到循环利用。如果该营养液无法得到循环利用，那么可以将它排到大型室外蓄水池中，以便在北方气候条件下的夏季利用其浇灌大田作物或牧草。

在移植后的第 1 周，将温室的昼夜温度均保持在 20 ~ 21 ℃，并将二氧化碳浓度保持在 800 ~ 1 000 μmol·mol^{-1}，以有利于植株生长和根系发育。入口营养液的电导率为 2.5 ~ 3.5 mS·cm^{-1}，而在岩棉板中的电导率为 3.5 ~ 4.0 mS·cm^{-1}，营养生长的最佳温度为 21 ~ 23 ℃，而生产的最佳温度约为 21 ℃。

在加拿大不列颠哥伦比亚省，种植者在当年的 10 月 1 日播种辣椒，并在 12 月初将其移植到岩棉板上，到来年的 3 月初收获第一季，而且其收获一直持续到来年的 11 月中旬。对温室里的辣椒进行垂直培养，并将其修剪成 V 形饰带状的双茎。必须对它们进行合理修剪，以保持营养生长和生殖生长之间的平衡。一般来说，对辣椒至少每两周应修剪一次。

在移植后的 1 ~ 2 周内，辣椒将形成 2 ~ 3 根茎。如果形成了 3 根茎，则剪掉第 3 根茎，而只留下最健壮的 2 根茎。每根茎会长到约 4.5 m 高，由架空缆绳和细绳支撑，而每根茎需要通过一根细绳固定。在移栽后，先在主茎的分叉处下系上 1 根细绳，然后在第一次修剪时给第二根茎再系上 1 根细绳（图 10.55）。当侧枝发育时，在其下面用塑料茎夹扣紧支撑线。

图 10.55 夹紧辣椒分叉以下的主茎

在茎最初分叉的地方，会形成"皇冠"花（"crown" flower，简称冠花）。摘除该花芽会更利于植物的营养生长。然而，如果气候有利于植物的快速生长，而且植物在这个阶段生长旺盛，那么就保留该冠花以使植物转向生殖生长。一般来说，建议摘除第一个节和第三个节上的花，但这也是由光强决定的，即在光照充足的条件下可以让这些花继续发育。在打顶之前，通常在侧枝上保留两片叶子（图 10.56）。需要小心保护好主茎，但如果误伤了主茎则应使其停止生长，这时就需要培养另一个健壮的侧枝来取代之。通常情况下，每条侧枝上都会结出一个果实，但通常在侧枝上会结出第二个果实。后面，不能再让其结更多的果实，否则侧枝会被折断。在第14章中将会对辣椒等作物的修剪进行较为详细的论述。

图 10.56　在第二片叶处剪掉侧枝并夹紧辣椒茎秆

10.14　循环式岩棉培系统

随着公众对保护环境和水资源的意识逐渐加强，那么在温室栽培中节约用水和减少富营养液体的排放要求也逐渐受到重视。因此，在荷兰这样人口众多且温室产业需要大量水的国家，就必须在水培系统中对营养液进行再循环利用。循环式岩棉培养的最早形式之一是使用半刚性的塑料沟槽，将岩棉板装在其中。国际上，有很多这样的沟槽制造商。有些沟槽不仅可被用于 NFT 系统，也可用于岩棉培系统。

这些水槽呈卷状，当被展开时，通过用特殊夹具将侧面立起而形成通道。将两端折叠起来并钉好，并将专用排水管适配器安装在通道的回水端。PVC 管道将营养液引回到营养液储箱。如前所述，对每株植物都用滴灌系统进行灌溉。所以沟槽应比岩棉板宽 1～2 cm，以使排水流能够经过岩棉板。

如前所述，现在最常用的沟槽是由 FormFlex 公司提供的，这些沟槽可被用在略高于地面的较低托盘上，这些托盘使沟槽保持在大约工作人员腰部的位置，这样更利于人工操作。然而，现在的趋势是使用高架托盘，以获得更好的空气循环和最佳的人工操作环境。较早的低层托盘如图 10.57 和图 10.58 所示。FormFlex 公司提供的沟槽的两侧都能收集营养液，并将其送回温室注肥区的营养液储箱进行处理。FormFlex 公司的 AG 型沟槽采用的是国际蔬菜作物种植标准，它有多种不同的宽度和样式，以供培养特定的作物使用。LG 型沟槽是被专门用来种植甜椒的，稳定性好，且排水能力强。它们生产 13 种不同构型的沟槽，以用于种植特定的蔬菜和花卉作物。这些沟槽现在大多与凸起形托盘结合使用，特别在蔬菜作物的种植中更是如此（图 10.59）。

图 10.57　FormFlex 公司的 AG 型水槽外形

图 10.58　高产 70V 番茄"辉煌"(Brilliant) 品种

图 10. 59 FormFlex 公司的沟槽作为凸形水槽而位于对流管之上

与早期矮沟槽不同，即在其底部有聚苯乙烯泡沫保温材料以保持最佳的根区温度，而高沟槽不需要聚苯乙烯泡沫塑料，因为在岩棉板中的根区温度可以由 FormFlex 或其他循环沟槽下面对流管的空气温度控制。无论是高沟槽还是矮沟槽，都可以通过调节支撑沟槽的升高框架来均匀地调节岩棉板的坡度。通常，将斜率设置为 2. 2 ~ 5 cm 就足够排水了，因为在侧面收集通道中没有任何根或杂物。岩棉板包装中植物之间的几个孔能够提供良好的排水。从岩棉板流出的径流垂直地从岩棉板的基部排出，并进入沟槽的侧排水通道，这将有利于岩棉板的通风。将营养液从位于末端沟槽的排水通道进行回收，并通过连接到一根直径为 10 cm 的地下收集管的一根直径为 1. 9 cm 的 PVC 排水管，将营养液送回到营养液储箱。通过滴灌系统，将营养液分别供应给每株植物（图 10.57）。

　　将回收液收集在池中，然后将其泵入地上养分回收池。在溶液进入回流槽之前：首先用分离器将大颗粒物从中除去；然后用过滤系统（通常在大型操作中为沙子过滤器）进行过滤（图 10.60 和图 10.61）。溶液在进入回流池之前也要经过消毒。消毒常用以下几种方法之一：热处理、臭氧氧化、紫外线照射（图 10.30）或过氧化氢氧化。不过，过氧化氢现在正成为最流行的方法。然后，将回流池中的溶液泵入计量箱，在此通过注肥系统监测和调节电导率和 pH 值。这是由一套计算机系统控制的，如 Priva 或 Argus，它监测这些数据，并根据电导率和 pH 值的预设反馈水平，对注肥器营养液母液量进行分配，并将其添加到计量箱中。从这里，溶液通过滴灌系统被泵送回温室中的植物。

图 10.60　紫外线消毒器和沙子过滤器

图 10.61　带有回流箱的砂滤器

养分回收箱和计量箱必须有足够的容积，以具备供植物至少使用1 d
的营养液容量（约11 L·m^{-2}·d^{-1}）。因此，灌溉系统由通过计算机控
制电导率和 pH 值的注肥器系统、泵、砂滤器、杀菌系统和喷射器等组
成。将喷射器置于聚乙烯塑料支管上而不是在滴灌管的末端，会有一定
帮助。

对灌溉液和排放液的营养分析，为进行营养液的调节提供了数据支
持。通常，必须每周进行一次营养分析。返回的溶液必须用原水进行稀
释，以弥补因植物吸收造成的体积上的损失。这会降低电导率水平，但
不改变 pH 值。如果原水来自水井，则应使用过氧化氢处理，以消除潜
在的真菌和细菌。水首先可以由泵送至预处理罐；然后在进入供应罐之

前对其进行消毒，之后从供应罐中抽取水作为补充水。监测电导率和 pH 值的计算机控制添加母液和酸，以便使这些参数回到预设水平。然而，正如在第 3 章中所讨论的，这里所测量的电导率中是总溶解盐的含量，而不是单种离子的含量。

因此进行营养液分析是必要的，它能使种植者及时调整营养液的成分，从而使其始终保持在适宜范围。

■ 10.15 岩棉栽培技术的优缺点

岩棉栽培技术的优点主要如下。

（1）作为一个开放系统，作物病害传播的机会较小。

（2）向每株植物单独施用养分，而且使用量一致。

（3）因为岩棉很轻，所以其易被处理。

（4）栽培床底部供热简单。

（5）如果种植者想要多次使用，蒸汽消毒操作简单。从结构上讲，它在 3～4 年内不会分解。

（6）作物快速周转（turnaround）的人工成本较低。

（7）提供良好的根系通气条件。

（8）与 NFT 相比，因系统中发生机械故障而导致作物歉收的风险较小。

（9）在移植期间生长几乎不受阻碍。

（10）与许多 NFT 系统相比，它对设备和安装的基本费用要求更低。

岩棉栽培技术的缺点主要如下。

（1）岩棉在非产地国家的价格相对昂贵。

（2）在原水盐含量较高的地区，在岩棉板中可能会积累碳酸盐和钠盐。因此，在这些地区，将需要利用反渗透净水器进行硬水软化处理。

总的来说，将岩棉培不仅可用于蔓生作物的培养，而且也能用于玫瑰等切花和盆栽开花植物的繁育。另外，现在也将岩棉广泛用作蔬菜的育苗基质，如生菜、菠菜和其他矮生植物。

参考文献

［1］BAKKER J C. The effects of temperature on flowering, fruit set and fruit development of glasshouse sweet pepper (*Capsicum annum L*) ［J］. Journal of Horticultural Science, 1989, 64 (3): 313 – 320.

［2］BIJL J. Growing commercial vegetables in rockwool ［C］//Procedings of the 11th Annual Conference on Hydroponics, Hydroponic Society of America, Vancouver, BC, Mar. 30 – Apr. 1, 1990, p. 18 – 24.

［3］BROAD J. Root zone environment of vine crops and the relationship between solar radiation and irrigation ［C］// 6th Curso Y Congreso Internacional de Hidroponia en Mexico, Toluca, Mexico, Apr. 17 – 19, 2008.

［4］CANTLIFF D J, VANSICKLE J J. Competitiveness of the Spanish and Dutch greenhouse industries with the Florida fresh vegetable industry ［R］. Univ. of Florida, Gainsville, FL, IFAS Extension. Publication

＃HS918，2003.

［5］ COOK R. CALVIN L. Greenhouse tomatoes change the dynamics of the North American fresh tomato industry ［R］. Washington, DC: U. S. Department. of Agriculture, Economic Research Report No. ERR2, 2005, p. 86.

［6］ GRAVES C J. Growing plants without soil ［J］. The Plantsman, London, UK, May 1986: 43 – 57.

［7］ HICKMAN G W. Greenhouse vegetable production statistics: a review of current data on the international production of vegetables in greenhouses ［R］. Cuesta Roble Greenhouse Consultants, Mariposa, CA, 2011, p. 72.

［8］ HOCHMUTH G J. Production and economics of rockwool tomatoes in Florida ［C］//Proceedings of the 13th Annual conference on Hydroponics, Hydroponic Society of America, Orlando, FL, Apr. 9 – 12, 1992, p. 40 – 46.

［9］ MARLOW D H. Greenhouse crops in North America: a practical guide to stonewool culture ［R］. Grodania A/S, Milton, Ontario, Canada, 1993, p. 121.

［10］ RYALL D. Growing greenhouse vegetables in a recirculation rockwool system ［C］//Proceedings of the 14th Annual Conference on Hydroponics, Hydroponic Society of America, Portland, OR, Apr. 8 – 11, 1993, p. 33 – 39.

［11］ SMITH D L. Peppers & aubergines, grower guide No. 3 ［M］ Grower

Books, London, 1986, p. 92.

［12］ SMITH D L. Rockwool in Horticulture［M］. Grower Books, London, 1987, p153.

［13］ Statistics Canada. Canada census of agriculture ［R］. Publication 22 – 202 – XIB, Ottawa, Ontario, Canada, 2008.

［14］ Statistics Canada. Greenhouse, sod and nursery industries ［R］. Catalogue No. 22 – 202 – X. , Ottawa, Ontario, Canada, 2009.

［15］ STETA M. Mexico as the new major player in the vegetable greenhouse industry ［J］. Acta Horticulturae, 2004, 659: 31 ~ 36.

第 11 章
椰糠栽培技术

■ 11.1 前　言

当前随着利用可持续或可再生资源的温室受到人们的日益重视，那么椰糠（coco coir）作为最新的环保安全基质也得到越来越普遍的应用。在加拿大、美国和墨西哥的许多大型水培温室作业中已经将椰糠作为首选基质。2009 年，位于美国加利福尼亚州卡马里洛的奥克斯纳德豪威林苗圃公司（Houweling Nurseries Oxnard）扩大了约 160 000 m² 的种植面积，并在其新的温室中开始使用椰糠。几年前，加拿大不列颠哥伦比亚省德尔塔的吉帕安达温室公司已经把它们的 70 000 m² 温室中的栽培基质换成了椰糠。不列颠哥伦比亚省和安大略省的许多种植者也都这样做。

许多种植者利用椰糠来种植番茄，另有部分种植者现在改用椰糠泥炭板（coco peat slab）来种植辣椒和茄子。2009 年，荷兰的 Van der Knapp – Braam 公司，在其出版的《如何种植》（Grow – How）一书中披露，它们从斯里兰卡进口椰糠原料而制成 Forteco 品牌的椰糠产品，另

外，2008 年在墨西哥利用 Forteco 牌椰糠泥炭板种植了大约 700 000 m²
的番茄和甜椒。吉帕安达温室公司也采用了同种产品。此外，波兰的穆
拉斯基苗圃公司（Mularski Nursery），利用椰糠种植了 560 000 m² 的番
茄。2006 年，它们将整个水培项目的栽培基质从岩棉全部替换为
Forteco 牌椰糠。

■ 11.2　椰糠来源

椰糠来自被碾碎的椰子（*Cocos nucifera*）干了之后的外壳，椰糠
未经过筛选以去除纤维，因此这增加了它的孔隙度，所以能够提供比
泥炭（peat 或 peat moss）更好的透气性。椰子果实的成分从外到内层
层排列，包括外果皮、中果皮、内果皮、胚乳和胚芽。胚乳是椰子和
液体的白色可食用部分，外壳由外皮（外果皮）、中硬层（中果皮）
和壳体（内果皮）组成，种皮是位于椰壳和椰肉之间的部分（Gunn,
2004）。

按照干重计算，椰子壳由 34% 纤维素、36.5% 木质素、29% 戊聚糖
（五碳糖）和 0.6% 灰分组成（Woodroof, 1979）。椰糠是来自外壳的纤
维。纤维被用来制作刷子、门垫、网和绳子等。外壳可分离成椰糠纤维
和椰糠髓或椰浆，后者是一种被废弃的粉末状物。这种椰子髓是可生物
降解的，但需要 20 年的时间。20 世纪 80 年代，研发了一种方法，即将
椰子髓转化为一种用于地面覆盖、土壤处理和水培的基质，以便将其用
作泥炭和蛭石（vermiculite）的替代品。

世界上最大的椰子生产国包括菲律宾、印度尼西亚、印度、巴西、
斯里兰卡和泰国。

■ 11.3 椰糠的等级和特征

Forteco 私人有限公司（以下简称 Forteco 公司）是范德·克纳普（Van der Knapp）集团公司的子公司，总部设在荷兰，但生产基地在斯里兰卡和印度，这样便于从当地采购椰子壳。它们在荷兰也设有一个研究中心，在那里它们测试新的椰糠产品，如椰糠塞、椰糠块、椰糠盘和椰糠板等，以供栽培各种作物。

墨西哥的 Forteco 公司开发了四种不同的椰糠板，每一种都有各自的特点，可以引导特定作物的生殖或营养生长。第一，"Forteco Basic"由椰子髓制成，主要针对营养生长，在完全水饱和时，其持气能力为20%。第二"Forteco Power"由碾碎的外壳和椰子髓组成，适用于营养生长向生殖生长的转变阶段，在完全水饱和状态下具有25%的持气能力。第三，"Forteco Profit"由经过缓冲的碾碎外壳组成，主要针对生殖生长，水饱和时的持气能力为30%。第四，"Forteco Maximum"由经过缓冲的碾碎外壳组成，针对最大化的生殖生长，在水饱和状态下具有40%的持气能力。

Forteco 公司生产的椰糠板是"立即可用型"，即带有排水孔和预先切割的种植孔。Forteco 公司声称，由于独特的空气和水的比例，因此植物根系可以在整个基质中均匀生长。另外，基质的同质性使植物生长良好，致使产量达到最大化。

Forteco 公司还设计了称重秤，可以每隔 1 min 监测椰糠板的重量，并将数据发送给计算机控制器，从而分析和调节灌溉周期。有了这些数据，灌溉周期也被细化，以降低椰糠板在夜间的含水量。在第 10 章，已经讨论过这种灌溉控制反馈系统。椰糠板非常稳定，因此适合用于进行几年的作物种植。由于椰糠板是 100% 有机的，因此将它们作为土壤改良剂而进行完全回收利用。

在热带地区，可以非常便宜地购买到大量散装椰糠。然而，北美的一些公司把它压缩成可膨胀的硬砖。在每块重 567 g 的椰砖中加入 5 L 的水，则其在 15 min 内就可膨胀到大到 9 L。其质地松软，pH 值为 5.7 ~ 6.3。需要注意的一个预防措施是，检查其氯化钠含量，特别是从靠近海洋的沿海地区购买散装椰糠时更是如此。另外，可以将椰糠与珍珠岩或蛭石以相似的比例进行混合，稍后将讨论与泥炭的混合情况。也可以将它与稻壳混合使用，将在第 13 章中所讨论的。

椰糠中纤维素的高阳离子交换能力（CEC）可以截留溶液中的阳离子，并在根吸收时将其释放出来。阳离子是带正电荷的原子和溶解在溶液中的矿物质离子，如 K^+、Ca^{2+}、Mg^{2+}、Fe^{2+}、Mn^{2+}、Cu^{2+}、Zn^{2+}、B^{3+}。在第 3 章中，已经对这些进行过详细讨论。椰糠的 pH 值高于泥炭，因为椰糠中的纤维素和木质素是高电负性分子（highly electronegative molecule），所以它们能够吸收或捕获阳离子。在椰糠的颗粒结构中具有非常大的表面积，因此在椰糠的吸收能力很强。在溶液中，这些被吸收的阳离子将与其他阳离子进行交换。阳离子交换能力随着 pH 值的变化而变化，因为 H^+ 是一种非常小的阳离子，所以同时也被椰糠中的纤维素所吸引。

捷菲产品公司（Jiffy products）制造了椰糠块，用细的毛细羊毛状织物包裹，其形状和大小与岩棉块相似（图 11.1）。该单位声称，它们的椰糠块（品牌名为 Jiffy Growblocks，捷菲栽培块）100% 无病原体，并存在有拮抗细菌，因此能够抑制腐霉菌（*Pythium*）真菌感染植物根系。捷菲产品公司目前正在生产椰糠板（品牌名为 Jiffy Growbags，捷菲栽培包）。它们有四种尺寸，来适应水槽或凸起形托盘沟槽。

图 11.1　带有辣椒植株的捷菲栽培块位于捷菲栽培包之上

所有捷菲栽培包的长度为 100 cm，但是它们的宽度和高度根据它们所在的水槽而不同。对于较窄水槽或小容量系统，推荐宽度为 15 cm，但有两个推荐高度（小容量系统采用 8 cm，而中容量系统采用 10 cm）。对于较宽水槽或大容量系统，推荐宽度为 20 cm，而对于中容量系统和大容量系统的推荐高度分别为 8 cm 和 10 cm。

另外，它们还具有三种最适合特定作物的基质特性。它们的"捷菲优质栽培包"（Jifty Premium Growbag）是一种双层基质，分别含有 50% 的外壳片（husk chip）和 50% 的椰子髓，可用于各种气候条件下番茄和辣椒的种植（图 11.2）。"捷菲 HC 栽培包"（Jifty HC Growbag）含有 100% 外壳片，被用于温和气候条件下的黄瓜栽培。"捷菲 5050 栽培包"（Jifty 5050 Growbag）是一种含有 50% 的外壳片和 50% 椰子髓的均匀混合物，适合在地中海气候条件下栽培玫瑰和草莓（图 11.3）。

图 11.2　捷菲栽培包中的根系生长情况

图 11.3　草莓生长在盛于凸起形沟槽内的椰糠中

■ 11.4　椰糠塞和椰糠块

目前，大部分种植者利用椰糠板，而将种子置入岩棉育苗块中，或利用Kiem塞子盘（Kiem plug tray），将种子播种在名为Growcubes的小型岩棉塞或颗粒型岩棉中。每个Kiem塞子盘上具有240个岩棉塞，其适合于进行播种及之后向岩棉块或椰糠块进行移植，该Growcubes为边长为0.7 cm的岩棉方块。

捷菲公司生产椰糠塞、块和板。用水浸泡时，捷菲椰糠塞的大小为3 cm长×3 cm宽×3.5 cm深。捷菲椰糠块上预留一个孔，以便装进椰糠塞或岩棉塞。这些椰糠块由斯里兰卡制造的椰子壳的髓组织组成。捷菲公司声称，为了促进早期根系的生长，使这些椰糠块所含的水分比岩棉块要略少。椰糠板较为稳定，在种植周期内不会降解。椰糠被包裹在可生物降解的细毛细羊毛状织物中，这样椰糠基质在种植期间就不会进入水培系统。椰糠块有两种尺寸，其边长分别为7.5 cm和10 cm，以用来装入捷菲－7C椰糠塞或岩棉塞，它们现在也在生产可包含两株植物的双孔椰糠块（图11.4和图11.5）。当向椰糠块中加入水或营养液时，它们就会完全膨胀，然后就可以进行幼苗塞的移植。

图 11.4　种植番茄的双孔椰糠块

图 11.5　捷菲椰糠块的基部出现大量而健康的根系

注：椰糠块外面包有细毛细羊毛状织物。

■ 11.5　可持续农业温室技术

2009 年，美国加利福尼亚州的奥克斯纳德豪威林苗圃公司新建了一座占地面积为160 000 m² 的温室系列，用于椰糠来种植番茄（www.houwelings.com）。

在这些温室中，采用了最新的技术，因此使其成为世界上最高科技的温室之一。在该项目中，他们利用 16 000 m² 的太阳能电池板来为该新系列温室发电。奥克斯纳德豪威林苗圃公司将其新温室系列称为"可持续农业的未来"（Future of Sustainable Agriculture）温室（Schineller，2009）。该温室是由荷兰的 KUBO Greenhouse Projects 生产的一种荷兰文洛（Dutch Venlo）型玻璃结构。该温室的侧壁高度为7 m，以允许温室内的热空气上升到作物上方（图 11.6）。这种高度也比同等类型的低矮结构能够提供较好的空气循环。上面是带有防虫网的小通风口，以防止昆虫进入。空气循环、加热、冷却和二氧化碳补充等都是基于正压。

美国资本能源公司（American Capital Energy）与 Houweling Nueseries Oxnard 公司合作，为温室提供电力和蓄热，以驱动和加热温室。太阳能单元是一个 1.1 MW 的太阳能光伏发电系统，被安装在面积约为 16 000 m² 的蓄水池上方的倾斜架上（图 11.7 和图 11.8）。将太阳能电池板设计为倾斜，目的在于使之能够最大限度地利用太阳能。利用太阳能加热系统加热下面蓄水池中的水，以减少夜间温室的整体加热成本。该太阳能光伏系统预计将为该设施提供50% 以上的能源需求。

图 11.6　一种文洛型温室的高侧壁

注：防虫网覆盖了整个末端。

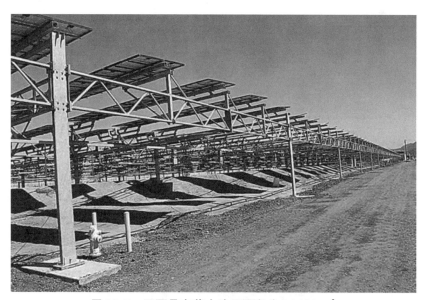

图 11.7　下面具有蓄水池且面积为 16 000 m² 的太阳能光伏发电系统

图 11.8　位于配电板上方的倾斜型太阳能电池板

另外，位于加拿大不列颠哥伦比亚省怀特洛克的阿格斯控制系统公司（Argus Control Systern Ltd.），提供气候控制系统，对所有环境和灌溉系统进行密切监测和调整，以优化植物生长条件，并有效利用温室系统，从而降低生产成本。

该温室是一种半封闭的正压温室，这样可以提高防虫性、减少病害、减少水和肥的使用量并提高二氧化碳的补充效率。据业主长西豪威林（Casey Houweling）介绍，封闭温室环境能够减少灌溉用水的蒸发。将多余的灌溉渗滤液由 FormFlex 凸起形种植水槽收集，并输送到水处理系统。冷凝水、雨水和径流水的处理和回收，以及施肥都是通过加州埃斯孔迪多（Escondido）的 Pure‑O‑Tech 公司设计的系统完成的，该系统包括过滤和臭氧化等设施。

水首先由太阳能热阵列和仓库制冷的余热加热；然后被储存在热水箱中，并在系统中进行循环，尤其是在夜间。早先的温室，在白天燃烧天然气来生产二氧化碳以提高大气中的二氧化碳浓度。将锅炉生产二氧化碳时所产生的热水储存在这些大型热水储箱中。在夜间，这些热水被泵送回，以便给温室供暖。在晚上，自动化隔热屏会盖住植物，以保持积聚的热量。

温室金属结构膜经过了粉末涂层，以最大限度地提高对作物的光反射（图 11.9），地面上的白色杂草垫也有助于将光反射到作物上。由于采用正压和凸起形种植盘，所以只需要少量的屋顶通风口。每个通风口都被覆盖了一张手风琴形状的防虫网，以最大化表面积（图 11.10）。这些通风口只是用来释放温室内的压力，以确保多余的压力不会破坏玻璃。以上过程由 Argus 计算机系统控制。温室内的空气，通过水平气流风扇和位于凸起形种植盘下方的大型聚乙烯对流管而不断循环（图 11.11）。在第 10 章中已对该系统进行过介绍。在温室外面的墙上有

图 11.9　用于改善光照的粉末涂层结构膜

注：种植槽处的结构高度远高于作物。

一个防虫网，当排气扇吸入外面的空气时，它可以防止昆虫进入（图11.6）。位于同一个外墙的蒸发冷却湿帘（evaporative cooling pad）允许空气从外部经过它而通过水蒸发来降低温度（图11.12）。从那里，通过每排植物所对应的两台排气扇将冷空气推向位于植物下面的对流管。

图11.10　带有防虫网的屋顶通风口

　　调节玻璃百叶窗的打开程度，使温室外的空气与内部的空气进行混合，从而将温室内的空气温度控制在设定水平。在加热循环过程中，蒸发冷却湿帘被处于关闭位置的百叶窗覆盖，而来自风扇的空气被推动经过热交换器（图11.13）。每行植物具有两台一组的风扇和两台热交换器。热交换器利用来自其他温室系列的储罐和锅炉的热水。当不需要或几乎不需要冷却时，将百叶窗系统部分关闭到所需要的程度，因此只需将适量的冷空气与再循环空气进行混合。这一切都由 Argus 计算机系统控制。两排作物之间的过道上有供暖管道，但并未将它们与热水供暖设施进行连接，这样它们唯一的作用是作为采摘作业车的轨道。当热水通过这个新的正压温室后，它会回到其他温室的主锅炉，并被储存在大水箱中（图 11.14）。这一新的温室不带有锅炉，因此它只能利用其他温室系列锅炉的剩余热水。

图 11.11　下面带有聚乙烯加热/冷却对流管的凸起形种植盘

图 11.12　蒸发冷却湿帘位于右上方而玻璃百叶窗位于其正上方

注：玻璃百叶窗全开以用于冷却循环，热水主管位于左边。

图 11.13　蒸发冷却湿帘位于左上角而在风扇罩内的热交换器位于右侧

图 11.14　热水储箱

▓ 11.6　椰糠培番茄

现在，奥克斯纳德豪威林苗圃公司开始在其不列颠哥伦比亚苗圃中采用椰糠进行育苗。它们把番茄嫁接到生命力强且抗病的砧木上，并且在 5 周后将它们运到加州的温室基地。位于卡马里洛的业务，在面积为 16 000 m² 的新温室中采用了椰糠板。如第 10 章所述，将这些椰糠板放置在 FormFlex 凸起形种植水槽上而使溶液循环。在凸起形种植水槽下面的大型对流管，使空气循环、补充二氧化碳，并保持最佳温度。

番茄是间作的，所以有两套灌溉系统（图 11.15 和图 11.16）：一套系统是针对成熟植株的；另一套是针对幼苗的。这样，就可以对每种作物设置不同的灌溉周期。然而，这只适用于入口滴灌管，因此所有植物都使用相同的配方，只是幼株比成熟植株的灌溉周期要短。

图 11.15　针对间作作物的两套入口灌溉系统

图 11.16　每个间作栽培盘上装有的两根滴灌管入口侧面

　　这种间作方法特别适用于如加州和亚利桑那州南部等阳光充足的地区。位于加州卡马里洛的奥克斯纳德豪威林苗圃公司和位于亚利桑那州博尼塔的欧鲜农场都采用了这些做法。间作节省了筏板的使用（无论是岩棉还是椰糠），因为这样可以将两种作物连续放置在同一块筏板上。

　　奥克斯纳德豪威林苗圃公司在不列颠哥伦比亚省的苗圃里开始种植，将带藤番茄品种"成功"（Success）嫁接到 Maxifort 砧木上。当被嫁接的幼苗大约 5 周龄时开始对其进行运输和移植（图 11.17）。将新植株种植在同一个椰糠板上的现有植株之间，或是种植在具有成熟植株板之间的新板上（图 11.18～图 11.20）。在对较老的植株收获果实时，应去掉茎下半部分的叶片，这使得光线能够到达较幼的间作作物。在间作作物开始结果的前 1 周左右，移走较大株龄的作物（通常在间作作物被移植后 9～10 周）。利用番茄挂钩上的细绳，将间作作物挂到 4 条支撑线的里面两条线上。当移除旧的作物后，则将间作作物挂钩放置在外面的两根支撑线上，这样就便于将植株修剪成 V 形饰带状。

图 11.17　产自加拿大不列颠哥伦比亚省用于间作的番茄幼苗

图 11. 18　微型椰糠板

注：位于左侧的椰糠板上，具有两棵成熟植株且每棵植株具有两根茎，

而在右侧的椰糠板上，具有两棵成熟植株以及近期被移植的两棵幼苗。

当幼株接近成熟时，则会将老株移走。

图 11. 19　带有两个近期被移植的椰糠块且每块之上具有两棵幼株的微型椰糠板

注：去掉老株，以便被移植幼体能够获得更多的光照。

图 11. 20　被间作的番茄

吉帕安达温室公司具有占地面积为 72 000 m² 的温室，在其中种植了各种各样的番茄，该公司种植的一个 TOV 番茄品种是被嫁接在 Maxifort 砧木上的 Tricia，该公司从加拿大不列颠哥伦比亚省德尔塔的豪威林苗圃公司购买幼苗。目前，吉帕安达温室公司正利用 Forteco 椰糠板进行种植。这些板尺寸为 1. 2 m 长 ×20 cm 宽 ×6 cm 深，但是它们将来会使用 8 cm 深的厚板。在栽培周期间隙，对可回收的营养液进行处理。如第 10 章所述，随着春季光照增加，则允许植物形成双茎，从而增加作物密度。然而，由于冬季光照不足，因此通常不进行间作，并在 11 月下旬更换作物。

对植株在椰糠中的修剪方式与在岩棉中的相同，具体如在第 10 章中讨论的那样。然而，在椰糠培和岩棉培之间的主要区别是营养液管理。由于椰糠的持水性较强，因此其所需要的灌溉频次较少。

■ 11.7 椰糠栽培技术的优缺点

椰糠栽培技术的优点如下。

（1）这是一种封闭系统而有利于保水和保肥。

（2）椰糠板具有很强的持气能力，这对于引导作物的生长方向来说很重要。

（3）由于椰糠具有良好的毛细作用，所以椰糠板可以比岩棉板的含水量少，从而便于引导作物的生长方向。

（4）当椰糠板干燥时，可较容易地重新吸收足够的水分而不会留有任何干燥点，但在岩棉板中会出现这种情况。

（5）椰糠板含有不同比例的细髓材料、纤维材料或外壳碎片，因此很适合于培养特定作物。大多数椰糠板的生产厂家至少有四种等级的产品类型。

（6）由于椰糠基质中具有独特的水气比例，因此其有利于根的伸入和生长。

（7）椰糠板非常稳定，其使用期可以超过一个季节。

（8）椰糠是100%有机的，因此很容易被作为土壤结构改良剂而得到回收利用，它不会像岩棉那样会造成垃圾在填埋场的处置问题。

（9）椰糠保持有拮抗细菌，并可被接种其他有益微生物，从而可降低由腐霉菌等微生物引起的真菌病害的风险。

椰糠栽培技术的缺点如下。

（1）由于椰糠是被在封闭系统中使用的，如果未对返回的渗滤液进行充分处理以防止病原菌，则后者就会在基质中积聚。

（2）部分椰糠如果没有经过厂家的充分过滤，则其中的氯化钠含量可能很高，因此必须由种植者进行过滤。

（3）椰糠中可能含有钾。如果是这样，种植者需要相应地调整营养液，并用低钾营养液冲洗椰糠板。

参考文献

［1］ GUNN B F. The phylogeny of the *Cocoeae* (*Arecaceae*) with emphasis on *Cocos nucifera* ［J］. Annals of the Missouri Botanical Garden, 2004, 91 (3): 505 – 522.

［2］ LINDHOUT G. Polish nursery Mularski cultivating on Forteco profit for five years already ［EB/OL］. ［2011 – 07 – 13］. http://www. freshplaza. com.

［3］ SCHINELLER R. The Future of Sustainable Agriculture ［M/OL］. Emeryville, CA: Bacchus Press, 2009, p11. http://en. wikipedia. org/wiki/Coconut.

［4］ WOODROOF J G. Coconuts: Production, Processing, Products ［M］. 2nd Ed. Westport, CT: Avi Publishing Co. Inc. , 1979.

第 12 章
其他无土栽培技术

■ 12.1　前　言

近年来，许多其他的无土栽培方法也正在被成功应用。所使用的部分基质包括泥炭、蛭石、珍珠岩、浮石、稻壳或聚苯乙烯泡沫塑料等。通常将这些基质的混合物以不同的比例混合进行种植试验，以确定最适比例。例如，对于盆栽开花植物，如菊花、一品红、复活节百合和热带观叶植物，在比例为 2 : 1 : 2 的泥炭 : 沙子 : 浮石混合物中生长较为适宜。

■ 12.2　栽培基质

12.2.1　泥炭

泥炭（peat，又称草炭或泥煤。译者注），是由部分分解的水生植物以及草本沼泽（marsh）、藓类沼泽（bog）或木本沼泽（swamp）中的植被组成。不同泥炭沉积物的组成差异很大，这取决于其植被来源、分解状态、矿物质含量和酸碱度等（Lucas 等，1971）。

有三种类型的泥炭，即藓泥炭（或称泥炭藓）、芦苇 + 莎草和泥炭腐殖质，藓泥炭是由水藓、灰藓或其他苔藓分解而来，且分解程度最低。另外，藓泥炭具有以下特点：①具有很高的持水能力（是其干重的10倍）；②高酸度（pH 值为 3.8 ~ 4.5）；③含有少量氮（约 10%），但是很少或不含磷或钾。与来自水藓的泥炭相比，来自灰藓和其他种类苔藓的泥炭分解得很快，但并非很理想。来自莎草、芦苇和其他沼泽植物的泥炭也会快速分解。

水藓是水藓属中酸性沼泽植物（如疣壁泥炭藓、*S. capillacium* 和大泥炭藓）脱水后的幼体残留或部分活体。它相对是无菌且重量轻的，并有非常高的持水能力，通常在切碎后被用作栽培基质。

12.2.2 蛭石

蛭石（vermiculite）是一种云母矿物，在温度接近 1 093 ℃的熔炉中被加热而膨胀，且被完全杀菌。加热后，水变成蒸汽，将这些层分开而形成的小、多孔及海绵状的核。化学上，它是一种水合镁 – 铝 – 铁硅酸盐，即除了含有植物生长所需要的镁和铁这两种元素外，也含有钾和钙等大量营养元素。当膨胀时，它的密度很小，为 96 ~ 160 $kg \cdot m^{-3}$，反应中性，缓冲性能好，不溶于水，它能够吸收大量的水（0.4 ~ 0.5 $mL \cdot cm^{-3}$）。同时还具有较高的阳离子交换能力，可以将营养物质储存然后释放出来。

园艺蛭石的颗粒被分为四种大小：第一种的颗粒直径为 5 ~ 8 mm；第二种为普通园艺等级，直径为 2 ~ 3 mm；第三种为 1 ~ 2 mm；第四种是最适宜种子发芽的基质，直径为 0.75 ~ 1 mm。注意，不要对处于潮湿状态的膨胀蛭石进行按压或压实，因为这将破坏其理想的多孔结构。

12.2.3　珍珠岩

珍珠岩（perlite）是由火山形成的硅质材料，从熔岩流中开采而来。粗矿石经过粉碎和筛选，然后在熔炉中加热到大约 760 ℃，在这个温度下，颗粒中的少量水分变成蒸汽，并使颗粒膨胀成小的海绵状物，其非常轻，密度只有 80~128 kg·m^{-3}，而且无菌。在园艺应用上，其颗粒直径大小为 1.6~3.1 mm。珍珠岩可以持有 3~4 倍于其重量的水。珍珠岩本质上是中性的，pH 值为 6.0~8.0，因此没有缓冲能力；与蛭石不同，它没有阳离子交换能力，也不含微量营养物质。由于珍珠岩具有非常坚硬的结构，所以其对于增加混合物的透气性极为有利。虽然它不会衰变，但在处理过程中，颗粒尺寸会因破裂而变小。优质等级的珍珠岩主要用于种子发芽，而粗劣等级的珍珠岩适合与等量的泥炭混合而用于繁殖，或与泥炭和沙子混合而用于种植植物。

12.2.4　浮石

浮石（pumice）和珍珠岩一样，是火山形成的硅质材料。但是，它是经过破碎和筛分的原矿，而未经过任何加热过程。浮石在本质上与珍珠岩的特性相同，但质量较大，而且由于未被水化合而不易吸水。它可以用在泥炭和沙子的混合物中，以用于盆栽植物的栽培。

12.2.5　稻壳

稻壳（rice hull）是稻谷的外壳或壳体，是稻谷被晒干后，在碾磨过程中被去除的一种副产品。稻壳很薄、较轻，形状与稻谷相似。它们不易分解，可保存 3 ~ 5 年。其 pH 值为中性且没有营养成分。它们的表面光滑，因此不会保留水分。在原始状态下被用来消除重壤土（free up havey soil），以有助于土壤氧化。同时，它们也可用作水培基质（Laiche and Nash，1990），可将它们与泥炭或椰糠混合，通常占总量的 20%。在过去，如本章后面所述，稻壳在某些无土系统中也可作为单一栽培基质来使用。

然而，大多数人使用稻壳的无土混合物时更喜欢使用炭化稻壳。这在哥伦比亚的温室花卉产业中得到了广泛应用。炭化稻壳是稻壳被非常缓慢地燃烧（闷烧）而产生的。燃烧后，在它们的结构中充满了细小孔隙，从而增加了它们的持水能力和毛细作用。此外，在这种状态下，它们的表面积大而可为有益细菌和其他微生物提供场所，因此是一种很好的土壤改良剂。

12.2.6　无土栽培基质混合物

大多数混合物都是沙子、泥炭、珍珠岩、浮石或蛭石等基质成分按一定比例的组合物。所使用的每种成分的具体比例取决于所种植的植物。表 12.1 所示为部分常用的基质混合物种类、配比及其主要特性和用途。

表 12.1　部分常用基质混合物种类、配比及其主要特性和用途

编号	基质混合物	混合比例	主要特性和用途
1	泥炭：珍珠岩：沙子	2:2:1	用于盆栽植物栽培
2	泥炭：珍珠岩	1:1	用于插枝繁殖
3	泥炭：沙子	1:1	用于插枝繁殖和盆景植物栽培
4	泥炭：沙子	1:3	用于花坛植物和箱栽苗木栽培

编号	基质混合物	混合比例	主要特性和用途
5	泥炭：蛭石	1：1	用于插条繁殖
6	泥炭：沙子	3：1	质量小，透气性好，适合于盆栽植物和花坛植物栽培，适合在酸性条件下生长良好的杜鹃花、栀子花和山茶花
7	蛭石：珍珠岩	1：1	重量小，适合插条繁殖
8	泥炭：浮石：沙子	2：2：1	用于盆栽植物

一般来说，成本较低的浮石可以替代大多数混合物中的珍珠岩。此外，最常见的混合物是加洲大学的泥炭和细沙混合物，以及康奈尔大学的泥炭–蛭石混合物（peat–lite）。加州大学的混合物来自位于伯克利的加州农业实验站，加州大学的混合物含有各种比例的细沙和泥炭，但更常用的混合材料包含25%~75%的细沙和75%~25%的泥炭。这些混合物用于种植盆栽植物和箱栽苗木。纽约州康奈尔大学设计了这种由泥炭和蛭石等比例混合而成的泥炭–蛭石混合物，它们主要用于种子发芽、移植栽培，以及春季花坛植物和一年生植物的栽培。有些种植者利用它们在栽培床上商业种植番茄，其类似于锯末栽培。

在这些混合物中须添加必需的矿物质，并且需要在混合时添加部分或全部矿物质。康奈尔大学的泥炭–蛭石混合物比加州大学的沙子–泥炭混合物的质量要小得多，因为珍珠岩和蛭石的重量大约是细沙的1/10。该泥炭–蛭石混合物由等量的水藓类泥炭和园艺珍珠岩或2号蛭石组成。

1. 加州大学基质混合物组成及添加养分配方

对于美国加州大学设计的 50% 细沙 + 50% 泥炭基质混合物，所推荐的基本养分添加情况如表 21.2 所示。

表 12.2　加州大学沙子 – 泥炭基质混合物配方

养分名称	添加量/（kg·m⁻³）
蹄角粉或血粉（含氮量占 13%）	1.486
硝酸钾	0.148
硫酸钾	0.148
过磷酸钙	1.486
白云石石灰	4.460
碳酸钙石灰	1.486

将细沙、泥炭和肥料必须彻底混合在一起，而且在混合前应先使泥炭湿润。另外，随着作物的生长，必须给其提供额外的氮肥和钾肥。

2. 康奈尔大学基质混合物组成及添加养分配方

以下是康奈尔大学设计的三种泥炭 – 蛭石混合物的使用说明见表 12.3。

表 12.3　康奈尔大学泥炭 – 蛭石基质混合物配方

配方	养分名称	添加量
"泥炭 – 蛭石"混合物配方 A	水藓类	435.588 L·m⁻³
	园艺蛭石 2 级	435.588 L·m⁻³
	重质碳酸钙（白云石）	2.969 kg·m⁻³
	过磷酸钙（20%）	0.595 kg·m⁻³
	5 – 10 – 5 肥料	1.189 ~ 7.135 kg·m⁻³

配方	养分名称	添加量
"泥炭－蛭石" 混合物配方 B	水藓类	435.588 L·m⁻³
	园艺珍珠岩	435.588 L·m⁻³
	重质碳酸钙（白云石）	2.969 kg·m⁻³
	过磷酸钙（20%）	0.595 kg·m⁻³
	5－10－5 肥料	1.189～7.135 kg·m⁻³
"泥炭－蛭石" 混合物配方 C	水藓类	39.634 L·m⁻³
	园艺蛭石 2 级	39.634 L·m⁻³
	硝酸铵	55.592 g·m⁻³
	过磷酸钙（20%）	55.592 g·m⁻³
	重质碳酸钙（白云石）	278.090 g·m⁻³

应对材料进行充分混合，并要特别注意在混合过程中使泥炭保持湿润。最初加入非离子型湿润剂，如 Aqua－Gro（1.25 g·L⁻¹的水），将有助于湿润泥炭。

3. 肥料、泥炭及蛭石混合物

加拿大安大略省的瓦恩兰研究站（Vineland Research Station）对肥料成分进行了微调，即在每立方米的混合物中添加了等量的泥炭和蛭石（泥炭和蛭石的比例为 50∶50），如表 12.4 所示。

在整个生长季节，Osmocote 18－6－12 型控释肥能够为作物持续供应氮、磷和钾。FTE503 烧结矿会缓慢释放铁、锰、铜、锌、硼和钼。

表 12.4　瓦恩兰研究站混合基质配方

基质配方成分	添加量
泥类	10.3 包·m^{-3}
园艺蛭石 2 级	11.8 包·m^{-3}
重质碳酸钙（白云石）	7.129 kg·m^{-3}
硫酸钙（石膏）	2.973 kg·m^{-3}
硝酸钙	0.682 kg·m^{-3}
20% 过磷酸钙	1.486 9 kg·m^{-3}
Osmocote 18 – 6 – 12 型控释肥（有效期为 9 个月）	4.761 ~ 5.939 kg·m^{-3}
烧结矿微量元素（FTE503）	222.368 g·m^{-3}
铁（如 Sequestrene 300 螯合物）	37.083 g·m^{-3}
硫酸镁	296.926 g·m^{-3}

　　将肥料成分与泥炭混合有几种方法。当体积不大时，可以用铲子在混凝土地板上进行混合。在地板上混合时，首先用 5 份水加 1 份次氯酸钠（浓度为 5.25%）的溶液对地板进行消毒，将肥料均匀地撒在基质上；然后用铲子将混合物从一堆到另一堆来回搅拌几次。当用量大时，可以利用大桶进行混合。把混合物装进桶里，倒回地板上，之后照此步骤重复几次。

　　大型混凝土搅拌机适用于搅拌大量混凝土。商业种植者通常从旧混凝土卡车上获得"预拌"装置。该装置可被安装在混凝土板上，并使之连接电机进行操作。系列输送机可以输入配料，也可以将成品堆放在温室的盆栽区。

如果栽培床使用了塑料衬里，则基质可以在栽培床内直接进行基质混合。另外，可以利用带垫锄头来混合基质，但要注意不要弄破塑料衬里。对于大型温室，应该使用预拌装置，并利用传送带将成品直接送到栽培床上。

干泥炭通常很难被弄湿。鉴于此，在 49.5 L 水中加入 74.2 g 非离子润湿剂（如 Aqua - Gro），将有助于在 1.0 m³ 的混合基质中润湿泥炭。应将微量营养元素溶解在水中，然后洒在基质上或直接加入搅拌机搅拌。对于 100 L 的基质，可将营养物质溶解在 6.2 L 的温水中，然后在混合之前将该溶液洒在基质上。

12.2.7　椰糠 - 珍珠岩（蛭石）混合基质栽培

正如在第 11 章中所讨论的，椰糠作为一种无土栽培基质越来越受欢迎。椰糠未被去掉纤维，这就增加了其孔隙度，所以椰糠比泥炭具有更好的透气性。

在热带地区，人们可以很便宜地购买到大量散装椰糠。然而，在北美的一些公司也把它压缩成可膨胀的硬砖。在每块 567 g 的椰砖中加入 5 L 的水，15 min 内该椰砖就会膨胀到约 9 L，并且质地松软，pH 值为 5.7~6.3。大部分椰糠产自印度尼西亚，但未来可能来自南美和墨西哥。可采取的一种预防措施为检测其盐（氯化钠）含量，特别是如果从沿海地区购买散装椰糠时更要如此。此外，它可能含有残留钾，因此对初始营养液应做相应调整。可以将椰糠与珍珠岩或蛭石以类似的比例混合，如前面讨论的泥炭与蛭石的混合。

■ 12.3　水培香料植物

市场上，对新鲜香料（herb）植物的需求在逐渐增加。现在许多生产者利用密封的塑料包装袋来保持新鲜，因为活的香料植物甚至更受欢迎。这些香料植物是被利用 NFT 或其他水培系统按丛培养的。利用岩棉块或酚醛泡沫块育苗，再将它们移植到 NFT 水培系统，然后根据具体种类的生长率而培养若干周。将栽培块中带根的完整植株按束进行收获。为了保持新鲜，经常会把香料植株放在套筒或硬质塑料蛤壳容器中。

部分较为常见的烹煮香料植物，包括茴芹（anise）、罗勒（bosil）、山萝卜（chervil）、香葱（chive）、芫荽（coriander。又叫香菜）、莳萝（dill）、茴香（fennel）、薄荷（mint）、牛至（oregano）、欧芹（parsleg）、迷迭香（rosemarg）、鼠尾草（sage）、香薄荷（savery）、甜马郁兰（sweet marjoram）、龙蒿（tarragon）和百里香（thyme）。上述作物许多是被大规模田间种植，但也有一些适合水培温室栽培。其中，包括罗勒属植物（甜意大利式罗勒、泰国罗勒、肉桂罗勒、柠檬罗勒和紫色/蛋白石罗勒）、山萝卜、香葱、莳萝、茴香、牛至、甜马郁兰、鼠尾草、香薄荷、龙蒿、百里香、山芥和豆瓣菜（西洋菜）。

香料植物可种植在许多无土基质中，如沙子、泥炭－蛭石混合物、稻壳、椰糠、珍珠岩、泡沫和岩棉，也可被用 NFT 系统进行培养。然而，许多植物对根部的水分很敏感。例如，罗勒不喜欢栽培基质中含水量过大（但在 NFT 中生长良好），龙蒿需要相对干燥的条件，但薄荷与豆瓣菜类似，喜欢大量的水。

12.3.1 混合基质培香料植物

位于美国加州菲尔莫尔的加州豆瓣菜公司，在一种含有60%泥炭、15%沙子、15%杉皮和10%珍珠岩的混合基质中种植了多种香料植物。加入白云石石灰（dolomite line），以使 pH 值稳定在 6.0～6.5。在基质中加入湿润剂和有效期为9个月的控释肥。在该基质中，成功进行了薄荷、香葱、百里香、罗勒和牛至等多种香料植物的栽培。

加州豆瓣菜公司建造了约 4 000 m² 的温室来全年水培香料植物，但重点是在温室中进行冬季生产。栽培床大小为 47 m 长 × 2.4 m 宽，由尺寸为 20 cm 长 × 20 cm 宽 × 40.5 cm 高水泥砌块和尺寸为 1.2 m 长 × 1.2 m 宽的托盘构成（图 12.1）。边缘是用 2.5 cm 高 × 20 cm 长的板材钉在托盘边缘形成的。栽培床的深度为 13 cm，衬里为 0.15 mm 厚的黑色聚乙烯膜（图 12.2 和图 12.3）。这里，利用六角形网眼铁丝网来阻止该黑色聚乙烯膜衬里在托盘顶部的空隙之间出现下垂。在黑色聚乙烯膜衬里底部的 40～46 cm 中心处开了一条狭缝，以便充分排水。沿着栽培床的顶边、侧面和底面，利用订书钉对该聚乙烯膜衬里进行装订。每隔 6 m 长的距离钉一根支撑架来固定床的两侧，然后将基质放入床内（图 12.4）。在将基质置于栽培床内之前，必须使之保持湿润。

灌溉系统由一支中央注肥器、多个直径约为 5 cm 的 PVC 主管和多个直径约为 2.5 cm 的 PVC 集管组成，并通过中心距离为 30.5 cm 的 T 形带滴液管供应营养液（图 12.5）。

图 12.1 水泥砌块和托盘构成的栽培床

图 12.2 栽培床衬里铁丝网以支撑聚乙烯膜衬里

图 12.3　将黑色聚乙烯膜衬里钉在床上

图 12.4　在被清空的栽培床中放置泥炭－蛭石混合基质

图 12.5　中心距离为 30.5 cm 的香葱移植体滴灌软管

另外，将分别位于栽培床前部和中部的两套集管与滴液管相连，这样每套集管只灌溉栽培床的一半长度（23 m）。在滴液带（drip tape）

上，沿着其长度的中心位置按照30.5 cm的间隔预先进行穿孔。该灌溉系统由两台定时器进行控制。灌溉周期一般为每2~3 d一次，每次持续时间为1~1.5 h，这主要取决于当时的植物生长阶段和天气条件。每次灌溉周期的时间应足够长，以充分沥滤并冲走所有的积累盐分。

将在小盆或小托盘中生长的幼苗或生根的营养插条移植至栽培床上（图12.6）。在某些情况下，将大田植物，如香葱和薄荷，移植到栽培床之前时应注意要将幼苗分开，并清洗其根部。

图12.6　正在人工移植牛至幼苗

注意移植后应立即布置滴灌管。

人们预计，由于这些香料植物是多年生的，因此在连续种植的情况下，这些植物可以在栽培床上生长数年（图 12.7 和图 12.8）。这样，当没有蒸汽消毒设备时，如果需要更换作物时，则应当更换栽培基质。

图 12.7　移植 58 d 后第一次收获薄荷

图 12.8　在泥炭－蛭石混合基质中

栽培的牛至、百里香和薄荷

利用这种基质培养作物所遇到的最大问题是根的堆积。同种植物经过 2 年以上的种植后，整个基质中会形成高度紧密的根系，这将会降低氧合作用从而导致根茎枯死。因此，每年都要更换作物，并且要对基质进行消毒或更换，以防止根系腐烂。

灌溉时如果使用硬水（其中碳酸钙的 Ca^{2+} 含量超过150 $\mu mol \cdot mol^{-1}$，碳酸镁的 Mg^{2+} 含量超过50 $\mu mol \cdot mol^{-1}$）则会使基质结皮，特别是采用顶喷式灌溉方式，这种现象更易发生。不过，利用滴灌系统可以减少基质出现结皮。然而，有必要定期对基质表面进行耙削以使其松动。

虽然在近乎 1 年内香料植物能够在基质中良好生长，但是由于硬水而引起的盐分积累会导致减产。因此，需要在 2 年后移走泥炭 - 蛭石混合基质，而用含有15% ~20% 砂粒的稻壳进行替代。将该基质置于毛细垫的顶部，这样，由于稻壳的毛细作用很小，因此毛细垫会有助于液体的横向分布。

12.3.2　稻壳培香料植物

如上所述，泥炭 - 蛭石基质在 2 年时间里会积累大量盐分，因此必须对其进行更换。在 1999 年，泥炭 - 蛭石基质相对于稻壳来说比较贵（前者为每立方米 39 ~46 美元；后者为每立方米 8 美元）。

稻壳栽培床的构造与泥炭 - 蛭石床稍有不同。它们由钢支架和大小为 5 cm × 10 cm 的防腐木框架和胶合板构成。两个长 47.5 m × 宽 120 cm 的栽培床，到中心的倾斜高度为 5 cm，并被铺有 0.25 mm 厚的黑色聚乙烯塑料膜衬里（图 12.9），侧面由尺寸为 2.5 cm 厚 × 20 cm 高的防腐板材构成。

图 12.9　两张并列的栽培床衬里有黑色聚乙烯塑料膜

　　系统经过改进后，可以满足循环使用。将塑料水槽或通径为 7.5 cm 的 PVC 管安装在中心，以用来收集栽培床倾斜流入的渗滤液（图 12.10）。如第 6 章所述，由于稻壳几乎没有毛细作用，因此在聚乙烯塑料膜衬里的顶部放置了一个毛细垫来横向移动灌溉水。为了防止稻壳漂浮到排水槽中，在排水槽旁边的栽培床底部边缘固定了一个涂漆镀锌的墙角护条（图 12.11），在栽培床中填装 5 cm 厚的稻壳和沙子混合物（20% 沙子）（图 12.10）。

灌溉系统是由现有的滴灌系统与泥炭-蛭石混合基质改良而成。在栽培床高的一侧每隔 61 cm 放置通径为 1.25 cm 的三通,并使之与一条沿着栽培床长度方向布局且通径为 2 cm 的黑色聚乙烯软管相连 (图 12.12)。该软管沿着双向延伸 7.5 m 与通径为 2.5 cm 的集管相连,而集管每隔 15 m 通过垂直管与三通相连 (图 12.12)。每张栽培床上都有一个带有电磁阀的控制器来控制灌溉周期。进入到收集槽里的渗滤液,通过通径为 7.5 cm 的回流管路返回到温室外的一个容积为 9 462 L 的储水池 (图 12.13)。

图 12.10　两张并列的栽培床向中心集水槽倾斜

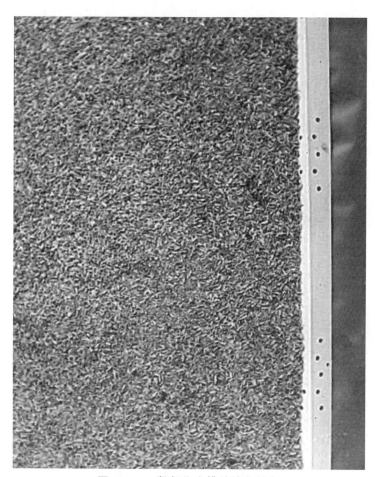

图 12.11　紧邻集水槽的墙角护条

图 12.12　正在移植 4~5 周苗龄的薄荷插条

图 12.13　右侧有泵的容量为 9 462 L 的储水池

　　将稻壳基质混合物放入栽培床之前，必须对其进行充分湿润。最好采用便携式混凝土搅拌机，但也可以手动在混凝土板上或胶合板上混合。如果稻壳在放入栽培床之前未被完全浸湿，则它们将不能够均匀地保持水分，特别是对于新稻壳更是如此。稻壳通常含有许多胚胎，当向基质中加入水时，这些胚胎就会发芽。因此，必须手动除去这些草样的稻苗。或者，当在稻壳使用前几个月对其进行陈化，则会大大减少这一问题。首先用头顶洒水器湿润稻壳几周而使种子发芽；然后，使其干燥或使用除草剂（非持久性除草剂）来杀除幼苗。或者，首先使稻壳基质填满栽培床，接着灌溉使种子发芽；然后施用非持久性除草剂如"农达"（Roundup）。之后，在 7～10 d 后可进行移植。

　　薄荷是主要作物，它由嫩枝扦插繁殖而成。将插条放入 200 穴的育苗盘中，使用生根激素，并将其置于粗质的泥炭–蛭石混合基质中。把托盘放在带有顶部喷雾的育苗室中。在 4～5 周内，插枝会生根并适于被移植到栽培床上（图 12.12）。移植体的株距与行距均为7.5 cm，以便在 3 个月内形成完整植株。第一次和第二次的收成（分别为 1 月和 2 月），可占到完全成熟收成的 50%～70%（图 12.14 和图 12.15）。

　　为了保持高产，每年都需要更换薄荷和稻壳基质。应在夏季对其进行更换，因为这时候的价格较低。稻壳的关键功能是保持底层毛细垫的表面干燥，以防止蕈蝇（*pungus gnat*）、藻类和蜗牛等侵入基质。经研究表明，不添加沙子的稻壳效果较好，因为沙子会沉降到稻壳底部而阻碍栽培床灌溉水的流动。只含深度略深（可达 8～10 cm）的稻壳，可改善通气，并消除蕈蚊和蜗牛的虫害问题。

图 12. 14   在稻壳中移植后第 31 d 适于第一次收获的薄荷

图 12. 15   距上次收获 36 d 后完全成熟的薄荷

使用稻壳基质栽培，最初每 111 m² 大小的栽培床其薄荷产量为 250~300 捆。在最适生长期薄荷产量可高达 450~500 捆。香料植物通常以几十捆出售，这是一种可变的衡量标准。捆的大小是收割人员和市场需求的函数。当市场供应不足且质量良好时，种植者可以将捆扎得小一点，单位面积栽培床上收获的捆数增加。一般来说，用百里香、牛至、罗勒和薄荷，1 捆在夏天相当于 1 b，而在冬天，2 捆相当于 1 b。

由于捆的大小和相应的重量都存在一定的随意性，因此市场现在希望基于称重购买。现在的趋势是在超市销售包装精美的优质香料植物。将批量销售的产品装在盒子中，衬里塑料袋，里面装有质量为 454~908 g的产品。

■ 12.4　泡沫板栽培技术

1997 年，位于美国加州卡马里奥的奥克斯纳德豪威林苗圃公司利用泡沫板种植了占地面积为 80 000 m² 的番茄。泡沫板的尺寸与岩棉板的相同（图 12.16）。研究认为，泡沫的透气性较岩棉的可能要好。与岩棉板类似，在每块泡沫板上种植 5~6 棵植株，而且植株被修整成 V 字形绥带状的构型。像在岩棉培养中一样，泡沫板培养是利用岩棉小方块和大方块来启动植物培养。在每茬之间可对泡沫板进行蒸汽消毒，并用白色聚乙烯膜成排进行包裹。植物和灌溉系统的布局与岩棉栽培系统相同（图 10.8），灌溉是由带有营养液储罐的注肥器系统实施的，这个占地 80 000 m² 的综合设施被分成 6 个部分。每株植物都用单独的滴灌头和滴灌管进行灌溉，渗滤液流入位于植物下面的地下排水管道，这是一种开放系统。

图 12.16　种植番茄的泡沫板

　　研究表明，与利用类似的岩棉或锯末培养系统相比，利用泡沫培养系统的产量较低。板上出现了很多局部干燥点，因此降低了植物产量。鉴于此，在后来的作物栽培中，他们又改用岩棉和锯末培养系统，因为在这方面他们积累了很多经验，并取得了成果。

　　然而，对于藤本作物来说使用泡沫培养技术是有潜力的，但这将需要在较小规模上进行试验，以确定灌溉周期的频率和时间，从而获得最佳产量。对于大型的温室综合设施，不应尝试使用泡沫基质，除非在温室的小部分区域内种植过几种作物。另外，有人进一步介绍过泡沫在水培中的应用效果（Cook，1971；Broodley 和 Sheldrake，1986）。

■ 12.5　珍珠岩栽培技术

12.5.1　珍珠岩块和珍珠岩板

　　珍珠岩块正逐渐成为岩棉块的替代品，它在番茄、辣椒、黄瓜和茄子的育苗中效果良好而越发受到欢迎。例如，比利时的维利姆斯珍珠岩公司（Willems Perlite NV），声称有数百万的幼苗是利用珍珠岩栽培的。在第 6 章中已介绍过，在大型苗圃中利用潮汐水培系统培养岩棉块中的幼苗（图 12.17）。该公司声称，利用带有移植体的珍珠岩板、椰糠板和泥炭板上，可以培养出更为高产的植物，他们将这种生长现象归因于水分与空气将得到了最佳调节，从而导致形成许多纤细而活跃的根系（图 12.18）。而且，由于其很强的毛细作用，上述三种栽培块不会在其他基质上干燥。

图 12.17　生长在珍珠岩块中的辣椒移植体

图 12.18　珍珠岩块中纤细而有活力的庞大根系

珍珠岩栽培技术是替代岩棉栽培技术的一种选择（Gerhart 和 Gerhart，1992；Munsuz 等，1989）。在英国，珍珠岩栽培被认为是三大最重要的水培技术之一，仅次于岩棉培和 NFT。Day（1991）介绍说，珍珠岩栽培技术主要被用在英国的苏格兰以及英格兰北部，在这里共种植了 160 000 m² 的温室番茄。目前，岩棉培仍然是最重要的水培系统。

2008 年，在肯特郡东部的伯金顿附近的萨尼特岛动工修建了英国最大的温室综合设施"Thanet Earth"。计划中的 7 个温室，有 3 个是在 2010 年之前被建成的。当 7 个温室全部被建成后，它们将占地 910 000 m²，并将种植 130 万株番茄、胡椒和黄瓜。这些温室是采用岩棉栽培技术的高技术荷兰温室。因此，通过这种新的操作，岩棉栽培系统仍然是英国最重要的水培种植系统。

珍珠岩板系统的设置方式与岩棉板系统的相同，并采用注射系统而具有类似的滴灌设计。起初，利用岩棉小块进行幼苗培养，接着将幼苗移植到岩棉大块上并培养几周，之后将该植株移植到珍珠岩板上继续进行培养。必须对营养液进入和离开珍珠岩板时的 pH 值和电导率进行监测和记录，并根据需要对配方和灌溉周期进行调整，以保持最佳灌溉程序。必须对循环次数、每个循环的持续时间、配方和渗滤液率进行监测。渗滤液率的变化幅度可达 25% ~ 30%，这取决于栽培板和作物生长的状态。将 2.5 ~ 4 cm 的营养液保存在珍珠岩板中作为储水池，方法是在珍珠岩板面对灌溉管的一侧从底部向上 2.5 ~ 4 cm 的高度割开一条缝。利用粗珍珠岩作为栽培基质。为栽培植物在袋子的顶部开洞后，将岩棉块放置在这些位置，并在每个岩棉块上放置 1 根滴灌管。

2005 年，在位于墨西哥奇瓦瓦省奈卡的一座温室中，在珍珠岩板上种植了圣女果（cheey tomato，又称樱桃番茄）（图 12.19），可以看出，圣女果的产量非常高。

图 12. 19　珍珠岩板上生长的圣女果

12. 5. 2　珍珠岩巴托桶

珍珠岩栽培中，所使用的"巴托桶"（bato bucket）源于荷兰。当将水桶放在排水管上时，该系统可进行溶液的回收。虽然在巴托桶系统可以使用珍珠岩以外的基质，如熔岩（lava rock，也称火山岩）、锯末、泥炭－蛭石混合基质、稻壳或椰糠，但最常见的还是珍珠岩。对于锯末、泥炭－蛭石混合基质、稻壳或椰糠，由于基质中会出现盐的积累，因此很难回收营养液。此外，由于巴托桶的虹吸作用而导致在桶底存有 1.2 cm 深的溶液，这样会引起锯末、泥炭－蛭石混合基质及椰糠等基质的通气问题。所以巴托桶系统最适合珍珠岩和熔岩。

位于墨西哥克雷塔罗的，阿格罗斯农业可变动资本额公司（Agros, S. A. de C. V.，以下简称阿格罗斯农业公司）（图 12.20），在一套采用熔岩基质的巴托桶系统中成功种植了占地面积为 130 000 m² 的番茄。

图 12.20　采用熔岩基质的巴托桶系统

安圭拉的美膳雅水培农场，在珍珠岩巴托桶系统中种植了约
1 000 m² 的藤本作物。另外，利用该系统进行了欧洲型黄瓜、牛排形番
茄、樱桃番茄、辣椒和茄子等蔬菜作物的栽培（图 12.21 ~ 图 12.24）。

图 12.21　在装有珍珠岩的巴托桶中种植牛排形番茄

图 12. 22　在珍珠岩巴托桶内培养 3 个月的茄子

图 12. 23　播种 4 个月后适于收获的辣椒

图 12.24　从播种到适于收获的 6 周苗龄的欧洲型黄瓜

巴托桶系统的结构布局有些类似于岩棉培，但其主要的不同之处，是在安放桶之前要安装排水管。一旦安装了主排水总管（返回水箱），就会在地面上铺设一层黑底白面的聚乙烯膜衬里。在美膳雅水培农场项目中，在安装回水管之前，在底层基质上铺了一层乙烯基塑料衬里。首先在上面铺一层 15 cm 厚的沙子；然后安装花盆和排水管道；最后在最上层铺上 7.5 cm 厚的珊瑚砾石，以使沙面保持洁净（图 12.24）。

将巴托桶放置在排水管的顶部，排水管之间的中心距离为 1.8 m，巴托桶之间的中心距离为 40.6 cm。每桶中种植两株番茄、辣椒或茄子，或者每桶中种植一株欧洲型黄瓜，这是这些作物的标准间距。

如图 12.25 所示，巴托桶是由 30 cm 长 × 25 cm 宽 × 23 cm 深的硬质塑料制成。如果填充到距顶部 2.5 cm 处，则其体积约为 16 L。在巴托桶底的背面留有一个尺寸为 5 cm 长 × 4 cm 宽的开口，从而使该桶坐落于一个直径 3.8 cm 的排水管的顶部。我们关于黄瓜和番茄栽培的经验表明，直径为 3.8 cm 的排水管太细，因为在其内出现了大量根系积聚。因此，后来将排水管的直径扩大到 5 cm。利用一个直径为 1.9 cm 的双弯管形成从桶底部到排水管的虹吸管（siphon）（图 12.25）。虹吸管将巴托桶中的液位保持在约 1.2 cm 的高度。在珍珠岩或各种砾石等基质中，能够储存营养液是很重要的。虹吸管直接将营养液从巴托桶一端排入下方的排水管。使用粗粒珍珠岩（图 12.26）时应谨慎，而且不要将

图 12.25　将虹管弯头放进巴托桶中

其打包放入巴托桶，因为这可能会堵塞虹吸管。另外，应避免使用细粒珍珠岩。将巴托桶沿着排水管从一侧到另一侧交错安放，并使各个巴托桶之间的中心距离保持为 40.6 cm（图 12.25 和图 12.26）。

图 12.26　用粗珍珠岩填装巴托桶

滴灌系统通过直径为 1.2 m 的黑色聚乙烯软管进行营养液供应。该软管具有补偿性喷射器，其一头与滴灌管相连，而另一头与小桩相连（图 9.15）。通过一种特殊的槽桩，非常便于引导溶液去灌溉到每株植物。研究发现，每株黄瓜需要 3 条滴管，而每株番茄、辣椒和茄子均需要 2 条滴管。灌溉系统的其余部分与岩棉或锯末培养系统的相同，即利用营养液母液储罐和注肥器（图 12.27），或利用中央储液箱，从这里流出的营养液在被消毒后可得以回收利用。

图 12.27　一种注肥系统

利用巴托系统，能够种植健康而高产的蔓生作物。然而，有时也会有桶被堵塞并导致营养液溢出的情况，原因是珍珠岩一旦被压实就会导致虹吸弯头发生堵塞。

12.5.3 珍珠岩培茄子

在加勒比海安圭拉美膳雅度假村的水培农场，作者成功地用巴托桶珍珠岩种植了茄子。利用边长为 3.75 cm 的岩棉块进行茄子播种，3 周后将幼苗移植至边长为 7.5 cm 的岩棉上。播种后 5~6 周内将植株移植到珍珠岩系统中。这种初始播种和移植方式与番茄的非常相似。栽培方式与番茄和辣椒的也相似，即在每个巴托桶里放两株作物，在每个岩棉块边缘放置 1 条滴灌管，作物将滴灌管放置在每个栽培有植株的岩棉块的边上。对植株进行垂直修剪，并利用塑料藤夹将其固定在从头顶支撑缆绳上伸下来的细绳。和辣椒一样，每株茄子可以有两条主茎，因此所需的支撑绳是番茄的两倍。

与辣椒和番茄的整枝相比较，茄子的整枝更与辣椒的类似，即均允许它们分叉一次而形成两条茎（图 12.28），而且这两条茎最具活力的茎被允许生长而其他茎在其生长早期则被去除。以上操作一般是在播种后的约第 8 周，或在幼苗被移植到巴托桶后的第 2~3 周。持续保持植株上的两条主茎。如果一棵植株衰弱，而相邻的植株形成了一个旺盛的侧枝，则可以将其整枝到相邻的支撑线上，以替代另一棵植株的弱茎。在侧枝上可允许结有一个果实，但在侧枝上一旦结有一个果实时，就需要对其打顶而阻止其进一步生长。可以说，这同对辣椒侧枝的修剪方式类似。

茄子的花较大而容易释放花粉（图 12.29），必须像对番茄那样对它们进行授粉。首先可以借用大黄蜂来完成授粉，但对于小规模的授粉操作，可以使用番茄"花瓣抓挠器"（Petal Tickler）（图 12.30），每天进行授粉对结果和高产至关重要。

图 12.28　把茄子修剪成两条茎

图 12.29　适于授粉的茄子花

图 12.30　用"花瓣抓挠器"为茄子授粉

　　茄子一开始产量非常大，然后它们的生长速率会逐渐变慢，因为果实的生产需要大量的营养（图 12.31）。一旦果实被摘除，植株则会在上面结出更多的果实。在一个生长季，该茄子植株可以长到约 3.7 m高。像辣椒一样，最好不要把它们放低，否则会使植株生长受到不利影响。当将番茄植株放下时，一般每周要摘掉 3 片叶子。对于茄子来说，最好不要放低植物，否则会致使植株遭遇严重胁迫而产生小果。在美膳雅度假村水培农场的温室，采用高度仅为 3 m 的边墙来抵御风速强达 240 km·h⁻¹ 的飓风。因此，必须将茄子放低，从而导致了果实减产。在这种情况下，每年最好种植两茬作物。对旧茎进行修剪，以保留在植株基部形成的几个侧枝，这些新枝可以取代高大的旧茎（图 12.32），但产量不及新植株的。

图 12.31 初期高产的茄子植株

另外，在以珍珠岩为栽培基质的植物塔（plant tower）中，也培养了迷你灌木茄子（mini bush eggplant），其种植周期为 3~4 个月（图12.33）。

图 12.32　修剪 8 d 后茄子基部侧枝的生长状况

图 12.33　植物塔中的迷你茄子

■ 12.6　柱式栽培技术

在欧洲，特别是在意大利和西班牙，植物立柱式栽培技术（vertical column culture。简称柱式栽培技术）得到了较大发展。这一系统起源于：将木桶或金属桶垂直堆叠，然后在其中填满砾石或泥炭混合物，并在容器四周打孔以便能够将植物放入基质中。水和肥由被安装在每根柱子顶部的滴灌系统提供。如果砾石被用作栽培基质，那么就可以通过将该立柱置于收集槽之上而对营养液进行回收，也即将营养液传送回到位居中心的储箱。

近年来，在柱式栽培中采用的是垂直叠放的聚苯乙烯泡沫塑料盆。美国佛罗里达州的公司（Verti - Gro Inc.）开发了这种栽培方式。该系统最初是为种植草莓而设计的，但很快就发现它也适用于种植香料植物、菠菜、生菜和其他矮生作物。

聚苯乙烯泡沫塑料花盆尺寸为 23 cm 长 ×23 cm 宽 ×21 cm 深，略微倾斜的侧面通过将其方向偏移 45°而彼此堆叠（图 12.34）。它们的顶部有特殊的凹槽，以与上面的种植盆底部相匹配。每个种植花盆的容积为 2.8 L，一般情况下，7~10 个种植盆堆叠在一起组成植物塔，种植盆的数量取决于要种植的作物和光照条件。对于香料植物，种植盆的四周都要播种，而对于辣椒或番茄，用一组含有 7 个种植盆的种植塔，间隔一盆进行种植，中间的留空作为隔板。收集罐可被放置在植物塔的底部，用来收集循环液体并将其输送到排水管中，以使溶液再循环。如果用装满砾石的盆或桶来收集排水，则需要使用直径为 2 cm 的三通，并在三通的每个开口中插入一根直径为 1.9 cm 及长为 10 cm 的管子，从而形成立管的基座，以防止花盆移动其位置。这个基座被放置在装满砾石的种植盆或种植桶的底部（图 12.35）。聚苯乙烯泡沫塑料盆底部有孔，因此可以将水排到下一个种植盆。此外，在每个种植盆的中心都有一个直径为 2.5 cm 的孔，以供管道导向器（pipe guide）通过。在导管（conduit）经过 8 cm 长 ×8 cm 宽 ×0.6 cm 厚的旋转板后，导管支撑管（conduit support pipe）从三通穿入 10 cm 长的立管（riser）的顶部。旋转板是两个直径为 1.9 cm 的套管之间的隔板，以用来支撑植物塔上的种植盆。这样，种植者就能够轻松旋转植物塔而使得光对着植物照射。通过将植物暴露在等量的阳光下，而会使植物实现更为均匀的生长。这在较北的纬度地区尤为重要，因为白天阳光会在那里投下阴影。

在组装植物塔时，使聚苯乙烯泡沫塑料种植盆滑过导管和 2 m 高的塑料管套（pipe sleeve）。用珍珠岩–椰糠混合物（85%~15%）依次从下往上填满种植盆，并且一旦下面的种植盆被填满基质后，则将下一个种植盆放入其顶部的凹槽中（图 12.35）。也可以使用其他基质，如只单独采用椰糠或粗珍珠岩，具体要取决于所要种植的作物和当地的气候条件。

图 12.34　播种 1 个月后植物塔中的香料植物

图 12.35　用粗珍珠岩填充塑料种植盆

最后，用镀锌扎线把导管固定在架空支撑线或镀锌管上。或者，通过以下方法可将导管支撑在下面的基质中：先在直径较大的部分（大约1 m 长）处开孔，然后将直径较小的管道滑入其中（图 12.36）。在每个支撑管的顶部安装 1 根直径为 2.5 cm 的 T 形管，使之作为从黑色聚乙烯灌溉软管伸出的滴灌管引导件（guide）（图 12.37）。将从植物塔上方的黑色聚乙烯灌溉软管伸出的滴灌支管连接到顶盆，大致并在塔的半腰处安装 1 根滴灌管（图 12.37）。营养液进入顶盆，并从中滴落到下方的其他盆内。

图 12.36　在地面上安装基座导管支架

图 12.37　辣椒植物塔的灌溉系统

收集桶位于直径为3.8 cm的排水管的顶部。它可以把溶液送回营养液储箱，或将溶液从温室引到废水池。种植塔行内距为0.9 m和行间距为1.2 m，每个塔占地1.0~1.3 m²。在更加靠南的地方以及栽培如香料植物等矮秆作物，则有可能会使其间隔距离更近。

每个植物塔如含10个盆，则可以种植至少40株草莓、生菜或白菜（图12.38）。如果以丛的方式播种香料植物，则每个塔上可以种植更多植株，但丛的数量相同。将植物移植或直接播种到每个种植盆的角落里。许多香料植物可以被直接播种到种植盆里，但为了节省时间，对于生菜、小白菜（bok choy）和草莓，最好利用其移植体（草莓尤其需要这样）。

柱式栽培系统单位面积的产量是同等大田栽培的6~8倍，是温室台面培养作物的3~4倍。生菜、菠菜、香料植物和草莓的种植密度大约是每平方米32株或每公顷32万株。每柱草莓每个月可产出的新鲜果实体积为4.7~6.2 L，那么3 200个植物塔（每公顷上具有8 000个塔）每月应该可生产10 500~15 700 kg的草莓。

1997年，作者在秘鲁利马国立农业大学（Universidad Nacional Agraria La Molina）举办的国际商业水培会议（International Conference of Commercial Hydroponics）上作了关于柱培的学术报告。在位于秘鲁首都利马东北部谢内吉亚（Cieneguilla）的ACSA水培生产公司（Productos Hidroponicos ACSA），由于兴趣使然而开发了一套商业柱培设施。它们与该大学的水培与矿质营养研究中心（Center of Hydroponic and Mineral Nutrition Investigation）合作，开发了类似于Verti - Gro公司的聚苯乙烯泡沫塑料盆塔（Styrofoam pot tower，植物塔）（图12.39）。占地4 000 m²的设施具有3 000座盆塔，每座盆塔上具有10个盆。在每座盆

图 12.38　由小白菜形成的植物塔

塔上栽培 40 株草莓，因此总共种植了 12 万株草莓。四个区每天灌溉两次，每次灌溉 20 min。基质由浮石和泥炭组成。在冬季和夏季，每天的产量范围为 125～600 kg，其目标是每株生产 500 g 水果，该大学还在热带气候条件下试验了传统的草莓袋式栽培技术。

图 12. 39　在秘鲁的植物塔上生长的草莓

■ 12.7　袋式栽培

袋式栽培（sack culture，简称袋培）是柱培的简化版。除了用聚乙烯塑料"袋"来代替刚性桶、管道或盆外，与其他系统基本上是一样的。在尺寸为0.15 mm厚度×15 cm直径×2 m长度的黑色塑料袋中，填装泥炭－蛭石混合物或椰糠等任何其他基质。将底端扎紧以防止基质掉落，并将顶部扎紧以将基质约束成香肠状。首先将顶端用铁丝或绳子系在温室的顶上；然后袋子垂下来而形成柱子的效果。

通过使用从中央营养液储箱或注肥器到每个袋子的滴灌系统，而实现自动浇水和施肥。在塑料袋周围剪出直径2.5~5 cm的小孔，以便将植物放入其中（图12.40）。营养液首先从袋子的顶部进入；然后向下渗透到整个袋子中。这些袋子由温室的上部结构或其他支撑物来支撑，每排中袋间距为80 cm，而排间距为1.2 m。

灌溉周期一般为2~5 min，每袋每个灌溉周期的营养液添加量为1~2 L，每天的灌溉周期次数取决于植物的生长阶段和天气状况。营养液不能被循环利用，但可以从袋子的顶部渗透到底部，并从排水孔流出。在每个生长期结束时，将整个袋子和基质处理掉，并在新的袋子中填装无菌基质。

这一系统特别适用于生菜、香料植物、草莓和其他矮生植物，这些植物通常需要大量的温室面积，而很少利用垂直空间。然而，关于番茄、辣椒、茄子、黄瓜和其他蔬菜的丛生品种（busy varity）进行的试验也取得了良好进展。

在哥伦比亚波哥洲大学的 FRESEX 农场，从 20 世纪 90 年代末开始

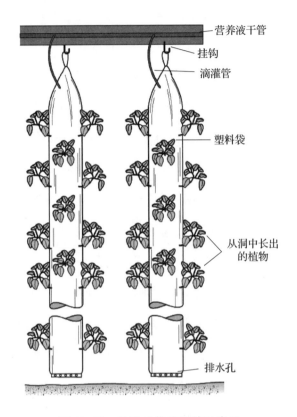

营养液干管

挂钩

滴灌管

塑料袋

从洞中长出
的植物

排水孔

图 12.40 悬挂式袋培系统示意图

在袋培中种植了占地面积为80 000 m²的草莓。该农场位于波哥大附近，海拔较高，以前进行传统的大田草莓种植。然而，草莓的田间生产遇到了许多病害问题，因此导致了产量下降。为了解决这个问题，该公司采用了另一种方法，即使用袋培系统。在1997年，农场拥有3万个袋子，每个袋子中装有28~30株植物，总共有80万株植物。

由于该地区为热带气候，所以不需要温室来进行保温。生产上，常采用简单的木杆和横梁系统来支撑栽培袋。袋子里：首先装有75%的稻壳和25%的煤灰（废渣）；然后将直径15 cm×长2 m×厚0.2 mm的袋子系在木制横梁上（图12.41）。行内间距为0.8 m，行间间距为2 m。

将袋子结扎成 7 段，这样每段就可以阻止基质沉降和由此引起的压实（图 12.42）。在每段种植 4 株植物，这样在每袋中至少种植 28 株。通过在袋的下热封端打 10 个孔以方便进行排水。渗滤液从袋子底部流入下面的排水沟，然后由排水沟将该废液送到废水池（图 12.43）。

图 12.41　袋培中草莓的支撑系统

滴灌系统将营养液从一个大的中央水箱中分配到袋子中。两根从 PVC 主管分出的直径为 1.2 cm 的黑色聚乙烯支管贯穿木制横梁。滴灌管进入到袋子的 4 段（图 12.44），并沿着袋子往下走。根据天气条件和作物的成熟情况，灌溉周期为每天 3~6 次，每袋每天灌溉 3~6 L。

图 12.42　被打结成 7 段的袋子

图 12.43　从沙袋子底部排水

图 12.44　用于袋培的滴灌系统

最被广泛利用的草莓品种，是从美国加利福尼亚州购买的
"Chandler"和"Sweet Charlie"。在 7 个月的种植期内，每株产量为
500~900 g（图 12.45），而目标是每株 800~900 g。FRESEX 农场向
北美、欧洲和加勒比地区出口草莓，当年 11 月至下一年 1 月的销售量
最大。由于安装户外袋培系统的资金成本较低，所以投资回报率应较
为可观。

图 12.45　袋培获得的高产草莓

12.8　栽培基质消毒

在本章中，所提到的所有基质都必须用化学或蒸汽方法进行消毒，具体措施如第 8 章所述。

12.9　柱培和袋培技术的优缺点

泥炭与椰糠混合物的优点如下。

（1）类似于砾石培和锯末培，它们是开放系统；因此，镰刀霉枯萎病和黄萎病等病害的传播较少，尤其是番茄。

（2）不会出现植物根系堵塞排水管道的问题。

（3）营养液在根区能够进行良好的横向移动。

（4）根部通气性良好。

（5）在每个灌溉周期当中均可添加新营养液。

（6）系统简单，易于维护和维修。

（7）基质的高持水能力降低了水泵发生故障时的风险。

（8）在该系统适合采用注肥器，因此需要的储罐容积可以更小。

（9）泥炭、珍珠岩、蛭石以及椰糠在世界各地都比较容易获得，而且椰糠是一种"可持续的"基质。

（10）袋培技术，使温室操作人员能够有效地利用垂直空间种植生菜和草莓等作物，而之前种植这些作物通常需要大量的土地面积。采用袋培技术，可以在一定面积的温室里种植更多的植物。

（11）袋培和柱培使植物部分和果实远离其下面的基质，从而减少了果实和植被的病害问题。

泥炭与椰糠混合物的缺点如下：

（1）在种植间隙，必须对基质利用蒸汽或化学药品进行消毒，而比对砾石消毒用的时间要长。

（2）在种植季节，盐会积累至中毒性水平。可在每个灌溉周期中，进行适当而有规律的沥滤（至少25%），以克服这个问题。

（3）如果未使用合适的过滤器，或者忽略了过滤器的清洗，则可能会发生滴灌管的堵塞。

（4）由于泥炭在本质上是有机的，所以它会随着长时间连作而分解。因此，在之后的种植间隙中须添加泥炭。然而，椰糠不像泥炭那样容易分解。

（5）珍珠岩、浮石和蛭石在连续使用时会分解，因此导致基质板结。因此，在种植间隙要更换掉泥炭混合物，这样会增加每年的更换成本（基质和劳动力）。

（6）如果在种植期间发生压实，根的透气性会受到很大影响，因此会导致作物大幅减产，所以原始混合物比例和处理对防止压实都很重要。

总之，泥炭混合物被广泛应用于容器种植的植物中。在栽培床上时，沙子、稻壳、椰糠或锯末更合适；在袋式栽培中，泥炭、稻壳、椰糠或锯末因其重量轻而最适宜。在这些栽培方法中，珍珠岩袋和椰糠板为未来的藤本作物规模化生产提供了极大潜力。

参考文献

[1] BROODLEY J W, SHELDRAKE Jr R. Cornell "peat - lite" mixes for container growing [R]. Department of Flower and Ornamental

Horticulture, Cornell University Mimeo Report, 1964.

[2] BROODLEY J W, SHELDRAKE Jr R. Cornell peat – lite mixes for commercial plant growing [J]. Information Bulletin 43, Ithaca, NY: Cornell University, 1972.

[3] BROODLEY J W, SHELDRAKE Jr R. Phenolic foam—a unique plastic, its characteristics and use in hydroponics [C]//Proceeding of the 19th National Agricultural Plastics Congress, Peoria, IL, USA, 1986, pp. 203 – 209.

[4] COOK C D. Plastoponics in ornamental horticulture [J]. The Gardeners Chronicle/HTJ, Oct. 7 – 15, 1971.

[5] DAY D. Growing in perlite [J]. Grower Digest No. 12, London: Grower Books, 1991: 35.

[6] GERHART K A, GERHART R C. Commercial vegetable production in a perlite system [C]//Proceeding of the 13th Annual Conference on Hydroponics, Hydroponic Society of America, Orlando, FL, Apr. 9 – 12, 1992: 35 – 39.

[7] LAICHE A J, NASH V E. Evaluation of composted rice hulls and a light weight clay aggregate as components of container – plant growth media [J]. Journal of Environmental Horticulture, 1990, 8 (1): 14 – 18.

[8] LINARDAKIS D K, MANIOS V I. Hydroponic culture of strawberries in plastic greenhouse in a vertical system [J]. Acta Horticulturae, 1991, 287: 317 – 326.

[9] LUCAS R E, RIECKE P E, FARNHAM R S. Peats for soil improvement and soil mixes [J]. Michgen Cooperative Extention Service Bulletin. No. E – 516, 1971.

[10] MUNSUZ N, CELEBI G, ATAMAN Y, et al. A recirculating hydroponic system with perlite and basaltic tuff [J]. Acta Horticulturae, 1989, 238: 149 – 156.

[11] RESH H M. Column culture of vegetables and strawberries [C]// Hidroponia Comercial Conferencia International, Lima, Peru, 6 – 8 Agosto 1997: 47 – 54.

[12] RODRIGUEZ DELFIN A. Sistema de cultivo en columnas [C]// Conferencia Internacional de Hidroponia, Toluca, Mexico, 6 – 8 Mayo 1999.

[13] SANGSTER D M. Soilless culture of tomatoes with slow – release fertilizers [R]. Agdex 291/518, 1973. Ontario Ministry of Agriculture, Ontario, Canada.

[14] TROPEA M. The controlled nutrition of plants, II—A new system of "vertical" hydroponics [C]//Proceeding of the 4th International Congress on Soilless Culture, Las Palmas, Spain, 1976: 75 – 83.

第 13 章
热带植物水培及其特殊应用

■ 13.1 前 言

在过去的 15 年里，水培越来越受到具有热带气候国家和地区的重视，如澳大利亚、中国、印度尼西亚、墨西哥、中美洲和南美洲已经开始了许多规模化的水培种植。2011 年 2 月，有报道称澳大利亚开放了最大温室，名为新鲜广场（FreshPlaza）。该温室位于阿德莱德市附近的特威士小镇（Two Wells），所属公司名称为 d'VineRipe。其栽培槽为升高型，里面装有岩棉板。这座占地 170 000 m^2 及耗资 6 500 万美元的温室设施，预计每年可生产 1 100 万 kg 的番茄。

由于部分欠发达国家的经济状况随着通货膨胀的控制和政治稳定而改善，因此人民生活水平将会提高。随着经济条件的改善，新的机会造就了更多的中产阶级，这些人要求更高质量的新鲜蔬菜。例如，巴西就是这一进步的一个例子，在这个国家目前正在发展大量的水培温室产业。当前，他们主要生产芝麻菜、生菜和香料植物。

随着人们对优质蔬菜的认识逐渐加深，一些受控环境的农作物，如番茄、甜椒、生菜、豆瓣菜和其他香料植物，正逐渐受到人们的青睐。这些农作物被采用水培种植，以确保其不含导致痢疾和霍乱等疾病的微生物。在热带地区，大部分农业位于谷底，因为那里的水量充足（这些地区尤其是靠近大城市的地区，经常会受到来自居住区的径流污染）。这正是在委内瑞拉加拉加斯的委内瑞拉水培公司（Hidroponias Venezolanas）在水培方面取得成功的重要原因，这一工作被用作水培技术在热带地区潜在用途的一个典型案例。

■ 13.2　委内瑞拉水培公司

委内瑞拉水培公司建造温室设施的地区位于谷底，当地菜田种植者使用来自周围地带的径流，因此会将病原生物带进作物中。这样，人们在鲜食了沙拉后经常会患上痢疾。因此，这就为委内瑞拉水培公司提供了一种机会，即可以利用清洁的山泉水来水培沙拉作物。这种水只能在陡峭的山坡上使用，因此远远高于任何农田。在此情况下，该水培农场的水源远远高于农场或住宅，而且上面的区域是一个公园。尽管如此，农场还是安装了氯化（chlorination）和过滤系统以防止细菌感染（图13.1）。

在热带国家，种植温带作物会面临一些独特的挑战。随着许多热带国家经济的改善，越来越多的中产阶级需要清洁、安全和营养的食物，就像在世界上其他工业化国家人们所做的那样。

对于并非原产于热带的蔬菜作物，需要特殊的生长条件和栽培方式。草莓、甜椒、茄子、番茄、黄瓜、生菜、卷心菜、芹菜、花椰菜、豆类、豆瓣菜和其他香料植物等都很受欢迎。然而，在这些国家的许多地区，由于温度和湿度过高，该气候并不适合种植这些作物。然而，在

图 13.1　山泉水过滤系统

海拔 1 500 m 以上的山区，温度会大幅下降到足以适合一些凉季温带作物的生长，如生菜、草莓、豆瓣菜、卷心菜、芹菜和花椰菜。可以说，委内瑞拉的情况就是如此。

　　这些地区白天的温度为 22 ~ 28 ℃，夜间的温度则降至 16 ~ 20 ℃。白天的温度，是种植诸如生菜、卷心菜、花椰菜和豆瓣菜等凉季作物所能承受的最高温度。不然，白天气温过高会导致农作物歉收。例如，白天温度过高可能会导致生菜、卷心菜和花椰菜的抽薹，或豆瓣菜的开花。

　　作物生长的海拔越高，白天温度过高的可能性就越小。然而，更高的海拔意味着会遇到更陡峭的地形（图 13.2）。因此，在此传统农业操作会变得非常困难，如果年复一年人工反复耕种小块土地，则产量会随肥力下降，而且土壤结构会遭到破坏。

图 13.2　位于陡峭地带传统农业塑料棚下的水培梯田

■ 13.3　热带沙子栽培技术

委内瑞拉水培公司的农场，位于距离委内瑞拉首都加拉加斯约 40 km 处的圣佩德罗。将陡峭的地形切割成梯田的形状，以最大限度地利用现有的水平地面（图 13.3）。每块梯田大约为 $1/3$ hm^2（1 $hm^2 = 10^4$ m^2）。由于土壤多岩石而致使用重型设备平整场地费用昂贵，因此决定用金属框架建造凸起型栽培床。这里，钢的成本和焊接的劳动力相对较低。

在现场进行栽培床的框架焊接，然后把它们安装到混凝土底座上（图 13.4）。底部由黏土砖和混凝土构成，这些都是这个国家的通用建筑材料（图 13.5）。将栽培床用一薄层混凝土找平，然后用沥青漆进行密封（图 13.6 和图 13.7）。另外，在底面铺设排水管或黏土砖，以满足通畅排水（图 13.8）。

图 13.3　部分水培梯田

图 13.4　水培床的钢框架

图 13.5　水培床底部的黏土砖

图 13.6　用一薄层混凝土找平的栽培床

图 13.7　用沥青漆密封栽培床

图 13.8　位于栽培床底部供排水管道

基质采用的是带有地下灌溉系统的石英（二氧化硅）砂，并建造了容量为 50 000 L 的大型地下混凝土蓄水池来储存营养液。淡水来自水井和溪流，其被通过复杂的管道系统泵送至多个储罐，最后到达水培农场上方的一个储罐。该淡水的总溶解盐含量很低，这种情况在热带地区十分罕见。一个生产区包括一个营养液池和若干张栽培床，营养液通过管道和泵被分配到每张栽培床的分配管道（图 13.9）。

图 13.9　从营养液池到高架栽培床之间的配水管道

在栽培床的一端，通过使营养液进入连接到沿床纵向分布的供排水管路的 PVC 集管，而对植物进行灌溉（图 13.10）。将黏土砖切成两半或对 PVC 管沿床底进行开孔，从而使水流均匀分布。人工堵塞排水管，使营养液在床内上升至离沙子表面不超过 2.5 cm 处（图 13.11），并用三个不同高度的管塞调节栽培床内营养液的高度。当第一次移植植物到床上时，将最高的管塞保持在 2.5 cm 内。之后，随着植物的生长，通过若干次把较矮的管塞塞在排水口而逐步降低水位。

图 13.10　营养液从主分配管进入栽培床的进口端

图 13.11　栽培床的进口总管和排水端

每个灌溉周期需要 15~20 min，然后拔掉塞子，营养液会在 10 min 内流出栽培床，以提供良好通气。对于生菜，每天需要 4~5 个灌溉周期，为了减少供水和排水的时间，将新式栽培床的长度由之前的 18~20 m 缩短到了 9 m。将大营养液池分为 5 个部分，每部分的容积为 9 000 L，且每个部分具有一台独立的泵和通向 8 张栽培床的管道（图 13.12）。这样，可以在 5 min 内迅速灌入营养液，但排水时间相似，从而改善了植物根部的氧化作用。

图 13.12　为各个栽培床区域从多段储水池供应营养液的分配系统

将合适的石英砂必须从 800 km 以外的地方用卡车运来，因此价格昂贵。砂是粗质纯硅，通常被用于玻璃工业。由于石英砂的成本较高，所以为了减少沙子的使用是可以在排水管道上方的栽培床底部铺上一层 7.5~10 cm 厚的碎黏土砖，然后在碎砖上铺 10~12.5 cm 厚的沙子。然而，实际案例表明，使用碎黏土砖作为底部栽培基质会引起问题，因为它在 6 个月的时间内会分解成细粉末，而这种粉末会堵塞排水管，从而导致生菜植株的根部和叶冠过度潮湿，进而发生细菌软腐病。对上述问题的解决办法是，清除掉底层的碎黏土砖，而用粗糙的花岗岩代替，然后在上面加一层沙子之前再加一层小鹅卵石（图 13.13）。

图 13.13　栽培床内自下而上分别铺有粗花岗岩、小鹅卵石和粗石英砂

在一个特定的地方，建筑材料、栽培基质和肥料的可用性和成本决定了应该使用的水培系统类型。在许多热带国家，木材稀少且价格昂贵。一般来说，钢材、混凝土和黏土砖都很容易买到，而且价格便宜。委内瑞拉就是这种情况，即这里的水培床是由上述的钢框架、黏土砖和混凝土等制成。

在热带地区，这里的日长和日照时间在不同月份之间只有轻微的变化，因此在电导率、总溶解溶质（total dissolved solutes，TDS）、各种营养物质的浓度和植物苗龄之间存在紧密的相关性。热带地区有两个季节：一个是 6—12 月的雨季；另一个是 1—5 月的旱季。在雨季，有较多的降水。然而，尽管每天的降雨量非常大，但持续时间很短，即雨后天空很快就会放晴。因此，雨季每个月的日照时数与旱季相差不大。这样，对营养液影响最大的是植物生育期，而不是光照。

极端的降雨量也是司空见惯的。例如，位于委内瑞拉的中部平原，在旱季降水极少，接近沙漠，极端温度会超过30 ℃；而在雨季，降雨可能致使整个地区出现被淹没的情况。在这些地区，只有在旱季灌溉才能种植作物。即使在山区，雨季和旱季也是截然不同的。在雨季，气温通常会升高几度，而且几乎每天都会有几小时的降雨，这将导致不能持续忍受潮湿的作物会受到损伤和遭遇疾病感染，如生菜就会受到严重影响，尤其是结球生菜。在成熟的几周内，生菜对水分非常敏感，即任何渗入其中的水分都会导致腐烂，并在高温下迅速扩散，这足以导致高达40%~60%的损失。

在高架栽培床中采用沙培技术，可以防止雨水过多积累而影响作物根系生长，但是落在植株表面的水分仍然会对作物造成损失。有几种方法可以帮助克服这个问题：首先，选择高抗性品种，即其叶片紧紧地抱在一起，这样可以防止雨水进入结球生菜内部。委内瑞拉水培公司已经试验了超过25个不同的品种，发现最好的是"Great Lakes 659"和"Montemar"，这些品种可以抗抽薹和形成大头。其次，是在栽培床之上建一个廉价顶棚。顶棚成锯齿状结构，并与栽培床相隔几米远，这样既能防雨，又便于进行充分的自然通风，从而使里面的温度较外面的能低几度。另外，该公司也建成纤维玻璃顶盖。然而，该材料的缺点是在一年之内会褪色，这样在棚内较外界温度略高时，则光照水平大幅下降而会引起抽薹。

在安圭拉经营美膳雅水培农场的经验表明，一种聚碳酸酯（polycarbonate，PC）材料，如美国通用电气公司（GE）的热塑聚碳酸酯（Lexan），确实能经受住热带地区的高紫外线照射。例如，在 12 年后，安圭拉的温室覆盖材料聚碳酸酯板（PC 板）的透光性几乎没有下降。在热带地区建造永久性建筑的最佳材料可能是双层或三层聚碳酸酯产品，因为它们比波纹单层产品具有更高的绝缘值。还有其他较为便宜的中国聚碳酸酯产品，但无法预测它们的性能与通用电气公司的 Lexan 热塑聚碳酸酯产品相比会是如何。许多温室用聚碳酸酯材料，如"Lexan"，在抗变黄和抗透光性损失等方面具有 10 年的保质期。

研究证明在 25～28 ℃的高温地区种植生菜会发生抽薹。但是如果采用玻璃纤维或聚乙烯塑料膜，则透光性会降低，这样抽薹会在较低温度 25～27 ℃下发生。出于这个原因，采用一种可轻松而快速揭掉的临时覆盖物将有利于许多凉季作物的栽培。现在，市面上可买到的聚乙烯膜可伸缩（也称卷帘式）屋顶温室可以解决在热带气候中遇到的这一问题。机动卷帘式屋顶可在几分钟内展开，这样一旦下雨，屋顶就会遮挡作物，而当降雨停止时屋顶就会打开。这样，作物仍然可以在周围环境温度和光照条件下生长，但可降低抽薹和细菌软腐病的发生概率。

在热带地区，全年温暖的气候导致产生了大量的昆虫种群。当作物在室外水培而没有温室的保护时，昆虫会迅速侵入作物，并迅速蔓延。由于它们的自然天敌很少或没有，因此这时必须使用杀虫剂。然而，通常杀虫剂是不可用的，而且由于昆虫抵抗力的增强，致使那些有效的杀虫剂可能很快就失效了。因此，如果不引进新的杀虫剂来克服其抗性，则控制效果将会减弱，直到作物受损。

在过去，使用背包式喷雾器喷洒的杀虫剂就可以控制寄生在生菜上的潜叶虫（leaf miner）。后来，通过使用粘捕器、对受感染的区域进行斑点喷洒及清除受感染的叶子等方法，而做到了充分控制。另外，可利用一种天然的食肉黄蜂来进行辅助控制。在未来，必须引进捕食者或在当地建立实验室来饲养它们，以便对害虫实现良好的综合管理而最终能够对其实施有效控制。在第14章中，将讨论害虫的这些控制措施。

在热带国家，线虫（nematode）寄生在大部分土壤中。这是种非常小的线虫（rounolworm），有时称为鳗蛔虫（eelworm），其寄生在植物根部。根据所涉及的物种，它们可能会导致根部死亡、伤害作为真菌疾病入口的根部或导致根部肿胀，从而使根部无法在正常的水和矿物质吸收中发挥作用。当水分吸收不能满足蒸发蒸腾损失时，这种根部损伤常常会导致植物在白天枯萎。即使植物在逆境中存活下来，它们也会发育不良。

土壤温度是线虫发育的关键。在温度高于33 ℃或低于15 ℃时，雌虫均无法达到成熟状态。然而，热带地区的土壤温度接近线虫发育的最佳水平。在温度为29 ℃下，雌虫从感染性幼虫发育到可产卵的成虫约需要17 d。在大田中，线虫传播是由人、水或风引起受感染土壤或植物残骸的运动而发生的。

即使利用水培法，线虫也可以很容易地通过水或风而轻易进入作物体内。在种植前，用蒸汽或化学药剂进行处理可有效消除来自土壤和沙子、锯末或砾石等其他水培用基质中的线虫。线虫可被通过蒸汽消毒去除，即在潮湿条件下加热基质达到49 ℃并保持30 min。在第4章中，详细介绍过蒸汽和化学消毒方法。

在沙培中，委内瑞拉水培股份公司利用棉隆杀菌剂（Basamid，又名必速灭，一种土壤熏蒸剂）、对活动型线虫（unencysted nematode）成功进行了控制。然而，药剂必须要从北美进口，所以运输需要较长时间。随后，利用便携式蒸汽锅炉产生的蒸汽进行消毒也得到了类似结果。方法是，将多孔管放置在栽培床内基质表面以下几英寸处。另外，给整个栽培床盖上一厚层乙烯基塑料布或油帆布。

一般情况下，将整个栽培床内的基质温度提高到 60～82 ℃ 需要几个小时的时间。在消毒之前，最好先湿润基质，因为水分可以将热量均匀地传递到整个栽培床。这个过程实际上是巴氏消毒，而不是高温消毒，因为最好不要使用很高温度将所有微生物杀死，而只需要杀死有害微生物。也就是说，如果使用 60～80 ℃ 的低温，则许多有益微生物将得以存活。对基质进行高温消毒并杀死所有微生物可能并不利，因为消毒后任何微生物都可能很容易地被引入栽培基质。相反，在较低温度下进行巴氏消毒，则只杀死有害微生物，而有益微生物可以抵抗有害生物的再侵染。

目前，上述单位不再利用棉隆杀菌剂或蒸汽消毒法进行线虫控制，而是采取以下方法实施。首先，在生菜种植间隙，用水把栽培床灌满并停留几小时，以使老根漂浮在表面；然后，用手清理掉。待排水后，使栽培床空着晾几天，这一期间阳光会使沙子升温而足以杀死所有线虫。另外，对进入水培系统的原水全部进行氯化消毒和过滤，这样，就会大幅减少这些有害生物的数量。

一旦这些问题得到解决，就可以在热带条件下通过水培法种植出优良的生菜（图 13.14）。大部分问题解决后，每张大小为 2.5 m 宽 × 20 m 长 × 25 cm 深的栽培床，就可生产 310～330 株生菜，平均每株生菜重 1 kg。在连作系统中，每天都播种新的植物，以便每周至少可以收获 3 次，这样就可以全年供应市场。这种对市场的可靠服务是建立强大市场的基础，水培产品将获得稳定的溢价。

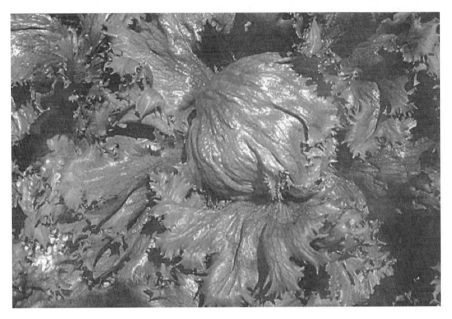

图 13.14　沙培生产的优质生菜

卷心生菜从播种到收获需要 70～75 d 的时间。在专用繁育区进行育苗。将种子播种到由石油合成的"Lelli"育苗块中，其类似于尺寸为 2.5 cm 长 × 2.5 cm 宽 × 3.8 cm 高的"Oasis"酚醛泡沫育苗块（图 13.15）。播种后，为了防止鸟类偷食种子，最好将育苗块置于筛网下 4～5 d，直到它们发芽（图 13.16）。之后，将它们分离并分散置于潮汐式灌溉栽培床的专用水槽中继续进行培养，直至其株龄达到 25～28 d（图 13.17 和图 13.18）。再把它们直接移植到沙培床中，生菜被移植后 42～45 d 内成熟。在每张水培床上每年可种植 8～9 茬生菜，每茬产量平均为 320 棵，或每年产量平均为 2 500～2 800 棵。

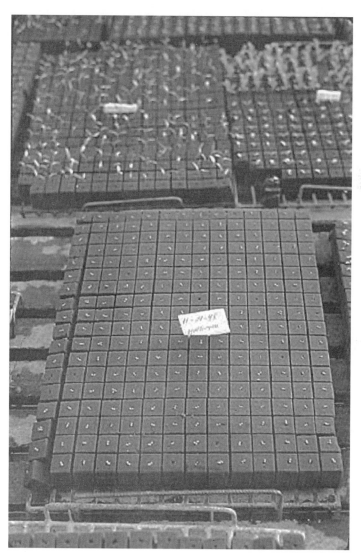

图 13.15　种植于"Lelli"育苗块中的生菜幼苗

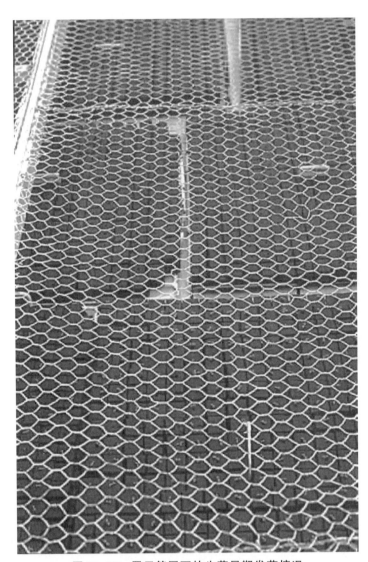

图 13.16　置于筛网下的生菜早期发芽情况

图 13.17　15 d 后将幼苗分离并将其放置在潮汐式灌溉系统的沟槽中

图 13.18　在播种 25～28 d 后适于移植的幼苗

■ 13.4　豆瓣菜的潮汐式灌溉栽培技术

利用 NFT 等水培技术，可以克服材料和设备缺乏及成本高的问题。尽管 NFT 在热带地区未得到什么应用，然而其通过降低成本及对稀缺昂贵的花岗岩沙子和砾石等适宜栽培基质的依赖而确实提供了巨大潜力。

在委内瑞拉水培公司的所属农场里，在带有改良 NFT 或潮汐灌溉系统的高架栽培床上种植了豆瓣菜。该高架栽培床由金属架和黏土砖制成，其结构与之前介绍的沙培床的类似（图 13.4 ~ 图 13.7），只是其宽度和长度均有所收缩，约为 1 m × 8 m。

在 50 000 L 的水箱中，储存了用于给每个栽培床区间供应的营养液。在该豆瓣菜水培中，未使用栽培基质。将营养液深度保持为 1 ~ 2 cm，并在白天每 15 min 循环一次营养液，每次循环时间为 5 min。首先，营养液被泵入位于栽培床之上且直径为 7.5 cm 的 PVC 主管道（图 13.19）；然后，从主管道伸出的直径为 1.25 cm 的黑色聚乙烯进水软管，将营养液从主管道直接通过栽培床的一端而送入每个栽培床（图 13.20）。最后，营养液流到栽培床的另一端并排入直径为 20 cm 的收集管，后者最后将营养液返回到营养液储箱。这就是这种潮汐水培系统的基本工作原理。

该营养液配方与在第 6 章所述的加州豆瓣菜公司的相似。在委内瑞拉，通常并不是所有被用于这种配方的肥料在市面上都能被买到，所以需要进行替换。例如，用磷酸二铵代替磷酸二氢钾作为磷源。类似地，硫酸铁被离子螯合物所取代，这两种化合物的可溶性都低于上述它们各自所取代的在北美国家所具有的化合物。

图 13.19　PVC 管道供液系统

图 13.20　从直径为 7.5 cm 的主管道伸出黑色聚乙烯进水软管

农场位于海拔 1 300 m 处，这里的白天最高温度为 26~28 ℃，夜间最低温度为 15~18 ℃，这种温度非常适合豆瓣菜。就像在加利福尼亚洲的夏季一样，因为植株不会开花，所以没有必要从种子开始种植植物，而是只需要从现有植物上取下插枝而移植到新的栽培床上即可。将插枝放入含有 1~1.5 cm 深营养液的栽培床中（图 13.21），4 周内豆瓣菜就可被收获。

图 13.21   将豆瓣菜插枝置于栽培床上以培育新的作物

植物每 6~8 个月需要被更换一次，这是因为，根的积累会降低营养液的流动，并由此减少氧气向根部的供应，这将会导致根腐烂和疾病发生，进而导致生产率下降（图 13.22）。

图 13.22 生长 6～8 个月后的大型根系团会阻碍营养液流动

（委内瑞拉加拉加斯的委内瑞拉水培公司提供）

此外，植物应每年至少被播种一次而使之更新，以保持活力。直接将种子播种到栽培床内，其中含有粗沙和豆石的混合物。进行地下灌溉，并保持底部水深在 1 cm 内，以保持种子湿润。在 5～6 周内，将幼苗连带完整的根系一起移植到栽培床上，如第 6 章所述的加利福尼亚豆瓣菜公司的做法，在此生长阶段植株高度可达 4～5 cm。

在可回收的塑料框中，将产品以每捆 0.5 kg 的量进行装运（图 13.23）。另外，在塑料框的底部加入几厘米深的水，以保持豆瓣菜的新鲜。在市场上，每 100 g 豆瓣菜包装在塑料袋里（图 13.24）。散装产品在 25～28 d 时被收获，以获得更长的茎而供在汤和蘸酱中使用，但是有时供给消费者的包装豆瓣菜在 14～16 d 时被收获，以尽可能多地收获供做新鲜沙拉用的嫩苗。

图 13.23 对可回收塑料盒内的豆瓣菜进行包装以供应餐馆

栽培面积约为 5 000 m² 及每月产量为 6 000 ~ 8 000 kg 的豆瓣菜，这相当于每月平均产量为 1.2 ~ 1.6 kg·m⁻²。采用改良栽培床设计、优质肥料和新的营养液循环方法的目的是获得 2 kg·m⁻² 的豆瓣菜。

人们对高质而洁净的豆瓣菜的需求持续增长，因此迫使公司正在开发更多的水培梯田。由于产量在逐年增加，因此它们已经升级了相关的称重和包装设备。

图 13. 24　包装后的豆瓣菜

■ 13.5　番茄、辣椒和黄瓜的椰糠 – 稻壳混合基质栽培技术

1996 年，委内瑞拉水培公司建造了三排"大棚温室"，其总面积为 5 800 m²。这些是带有聚乙烯膜覆盖层的轻钢框架，以防止作物受降雨

的影响（图13.25）。番茄是主要的农作物，但也生产一些甜椒和欧洲型黄瓜。与生菜类似，在育苗区（图13.26）将植株播种在"Lelli"育苗块中，并对其进行潮汐式灌溉。

最初，将这些植物培养在约19 L的黑色聚乙烯育苗袋中，其中含85%的稻壳和15%的细沙。在重力的作用下，从位于梯田上方的两个35 000 L的水箱通过滴灌系统供应营养液。在第一次种植期间，发现基质没有保持足够的水分而导致许多果实得了脐腐病（blossom - end rot，BER）。即使给每个育苗袋使用两根滴管也不能防止脐腐病的发生，为了解决这个问题，工作人员决定将基质改为70%椰糠和30%稻壳的混合物（图13.27）。椰糠和稻壳两者的成本都很低，即算上运费，椰糠的每立方米成本约为15美元，而稻壳的每立方米成本约为10.5美元。

图13.25　覆盖有聚乙烯塑料膜的轻钢框架结构

图 13.26 在育苗区培育的番茄幼苗

塑料育苗袋在强烈的热带阳光照射下可能会分解，因此后来将它们替换成容积约为 19 L 的塑料桶（图 13.25、图 13.28 和图 13.29）。在桶的底部打孔用来排水，然后用椰糠 – 稻壳的混合物进行填充。该基质的每桶成本约为 0.30 美元。开始时，在每桶中只种 1 株植物，但后来在每桶中种两株植物，就像第 12 章描述的利用珍珠岩巴托桶所做的那样。

可按 V 形饰带状的方式对作物进行修剪。虽然解决了脐腐病的问题，但仍有许多茎部病害，尤其是冠部。当植物开始大量生产时，这种病害会导致作物的枯萎和死亡。这个问题与椰糠遭到污染有关。因此，首先对椰糠和稻壳在使用前必须进行蒸汽加热以实现消毒；然后再将其放入桶中。或者，可以在干净的混凝土板上对基质进行浸润，并覆盖上黑色聚乙烯塑料膜。经过阳光照射黑色聚乙烯塑料膜，则会迅速升高基质的温度而足以对其进行巴氏消毒。主要用到的番茄是法国威马（Vilmorin）种业公司培育的 Agora 品种。在最初的 5~6 个花束（truss）中产量很大，但不久却死于枯萎病。

图 13.27　番茄生长在含椰糠和稻壳的约 19 L 的塑料袋里

图 13. 28　容积约为 19 L 的番茄种植用塑料桶

另外，工作人员也对辣椒和黄瓜进行了试验，以确定最适合热带气候的品种。这样的试验必须在新品种被引进时持续进行。热带地区的品种必须能抵抗常见的真菌性病害，如白粉病。试验发现，由荷兰迪瑞特月季公司（De Ruiter）培育的"多米尼加"（Dominica）品种，是欧洲最好的抗白粉病黄瓜品种之一。随着基质消毒和虫害控制的不断改进，证明可以在热带地区成功种植作物（图 13.29）。

随着经济的增长，为高质量的产品提供了市场，而这通常是传统土壤培养无法实现的。水培作物的清洁和优质让人们愿意支付更高的价格。水培产品的高回报证明了在热带国家建立水培农场的高额投资成本是合理的。这种高回报将保障水培成功运作所需技术的引进和当地技术人员的培训。

图 13.29　生长在椰糠和稻壳混合基质中的良种番茄

13.6　特殊应用

13.6.1　美膳雅水培农场

将度假区和水培温室农场结合起来是一种独特的想法。在加勒比和南太平洋岛屿这些地方，很难获得高质量的新鲜蔬菜，因为这里大都比较偏僻，而且受欢迎的景点很多都位于农业生产有限的地区。在许多岛屿上，一些新鲜的且易腐烂的食物，尤其是色拉蔬菜如番茄、黄瓜、辣椒、生菜、香料植物和相关产品，都必须通过空运或海运才能被运到这些国家和地区。

新鲜蔬菜是这里提供的"健康"计划的一部分，因为游客越来越关注他们在这些地区吃的食物来源和质量。如果了解到新鲜蔬菜是在度假村当地生产的，则他们就会有一种安全感。为了进一步增强他们的信心，水培农场可以为人们提供旅游服务。一旦客人了解了这些新鲜色拉蔬菜在这里是如何被培养的，则他们会更加欣赏他们的沙拉。在许多其他地区，如墨西哥和中美洲，人们经常因食用不卫生的沙拉蔬菜而患上了相关疾病。然而，这可以通过在当地的水培农场种植沙拉作物来避免。

在大多数地区，轻型的温室结构由聚乙烯塑料膜建造，并在镀锌钢管框架上覆盖遮阳罩。除了防雨水和害虫外，这些结构几乎未被实施任何环境控制。因此，当飓风即将来临时，需要除掉覆盖物和其内部设施（包括所有植物）。虽然覆盖物和生长系统可被安全储存在坚固的棚子或容器中，但所有的植物都必须被收割或移走，这种做法使从第一场飓风开始到 11 月的飓风季末都会影响产量。如果第一场飓风在本季早些时候到来，如 8 月或 9 月，那么作物从那时起直至 11 月底就会减产，但之后普遍认为不会再有飓风出现。这样，再过几个月就可以有新作物投入生产。因此，事实上生产季可能会被缩短至每年只有 6~7 个月。当然，在某些年份，某些岛屿会免受飓风袭击，但这是一种概率事件。结果，当地市场无法全年依赖这种"温室"水培生产的新鲜蔬菜产品。

当飓风风速达到 $250\ km \cdot h^{-1}$ 或更大时，只有特别沉重且完全封闭的结构才能抵御这样的天气条件。另一种选择是，建造防飓风温室，如安圭拉美膳雅度假村就属于这种情况（图 13.30）。在此，将酒店与水培温室结合了起来，即温室是酒店综合体的一部分并为餐厅提供新鲜沙拉。不过，这样做的前提是，温室必须能够抵御飓风，并保证这种天气条件不影响蔬菜作物的生产。

图 13.30　美膳雅度假村水培农场

　　鉴于此，在该度假村建成了一座特殊温室，其可以抵御风速高达 250 km·h⁻¹ 的飓风，以便在飓风季保护计划播种的作物。由美国加利福尼亚州匹兹堡埃图温室制造公司（AgraTech Greenhouse Manufacturing of Pittsburg）所承建的温室，在过去 12 年来发生的多次飓风中证明了其牢固性。为了抵御这样的飓风，温室上部结构的镀锌钢构件数量是按照北美或欧洲标准建造的普通温室的两倍。柱子和桁架之间的中心距离为 1.8 m，该结构被固定在 46 cm 宽及超过 1 m 深的混凝土基座上。屋顶和侧壁被覆盖着一层非常耐用的波纹聚碳酸酯塑料。每个波纹谷都被用螺钉固定在桁条上，而桁条沿着屋顶水平延伸穿过桁架。聚碳酸酯塑料波纹屋顶板可以抵御强风，在过去的 12 年里经受住了热带地区的高紫外线条件，且几乎没有透光损失。通过屋顶通风口、冷却湿帘和排气扇进行温度调节。只要这些地区的相对湿度在 55%～75% 之间，则降温是有可能的。在当年的 12 月至下一年的 3 月湿度最低的冬季，这种降温会相当有效。

　　美膳雅度假村的水培农场温室占地 1 673 m²，在其中采用了许多水培系统，包括珍珠岩巴托桶、泡沫浮板、垂直植物塔和装有泥炭－蛭石混合基质的高架栽培床。如第 5 章和第 12 章所述，种植的作物包括番茄、辣椒、欧洲型黄瓜、茄子、比伯等若干个生菜品种、小白菜、芝麻菜、香料植物和微型蔬菜，这种多样化是为了满足人们对新鲜沙拉的需求。在这座小型温室中，几种蔬菜的年产量（2009～2010 年）如表13.1 所示。

表 13.1　美膳雅水培农场温室中几种蔬菜的年产量

蔬菜种类	年产量
番茄（牛排、樱桃、罗马）	5 913 kg
辣椒（红、橙、黄）	2 525 kg
欧洲型黄瓜	2 276 kg
波斯（日本）黄瓜	783 kg
比伯（欧洲）生菜	23 280 棵
其他新颖生菜	15 275 棵
茄子	294 kg
白菜	3 600 棵
芝麻菜	255 kg
香料植物	455 kg

　　在温室的主要区域，利用盛装珍珠岩的巴托桶，分别栽培了 1382株番茄、109 株黄瓜和 692 株辣椒。此外，植物、白菜和西洋菜种植在温室两侧的 66 个植物塔中种植了香料植物、小白菜和豆瓣菜。如第 5

章所述，在两个生菜池中培养了3 328株欧洲比伯生菜。将其他新颖生菜、芝麻菜和罗勒培养在总面积为200 m² 的高架栽培床上。

水培可以成为旅游景点的一部分，如美国迪斯尼乐园的未来世界（Epcot Center）和美国"生物圈"2号（Biosphere 2）。可以将水培纳入主题公园、健康水疗中心和疗养院等。这对位于不可耕种土地和淡水资源有限的地区的酒店式度假村是有益的，在此可将海水淡化与蔬菜水培一起使用。

13.6.2　屋顶水培花园

屋顶花园的概念已经被使用了几十年，但它们通常是简单的花园外的栽培床或花盆装饰或蔬菜。目前，人们更加关注利用水培法和温室来规模化生产蔬菜作物。1986年，作者在中国台湾的台北第一次接触到这个概念，当时有一位投资者想在台北中部一栋13层的公寓楼上建造一座水培温室农场。大楼已经建成，且温室已经开始建造，但是由于公寓业主存在别的想法，所以工程不得不被停止。

这一想法在过去的几年里再次被提出，现在，世界上第一个规模化的屋顶温室正在加拿大魁北克省蒙特利尔市中心进行生产运营，这就是卢法农场（Lufa Farms）。在一座两层仓库的顶部，建造了一座占地面积为2 881 m² 的温室（图13.31）。作者在卢法农场的建立之初就参与了这个项目，即指导了这个多作物温室的设计和开发，并与劳伦·拉斯梅尔（Lauren Rathmell）协调启动事宜，后者指导了第一批作物的种植。当然，要开展这样的项目，需要建造一座足够坚固的建筑，以满足在城市建筑屋顶上增加温室质量的规范要求。该温室是一座当时最为现代化的玻璃结构，其具有中央热水加热系统、高压钠灯、二氧化碳补充系统、遮荫/隔热帘、Argus计算机控制器以及注肥系统等。他们的计划是全年种植温室蔬菜作物，拟种植的作物包括番茄、辣椒、黄瓜、茄子、生菜、香料植物、混合色拉蔬菜、小白菜和微型蔬菜。

图 13.31　位于加拿大蒙特利尔市中心的屋顶水培温室

温室有两个加热区。将生菜、小白菜、罗勒、香料植物、什锦色拉蔬菜和微型蔬菜种植在一个凉爽区；将生菜、罗勒、甜菜、芝麻菜、小白菜和一些香料植物等在由美国水培公司（American Hydroponic。简称AmHydro）生产的 NFT 系统中进行种植，而沙拉蔬菜和微型蔬菜在潮汐灌溉系统中栽培。在凉爽区具有蒸发冷却湿帘和排风扇（图 13.32 和图 13.33），温室和加热系统是由加拿大安大略省比姆斯维尔的威斯布鲁克温室系统有限公司（Westbrook Greenhouse Systems Ltd.）设计和建造的。在温室内，所有供暖系统都有三个热水锅炉，并有热水管道分布（图 13.34），供暖管道包括围墙供暖、暖区地板供暖和冷区架空供暖等水管。

图 13.32　蒸发冷却湿帘外观图

图 13.33　位于蒸发冷却湿帘对面的排风扇

图 13.34　供暖系统中的热水锅炉

　　温室的另一部分是温暖区，在这里种植番茄、辣椒、黄瓜、茄子和其他暖季香料植物。这两个凉爽区和温暖区由玻璃隔墙隔开。如在第 12 章所述，在 FormFlex 高架栽培床内采用椰糠板栽培蔓生植物。温室的两个区都具有二氧化碳补充设备和一系列的高压钠灯光源，因此使这些作物能够全年生长。

　　番茄、辣椒、茄子和黄瓜的幼苗专门由苗圃公司培养，并在此将番茄、辣椒和茄子的幼苗嫁接到抗病的砧木上。通常，将幼苗在苗圃里培养 55 d，但由于施工进度落后了几周，因此第一批作物的移植期被迫延长到第 65 d，也就是将这些幼苗在第 65 d 时直接移植到椰糠板上。在移植后的几周内，随着植物根系长入椰糠板中，植物将会生长旺盛（图 13.35 和图 13.36）。用种子进行繁殖时，最开始将种子播种在岩棉块中，播种 65 d 后开始进行移植。

图 13. 35　移植两周后的茄子和辣椒植株

注：上面的遮阳帘被拉上是为了在生根过程中减少光线。

　　由于所种作物的种类繁多，因此设计了几种营养液系统，以便能够使用相应的营养液配方。所有的渗滤液都被回收到位于建筑物地下室（地下停车场）的灌溉施肥系统中。渗滤液被收集至回流罐中：首先在此进行过滤以去掉其中的所有颗粒物，并在进入预混合分批罐之前用过氧化氢进行巴氏消毒；然后在预混合分批罐中通过连通注肥器系统的回路调节 pH 值和电导率，每个预混合分批罐都有独立的注肥器。经计算机控制器调节后，将营养液抽回屋顶上的温室灌溉系统。在通过注肥器调节营养液之前，通过从供应罐向分批罐添加原水，来弥补植物的蒸发蒸腾作用所造成的任何水分损失。

图 13. 36　辣椒生长在位于 FormFlex 高架栽培床之上的椰糠板上

当在一起种植多种作物时，为不同作物设计相应独立的营养液供应系统会相当复杂。在这种情况下，特定作物的配方可能不是最佳的，但通常特定作物的某些配方可能不会有显著差异。

对所有作物都不使用合成化学农药，而是使用益虫和天然生物制剂农药。这些产品被以"无农药"的名义出售。另外，产品的营销以"签约用户"模式进行，即人们将以会员身份加入，每周会收到一篮子新鲜农产品。他们每周支付一篮子蔬菜的费用，这些蔬菜包括番茄、辣椒、茄子、黄瓜、生菜、什锦沙拉蔬菜、芝麻菜和香料植物，他们可以从许多可供挑选的混合组合中选择他们喜欢的蓝式组合。

随着该项目的成功实施，预计将在加拿大和美国东北海岸人口密集地区的城市中心建造更多的屋顶水培温室花园，因为这些地方通常很难获得新鲜农产品，尤其是在冬季。在北美西部气候较温和的地区，该想法可能不太可行，尤其是当经常具有大量来自加利福尼亚州的新鲜产品时就更是如此。在欧洲，类似的应用可能在英国、德国和北方国家的城市中也是可行的。然而，对于欧洲南方的国家，其冬天的新鲜农产品主要来自西班牙，所以西班牙附近的国家可能在冬天有足够的产品，因此，在那些南方国家建造屋顶花园可能在经济上并不可行。

此外，美国纽约州的冈萨姆格里斯公司（Gotham Greens），在纽约州布鲁克林区绿点（Greenpoint）的一栋两层工业建筑上建成了另一座类似的屋顶水培温室。而且，他们还建造了一组太阳能电池板，可产生 55 kW 的电力，以缓解温室的电力需求（图 13.37）。该温室的大小为 22.9 m 宽 × 48.8 m 长，占地面积为 1 115 m² （图 13.38）。外层框架结构由镀锌钢、铝材和双层聚碳酸酯组成，设施组件包括自然通风设备、窗帘、加热单元和高压钠灯。

图 13.37　带有太阳能电池板的冈萨姆格里斯温室远视图

图 13.38　带有太阳能电池板的冈萨姆格里斯温室近视图

目前，在该冈萨姆格里斯温室内，正在利用 NFT 循环系统种植生菜和罗勒（图 13.39）。它们为得克萨斯州奥斯汀的全食（Whole Foods）等超市或其他小型优质食品市场供应包装好的水培蔬菜。

图 13.39　采用 NFT 种植的生菜和罗勒

　　这一概念无疑是为未来大型人口中心提供全年新鲜农产品的一种重要方式。随着交通运输燃料成本的上升和高效人工光照的技术创新，在闲置的屋顶上建造屋顶水培温室将变得越来越经济可行。再者，更进一步的想法是在大城市的市中心建造垂直温室建筑。在2009年的一期《科学美国人》（*Scientific American*）杂志上，就有一篇关于此话题的文章（Despommier，2009）。在许多网站的文章中，也出现了关于此话题的许多概念设计（图13.40和图13.41）。

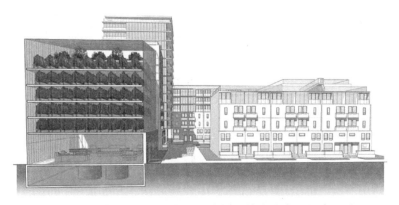

图 13.40　与办公楼和/或居民楼相连的水培农场概念设计

图 13.41　一种都市垂直温室的概念设计

13.6.3　自动化垂直水培系统

在过去的几十年里，水培爱好者们设计了一些系统来增加特定区域内的产量。大部分为位于封闭隔热建筑或温室中的自动化垂直生产系统，它们会根据光源方向进行旋转。例如，在上面第 5 章中所介绍的"欧米伽花园"（Omega Garden）就是这样的一种系统。

在英国康沃尔的佩恩顿动物园，凡尔森特产品（EU）有限公司［Valcent Products（EU）td.］正在测试一种自动垂直水培系统（automated vertical production system）。他们在 2008 年开始试验为动物园的动物种植叶类作物，佩恩顿动物园的植物园园长凯文·弗莱迪亚尼（Kevin Frediani）牵头对垂直种植系统开展了研究。他与动物营养学家合作，选择最适合动物的作物类型，并给动物饲喂包括根在内的所有植物部分，这样既减少了浪费，又增加了动物的纤维摄入量。这将使他们利用自产的叶类作物为动物提供有营养的食物成为可能，而且由于是在现场的温室中进行栽培，因此不必担心天气或季节的不适问题。

VertiCrop 系统是一套由高架轨道悬挂的闭环传送带系统，在该轨道上装有 70 个吊架，用于支撑塑料托盘中的八对栽培盘（图 13.42）。每个吊架总共有 8 层，总高度为 3 m。托盘是为种植微型蔬菜、生菜和沙拉混合蔬菜而设计的。系统的传送带系统在其转动中通过发光二极管光源时使植物得到光照。系统由中央给料或注射系统进行自动灌溉（图 13.43）。通过灌溉系统，所有的渗滤液都被进行收集、过滤和循环利用（图 13.44）。当托盘经过位于集中灌溉站的喷嘴时，营养液从系统的一侧进入（图 13.45）。

图 13.42　垂直自动栽培系统

图 13.43　荷兰 Priva 注肥系统

　　弗莱迪亚尼声称，在大约 100 m^2 的面积内，可同时种植 11 200 棵植株。温室建筑通过以蛇形状来回弯曲的传送带系统来增加使用面积（图 13.46）。如果使用 6 m 高的栽培设施，则在每平方米上可以种植多达 250 株生菜，这是田间栽培的 50 倍，这种种植方式在城市食品生产中具有潜在的用途。这样的系统很适合前面讨论的屋顶园艺的概念，因为它可以增加单位面积内的产量。

图 13.44　位于栽培盘背面的排水管道

　　另外，该公司已经建造了一种专用机器，用于在收割时移走托盘，并在移植过程中更换托盘，以减少人工劳动。利用育苗块育苗：首先将幼苗移植到网孔盆（mesh pot）中；然后将网孔盆放置在传送带系统的托盘中（图 13.47）。

图 13. 45　位于移动式栽培盘上方的灌溉总管向从此经过的栽培盘注入营养液

图 13.46 位于 VertiCrop 栽培系统上方的传送带向后弯曲而改变方向

图 13.47　网孔盆中所培养的植物

13.6.4　船上温室

科学之舟（Science Barge）是一艘水运驳船的别称，是由纽约州太阳工厂公司（New York Sun Works, Inc.）设计的一座可持续都市农场。该水运驳船包含一座水培温室，由太阳能、风能和生物燃料提供动力，在其中种植番茄、黄瓜、辣椒、生菜和香料植物。生物燃料是由食品工业的副产品制成，包括生物柴油和废植物油。2005 年，纽约市康奈尔合作推广中心（Cornell Cooperative Extension）表示，纽约市的餐馆每年产生的废油足以供应约 3 785 万升的生物柴油。科技之舟游览纽约州的公共海滨公园（图 13.48），这是一个利用可再生能源保障可持续蔬菜生产的示范项目，也就是将收集的雨水和河水经过反渗透（reverse osmosis, RO）净化后用于作物灌溉，它们有一个面向学校团体和公众的公共教育项目。

图 13.48　科学之舟上的水培温室

　　2010 年，作为非营利组织纽约州太阳工厂公司，在曼哈顿儿童学校（Manhattan School for Children）成立了太阳工厂环境研究中心（Sun Works Center for Environmental Studies）（图 13.49）。这是为幼儿园到初中八年级的学生提供的一座屋顶温室，可作为他们开展综合环境研究的实习课堂（图 13.50）（MacDonald，2010；Mac Fsaac，2010），纽约州太阳工厂希望在纽约市建造 100 座这样的屋顶温室教室。

图 13.49　位于曼哈顿儿童学校屋顶的水培温室

图 13.50　曼哈顿儿童学校屋顶水培温室课堂

参考文献

［1］ BAYLEY J E, YU M, FREDIANI K. Sustainable food production using high density vertical growing (VertiCrop^{TM}) ［J］. Acta Horticulturae, 2011: 95 – 104.

［2］ DESPOMMIER D. The rise of vertical farms ［J］. Scientific American, November 2009, pp. 80 – 87.

［3］ FREDIANI K. Feeding time at the zoo ［J］. The Horticulturist, Apr. 2010, pp. 12 – 15.

［4］ FREDIANI K. Vertical plant production as a public exhibit at Paignton Zoo ［J］. Sibbaldia: The Journal of Botanic Garden Horticulture, 2010, No. 8: 139 – 149.

［5］ FREDIANI K. High rise food ［J］. The Horticulturist, Oct. 2011, pp. 18 – 20.

［6］ FREDIANI K. Sustainable food production in the modern zoo and its wider role in the time of global change Proc ［C］ //Proceeding of the UK Controlled Environment Users ' Group 2011 Scientific Meeting "Greenhouse Tehnology and Practice", Vol. 22, 2011: 20 – 33.

［7］ FURUKAWA G. Green Growers, Hawaii ［J］. Practical Hydroponics and Greenhouses, 2000, 52: 21 – 24.

［8］ LIM E S. Development of an NFT system of soilless culture for the tropics ［J］. Pertanika, 1985, 8 (1): 135 – 144.

［9］ LUNAU K. High – rise horticulture ［J］. Macleans, Canada, Nov. 18, 2010.

[10] MACDONALD K. On a school rooftop, hydroponic greens for little gardeners [R]. New York Times, Nov. 22, 2010.

[11] MACLSAAC T. Rooftop greenhouse could revolutionize city scools [R]. The Epoch Times, New York, Dec. 6, 2010.

[12] MILLS D. Caribbean hydroponics [J]. Practical Hydroponics and Greenhouses, 1997, 49: 70 – 82.

[13] RESH H M. Oportunidades de la hidroponia en America Latina [J]. Boletin de la Red Hidroponia, 1998, No. 1, pp. 3 – 6.

[14] RESH H M. RODRIGUEZ DELFIN A, SILBERSTEIN O. Hydroponics for the people of Peru [J]. The Growing Edge, 1998, 9 (3): 74 – 81.

[15] RODRIGUEZ DELFIN A. Sistema NFT modificado [C]//Primero Congreso y Curso International de Hdroponia en Mexico, Toluca, Mexico, 6 – 8 Mayo 1999.

[16] RODRIGUEZ DELFIN A. El cultivo hidoponico de raices y tuberculos [C].//Primero Congreso y Curso International deHidroponia en Mexico, Toluca, Mexico, 6 – 8 Mayo 1999.

[17] WILSON G. "Oh Farms" —tropical greenhouse growing [J]. Practical Hydroponics and Greenhouses, 2000, 51: 58 – 72.

第 14 章
植物全周期栽培技术

▉ 14.1　前　言

虽然本书主要介绍和评价了无土栽培的方法，但也简要讨论了一些关于作物幼苗生长和移植到栽培系统的方法。为成功种植植物，必须使植株从苗壮健康的无病幼苗开始。之后，将讨论成功栽培植物的其他要素。

▉ 14.2　播种方法

水培植物的种植都应该从种子开始。部分种植者可能希望从专业移植体种植者那里购买适于移植的幼苗，如在第 6 章中提到的拜沃农业公司（Bevo Agro）。移植时，不同作物的适宜苗龄一般是：番茄苗为 6 周、黄瓜苗为 4 周，辣椒苗为 8 周。这种通过采用购买幼苗进行移植的方法实际上最适用于北美或欧洲国家，因为那里可在几天内通过地面完成运输。然而，使用购买的移植幼苗存在一定风险，因为这些幼苗可能会携带某种能够在现存作物中传播的病害。不过，现在大多数育苗企业都会采用非常严格的卫生方法来防止此类事件的发生。此外，随着番茄和茄子等作物嫁接技术的成熟，让专业的繁殖者来做这件事要容易得多，因为大多数种植者没有相关设备或没有受过培训的人员来做绿色嫁接（green grafting）。在阳光充足的沙漠和热带地区有可能提前移植幼苗，而且在这些地区自行育苗可能既有益又经济。例如，在美国佛罗里达州和安圭拉等热带地区，黄瓜可在播种后 10~14 d 内对其进行移植，因为它们在这些地区的充足光照下会生长得非常快。

目前，有多种播种方法。一种方法是在合装包托盘（multipack tray）中直接播种，可采用的基质包括泥炭－蛭石混合物或其他适宜基质，如珍珠岩、蛭石或粒状岩棉。在市场上有很多种托盘，如"共包"（com-packs）和"多盆"（multi-pots）两种均类似于冰块托盘（ice-cube tray），每种托盘中具有从 1~12 个不等的隔间（尺寸为 13 cm 长 × 13 cm 宽 × 6 cm 深）（图 14.1）。每块薄板（尺寸为 27cm 长 × 53 cm 宽）上包含 89 个小包，然后再将薄板放入与之匹配的塑料平板中。类似的产品如捷菲条（Jiffy strips），是由泥炭而非塑料制成的。此外，还有各种尺寸的塑料和泥炭盆可供选择。在所有这些容器中都必须使用无土混合物。大多数蔬菜在边长 5 cm 的方盆或直径为 8 cm 的圆盆中生长得较好。在泥炭盆和泥炭条中，移植是通过将盆和栽培基质放入栽培床中来完成的。植物的根会长出泥炭盆壁。

另一种方法是直接播种到 Jiffy 泥炭颗粒、Oasis 酚醛泡沫块、岩棉块或椰糠块上，方法是将种子放置在预先切好的小孔中。Jiffy 泥炭颗粒是由尼龙网包裹的压缩泥炭圆盘，处于干燥状态时其直径约为 4 cm，而厚度约为 0.6 cm。在水中浸泡 5~10 min 后，由于膨胀其厚度会增加到约 4 cm（图 14.1）。种子首先置于圆盘的顶部；然后可用泥炭基质进行覆盖。该泥炭育苗颗粒中所包含的营养足以让大多数植物生长 3~4 周，这时植物的根会从尼龙网长出来。在移植过程中，将泥炭颗粒（Jiffy -7）连同植株一起放置在栽培床上。

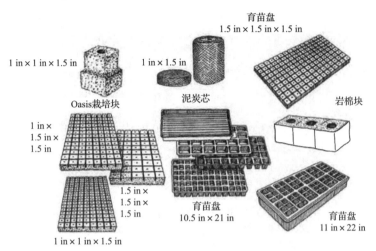

图 14.1　育苗小块、育苗大块、泥炭粒和托盘

在 NFT、岩棉、珍珠岩、椰糠和锯末等培养中，一般都采用 Oasis 酚醛泡沫块、岩棉小块（cube）和大块（block）以及椰糠小块和大块等。最早，岩棉块在丹麦、荷兰和瑞典等国家得到应用，其作为最受广泛应用的栽培块而被用于进行番茄、黄瓜、辣椒和茄子等蔬菜的培养。目前，正在引进新的椰糠小块和大块，而且当椰糠水培系统得到更多推广时，则其有望占有更大的市场份额。

岩棉是由焦炭和石灰石在 1 600 ℃下被融化并纺成的纤维。纤维被编织成板，然后用酚醛树脂进行稳定，最后添加润湿剂。最广泛使用的岩棉大块的商品名称为"Grodan"。目前，其他岩棉产品的厂家主要在北美、欧洲和日本。

岩棉块的化学性质是相对惰性的，因为其所含的元素是植物无法吸收的。尽管岩棉的 pH 值呈弱碱性，但当低 pH 值的营养液经过它们时，后者在短时间内就会被中和。岩棉块具有良好的物理特性，如容重低、单位体积孔隙率大及保水能力强。岩棉块和 Oasis 酚醛泡沫块常被应用于 NFT 系统，而且因为这两种栽培块均是无菌的，所以不需要对其进行消毒。

岩棉小块和大块可分别被用作育苗块和栽培块，育苗块具有数种尺寸。例如，标准平面尺寸含有 200 个尺寸为 2.5 cm 长×2.5 cm 宽×4 cm 高的小块，最适合种植生菜和香料植物；另一种为包含 98 个尺寸为 4 cm×4 cm×4 cm 栽培块的托盘，这个更适合番茄、辣椒、黄瓜和茄子等作物（藤本作物）的育苗。育苗块有大约 0.6 cm 深的用于放置种子的小圆孔。种子被播种在育苗块中，经过几周的生长后，这些育苗块又被放入栽培块中。这种"块中块"系统使得幼苗在相同的栽培基质中能够继续生长，从而将移植损伤降至最低。然而，这并不适用于生菜和香料植物，因为它们可被直接从育苗块移植到最终的栽培块。

栽培块被用聚乙烯膜包裹起来，并具有多种尺寸。水培法中最常应用于藤本作物的方块尺寸是 7.5 cm 长×10 cm 宽×6 cm 高。还有高约为 10 cm 的方块，可被用来种植黄瓜和甜瓜等生命力旺盛的作物，或者用于将幼苗在移植前带到下一阶段。现在，许多种植者也使用 10.5 节中介绍的双块（double block。Grodan Plantop Delta）（图 10.24），以每双块种植两株植物。这些双块上有直径和深度均为 4 cm 的圆孔，可用于插入育苗块。

由于大多数商业种植者都是购买嫁接苗，因此 Grodan 已经开发出了特殊的岩棉塞（rockwool plug）。这些岩棉塞可被单独装入 Grodan 根塞盘（Grodan Kiem Plug Tray）中，以方便自动播种，因为嫁接苗繁殖者一次需要播种大量种子。每个根塞盘有 240 个穴。这些托盘可置于潮汐式灌溉育苗台上进行高密度育苗。发芽后，幼苗可移植到 NFT 种植槽或转移到岩棉大块上继续生长。

Grodan 岩棉塞的直径和高度分别为 2.0 cm 和 2.5 cm，且有数个 0.75 cm 深的孔，这样当使用自动播种机时，这些孔的侧面是倾斜的，以保证种子进入后不掉落。此外，倾斜的侧面可允许用蛭石覆盖种子，这可以在播种后自动添加。再者，可易于将岩棉塞安装在具有相似直径圆孔的岩棉育苗块中。

岩棉育苗块和栽培块在播种或移植前必须被充分浸润，否则干燥处会限制根系的生长。同样，Oasis 育苗块、椰糠育苗块和栽培块以及泥炭粒也必须在播种前用水饱和，这可以通过以下几种方式来实现：①高架喷水 1h；②人工浸湿；③利用高架悬臂灌溉机浇水，直至栽培块被水完全饱和。种子可放在每个栽培块被预先打好的孔中，当根长出栽培块且真叶长出时，则可以对植物进行移植。由于这些植物是与栽培块一起被移植的，所以对移植体造成的损伤很小。

Oasis "Horticubes" 酚醛基泡沫育苗块在北美被广泛用于水培和 NFT 系统，这些栽培块排水良好，是种子发芽的理想场所。Horticubes 育苗块的大小为 2.5cm 长×2.5 cm 宽×3.8 cm 高，以达到最大的种植密度。每个基质托盘由 162 个栽培块组成，其基部相连，在移植时将其分开。该育苗块的主要优点是无菌、易于操作及 pH 值稳定。

在每个育苗块上播种一粒种子。针对每种作物应购买其新种子，而且购买量应充足而可以对部分进行"重叠播种"。注意，检查种子包装上标明的发芽率，从而根据这一发芽率而计算出必须播种多少额外的种子才能满足作物的出苗量需求。例如，如果种子发芽率为 90%，则必须播种 100/90=1.11 倍的种子来满足出苗率的需求。也就是说，在育苗块中需要额外播种 11% 的种子。同时，部分种子会发芽不良而导致育苗虚弱，因此这需要再增加 5% 的播种量来加以补偿。通常，大粒种子的发芽会更为均匀。另外，由于黄瓜种子很贵，因此，应使其播种量不要超过为了补偿发芽率而需要的数量。

■ 14.3 种苗生产

种苗培育的基本原则是"好苗种出好收成"。植物的潜在产量在其生命周期的早期就已被确定。细长的幼苗由于其茎基较薄,因此在生长过程中会限制植物对水分和营养物质的吸收,而且即使是在最佳环境条件下,其产量也将低于其遗传上能够达到的产量。细弱的种苗更容易受病虫害感染,而且也更容易倒伏,这一原则适用于所有植物。

在萌发过程中,种胚被激活并利用胚乳储存的营养物质进行生长。浸润是种子吸收水分时的膨胀,接着会发生各种生化过程以激活胚胎,并分解利用所储存的淀粉,以促进胚胎的生长。发芽需要水、氧气、特定温度和光照(或缺光条件)。种植者必须提供最佳的生长条件而使种子能够迅速发芽,并使幼苗通过光合作用开始合成自身的食物。如果生长迅速且体内含水量不高,则这样的植物最终就会具有抗病性。

对原水进行消毒并利用化学或生物药品的喷雾剂可减少病害发生,但是,必须小心操作,以免损伤幼苗。在幼苗上喷洒这种试剂时剂量要低,而且最好在形成几片真叶之前不要这样做。在幼苗生长期间,当开始向植株添加营养液时则蕈蚊(*Fungus gnat*)数量会逐渐增加。这是因为添加营养液而导致栽培块表面呈现水肥积累,这样就会在此快速形成藻类而极有利于蕈蚊生长。结果,蕈蚊会在湿润的栽培块表面上产卵,而且孵化的幼虫以植物的根为食物。

称为"Gnatrol"的生物制剂是一种生物杀幼虫剂,其能够用于每周浸泡一次植物而减少蕈蚊幼虫的数量。Gnatrol 的活性成分是 37.4% 的苏云金芽孢杆菌以色列亚种(*Bacillus thuringiensis subsp. isaelensis*),这是一种有益细菌，由美国的瓦伦特生物科学公司（Valent Biosciences Corporation）生产。轻度感染的施用剂量为 $0.24 \sim 0.48$ g·L^{-1}，重度感染的施用剂量为 $1.0 \sim 2.0$ g·L^{-1}。

应使用无菌的栽培托盘、基质和育苗盘，防止干净的托盘和育苗块受到污染。使用前，用 10% 的漂白剂清洗播种操作台。如果塑料托盘被重复利用，则应对其使用 10% 的漂白剂至少消毒 0.5 h。

14.3.1 番茄育苗方法

最常见的基质是尺寸为 4 cm 长 × 4 cm 宽 × 4 cm 高的岩棉块。这些栽培块有良好的保水性和排水性，因此能够提供良好的氧合作用。育苗块中水与气的比例为 60% ~ 80%∶40% ~ 20%。将育苗块提前 1 d 在 pH 为 5.5 ~ 6.0 及 EC 小于 0.5 mS·cm^{-1} 的原水中浸泡。将种子播种到育苗块的预制孔中后，保持其湿润，但无须覆盖种子。根据温室内的光照和温度条件，每天给育苗块浇几次水。不要让它们干燥或过于潮湿，因为这都会杀死正在发芽的种子。

大多数商业种植者把种有种子的育苗块和托盘放置在温室的专用育苗区，这里的高架洒水器由定时器或湿度传感器进行间歇控制。育苗中使用的高架移动臂灌溉机（Overhead traveling boom irrigator），如在森林苗木行业中使用的，其洒水特别均匀。通过这种方式，幼苗可放置在整个温室区，而不是只被留在供技术人员手动浇水的通道。另一种方法是采用潮汐式灌溉台面，其灌溉周期可以通过湿度传感器或灌溉控制器来调节。

需要注意的是，每次浇水都要彻底浸透基质，并对所有植物进行浇水，否则可能会出现生长不均匀的现象。植物应该尽早浇水，以免叶片天黑前就萎蔫。需要注意的是，植物在阴暗多云的天气里比在晴朗温暖的天气里需要的水量要少，而且随着植物的生长其需水量会逐渐增大。一般情况下，日长和平均温度的增加会导致植物对水的需求量增大。

移动式滚动台或廉价混凝土块、管道、木材和金属网台阶可作为临时育苗区。在北方高纬度地区，对育苗区必须辅以人工光照，如高压钠灯，以增加冬季期间的光照强度和白昼时长。将番茄幼苗移植到岩棉或其他材料之上后，应仍然将其放置在育苗区，直至达到约 55 d 苗龄时再把它们移植到温室的栽培区。待幼苗被全部移植后，可以移走临时育苗架，而将育苗所用的面积也用于生产。如前所述，大多数种植户更愿意购买 6~8 周苗龄的移植体，以避免自己育苗所带来的人工和成本费用的增加。此外，将番茄嫁接到强壮而抗病的砧木上。绿色嫁接是一个乏味的劳动密集型过程，所以大的种植户应该避免育苗并直接购买移植体。在本章的后面，将详细讨论绿色嫁接。

在幼苗生长过程中，排水是非常重要的。水或营养液必须通过栽培基质而从植物流出，这达到了充分的沥滤，同时将氧气输送到发芽种子及随后形成的根系。不要将育苗块放在塑料薄膜上，否则育苗块下面会积累营养液，导致氧气减少进而导致藻类和随后的蕈蚊侵染。金属挤压网工作台（metal extruded mesh bench）更加有利于排水，并允许通过空气进行"根部修剪"，以便使幼苗的根系能更多地保留于育苗块中，进而形成一种密集而侧根丰富的根系，这些根会很快长入植物最终被放置的栽培板或其他基质中。

在发芽初期，将温度保持在 25~26 ℃。当幼苗露头时，子叶就会展开（图 14.2）。这时，将稀营养液的电导率提高到 1.0~1.5 mS·cm^{-1}。随后，在几天内，将白天和夜间的温度分别降低到 23 ℃ 和 20 ℃，并照此模式连续调节几周。在北方地区，冬季的光照水平较低，因此利用高强放电灯进行补充光照。与附录 5 中列出的照明专家和生产厂家一起，检查灯具的位置和间距等，以在植物表面达到 5 500 lx 的光照强度，同时光周期可达 14 ~ 16 h·d^{-1}。

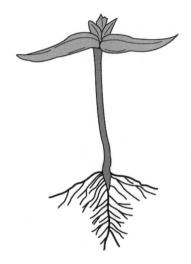

图 14.2　处于子叶期和早期第一真叶期的番茄幼苗

此处所介绍的程序最适用于美国北部地区、加拿大南部地区和欧洲，那里传统的种植期是当年的 12 月中旬到来年的 11 月中旬。即种子在 12 月播种，并在温室的专用育苗区生长，直到从 12 月底到来年的 1 月初进行移植。在冬季的白天很短且光照强度很低，因此，这时需要补充光照。另外，应使用高 EC 的营养液来使营养生长放慢，从而使植物苗壮成长。

一旦真叶完全展开（播种后 2 ~ 3 周），则将育苗块移植到尺寸为 7.5 cm 长 × 7.5 cm 宽 × 10 cm 高的岩棉栽培块上。不过，假设要在育苗区培养幼苗的时间长一些，则尺寸为 10 cm 长 × 10 cm 宽 × 8 cm 高的栽培块会更好。对栽培块应利用电导率为 2.5 ~ 3.0 mS·cm^{-1} 及 pH 值为 6.0 的营养液进行充分湿润。对于未被嫁接的植物，在将幼苗置于岩棉栽培块中后将其翻转 90°（图 14.3）。该操作将会增加幼茎强度，因为不定根将在茎的埋置部分形成而增加根系，从而使幼苗更加苗壮。

图 14.3　将番茄侧放移植到岩棉块中

另外，在移植前 24 h 不浇水可减少断茎现象的发生。以间距为 10 ~ 15 cm 的棋盘格排列栽培块，这取决于移植到生产区的栽培板或栽培盆之前的时间。如果被移植后，这些幼苗将在栽培块上生长 3 ~ 4 周，则在每块栽培板上大约间隔种植 5 ~ 6 株植物（图 14.3）。许多种植者将大小为 15 cm 长 × 7.5 cm 宽 × 6.5 cm 高的双栽培块放置在岩棉板或椰糠板上，并向每个双栽培块移植两棵幼苗。移植后的每块栽培板上将包含 6 株植物，将它们整枝成 V 字形，并把它们交替悬挂在高架支撑线上。白天和夜间的最佳温度分别为 23 ℃ 和 20 ℃。另外，将二氧化碳浓度保持在 500 ~ 700 μmol·mol^{-1} 之间。

定期喷洒有益微生物以预防疾病的做法，将有助于植物变得非常健康，并使之对移植胁迫有所准备。例如，在移植至栽培板上之前，使用含有有益微生物的生物杀菌剂"Mycostop"或"RootShield"，以防止腐霉菌和镰刀霉菌等真菌感染。另外，在营养液中添加浓度为 30 ~ 50 $\mu mol \cdot mol^{-1}$ 的过氧化氢，会有助于减少依靠水传播的根腐病发生。移植时要注意卫生，应利用无菌托盘和无菌设备来运输所有幼苗。移植时不要将幼苗放置在地板上，而是只能直接将它们放置在栽培板或其他基质上。在移植时，一株健康的番茄移植体其高度与宽度基本相等，而且茎秆粗壮（图 14.4）。

图 14.4　将 5 周苗龄的番茄移植到珍珠岩栽培系统中

14.3.2　黄瓜育苗方法

与番茄相似，欧洲型黄瓜也应被播种在大小为 4 cm 长 × 4 cm 宽 × 4 cm高的岩棉育苗块中。由于黄瓜种子的发芽率高（通常为98%），因此可以直接将它们播种到岩棉栽培块中，而不是把它们先播种到育苗块然后再移植到栽培块中。最合适的育苗块尺寸为 10 cm 长 × 4 cm 宽 × 4 cm 高，中间的开孔尺寸为 2 cm 直径 × 5 cm 深。在发芽期间，像对待番茄一样，必须坚持预浸泡和随后的浇水程序，以防止育苗块干燥。利用温度为 20 ~ 25 ℃、pH 值为 5.5 ~ 6.0 及电导率为 0.5 mS·cm^{-1}的稀营养液对其进行充分浸润。

在太阳辐射强的地区，用粗蛭石覆盖栽培块孔中的种子，以防止其干燥。此做法也有助于去掉种皮而促进发芽。在发芽初期不要使用杀菌剂，否则这样会导致发芽放缓及幼苗发育不良。对于番茄和黄瓜幼苗，可施用 30 μmol·mol^{-1} 的过氧化氢，如果有藻类可将浓度升至 50 μmol·mol^{-1}。将待发芽种子放在温度为 24 ℃ 的室内，它们将在 2 d 内发芽。一旦发芽，在接下来的 17 d，将岩棉栽培块的温度保持在 23 ℃。白天气温应为 26 ℃，而夜间气温应为 21 ℃。

在冬季光照有限的偏北地区，在 7 d 后将电导率提高到 2.5 ~ 2.8 mS·cm^{-1}。在植物表面补充强度为 5 500 lx 的光照，并将光照时长增加至 18 h。将大气二氧化碳浓度控制在 700 ~ 800 μmol·mol^{-1}。一旦叶片开始重叠（10 d 内），则以棋盘格的方式将栽培块隔开，以将其密度降低 1/2。这种较宽的间距可防止植物徒长，从而使之不易被病害感染。如果将幼苗培养超过 3 周，并且其叶片再次重叠时，则可能需要第二次对其进行间隔。

如果幼苗生长在金属挤压网工作台上时，当根系长出育苗块时将会受到空气修剪（air prune）（图 14.5）。如前所述，像番茄植株一样，这将会迫使黄瓜植株在栽培块中形成许多根，其好处是，一旦植株被移植则根会很快长入栽培板，因此就会减轻植株所遭遇的移植胁迫反应。

图 14.5　生长在岩棉块中的欧洲型黄瓜幼苗

移植前几天，将育苗区室内的白天温度降低到 22℃，夜间温度降低到 20 ℃。根据季节性阳光和所使用的补光等情况，18～28 d 苗龄的移植体应该具有 3～4 片真叶。在阳光充足的区域，可以较早进行幼苗移植。例如，在美国佛罗里达州，当幼苗长出 2 片叶子且在第三片叶子正形成时，对其进行了移植（图 14.5）。更有甚者，在加勒比海的安圭拉，在两叶期就对幼苗进行了移植（播种后约 14 d）。在安圭拉，将种子播种在岩棉育苗块中，在第 5 天将其移植到岩棉栽培块上，在 1 周内，幼苗在栽培块中生根，并以每天 15 cm 左右的长度生长（图 14.6）。而且，在被移植到巴托桶中 3 周后，待植株将开始结果之后，会使之保持 5～6 周的结果期，然后用新的植物替代，这样整个种植周期为 10～12

周。由于白天长度的差异，这样为了适应当地的环境条件和季节变化，则必须对种植程序做一些改变。

图 14.6　播种 27 d（移植 7 d）后的黄瓜幼苗

同番茄一样，在移植之前，先用"RootShield"（一种有益真菌）将带有基质的栽培盆或栽培板浸湿，以防止腐霉菌和镰刀霉菌感染。另外，在营养液中使用30～50 μmol·mol⁻¹的过氧化氢，以防止水媒真菌。用10%的漂白剂对所有的托盘和采摘车等进行消毒，之后将植物运到温室生产区。之后，应立即在每个栽培块的顶部放置一个喷射器，使用带肋桩（ribbed stake）进行灌溉，以使营养液不会接触植株的茎秆，从而避免真菌感染。在栽培块外的每株植物旁边放置至少一根滴液管，以提供额外的水分，因为黄瓜在叶片完全展开后会利用大量水分。

14.3.3　辣椒育苗方法

与番茄相似，辣椒种子的发芽率可能会各不相同，因此必须根据种子包装上给出的发芽率来确定额外种子的使用量。由于幼苗发芽和活力不均匀，所以应另外增加5%～10%的种子使用量。许多种植者使用小型圆塞盘（Grodan Kiem plug）将辣椒种子播入粒状岩棉，这就使他们可以将生长一致且有活力的幼苗移植到岩棉栽培块上另外，岩棉育苗块也可被用于初期播种。在14～18 d 的时候，可将育苗块中辣椒之间的距离放大一倍，方法是将育苗块切成条状并使之分开。与此同时，将育苗块和植株侧放，这样茎就会向上弯曲，从而可以更容易地将它们从侧面移植到岩棉栽培块中（图14.7）。辣椒现在也可以像番茄一样被进行嫁接，但区别是，并不把被嫁接后的辣椒幼苗像之前所讨论的番茄那样进行侧放。

哥伦比亚农业部（B. C. Ministry of Agriculture），建议在播种前将辣椒种子在10%的磷酸三钠溶液（TSP）中浸泡1 h，以减少病毒感染。然而，它们也提醒道，该处理可能会导致发芽率下降。它们还建议在处理幼苗时使用10%脱脂奶粉（skim milk powder）溶液，因为牛奶蛋白能够包裹病毒而使其不具有传染性。

图 14.7　辣椒之间的间隔被加倍并被侧放

将育苗塞或育苗块浸泡在电导率为 $0.5\ \text{mS}\cdot\text{cm}^{-1}$ 及 pH 值为 5.8 的原水中。种子发芽期间可用粗蛭石或聚乙烯薄膜覆盖，以保持均匀的温度和湿度，这尤其适用于冬季日照条件较差的北部地区。幼苗出来后，利用稀营养液进行灌溉。

种子发芽温度在 25～26 ℃，相对湿度在 75%～80%。在白天和夜间均保持上述温度。幼苗一旦出来后，则掉聚乙烯薄膜，并将大气温度降低到 22～23 ℃。同时进行补光，其光强为 5 500 lx，光照时间为 $18\ \text{h}\cdot\text{d}^{-1}$。出苗后约 4 d 后，将相对湿度降至 65%～70%。播种 17～18 d 后且当第一片真叶出现时，就可以将幼苗移植到各个边长均为 10 cm 的正方体岩棉栽培块中（图 14.8）。利用电导率为 2.0～2.2 $\text{mS}\cdot\text{cm}^{-1}$ 及 pH 值为 5.2 的营养液预浸岩棉块。将昼夜大气温度缓慢降低到23 ℃。在每个栽培盘中放置 6 个岩棉栽培块，这样能够使植株在随后的 3～4 周内拥有足够的生长空间（图 14.9）。

图 14.8　在播种后第 25 d 将辣椒植株移植到岩棉栽培块上

　　植物如果在被移植至生产区前生长超过了 3～4 周，须以竹桩对其进行支撑（图 6.74 及图 6.75）。在北方地区，根据季节的不同，辣椒可能会被保留在岩棉栽培块中长达 6～9 周。在岩棉栽培块中的生长后期（被移植到栽培块后 4 周或更长时间），将营养液的电导率提高到 3.0～3.2 mS·cm^{-1}，并将二氧化碳浓度提高到800 μmol·mol^{-1}。与番茄相似，在移植过程中，可以将辣椒放倒或倒置，以使之缩短茎长，并在未被嫁接的情况下形成更多的根。这些建议是针对美国更偏北的地区，那里的辣椒在 10 月中旬播种，以便在来年的 1 月初能够首次结果。

图 14.9　准备被移植到栽培盆或筏板的 38 d 苗龄的辣椒

14.3.4　茄子育苗方法

茄子的播种以及对温度、二氧化碳和光照的要求与番茄的非常相似。在 17～18 d 将茄子幼苗移植到岩棉栽培块上，这与辣椒的情况相似。不过，无须同番茄和辣椒那样将其弄弯，而是只需按照与番茄相同的种植程序，并用具有相同电导率和 pH 值的营养液对育苗块和栽培块进行预浸泡。同辣椒相同，当把它们移植到岩棉栽培块上后，在每个托盘中放 6 株。2 周内可以将它们移植到生产区的栽培板或栽培盆中。播种后 8 周和移植到栽培板或栽培盆后约 4 周时，必须将它们整枝为两条茎，并开始结实（图 14.10）。植株的整枝将在 14.13 节中予以讨论。

图 14.10　生长在盛有珍珠岩的巴托桶中的 8 周龄茄子植株

14.3.5　生菜育苗方法

无论是采用筏式培养技术还是 NFT，播种的最佳方法都是使用长、宽、高均为 2.5 cm 的岩棉育苗块。就像预浸泡番茄和辣椒的育苗块一样，也用原水预浸泡生菜的育苗块。之后，利用自动播种机进行丸粒化（pelletized，也称造粒化）种子播种。一般来说，在种子萌发过程中，由于黏土包衣材料能够保持种子周围的水分，因此丸粒化种子比未经处理过的种子发芽要更均匀。一定要根据种子的发芽率播种额外的种子。应将生菜种子存放在冰箱内，以保持其活力。种子的保存时间不要太长，因为它在 6 个月内就会失去活力。

对于特殊的小型 NFT 种植槽，将种子播种在含有 154 个孔穴的"冰淇凌杯"托盘中的粗蛭石内（图 14.11）。通过自动播种机，在托盘中的种子上覆盖一层薄薄的蛭石。在特殊的潮汐式灌溉床上，对这些托盘进行灌溉（图 14.12）。

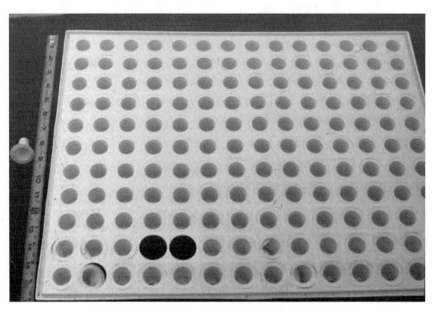

图 14.11　含有 154 个孔穴的"冰淇凌杯"托盘

当子叶完全展开并开始长出第一片真叶时，利用电导率为 1.5 mS·cm^{-1}和 pH 值为 5.4 ~ 5.8 的营养液进行灌溉。最佳发芽温度为 15 ~ 20 ℃，而温度超过 23 ℃可能会诱导种子休眠。这可通过在播种前将种子放在湿纸巾上，并在温度为 2 ~ 5 ℃的冰箱中保存 48 h 来克服。例如，在安圭拉的美膳雅度假村水培农场，我们把种子储存在设置为类

图 14.12　潮汐灌溉系统中栽培的 9 d 苗龄的生菜幼株

似温度的冰箱里，结果未发现存在任何休眠问题。然而，如果仍存在休眠情况，则可以将种子保持在16 ℃，直到发芽。在白天，相对湿度保持在60%~80%，并将二氧化碳浓度保持在1 000 μmol·mol^{-1}。在北方地区的冬季多云天气期间，出苗时应采用24 h 的补光照明。在 2~3 周龄及 3~4 片真叶出现时，将生菜幼苗移植至温室的生产区（图 14.13）。

14.3.6　香料植物育苗方法

　　根据水培种植系统，在育苗块或多孔穴托盘中播种香料植物种子。有些香料植物如薄荷和迷迭香（rosemary），其发芽速度很慢，即需要 6~8 周后才能对其移植。对于这些生长缓慢的香料植物，最好使用嫩枝扦插进行繁殖。从现有作物上取下的扦插枝，将在几周内在进行底部加热的喷雾系统中生根。播种香料植物的小种子，如薄荷、百里香、牛至

图 14.13　生长于岩棉块中待移植的 20 d 株龄的 Bibb 生菜

等，在每个育苗块或育苗盘孔穴中播种 6 ~ 10 粒种子，而罗勒播种 3 ~ 4 粒，4 周后在每个育苗块上留两棵幼苗，并将多余的部分剪掉。然而，如果种植"活香料植物"（live herbs），则在每个育苗块中播种 5 ~ 6 粒种子，而且不进行间苗。

　　香料植物生长的适宜温度为 18 ~ 24 ℃。营养液的电导率为 1.6 ~ 2.5 mS·cm⁻¹，pH 值为 5.8 ~ 6.2。香料作物的生长环境条件通常与生菜的类似。在多云天气期间，可能有必要提高电导率以防止出现多肉生长。由于香料植物并非大型温室作物，因此必须依靠自己在某一方面的种植经验来确定更为适宜的环境条件。

■ 14.4　植物生长温度

　　通常，昼夜温差在 5.5 ℃时，可促进高品质作物的生长。喜温作物的最佳温度范围是夜间 16 ℃ 而白天 24 ℃，而喜凉作物在夜间温度为 10 ℃，而在白天温度为16 ℃ 的情况下表现更好。另外，如果遇到多云天气，则白天温度较平常最好能低5.5 ℃。当然，以上范围只是一种参考，具体的最小和最大适宜温度要根据植物种类甚至其不同品种而定。例如，对于番茄，如果昼夜温差过大，其茎就会长得很高，这样在果实的发育过程中，则会发生扭结并甚至可能断裂。

如果温度过低，植物生长速率将会变慢，且部分叶片将会变紫，尤其对于番茄植株更是如此；如果温度过高，植株会长得柔弱而细长，从而导致植株质量欠佳，番茄植株的最佳温度会随着植株的发育阶段不同而变化（表 14.1）。在最适温度和光照条件下，番茄植株会发育出硕大的子叶和粗茎，在第一花簇之前形成的叶片较少，而第一花簇和第二花簇中的花数量较多，且早期产量和总产量较高。

表 14.1 温室番茄、欧洲型黄瓜和辣椒三种蔬菜从种子发芽到结果等不同生长阶段所需的昼夜适宜温度

生长阶段	温度/℃	
	夜晚	白天
番 茄		
种子萌发	24～26	24～26
萌发后直到移植前 1 周	20～22	20～22
移植前 1 周	18～19	18～19
移植后直到开始收获	16～18.5	21～26
收获期间	17.5～18.5	21～24

续表

生长阶段	温度/℃	
	夜晚	白天
欧洲型黄瓜		
种子萌发	27～28	27～28
发芽后（约2 d）	24～25	24～25
首次移植到栽培块	21～22	23～24
移植到温室前几天	20	22
移植到栽培板上后 （当植株到达高架线时采用较低温度）	16～20	21～24
辣椒		
种子萌发	25～26	25～26
种子萌发后	22～23	22～23
移植后	17.5～18	23～23.5
成长和收获	19	22

■ 14.5 光 照

在阳光充足的天气里，番茄叶片中的含糖量很高。叶片色深且坚挺，茎秆墨绿且粗壮，坐果结实而簇大，且根系发达。在此期间，可以增加氮的施用频率。相反，在多云天气里，番茄叶片中的含糖量会降低。这时，植株的叶片和茎秆泛白且瘦弱，花簇变得很小甚至无法正常结果。这个时期氮过多会阻碍作物生长。除育苗外，一般认为人工补光在经济上并不可行。

当多云天气持续超过 1～2 d 时，可能需要采取以下措施。

（1）将温室中的白天和夜间温度降低 2 ℃。

（2）保证植物在不萎蔫的情况下，尽可能地减少灌溉。

（3）调整营养液配方，提高 EC 值。

这些步骤将有助于使植物在叶片生长和果实生产之间达到平衡。如果不采取以上措施，则作物的叶片很可能看上去同样是深绿色而且也很健康，但不太可能结出很多果实。

在育苗期间，待子叶发育完全或第一片真叶出现早期，应将植物移植到间隔更宽（间距至少 5 cm）的栽培板或各个容器中（图 14.2），以减少相互遮阴。在栽培板上，应在 3 周内扩大植株间距，以免生长细弱。在单独的小容器或栽培块中，植株生长可以超过 3 周，前提是只要使它们在生长过程中保持足够的株距。可以将壮苗栽培在直径为 7.6 cm 或 10 cm 的栽培盆或栽培块内，但它们比小容器需要占用更大的育苗空间。在此阶段，一般在每张栽培板上培养 6 棵植株时其间距较为理想。在植株之间留出足够的空间，以防止出现叶重叠的现象。好的容器化苗（containerized plants）其茎粗如同铅笔，植株之间的叶尖宽度大约等于植株高度。

在北方高纬度地区，在冬季光照短而弱的几个月里，应使用人工补光来提供额外的光照强度并延长光照时间。在这一阶段的幼苗，应为其表面的光照强度达到 5 500 lx，并使光照时间达到 14～16 h·d^{-1}。目前，最有效的温室光照是 HID 植物生长灯，其包括金属卤素灯和高压钠灯。在温室中，金属卤素灯提供蓝光，高压钠灯提供橙红光。金属卤素灯最适合叶菜类生长，可保持植株紧凑，主要用于自然光照很少的受控环境中；高压钠灯则促进开花，是补充自然光照的最佳人工光源，尤其适合于温室这样的环境。

HID 植物生长灯有以下不同规格：100 W、250 W、400 W、600 W、1 000 W 和 1 500 W。以上每盏灯可分别为以下栽培面积提供补光：60 cm × 60 cm、90 cm × 90 cm、120 cm × 120 cm、150 cm × 150 cm、180 cm × 180 cm、240 cm × 240 cm。如果是被用于对自然光的补充，则覆盖面积可增加约50%。灯在作物上方的悬挂高度取决于瓦数（功率），低功率系统（100 W 和 250 W）应位于植物冠层表面上部60 ～ 90 cm 处，中功率系统应位于约120 cm 处，高功率系统（1 000 W 及以上）应位于1. 2 ～ 1. 8 m 处。

种植者使用金属卤素灯或高压钠灯时，可以利用可切换型镇流器（switchable ballast）进行启动。这使得种植者可以在植物早期营养生长阶段使用金属卤素灯，之后则换成高压钠灯，以便引导植物进入生殖生长阶段。另一种方式是，如果是在温室的自然光照条件下进行栽培，也可以使用混合了少量高压钠灯的金属卤素灯。对植物光合作用有用的可见光的波长范围为 400 ～ 720 nm，其中 400 ～ 520 nm 包含紫、蓝和深绿光，520 ～ 610 nm 包含深绿、黄和橙色光，610 ～ 720 nm 包含红光。在植物进行光合作用和促进开花过程中，叶绿素对以上这些光会进行大量吸收。

如果要在种植区域实施辅助光照，最好让灯具生产厂家帮助进行布置设计，并选择最适合特定作物的灯具。只需向他们提供一份温室和其中特定作物种植区的平面布局图。P. L. 照明系统公司（P. L. Lighting Systems）就是这样一家光源制造商。

■ 14.6　相对湿度和蒸汽压差

湿度是空气中以蒸汽形式存在的水量，而相对湿度是以给定温度下最大可能湿度的百分比所表示的湿度。当空气湿度完全饱和时，其相对湿度为100%。气温升高会降低相对湿度，而气温下降会增加相对湿度。将空气温度提高10 ℃几乎会使其持水能力增加一倍，从而使相对湿度减少一半。当温室里长满植物时，其会通过蒸腾蒸发作用将水分释放到大气中，从而降低空气温度。

相对湿度和温度之间的关系会影响温室内的作物。例如，如果温室内的白天温度为25 ℃及相对湿度为50%，而当夜间温度下降到15 ℃时则相对湿度将增加到90%，而作物内部的相对湿度会更高。那么，如此高的相对湿度会有利于病害发生。通风对降低相对湿度起着至关重要的作用。可利用水平气流风扇（HAF）混合空气，来降低作物内的相对湿度；提高温度，并利用头顶通风口或排气扇通风将有助于降低相对湿度；室外空气可以通过对流管进入温室，并在进入作物之前被加热，这也有助于降低空气的相对湿度。通过种有植物的高架栽培床下面的大型对流管或头顶对流系统，可以从外部引入冷空气，并对其在到达作物之前予以加热。

Broad（2008）明确阐述了相对湿度（RH）与蒸气压差（vapour pressure deficit，VPD）之间的关系。目前，温室经营者通过利用蒸汽压差来测量和控制大气中的水分。大气压通常为 101 kPa，这是大气中所有气体和水蒸气所施加的压力。对于任何给定的温度，都有一个最大的蒸汽压，即蒸汽饱和压（RH100%）。VPD 是在给定温度下的实际蒸汽压与最大（饱和）蒸汽压之间的差值。VPD与RH的走势相反（即成反比），即RH高时，则VPD会低。

如果VPD过低，则温度可能过低和/或相对湿度过高，这会导致作物停留在营养生长阶段，这时植株瘦弱且生长缓慢；如果VPD过高，作物就会受到胁迫，从而导致其变得坚硬、发育不良且繁殖性强。如14.10节所述，植物的营养生长阶段和生殖生长阶段之间的良好平衡对生产力至关重要。总之，VPD、温度、营养液配方和灌溉周期等对控制营养生长阶段和生殖生长阶段之间的平衡均极为重要。

■ 14.7　二氧化碳增补

在北方地区，温室中二氧化碳的增补会大大提高作物的生产能力。商业种植实践表明，在温室大气中增补二氧化碳，会使番茄产量增加20%~30%；在早期花簇中，尤其是在低光照水平通常会降低坐果率的情况下可提高结实率；可增大果实。在俄亥俄州，黄瓜产量增加了40%。每一茬的生菜产量增加了20%~30%，而且较快的生长率使每年都可以多种一茬。

进行二氧化碳增补和辅助人工补光对于生产蔬菜幼苗和花坛植物在经济上是可行的，这些方法比传统方法在更短的时间内会生产更健壮的植物。为了获得最大的利润，应将温室内的二氧化碳浓度保持在最佳值，而这主要取决于作物种类及其所处的生长阶段、所在的地理位置、种植季节和温室类型。一般来说，2~5倍于正常大气水平的二氧化碳浓度（$1\,000$~$1\,500\ \mu mol \cdot mol^{-1}$）可被视为最佳增补范围。

在外界温度较低时，需要加热温室并关闭其通风口，这时植物会消耗温室大气中的二氧化碳。在封闭温室中，二氧化碳浓度在 1 h 内就会出现下降，因此会导致植物的生长速率显著降低。将二氧化碳浓度维持在室外水平的通风操作，会大幅增加供暖成本。在这种情况下，使用丙烷、天然气或燃油等的专用加热器可以在提高温度的同时供应二氧化碳。

二氧化碳的增补可能会使植物生长得更旺盛，从而增加对肥料和水分的需求量。番茄幼株对二氧化碳的增补特别敏感。例如，研究结果表明，增补二氧化碳，可使番茄幼株的生长速率提高 50%，并可使之提前 1 周或 10 d 开花或进入结果期。二氧化碳增补不仅促进了顶端生长和花芽的形成，还促进了根系的生长。二氧化碳增补在水培中具有特殊意义，因为这种气体的来源之一是土壤中的腐烂的有机物，而这在水培中是不存在的。

一般来说，对于以下四种蔬菜，一天中其二氧化碳的最佳浓度分别是：番茄为 $700 \sim 1\,000\ \mu mol \cdot mol^{-1}$；黄瓜为 $800 \sim 1\,200\ \mu mol \cdot mol^{-1}$；辣椒为 $800 \sim 1\,000\ \mu mol \cdot mol^{-1}$；生菜为 $1\,000 \sim 1\,200\ \mu mol \cdot mol^{-1}$。

■ 14.8　移　植

高质量的移植体对实现良好的温室作物培养至关重要。必须将其正确地放置在栽培床上、栽培盆中或栽培板上，而且之后需要进行精心管理，以避免出现生长受阻。为了尽量减少移植所造成的伤害，应该让植物处于适当苗龄并使之适度硬化。番茄或辣椒在被移植时不应该结有果实。与裸根植物的移植相比，盆栽植物所受的移植损伤较小，因为这对根系的损伤很小或根本没有。然而，通过适当的种植和护理，裸根植物所经受的移植冲击可被最小化。

当将番茄移植到砾石基质中时，可将茎的冠面放置在栽培床面以下 2.5~5 cm处，以便给植物提供较好的初始支撑，这也能够促使在掩埋的茎段上长出新根。例如，可将细长植株 10~15 cm 长的茎按照一定角度埋置，这样可促进在被埋茎节上长出新根，而地上部分将会从其进入基质处垂直向上生长。在岩棉栽培中，当把幼苗从育苗块放到栽培块上时，通常会将茎秆从直角弯曲成完全倒转，但对于嫁接过的植物不会这样做。在珍珠岩培养中，如果不使用岩棉栽培块，而是将取自育苗块的幼苗直接种植到装有珍珠岩的巴托桶中，则可以使其呈直角旋转或倒转进入珍珠岩中。该方法也适用于辣椒，但不适用于黄瓜或生菜。对这些蔬菜进行移植时，应使其冠部位于基质表面，而不是低于基质表面，否则冠部可能会发生严重的病害感染。

在移植后，为避免或减少植株萎蔫而应尽快灌溉。在砾石培养中，可以在移植时通过在粗基质中保持高水位而实现灌溉。在移植前，应使植物栽培盆或栽培板保持湿润。当经过正常处置的盆栽植物被移植后，只要它们的根团在种植时是潮湿的，而且很快就被进行灌溉，则它们就不会枯萎。裸根植物被移植后可能会出现萎蔫，即使灌溉也会，但只要经过一晚即可恢复。另外，正如第 11 章和第 12 章所讨论的那样，珍珠岩和椰糠基质正变得越来越普遍，因为它们不存在岩棉的处理问题。

■ 14.9 行 距

在温室番茄的生产中，大多数专家建议每株番茄所占的种植面积为 0.33~0.37 m² （3~2.5 株·m⁻²）。可按双行或单行进行植物栽培。最近的方法是将番茄和辣椒的枝条修剪成 V 形缓带状，并每隔一株植物而由对面的高架线支撑，这类似于图 14.29 所示的黄瓜。植株被按单行排，在每块岩棉板或椰糠板上栽培有 2 倍数量的植物（通常在每张板上栽培 4～5 株），详情请参阅第 10 章。

辣椒的种植密度与番茄差不多，每公顷种植 20 000～25 000 株，这相当于每平方米温室面积栽培 2.0～2.5 株。将辣椒修剪为每株 2 根茎，这样会将密度增加到每平方米 6.5～7 根茎。茄子的密度和间距与辣椒相同，在每株上保留 2 根茎。

如果使用双行，在每张板上放置 3 株植物，而在单行中每张板上种植 5 株植物。大多数种植者使用单行种植，将植物修剪成 V 字形绶带状，并将其拴在高架支撑线；对于双行，每行间隔为 40 cm，且排水管和滴灌管之间的间隔为 1.46 m。使用长为 100 cm 的平板时行内间隔为 23 cm。在单行结构中，行间距为 1.8 m，而且板与板首尾相连。

欧洲型黄瓜的最低行距要求为 1.5 m。在春夏季，每株黄瓜需要 0.65～0.84 m^2 的栽培面积，而在秋季每株黄瓜需要 0.84～0.93 m^2 的栽培面积，这近似于每公顷种植 12 500 株。植物可被排成单行，行内植株间距为 35.5～41 cm。采用 V 字形绶带修剪法，将植物交替绑在相距 0.76～0.9 m 的高架线上（图 14.29），以使植株获得更均匀的光照。

■ 14.10　营养生长和生殖生长

植物具有两个生长阶段，即叶片和茎秆迅速生长时为营养生长阶段（vegetative phase），而进行开花和结果时为生殖生长阶段（generative phase）。在作物生产中，必须保持营养生长阶段和生殖生长阶段之间的平衡，以最大限度地提高产量。最初，当植物还是幼苗时，人们会强调营养生长阶段，以使它们具有相对较大的叶和茎。该阶段对于建立足够的光合成叶面积非常重要，这样植物就可以产生足够的糖类以用于果实的生产。一旦植物有足够的叶面积来保障果实的形成，则希望将其引导至一个生殖能力较强的阶段。在该阶段，糖类物质被转移进入花朵，然后形成果实。这样，植物就能够结出更大及更多的果实。正如后面所讨论的，在欧洲型黄瓜中，去掉前八朵花来使植物保持营养生长并长出大叶，从而为后面的果实形成提供光合产物。如前所述，对于番茄幼苗，一般希望其茎能达到铅笔粗细，叶片大，这样移植体的冠层宽度就与高度基本相同。这样，最初的营养生长就为后期植物的果实发育做好了准备。

当这些植物开始形成果实时，根据它们的生长速率，有可能通过改变某些环境和营养条件而将其转向更具繁殖性或更具营养性的生长。这种对植物环境的操控，被称为"植物转向"（plant steering）。尝试着每次只改变 1~2 项影响参数，以便找出所需要的结果。一般来说，番茄在其发育的早期阶段就应被引导转向更具生殖性的生长；与茄子和黄瓜类似，辣椒在幼苗期至结果期前就必须构建起强壮的营养体。通过控制昼夜温度、灌溉周期、EC 和整枝等，可实现对植物发育转向的调控。为了达到理想的生产目标，种植者必须熟悉植物营养生长和生殖生长的特性，从而相应地调整环境条件和养分供应方式。

对于辣椒来说，强光和高温会促使植物保持繁殖生长。然而，过度的生殖生长将会出现小果。可保持每个单茎上结 6 个果实（每株结果 10~12 个），否则过多的果实会阻碍或减缓植株生长，进而导致果实的重量和大小下降。花朵距离植株生长点（growing tip）的高度不应超过 10 cm，为了使植物更具营养性，应提高温室的夜间温度、降低白天温度，并使全天的平均温度保持在 20~22 ℃。在秋季光照强度较低的情况下，可以将全天平均温度降低到 20 ℃，其中夜间和白天气温分别在 17~18 ℃ 和 20~21 ℃。将二氧化碳浓度保持在 800~

1 000 μmol·mol^{-1}。在强光下，进行 25%~30% 的遮阴可减少果实出现晒伤和开裂的情况发生。

在黄瓜果实的生产过程中，应将夜间温度保持在 18~19 ℃，白天温度保持在 21~23 ℃，因此，24 h 的温度约为 20.5~21 ℃。表 14.2 和表 14.3 是以番茄特性为基础的，但其一般原则也同样适用于其他结实作物。

表 14.2 番茄植株的生殖生长阶段与营养生长阶段的基本特征

特征	过度生殖生长	过度营养生长
叶片	短小、暗绿并坚硬	细长、张开或呈弹簧状卷曲、浅绿色并柔软
茎	短、粗、结实并卷曲	细长并向上弯曲
花	深黄色，接近植物顶部，整束中花开得快并均匀	在远离植物顶部的下方开花，张开不良，萼片粘在一起
果实	果实多（4~6 个），形成快，形状好	果实很少且发育缓慢、个头小、形态不良，并可能出现变形

表 14.3 使番茄植株转向更具营养生长或更具生殖生长能力方向的参数

参数	偏向营养生长	偏向生殖生长
灌溉周期长度和频率	较短及高频率	较长及低频率
开始灌溉时间	提前	延迟
结束灌溉时间	延迟	提前

参数	偏向营养生长	偏向生殖生长
沥滤液	较多，电导率下降	较少，电导率上升（多云天气）
湿度	低	高
昼夜温差（0~5 ℃）	小	大
二氧化碳浓度（350~1 000 μmol·mol^{-1}）	低	高
营养液 EC（2.5~4.0 mS·cm^{-1}）	低	高
花束修剪	多（4个果实）保留	少（5~6个果实）保留

■ 14.11 灌溉（施肥）

作物一旦被移植，就必须为其设定好合理的灌溉周期。如前所述，灌溉周期之间的间隔时间取决于多种因素，包括所使用的栽培基质类型。无论采用哪种水培种植系统（岩棉、锯末、珍珠岩、泥炭－蛭石混合物和椰糠），均采用滴灌系统与注肥器为植物提供水分和营养。大多数水培温室使用注肥器和营养液母液。过去，单独储存罐中的两部分营养液母液 A 和 B，其所使用的浓缩液配方是正常营养液浓度的 100 ~200

倍。此外，第三个罐中的酸或碱母液，可被用来调节最终营养液的 pH 值。目前，越来越多的种植者正在为大量元素的每种肥料盐分而分别配制母液，并为所有微量元素配制一种母液，这样就能够使营养液配方实现多样性。这些调整是在太阳光照条件变化时进行的，因此可以灵活地使植物的发育发生转向。当营养液被泵入滴灌系统时，注射器在混合罐中或在大型主管道中用水按比例稀释这些浓缩物。

如第 3 章所述，新的系统利用计算机反馈系统来监控和调整来自作物的返回液。现在，这样的循环系统是可持续产量计划的一部分，因为其能够节约用水和有效利用肥料盐分。

灌溉周期的频率和持续时间在很大程度上取决于基质的保水特性。例如，岩棉比珍珠岩需要的灌溉较少，因为前者较后者的持水能力要强，具体细节见第 10 章关于岩棉培的内容介绍。椰糠的灌溉周期更类似于泥炭 - 蛭石混合基质，如第 11 章所述。移植后需要更频繁的灌溉，直到植物在基质中扎根。之后，根据环境条件和植物生长阶段，每天灌溉 5~10 次应该基本可以满足作物的生长。如前所述，由于珍珠岩的持水能力较低，因此其一般需要更为频繁的灌溉。

▨ 14.12　植株支撑

像番茄、辣椒、茄子和黄瓜这样的藤本作物，必须对其垂直修剪，以最大限度地提高产量。一旦植物被移植至最终的生长系统中，则必须对其尽快开始整枝。用塑料绳将茎秆固定在高架缆绳上，以支撑植物。任何藤本作物，如番茄，如果在其生长周期内必须降低其高度，则需要植物挂钩，如番茄挂钩（Tomahooks）。这些钩子上缠绕着额外的绳子，以便藤蔓向上生长时能够下降（图 14.14）。另外，市场上有一种缠绕有额外细线的钩子。附加绳子的长度至少需要 6 m。在温室排水沟的高度或最多 5~6 m 的地方，将这些绳子连接到位于每排植物正上方的缆绳上。现在，新建的文洛式玻璃温室的排水沟为 7 m 或更高，如图 11.9 所示。

图 14.14　被系在高架支撑绳上的"番茄挂钩"

通过在健康叶片的下面使用一个植物夹，将支撑绳连接到植物的底部。这是在移植过程中完成的，以开始垂直修剪作物。随着植物的生长，会将茎缠绕在绳子上，始终以相同的方向（通常是顺时针方向），但有时可能需要在某个叶柄下装一个植物夹，以提供额外的支持（图14.15）。总是将绳子以相同方向缠绕在植物的茎上，以避免有人不小心解开绳子。大多数种植者使用这种方法，但是也可以在植株生长时，顺着植物的长度每隔30 cm只使用植物夹，而不用将绳子缠绕在茎上。

图 14.15　将茎夹装在一片健壮叶子之下

辣椒和茄子不需要进行降低操作，前提是只要支撑绳的高度不少于4.5 m，而这在大多数具有5 m或更高排水沟的温室里是可能的。否则，在较矮的温室里就需要降低辣椒和茄子茎，但必须小心操作，因为其藤蔓脆弱易断。栽培实践表明，哪怕是摘除几片叶子，植物也会受到很大影响，而且茄子对此则更为敏感，会出现叶片掉落的现象。对于所有的藤本植物，在其倒在地上之前必须用夹子将其固定在绳子上。应确保第一个夹子位于一片大叶之下并拉紧绳子，但不能太紧，否则一旦被松开绳子就会向上拉扯叶片。

夹子的位置应如图 14.15 和图 14.16 所示。应将夹子直接放置在叶柄下方，而不是其上方，因为这样不能提供支撑。不应将夹子直接置于花簇下，因为成熟较晚的果实（如番茄）会折断花簇，从而导致果实被夹子刺破。对于辣椒来说，夹子不能被直接放在小果实的下方，因为当果实膨胀时，夹子会嵌入其中而使果实变形，如图 14.17 所示。沿着植物茎每 30 cm 固定一个植物夹，以提供足够的支撑。如图 14.16 所示，必须使夹子的后铰链（back hinge）夹紧支撑绳。

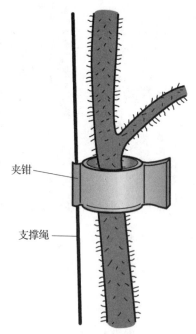

夹钳

支撑绳

图 14.16　夹子在植株上及在支撑绳上的正确固定位置

图 14.17　辣椒果实被植物夹子挤压变形

■ 14.13　去除腋芽和修剪

腋芽 (sucker) 是长在主茎和叶柄之间的侧枝 (side shoot 或 cateral)，必须在其长大之前予以去除，因为它们会消耗植物果实发育所需要的养分。对于番茄，当腋芽长到大约 2.5 cm 的时候就应将其去除

（图 14.18 和图 14.19）。在该阶段，它们可以很容易被用手折断，而并不会在腋窝区（茎和叶柄之间的区域）造成大的伤口。对于茄子和辣椒来说，要去除第一节或第二节的腋芽（图 14.20 和图 14.21），这取决于该腋芽支撑果实的能力。

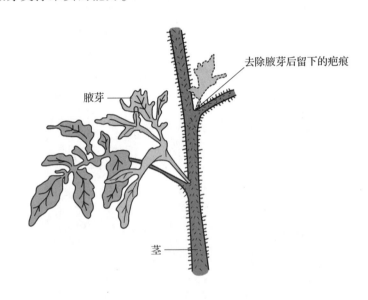

去除腋芽后留下的疤痕

腋芽

茎

图 14.18　去掉番茄早期生长阶段的腋芽

对于番茄来说，手动去除腋芽比用刀或剪子会更少地传播病害。操作时，应戴上橡胶或一次性乳胶手套，以免双手被植物的酸性汁液伤害。另外，对于较大的腋芽，这可能是因为去掉得太晚而产生的，必须用剪枝剪或刀去除。

对于番茄来说，通常会遇到终结植株（terminated plant），即该植株不再具有生长点（growing point 或 plant apex，也称植物顶端）。在这种情况下，在该植株的生长点附近选择一个有活力的腋芽让其继续生长，同时去除其他活力较弱的腋芽。有些植株会分叉或裂开，此时应选择生长最旺盛的枝条，并修剪掉其他生长点。

图 14.19　有待去掉的番茄腋芽（一）

图 14.20　有待去掉的茄子腋芽（二）

当黄瓜植株的腋芽较小而与番茄的大小基本一样时，则可以将其去掉（图 14.22）。植株在生长到高架支撑线的顶端之前长出主茎，这是一种正常现象。另外，必须将如图 14.23 所示的在生育期内的所有卷须都折断，因为卷须会缠绕在叶片和果实上而造成挂果（fruit hanging up）困难，进而导致果实弯曲。

图 14.21　有待去掉的辣椒第一节或第二节处的腋芽

图 14.22　有待去掉的欧洲型黄瓜腋芽

图 14.23　每天都必须去掉的黄瓜卷须

　　随着番茄植株的成熟和较低花束上果实的收获，植株底部较老的叶片将开始衰老（变黄）并死亡。因此，应当去除这些叶片，以便更好地通风，并降低植株基部周围的相对湿度。从第二个花束（或称果束）完全被收获时开始摘下它们。之后，继续从下往上去掉变黄的叶子，直到结出成熟果实的花束。在过去，种植者大多直接用手将叶片折断，而现在越来越多的种植者使用锋利的刀子进行操作以获得干净表面，从而尽可能减小疤痕。另外，应把温室里所有的植株枯叶及时清除并将其进行填埋。随着植株的成熟，叶片的修剪工作需要多次重复进行，通常在植株茎被放低后每周修剪一次。一般来说，每周修剪不超过 1 次，且每次去除不超过 3~4 片叶子。然而，一种例外的情况是，当植物达到约 1 m 的高度时，在其早期阶段，将对它们进行引导转向而使之更具生殖能力。去掉底部的叶片会增加它们的压力，从而使其转向生殖阶段。

当番茄植株到达高架支撑绳时，则解开支撑线，并每次将植株放低0.3~0.4 m。因为底部的叶片和果实已被去除，所以茎可被弯曲而靠在植物茎的支撑线上，如第 10 章所述。慢慢放低植株，以免折断茎。另外，在任何时候，都应在植株上部 1.8~2 m 长的茎上保留叶片和果束（图 14.24）。

图 14.24　去掉下部叶片并将裸茎固定在支撑杆上

修剪牛排型番茄品种的果枝时，应选择花束上最一致的 4 ~5 个结有果实的花朵（图 14.25），而将其他任何畸形的花、双果花以及在花束上最远的花等均去掉。从而使得番茄的果实在发育、形状、大小和颜色上都能够保持一致。当两三个果实长到豌豆大小时，应尽快去除花朵和小果。

图 14. 25　在果实小的时候对花束进行修剪

许多牛排型番茄品种都会结出大量的果实，随着果实在果束上生长，其重量会导致果束压垮或断裂，最终导致产量下降。因此，为了防止断裂，人们发明了用于支撑果束的卡箍和挂钩。这些卡箍和挂钩是廉价的塑料柔性支撑物，很容易在坐果早期将其卡在花束茎上，并将挂钩固定在果束和支撑线上，如图 14.26 和图 14.27 所示。

图 14. 26　番茄果实挂钩被固定在果束和支撑线上

图 14.27　在果束基部固定卡箍以阻止其扭结

　　欧洲型黄瓜品种因其可被垂直修剪，且不耐承受外界条件下的温度波动，所以在温室中对其进行栽培。对欧洲型黄瓜品种可按两种样式进行修剪：新型伞状（图 14.28）和 V 形绶带状（图 14.29）。采用 V 形绶带状样式修剪植物，以使其能够充分利用温室内的光照。在每行植物上，将两根支撑线放置在离地面 2～3 m 处，或使用采摘车对植物进行作业时，则可接近温室顶部排水沟的高度。目前，最常见的方法是"高线"系统（"high‑wire" system），如第 10 章和第 11 章所述，即在该系统中将黄瓜种植在装有椰糠或岩棉的 FormFlex 高架托盘中。现在，因为大多数温室顶部都有 6～7 m 高的排水沟，所以植物可被修剪到 5～6 m 的高度，高架支撑绳之间的间距为 0.75～1 m。将支撑线交错系在上面的两根高架支撑绳上，并使每排植株向外有一定的倾斜（图14.29）。进行黄瓜的腋芽去除和修剪对于在营养生长活力和果实负荷之间保持平衡是必要的，应将第 6 片或第 7 片真叶之前的所有腋芽、花朵和果实均去除掉，而且每天对卷须进行去除（图 14.23）。

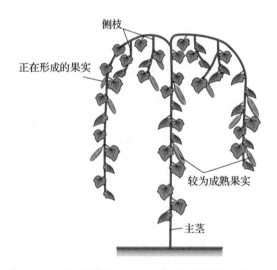

图 14.28　欧洲型黄瓜植株被修剪成新型伞状样式

如果在任何时候都允许过多的果实形成，而且是过早形成，那么很大一部分果实将会夭折，因为植株可能没有足够的营养储备来供它们发育。如果大量的果实成熟，则通常会产生畸形或颜色欠佳的果实。因此，如图 14.22 所示，应在早期就对其进行疏果。通常的做法是，将位于一个叶腋中的复果（multiple fruit）减薄为一个。

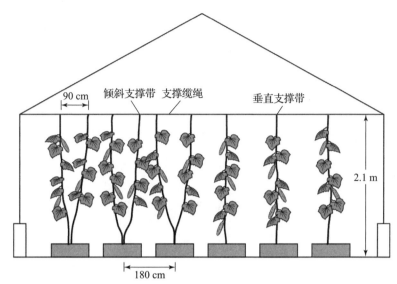

90 cm　倾斜支撑带　支撑缆绳　　　垂直支撑带

2.1 m

180 cm

图 14.29　欧洲型黄瓜被修剪成 V 字形绶带状样式

另外，将植物修剪成新伞形样式的步骤如下。

（1）主茎应被保持在支撑绳之上的 1~2 片叶处，并在此处去掉其生长点。最好留三个侧枝，其中两个位于支撑绳下部，而一个位于支撑绳上部。当侧枝均开始伸长时，则去掉第三个侧枝。这样做的目的在于应对万一哪个长得不合适时能够予以替补。在支撑绳下面的最后一片叶子下面固定一个植物夹子，以防止顶部向下滑动。

（2）在主茎上长出 6~7 片叶子前不要留果，以先促进营养生长而使之长出大叶片，进而为茎上部的果实提供足够的营养储备。

（3）去掉除位于主茎顶部的 2~3 个腋芽以外的所有侧枝。

（4）修剪位于高架支撑绳上方的两个顶端侧枝，使其悬挂在主茎的每一侧。然后，可以让它们长到主茎的 2/3 长度。要解决这个问题，可在侧枝的第一个叶腋后使用植物夹将其固定到高架支撑缆绳上，如图 14.30 所示。

（5）仅保留主茎顶部的两个侧枝，而将其他所有的次生侧枝均去除。

（6）当第一个侧枝上的果实正在成熟时，让第二侧枝向外向下生长。

（7）当第一个侧枝上的果实被收获后，应将该侧枝全部摘除，以让第二根侧枝更好地生长。

（8）重复步骤（5）(6) 和（7），可保持果实产量。

图14.30 将侧枝上及主茎顶端上的植物夹固定在高架支撑绳上

一些种植者使用新型伞状修剪模式种植了10个月的黄瓜，结果从每株可收获黄瓜100多根。如果每年种植2～3茬，就可以得到更为健壮的植株，这样，就可以获得更高产量。在温暖的亚热带和热带地区，最好每3个月更换一次作物。在安圭拉，我们每10～11周更换一次作物，因为从种子到首次结果需要5周的时间。

贝塔－阿尔法型（Beit－Alpha，BA）黄瓜（又称日本黄瓜或波斯泡菜），对其修剪的方式有些不同。与欧洲型黄瓜相似，BA 黄瓜也是无籽的，但要小得多。其果实长度一般为 12.5~18 cm，直径 3.5 cm（图 14.31），因此也称为"迷你黄瓜"。重要的是，它们抗白粉病（powdery midew，PW）（Shaw and Cantliffe，2003）。在对不同品种的试验中，我们发现在安圭拉的热带条件下，最高产和最抗白粉病的是"Manar"，这是由荷兰德瑞特种子公司（DeRuiter Seeds）培育的一个品种。

BA 黄瓜的株距大约是欧洲型黄瓜的一半，通常是 2~3 株·m^{-2}。如第 12 章所述，在安圭拉美膳雅水培农场，在所使用的巴托桶珍珠岩系统中，每排之间的距离为 1.8 m，每排内桶之间的间距为 40 cm。在每个桶中都有两株植物，并被修剪成 V 字形绶带状样式，每株植物的栽培面积相当于约为 0.35 m^2。种植周期为 3 个月。在美国佛罗里达州，有人建议每年种植 3 茬作物。在热带条件下，播种 5 周后开始产果，而果实生产期约为 7~8 周。

在结果之前，除去前 4~5 个茎节上的所有侧枝，从而保证植物的营养生长（图 14.31）。在这一个水平之后，在主茎上应留有果实。在第 4~5 个茎节后保留 2 个侧枝（图 14.32），使其充分发育，而当侧枝距离植物基部小于 60 cm 时将其去除，并去除主茎和初始侧枝上的所有卷须。与欧洲型黄瓜不同的是，不将 BA 黄瓜修剪成新型伞形状样式，即 BA 黄瓜在到达高空支撑绳时不会将它们夹住，但会对支撑绳上面的主茎进行修剪，并允使之回到离地面约 1 m 的地方当主茎长得超过支撑绳时，则将其用夹子固定在支撑绳上（图 14.33）。这里，对修剪只是做了一个大体介绍，因为在实际操作中，会随着特定的气候条件的变化而做出相应调整。

图 14.31　BA 黄瓜的修剪情况

图 14.32　掐掉 BA 黄瓜主茎上两个茎节处的侧枝

图 14.33　将 BA 黄瓜的生长点弯向高架支撑绳并用一副植物夹进行固定

收获的果实质量为 115 ~ 120 g，即每千克约 9 个果实。如果按照平均每周每株收获 8 个果实，则这相当于每株每周产果 0.9 kg。尽管欧洲型黄瓜每株的周产量平均在 1.1 ~ 1.3 kg，但 BA 黄瓜的价格相对更高，因此其收入可能比欧洲型黄瓜更可观。另外，有报道称，每 4 个月可收获 60 个果实，并可连续收获 11 周（Shaw et al，2004）。

BA 黄瓜的果皮比欧洲型黄瓜的厚一些，但仍很薄而无须去皮。另外，BA 黄瓜不用像欧洲型黄瓜那样被收紧包装来保持水分，而且在温度为 10 ℃和相对湿度为 95%的条件下其保存时间可达 14 d。研究人员称，与欧洲型黄瓜的最佳温度 18 ~ 32 ℃相比，BA 黄瓜可以分别耐受 35 ~ 40 ℃的高温和 15 ℃的低温。

辣椒被修剪成每株两根茎，成 V 字形绶带状，由被拴在高架绳上的垂吊线进行支撑（图 14.34～图 14.38）。虽然辣椒一开始是一根茎，但它后来很快就分叉成两根茎，随后还会产生更多的茎。花芽形成于茎的分支点（图 14.34）。在茎的第一个分支点上的花称为"冠芽"（crown bud）。大多数温室辣椒均被修剪成两根茎，而且必须修剪其他茎，以保持营养生长和果实发育之间的平衡。为了起初旺盛的营养生长以能够保障之后的果实生产，通常将在第一根和第二根茎分支处的花去除，一般会达到约 40 cm 的高度。待两根茎形成后，则去除第二片叶之后的全部侧枝（图 14.35 和图 14.36）。这种修剪每隔几周就需要进行一次。另外，每隔 2 周，应将支撑线接顺时针缠绕在植株主茎上，或每隔 30 cm 将植株主茎夹在支撑线上。

图 14.34　在早期生长阶段辣椒植株的

花蕾位置及其修剪情况

图 14. 35　辣椒初始的修剪情况

图 14.36　在第二根茎节处辣椒的侧枝被去掉

图 14.37　红灯笼辣椒

图 14.38　生长在被盛于巴托桶内珍珠岩中的黄灯笼辣椒

辣椒比番茄和黄瓜的生长速度要慢，通常为一年一季。最常见的辣椒品种是四瓣块状甜椒（four - lobed、blocky 和 sweet bell pepper）（图14.37 和图14.38）。红色是最受欢迎（85%），其次是黄色（10%）和橙色（5%），颜色组合会随市场需求而变化。最初，这些温室里的辣椒均是绿色，而成熟后则转变为该品种的颜色。它们为不确定的品种，并且必须同番茄一样在温室里对其进行垂直修剪。在单个种植周期内，植株可长到 4.3~4.9 m 高。在北纬地区，当年的 10 月中旬播种，6 周后移植，来年的 3 月开始收获，到 11 月中旬结束。从播种到首次结果需要 4 个月的时间。在南方地区，可以在 7 月中旬播种，到 11 月就能开始生产，并会一直持续到第二年的 6 月。年产量应可至少达到23 kg·m^{-2}（或每株 7.7~8.2 kg）。

由于大多数温室的顶部排水沟至少有 4~5 m 高，所以没有必要放低辣椒植株，但如果要将其放低时，则必须小心，以防折断其非常脆弱的茎秆。在放低植株时，可以先摘除 3~4 片叶子，但放低的高度不超过 25~30 cm。与番茄不同的是，只有少量的叶片可以在不给植物造成胁迫的情况下将其摘除。

温室茄子因其品质优于大田茄子而成为一种更受欢迎的作物。由于不会受到风的伤害，所以温室茄子的表面光滑而无伤痕。茄子也是不确定品种，大部分是荷兰温室品种，包括白色或深浅不同的紫色；形状主要是圆形，但也有长条形或椭圆形。类似于辣椒，当茄子以 V 形绶带状样式被双茎培养时，则必须对其进行垂直整枝。

茄子较辣椒长得要快，在每个生长季可长到 5 m 高。通过选择两根最健壮的茎，从而可以让它们像辣椒一样早期分叉（图 14.39）。应去除第二根茎节上的侧枝，这样在每根侧枝上至少会长出一个果实（图14.40）。沿着主茎，每隔 30 cm 在 1 片大叶子下使用植物夹将主茎与支撑线固定在一起。茄子的花很大而需要对其进行授粉。如果温室的顶部排水沟高度小于 5 m，则可以放低植株，然而，同辣椒一样，这个过程中可能会使之受到损伤而导致底部叶片脱落。例如，在美膳雅水培农场，在播种约 4 个月后开始放低茄子植株（图 14.41）。当植株继续生长到 3.6 ~ 4.0 m 高时（图 14.42），其下面的叶片开始脱落，这时从基部将主茎砍掉，并让两个侧枝形成新的植株（图 14.43）。虽然侧枝长得很好，但研究发现，最好每年种两茬，以避免放低植株时所遇到的操作困难。

图 14.39　播种两个月后茄子植株被修剪成双茎

图 14.40　在茄子植株的第二根茎节处剪切侧枝

图 14.41　当高达支撑绳时放下茄子植株

图 14.42　主茎被放下后侧枝在基部生长

图 14.43　在高龄主茎被修剪后在基部长出新枝

■ 14.14　授　粉

在室外栽培时，番茄、辣椒和茄子通常是风媒传粉或蜜蜂授粉的，但在温室里的空气流动不足以使花朵进行自花授粉。在温室中，振动番茄花簇是一种促进授粉的较好方式，可以用棍子、指头或电牙刷等电动振动器轻敲花朵来实现。当前，有一种非常好用的振动器是"花瓣挠痒器"（Petal Tickler）。这是一种长的振动器，具有高频振动，可以有效逐出花朵中的花粉。将振动器轻轻靠在花丛枝上进行短暂振动（图14.44）。假设环境条件有利且花朵易被收获，则振动时可以看到黄色细粒花粉会从花朵飘出。

图 14.44　番茄花朵授粉用花瓣振动器

　　授粉必须在花朵处于接收花粉的状态时进行，例如，这个阶段番茄的花瓣向后卷曲，而茄子的花瓣向后卷曲的程度要轻一些，但雄蕊非常突出（图 14.45 和图 14.46）。由于花期约为 2 d，因此对植物应至少隔天授粉 1 次。为了取得最佳效果，授粉应在上午 11 点至下午 3 点在阳光充足的条件下进行。研究表明，70% 的相对湿度最适合植物的授粉、坐果和果实的发育。否则，除了在中午外，相对湿度过高会使花粉潮湿且粘连，这样就会降低花粉从花药向柱头充分转移的机会。相反，相对湿度低于 60%～65% 时将导致花粉干燥。

图 14.45　处于可接受花粉状态的番茄花束

　　温室夜间温度不得低于 15 ℃，而白天温度不得超过 29 ℃。否则，在较高或较低的温度下，花粉萌发和花粉管生长都会受到很大抑制。化学生长调节剂可被用于在低于最佳温度的条件下诱导果实发育，但这些果实通常是无籽的。另外，以上诱导会使果实表面出现小腔且外壁变薄，从而使果实变软而大大降低品质。

图 14.46　茄子的可授粉花朵

　　如果授粉操作正确, 则小珠状果实将会在 1 周左右的时间内形成, 这就是所谓的 "坐果" (fruit set)。当幼株产生第一枝花束时, 则每天进行授粉直到坐果可见。重要的是要让该坐果留在第一个花束上, 因为这让植物进入了繁殖状态, 而且随着植株生长而更有利于产花产果。在前几枝花束坐果后, 则授粉可以隔天进行一次。

　　过去, 番茄授粉是用振动器进行的。在面积为 20 000 m² 的温室中进行番茄授粉时, 通常需要两个人全天完成。目前, 使用大黄蜂

（*Bombus sp.*）是一种可被接受的温室番茄授粉方式，而且吉帕安达温室公司证明，这种授粉方式至少可以实现3%的增产。维持大黄蜂的适当数量很重要，因为种群过多可能会导致蜜蜂在番茄花朵上工作过度。这对于辣椒尤其如此，因为其需要的数量较少，所以大黄蜂不会过多进入花朵而因此在果实上造成拉链状的疤痕。

　　大黄蜂蜂箱，可从一些生产厂家直接获取（附录5），如图14.47所示，一只蜂箱内的黄蜂数量足以为2 000 m² 种植面积的番茄授粉。利

图 14.47　用于授粉的大黄蜂蜂箱

用含糖量为 66% 的糖溶液（按重量计算。含有防腐剂）为蜜蜂提供食物，因为番茄花不能提供花蜜。在蜂箱上方放有一个糖液储箱蜜蜂在蜂箱里形成一个圆形蜂巢。从糖液储箱下面的有机玻璃顶部可以直观地观察到蜂箱内蜜蜂种群的变化。当检查蜂箱内部时，在蜂箱的入口处放置一个滑动塞来阻挡蜜蜂外出。

大黄蜂的种类取决于它们是所应用区域的本地物种。蜂群的寿命高度依赖于工蜂、蜂王和发育中的幼蜂。蜂箱的最佳温度必须低于 30 ℃，否则将其关闭。将蜂箱的开口朝向墙壁、走道或柱子，以帮助蜜蜂找到它，如图 14.47 所示。实现有效授粉所需的蜂箱数量为每公顷 5~7.5 个，这是基于蜂箱效率（蜂王的活动）而测算的。通过测定被擦伤花冠（包括所有花瓣）的百分比来监测授粉，并在花期后（花瓣折叠）采集花朵样本。结果表明，花冠的擦伤率为 90%~100%。这表明是蜜蜂所采过花的数量。每隔 2~3 d，对糖液的消耗量进行检查，结果表明，糖液以恒定或递增的速率被耗尽。

欧洲型黄瓜和 BA 黄瓜，不同于普通的北美有籽黄瓜，其无须授粉也能结果，因此为无籽果实。授粉可能由蜜蜂和雄花（图 14.48）在同一或相邻的温室植株上进行。授粉导致种子形成，果实在最后变成棒状，并产生苦味。为了防止授粉，勿让蜜蜂进入温室，而且雄花一旦发育就应立即摘除。现在，全雌品种已经得到开发，所以其雄花很少发育。然而，雄性植株最初会周期性地发育，并可能在生长过程中转变为雌性，因此要从这些植物中去除雄花。雌花非常独特，其在花后所结的果实非常小（图 14.49）。

图14.48 欧洲型黄瓜所结的雄花

注：在花后并没有果实。

图14.49 欧洲型黄瓜所结的雌花

注：在花后结有果实。

■ 14.15　生理病害

水培法有许多优点，但它并不能完全避免各种形式的食品生产中常见的多种生理病害。生理病害是由于温度欠佳、营养不良或灌溉不当等而造成的果实质量缺陷。有些品种比其他品种更容易受到这些病害的影响。这里，以番茄、辣椒、茄子和黄瓜作为例子，将介绍这些果实常见的几种病害，以供参考。

（1）脐腐病（blossom–end rot，BER）（番茄和辣椒）。其发生在果实的花端，看上去是一种褐色、被晒伤及似皮革组织（图 14.50）。在早期阶段，受影响的区域会呈现绿色和被水浸过的外观。造成 BER 的直接原因是果实中钙元素含量低，而间接原因是植物遭受了胁迫。这种胁迫可能是由于：①土壤水分含量低；②栽培基质中可溶性盐过多；③蒸腾速率高；④黏重土壤中水分含量高，因此导致根系通气不良。假设钙含量足够高，则 BER 可能是由于低相对湿度（50% 或更低）和高温（28 ℃ 或更高）的综合作用造成的。这些条件导致蒸腾作用迅速增加，从而导致叶片中水分大量流失。因此，钙离子最终在水中流向叶片，而不是流向果实。此外，当相对湿度超过 90% 时，则会引起根部氧合作用不充分，从而减少蒸腾作用和钙的吸收。

因此，将白天和夜间的相对湿度分别保持在 65%～75% 和 75%～85%，可以减少 BER 的发生。减少 BER 发生的其他措施包括：①为植物根系提供充分的氧气；②让更多的果实在前两个花束上生长；③不要摘除受 BER 影响的果实；④在一天中光照强烈的时候进行遮阴；⑤在营养生长阶段和生殖生长阶段保持良好平衡。研究人员声称，最关键的时期在开花后 2 周左右，此时果实的生长速率最快。

图 14. 50　番茄脐腐病

（2）裂果（番茄、辣椒和茄子）。症状是在果实上出现放射性裂缝，而且几乎总是出现在成熟的果实上，并且在成熟过程中的任何时候都是这样（图 14.51）。这通常是由于水分不足、果实温度过高以及随后植物的水分供应突然发生变化等所造成的。裂果的发生可通过采取避免过高果实温度和保持均匀的土壤（或基质）水分条件等措施进行预防。在日出后 1~2 h 和日落前最后 1 h 期间实施灌溉。此外，人们可能会发现进行夜间灌溉也有助于预防裂果产生。

图 14.51　番茄果实开裂

（3）筋腐病（blotchy ripening）（番茄）。症状表现为果实壁着色不均匀，呈不规则的浅绿色至无色区域，果实内部的维管组织中有棕色区域。这与低光强、低温、高土壤湿度、高氮和低钾有关。在低光强条件下，可以通过减少的灌溉周期和肥料用量（特别是氮）来避免。

（4）青扁和日灼病（green shoulder and sunscald）（番茄、辣椒和茄子）。这些疾病与高温或高强光有关（图 14.52）。在春季和夏季阳光强烈的时候，应避免摘掉为果束提供保护的叶子，并降低温室温度。应保持良好的叶冠层，并在强光下进行遮阴。需要强调的是，辣椒对日灼病特别敏感。

（5）果实畸形、粗糙或凹凸（番茄和辣椒）。这是果肩和果壁的径向扭曲，以及由于突起和凹陷造成的果形扭曲（图 14.53 和图 14.54）。这是由授粉不良和低温及高温等环境因素所引起的，这均会导致花的发育不良。在花期，相对湿度过低也可能导致这种情况。因此，在其发育过程中应尽早摘除畸形果实。

图 14.52　辣椒果实上出现的日灼病

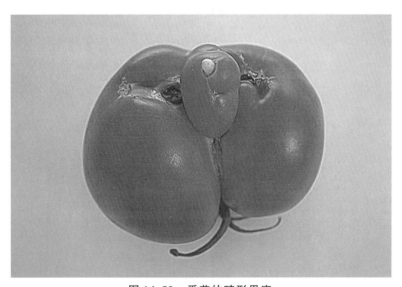

图 14.53　番茄的畸形果实

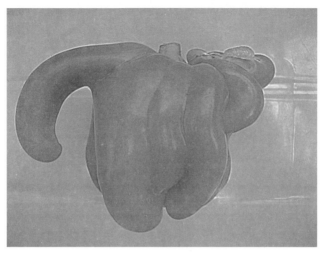

图 14.54　辣椒的畸形果实

（6）弯曲病（crooking）（黄瓜）。这是由于生长缓慢导致果实的过度弯曲（图 14.55）。也可能是由于叶片或茎干扰幼果的生长，或者是花瓣粘在叶、茎或其他幼果的刺上。同时，也可能因卷须附着在幼果上而造成弯曲。其他原因包括机械损伤、冻伤、蓟马伤和水果中的蔓枯病。逆温、基质水分含量过高和营养不良也被认为是造成弯曲的原因，措施之一是，应该立即从植株上摘下重度弯曲的果实。

图 14.55　黄瓜的弯曲果实

（7）果实败育（fruit abortion）（黄瓜）。果量过高、光照不足和/或根系发育不良时，果实会出现败育。最常见的原因是对植株的修剪欠佳，以及同时在植株上结了 4~5 个以上的果实。

■ 14.16　病虫害

病虫害是病害和虫害的统称（disease and insect）。由于病虫害的控制是一项非常特别的工作，所以这里只对最常见的问题做一个简要介绍。有关其他信息，可参见参考文献中列出的文章和其他带有彩色照片的书籍。

14.16.1　番茄部分常见病害

（1）叶霉病（leaf mold）（由枝孢菌（*cladosporium*）引起）。症状表现为：一开始在叶片的背面出现一个小的灰色斑点，然后扩散到叶片的正面而形成一个明显的灰白色区域。之后，出现更多的感染点，而且最初的斑点也在扩大。基本的控制措施是保持温室内的卫生，并注意通风和温度控制以防止高湿度。另外，可采用一些杀菌喷雾剂来进行防治。

（2）枯萎病（由镰刀霉菌和轮枝菌引起）。症状表现为：起初植株在高光照期间枯萎，后来在所有时间均如此，而且叶子变黄。如果植株在土壤表面以上的部分被切除，可发现在细胞的外部绿色层内有一个黑环。喷雾或栽培处理均无法控制该病害，但可以通过对栽培基质进行消毒和使用抗药或耐药品种加以控制。现在，大多数种植者使用嫁接的番茄和辣椒来赋予接穗品种抵抗这些生物的能力。所有的品种都被赋予了一个代码，说明它们对哪些疾病有抵抗力。有关抗性代码的详细内容，可通过 Enza Zaden 的网站 www.enzazaden.com 进行查阅。搜索某个品种后，就能输出相应的抗性代码。抗性分为高抗性（HR）和中抗性（IR）两种。高抗性品种能够限制害虫或病原体的生长发育，但在害虫或病原体严重时，它们可能会表现出某些症状或损害；中抗性品种虽然的确能够限制害虫或病原体的生长与发育，但与高抗性品种相比，所表现出来的症状和损害程度要更重。易感品种无法限制害虫或病原体的生长或发育，因此会遭受严重损害。有些品种对某些病原体品系特别有抵抗力，而其他品种却没有，均可通过查询代码得知。相同的代码被用于相同的病原体或害虫，而不管该植物是番茄、辣椒、黄瓜、茄子还是生菜，因为部分代码对许多作物都是通用的。其中，比较典型的几种抗病代码分别是：Foc——抗黄瓜枯萎病；Fol——抗番茄枯萎病；Vd——抗番茄萎黄病；Ma——抗番茄和辣椒根结线虫病；CMV——抗黄瓜花叶病毒病；ToMV——抗番茄花叶病毒病。

（3）早疫病和叶斑病［由链格孢菌（*Alternaria*）和壳针孢菌（*Septoria*）引起］。症状表现为：叶片变色或出现死斑，早疫病的症状是在棕色背景上有暗环，叶斑病的感染部位有小黑点。这两种病害都是首先侵染老叶，从而导致植株下部叶片脱落。通过适当通风和去除下面衰老的叶片，以改善空气循环和降低相对湿度，从而有助于减少上述病害。

（4）灰霉病（由葡萄孢菌引起）。在高湿度条件下，真菌孢子会感染叶痕等伤口，并在感染区域形成水样腐烂物和灰色蓬松物。这种病可能会沿茎蔓延几厘米，最终将整个茎包围起来而导致植物死亡（图 14.56）。应对措施包括：适当通风以减少湿度，从而可以防止疾病传播；及时清除受感染的植株；可以对受感染早期的感染区域进行刮除，并覆盖杀菌剂（Ferbam）糊剂。另外，也可以喷洒 Ferbam 杀菌剂。

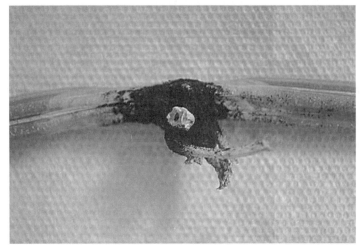

图 14.56　番茄茎上出现的葡萄孢菌

（5）病毒［由番茄花叶病毒（ToMV）引起］。有几种病毒会攻击番茄，ToMV 是最常见的，它会导致叶片变形和生长受阻，从而导致产量下降。含有病毒的植物汁液，可通过昆虫吸吮或与农作物接触的人手或工具得以传播。在温室中，保持卫生、控制吸虫和禁止吸烟［烟草中存在 ToMV。说明：番茄花叶病毒本质上就是烟草花叶病毒（TMV）］将有助于避免感染。目前，大多数番茄品种具有 ToMV 抗性或耐受性，如种子库代码 ToMV 所规定的。这就使得不再需要对其他 ToMV 进行保护。

14.16.2　黄瓜部分常见病害

（1）白粉病。小的雪白色斑点，最初出现在叶子的上表面，然后迅速扩大并向其他叶片上扩散（图 14.57）。基本的控制措施是搞好卫生和进行适当通风。也可以采取化学控制措施，许多种植者，利用加热蒸发的元素硫形成的雾状云在温室里整夜进行烟熏，以杀死白粉虫。

图 14.57　出现在黄瓜叶片表面上的白粉病

（2）黄瓜花叶病毒病（CMV）。在番茄上发现的一些同样的病毒品系也会感染黄瓜。受感染植株的叶片会变小或变得又长又窄。目前，除了通过改善卫生条件进行预防外，没有其他控制措施。通过控制吸虫，可以防止病毒传播到其他植株。目前，许多黄瓜品种已对该病害产生了抗性，并被在品种名称后用 CMV 代码进行了标记。

（3）枯萎病（由镰刀霉菌引起）。这是一种常见的黄瓜枯萎病。除使用抗病品种外，唯一的控制措施是对作物种植间隙之间的栽培基质进行适当的消毒和卫生处理。在移植之前，重要的是需要利用有益真菌，如美国拜沃公司（Bioworks, Inc.）生产的 RootShield 生物杀菌剂（其成分为哈茨木霉，菌株编号是 T-22），对栽培基质进行预处理，方法是对基质进行喷淋或以颗粒形式掺入其中。该真菌能够防止腐霉菌、镰刀霉菌、丝核菌、根串珠霉菌（*Thielaviopsis*）和柱枝双胞霉菌（*Cylindrocladium*）等根病生物生长。哈茨木霉附着在植物的根上，并能够释放一种酶来溶解这些真菌病原体的细胞壁。将 RootShield 颗粒以 $0.75 \sim 0.89$ kg·m^{-3} 的比率混合到基质中，或将 RootShield WP 可湿性粉剂（wettable powder）以 0.34 g·L^{-1} 的速率进行喷洒。可通过低压喷嘴、高架悬臂式喷雾器（或洒水器）或地下灌溉方式来实现。

（4）灰霉病（由葡萄孢菌引起）。其症状和控制措施与番茄的相同。

（5）蔓枯病［由瓜类蔓枯病菌（Didymella bryoniae）引起］。症状表现为在叶柄残端和主茎短柱基部出现棕褐色病变（图 14.58）。该瓜类蔓枯病菌还会感染花朵和正在发育的果实，也就是使花端的果实枯萎，并使组织内部发生褐变。防治措施为进行充分通风以避免在植株上出现冷凝水和吐水（guttation）（图 14.59）。吐水是指水分通过特殊大细胞沿叶缘逸出，通常发生在清晨根压和相对湿度均高（VPD 低）的时候。修剪时不要留茬，并对修剪刀进行消毒，清除作物残骸并在远离温室的地方进行掩埋。当感染出现或在高湿度和低光照时，分别按 4 d 或 7 d 的间隔施用 Rovral 50 WP、Benlate 50 WP 和 Manzate 200 品牌的杀菌喷雾剂。收获后 5 d 内不要使用杀菌喷雾剂。另外，使用时，应当遵循杀菌剂标签上所表明的使用量和使用说明。

除上所述外，以下是其他可能发生的病害或损伤。

（1）农药烧伤（pesticide burn）。通常情况下，即使是最温和的生物制剂（天然杀虫剂），在高温或没有遮阴系统的强光下对其进行喷洒，也会烧伤植物。烧伤开始时组织中水下沉，然后是叶片组织出现干燥（图 14.60），这在黄瓜宽大而柔软的叶片上表现得尤为明显。

图 14.58　黄瓜茎上出现的蔓枯病

图 14.59　在黄瓜叶面上出现的吐水现象

图 14.60　被杀虫剂烧伤的黄瓜叶片

（2）吐水（gutation）。这是位于叶片顶尖和边缘处的水滴（图 14.59），如上所述。这通常发生在晚上，因为高根压推动水从根到达叶和茎，特别是在高温条件下，在夜间气孔被关闭，且蒸腾停止。位于叶片顶端和边缘的一种特殊结构称为水囊（hydathode），它使叶片中积累的多余水分逸出，而形成水滴。早晨过后，随着空气湿度下降和空气流通，则水分开始蒸发，这样在叶子的边缘处就会留下一层干糖和矿物质的薄膜。

（3）水肿（edema）。与吐水相似，这是一种生理紊乱，当植物吸收水分的速率快于呼吸失去水分的速率时，就会出现这种现象。植物中多余的水分积聚起来，则导致叶片膨胀（图 14.61）。它们首先在叶片的背面形成浅绿色的水疱或肿块；然后逐渐膨胀到叶子的上表面。注意，不要将其误认为是真菌锈病。细胞最终形成较大的黄色到近棕色斑点。这种紊乱不会直接影响番茄的果实产量，但如果持续一段时间，则最终会因严重损害叶片而导致产量下降。多云、高湿和低温等条件会有利于这种情况的发生。为防水肿发生，在阴天应减少灌溉，而且如果可能的话可通过补充光照来增加光强，并通过摘除番茄下半部分的叶片来增加温室内和植物周围的通风。在较为有利的生长条件下，植物将会摆脱水肿。

图 14.61 在灯笼果（cape gooseberry）叶面上出现的水肿

14.16.3 害虫

害虫的生物防治方法已被温室产业广泛接受。许多公司（附录 2）都销售这些生物制剂。生物防治是指利用生物防治其他有害生物。害虫综合管理（IPM）程序，是利用益虫和天然杀虫剂来控制害虫。有许多非常好的单位，附录 2 和附录 5，详细介绍了害虫的识别方法和用于控制害虫的自然生物。另外，Malais 和 Ravensberg 于 1992 年出版了一部优秀的害虫鉴定参考书。

在 IPM 程序中，害虫可被通过使用生物、栽培、物理和化学方法而以可持续的方式加以控制，而且可以最大限度地减少环境风险。要使该项目取得成功，则必须利用粘板每周至少对作物进行一次害虫监测（图 14.62），以鉴别和记录粘板上的害虫，从而确定它们的种群动态。可设置一个阈值水平，如害虫数量达到该阈值水平，则可以通过 IPM 程序采取行动。通过引入或重新引入生物防治体来控制害虫。必须通过每周监测和鉴定以及必要时引入额外的有益生物控制剂，来控制害虫和有益昆虫种群之间的这种平衡关系。

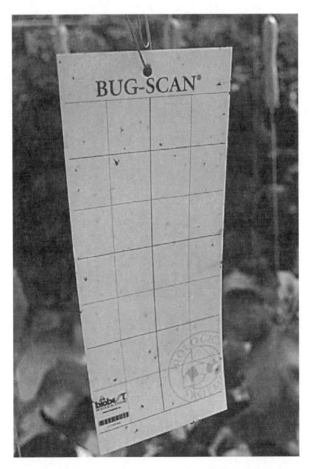

图 14.62　Bug – Scan 粘板

使用生物防治体有许多优点：①害虫不能像对付杀虫剂那样容易建立起对生物防治体的抵抗力；②生物防治的成本低于杀虫剂；③无须担心化学物质的植物毒性或长期存在会对人体健康造成的潜在危害。一般来说，利用生物防治手段不能完全消灭害虫，因为一定水平的害虫种群是维持捕食者种群的必要条件。因此，重点是将生物防治体与栽培和化学控制措施相结合而实现综合控制。其目标不是彻底消灭害虫，而是进行害虫管理，也就是使害虫数量保持在低于明显造成植物损害的水平。

在 IPM 程序中，只能使用一些不会伤害捕食者的杀虫剂。但是，如果生物防治体不能控制害虫的数量，则在受感染严重的地区可以采用其他毒性更大的杀虫剂进行局部处理。一旦这种虫害减少，就应该限制使用这些化学品。可将杀虫剂，如杀虫皂、昆虫生长调节剂或激素、黄色粘板以及细菌或真菌杀虫剂，与生物防治体一起使用而不伤害它们。

种植者必须与出售生物防治体的政府机构和公司进行核实，以确定在不伤害 IPM 项目中特定捕食者的情况下可以使用杀虫剂。例如，如果在温室中引入了一种名为智利小植绥螨的捕螨虫来控制螨虫，则可以利用 2% 的阿维菌素（Abamectin）控制二斑叶螨的暴发，而对捕螨虫无害。黄色粘板（图 14.62）可用于监测温室内的害虫。这些黄色粘板（Bug - Scan）可以从 Biobest 生物系统公司（以下简称 Biobest 公司）这样的温室生产厂家那里买到。这些生产厂家和 Koppert 生物系统有限公司（以下简称 Koppert 公司）一样，提供生物防治体并为授粉提供大黄蜂。在 Bug - Scan 黄色粘板的一面上有一个网格，人们可以在那里鉴别和计数昆虫。

许多生物供应公司，如 Koppert 公司，能够为种植者提供完整的害虫管理方案。在该方案中，它们监测和引进各种生物防治体，以将 IPM 程序纳入温室运行。通过这种方式，它们的顾问则能够从总体上计划、发起、监控和管理该项目。

（1）白粉虱（包括温室白粉虱和烟草白粉虱）。白粉虱的生命周期为 4 ~ 5 周，在此期间，它在若虫期经历了多次蜕皮，如图 14.63 所示。白粉虱是温室番茄作物中最常见的害虫，通常隐藏于叶子的背面。当它在叶子上休息时，其三角形的白色身体很容易被人辨认。这种昆虫会在叶片和果实上分泌一种黏性物质，随后一种黑色真菌就会在这些物质中生长，因此在食用前必须对果实进行清洗。许多杀虫剂，如除虫菊酯（pyrethrin）、阿扎汀（Azatin）、刺克 - 扫虫（M - Pede）、除虫菊（Pyganic）、芙芙（Fulfil）、勃特尼

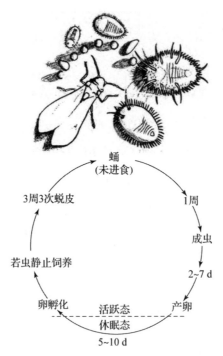

图 14.63　白粉虱的生命周示意图

戈德（BotaniGard）和佩勒瓦斗（Provado），都可以在 IPM 项目中与益虫一起用于控制白粉虱。然而，昆虫很快就会产生抗性，因此有必要使用不同的杀虫剂来实现合理控制。白粉虱也是黄瓜和辣椒上的常见害虫。

生物防治可通过大量捕食或寄生于害虫的益虫来实现。这些昆虫，例如属于寄生蜂的丽蚜小蜂（*Encarsia formosa*）。（Koppert 公司的产品名称为 En－Strip。以下同）、浆角蚜小蜂（*Eretmocerus eremicus*）（Ercal）、斯氏钝绥螨（*Amblyselus swirskii*）（Swirski－Mite）和小黑瓢虫（*Delphastus catalinae*）（Delphibug），都是具有一定作用的生物防治体，它们均可从荷兰的 Koppert 公司和比利时的 Biobest 公司等生物防治体供应商那里获得。以黄蜂为例，雌体会在白粉虱幼虫中产卵，也会吃掉白粉虱的早期幼虫。寄生幼虫在幼虫体内进食，两周内就会变成黑色，这为确定捕食者成功提供了一种简单方法。控制成功取决于温度和湿度，因为捕食者/寄生虫具有特定的繁殖所需的最佳温度和相对湿度范围。例如，丽蚜小蜂繁殖的最佳条件是平均温度为 23 ℃，而且相对湿度不超过 70%。对于特定地区的特定条件，可以咨询供应单位，以确定哪种生物最能繁殖和控制白粉虱。结果表明，浆角蚜小蜂（Ercal）和斯氏钝绥螨（Swirski－Mite）更适合较高的温度和湿度。丽蚜小蜂（En－Strip）和浆角蚜小蜂（Ercal）是作为粘在纸条上的蛹购买的（图 14.64 和图 14.65），然后将它们挂在温室里的植物上（图 14.66）。每块板上都有黑色的蛹，寄生虫就从那里爬出来。一旦发现第一只白粉虱，就必须启动一套重复引入捕食者/寄生虫的程序。

图 14.64 几种生物防治体

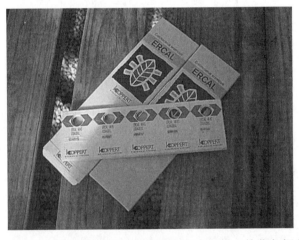

图 14.65 Ercal 生物控防治体中具有被粘在纸板上的浆角蚜小蜂蛹

图 14.66　纸条上粘有丽蚜小蜂蛹

要成功利用丽蚜小蜂，则应遵循以下步骤。

①在使用前一个月，不要使用带有滞留残效的杀虫剂。

②使用杀虫皂或昆虫激素减少现有的白粉虱种群，以使每片上部叶面上具有平均不到 1 只成虫。

③将温度和相对湿度分别调节为 23～27 ℃和 50%～70%。

④以每平方米种植面积为 10 个或每株受感染植物为 1～5 个的比率引进相应数量的丽蚜小蜂。

⑤每周重新引进一次丽蚜小蜂，最多可以引进 9 次。

⑥每周监测植物体外白粉虱和黑色蚧壳虫（black scale）的数量。

这是一个通用指南，所以一定要和供应单位确认使用这些生物的具体程序。一些寄生真菌，如蜡蚧轮枝菌（*Verticillium lecanii*）和 *Achersonia aleyroidis*，现在已经可被大规模用于控制白粉虱，并且与丽蚜小蜂合用是安全的。

近年来，烟粉虱（*Bemisia tobaci*），已成为温室中一种较为常见的害虫。一种新的捕食者对这些白粉虱防治非常有效，那就是小黑瓢虫（*Delphastus catalinae* 或 *D. pusillus*）的幼虫和成虫，它们每天可以吃掉 160 个白粉虱卵。在超过 27 ℃ 的温度下，寄生蜂浆角蚜小蜂在第二和第三幼虫阶段能更有效地控制温室白粉虱和甘薯白粉虱。一种丽蚜小蜂和浆角蚜小蜂的混合物（Enermix），可用于控制白粉虱幼虫的第二至第四阶段。

（2）二斑叶螨（*Tetranychus urticae*）。该螨虫与蜘蛛和壁虱具有亲缘关系，它们均具有 4 对足，而大部分昆虫均具有 3 对足。它们的生命周期需要经历若干个若虫阶段，如图 14.67 所示。其生命周期是 10～14 d，这取决于温度。例如，在 26 ℃ 时生命周期被缩短至 10 d，而在低温时，生命周期可能会长达 2 个月。较低的相对湿度也有利于上述螨虫的发育。在干燥时期经常给植物喷洒水雾可以阻止螨虫生长，因为它们不适应高湿环境。

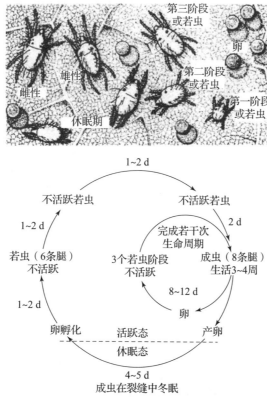

图 14.67　二斑叶螨的生命周期示意图

这种害虫在黄瓜上尤其常见。在叶片下面出现网状物，则表明已经发生严重的虫害。需要用放大镜仔细观察螨虫，才能看到它身体两侧的深色斑点。螨虫会导致叶片变黄，开始时是针尖大小的黄色小点，最终连片而形成非常典型的古铜色外观。严重的虫害会导致植株叶片完全变白，因为螨虫会吸干叶片细胞内的汁液，而留下一个叶壳。

其他螨虫是番茄、辣椒和黄瓜等许多温室作物的害虫，包括红叶螨（*Tetranychus cinnabarinus*）和茶黄螨（*Polyhagotarsonemus latus*）。红叶螨为鲜红色，而且没有二斑叶螨的斑点，它对植物的伤害程度与二斑叶螨的类似。

茶黄螨呈半透明无色状，很小（长度小于 0.2 mm），用肉眼很难看

到，但可用放大镜观察到。它们在成年阶段的动作相当快。茶黄螨对黄
瓜和辣椒的危害相当严重，而对生长尖和花蕾的危害更是如此。另外，
它们的唾液有毒，会导致植物顶端变硬且扭曲生长，其症状类似于病毒
感染；会导致辣椒的花朵凋落，生长尖死亡并变黑，因此导致植株发育
不良，如图14.68所示；会使辣椒和黄瓜的果实出现严重的疤痕和变形
（图14.69）。因此，如果对螨虫不加以控制，它们最终会导致植株
死亡。

图14.68　茶黄螨对辣椒造成的危害

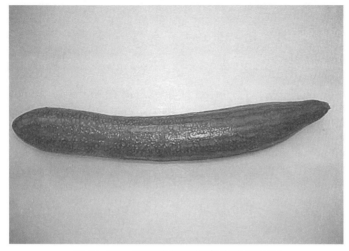

图 14.69　受到茶黄螨伤害的黄瓜果实

　　螨虫生活在植物垃圾和作物之间的温室框架上，因此在种植间隙有必要进行彻底的铲除和消毒。主要是，清除温室内所有的植物材料，并对温室进行动力清洗时可使用熏蒸或喷洒适当的化学品，如 Virkon 消毒剂。如果种群非常大，螨虫将会传播到大多数作物，包括番茄、茄子、生菜、香料植物和花卉。

　　在 IPM 程序中，利用化学杀螨剂进行螨虫控制时，则必须对其进行选择，以免伤害 IPM 程序中的益虫。可以使用的部分杀虫剂包括 Agri ~ Mek 0 15EC（阿维菌，Abamectin）、Oberon（螺甲螨酯，Spiromesifen）和 M ~ Pede（杀虫皂，Insecticidal Soap）。

　　在生产上可利用一种捕食性螨——智利小植绥螨（*Phytoseiulus persimilis*）（Spidex）。智利小植绥螨与二斑叶螨的不同之处在于它没有斑点，身体呈梨形，前足较长，尤其是在受到干扰时其运动速度较快。在这些方面，它也不同于红叶螨，而且比茶黄螨大得多。喜欢在 21 ~ 27 ℃ 的温度范围内生活。从卵到成虫的时间不到 1 周，这是其猎物发育速率的两倍。然而，由于强光和高温不利于它们的生长，因此应避免这种条件。另外，这些条件有利于二斑叶螨的生长。

可用的其他捕食性螨虫还有：喜凉的西方盲走螨（*Metaseiulus occidentalis*）和喜温的加州新小绥螨（*Neoseiulus californicus*）。食叶螨瘿蚊（*Feltiella acarisuga*）（Spidend）在二斑叶螨中产卵。Koppert 公司具有其他几种捕食性螨，如盲蝽（*Macrolophus caliginosus*，Mirical – N）和加州新小绥螨（*Neoseiulus californicus*，Spical）。大叶蝉（*Phytoseiulus macropilis*）能够有效控制红叶螨。能够有效控制茶黄螨的捕食性螨，包括存在于辣椒上的巴氏新小绥螨（*Neoseiulus barkeri*）及存在于黄瓜上的黄瓜新小绥螨（*Neoseiulus cucumeris*）。

这些捕食者主要用于黄瓜和辣椒，但也可用于番茄、菜豆、小黄瓜（gherkin）、甜瓜、葡萄、草莓和各种花卉作物。一些捕食性螨可被在麸皮中找到，因此可以将其和麸皮一起铺在叶片上（图 14.70 和图 14.71）。

图 14.70　随麸皮基质施放植绥螨

图 14.71　利用摇瓶在黄瓜叶面上施放加州新小绥螨

使用智利小植绥螨或其他捕食性螨时，应执行下列步骤。

①在使用前 1 个月，不要使用带有滞留残效的杀虫剂。

②一有螨虫破坏的迹象就引入捕食性螨。如果每片叶子上的螨虫数量超过 1 只时，就用杀虫皂或 Agri – Mek 杀螨剂来减少螨虫数量，直到只会有不超过 10% 的叶片被感染。

③为捕食性螨保持最佳温度和较高的相对湿度。

④一般而言，每平方米栽培面积应引进 8 ~ 10 只捕食性螨。在清晨，将它们释放到中部叶片和上部叶片。可以将捕食性螨装在摇瓶里。

⑤每周监测螨虫种群一次。

⑥每隔一个月重新引入捕食性螨。应该将捕食性螨的数量大致维持在每 5 只螨虫具有一只捕食性螨。良好的控制应在 4~6 周内完成。

（3）蚜虫。常见的蚜虫有桃蚜（*Myzus persicae var. persicae*）、烟蚜（*M. persicae var. nicotianae*）、棉蚜（*Aphis gossypii*）、茄粗额蚜（*Aulacorthum solani*）和马铃薯长管蚜（*Macrosiphum euphorbiae*）。其生

命周期根据温度和季节的不同，从 7 ~ 10 d 到 3 周，如图 14.72 所示。

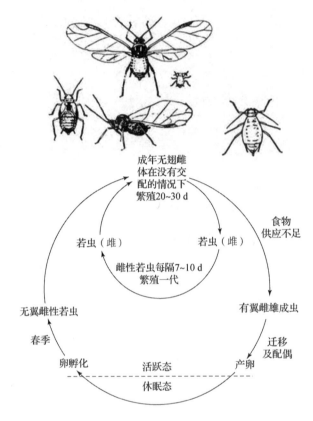

图 14.72　蚜虫的生命周期示意图

蚜虫通常聚积在新的多汁植物上，主要在花蕾的基部和叶片的背面。最常见的温室蚜虫是桃蚜。在夏天为黄绿色且无翅，而在秋天和春天是粉红色到红色，并且有翅时为棕色。长翅后，它们的身体呈梨形，长 1 ~ 6 mm，有 4 只翅膀。它们从腹部排出"蜜汁"，这是蚂蚁的食物。当在植物上出现大量蚂蚁时，则通常表明蚜虫出现泛滥。蚜虫以其管状而锐利的口器吸取植物汁液为生。当它们以幼叶芽为食时，就会导致叶片变形。在食物供应不足的情况下，有翅的雌性会出现并迁移。

许多种类的蚜虫，包括粉红色、黑色和深绿色，均是以大多数温室蔬菜为食。它们从植物中吸取汁液，从而使叶片因蜜露沉积而变得扭曲和黏稠。通常，黑霉菌会作为第二种感染叶片的生物，那会在叶片上形成一层黑色薄膜。这也是病毒的载体，可以通过每周喷一次化学品生物杀虫剂来控制，如除虫菊酯（pyrethrin）、阿扎汀（Azatin）、M – Pede、Pyganic、Fulfill、Savona（成分为脂肪酸钾盐）和 BotaniGard 等品牌。

一些生物防治，可以通过使用不同的瓢虫和普通草蛉（*Chrysopa carhea*）来实现。食蚜瘿蚊（*Aphidoletes aphidimyza*）（产品代码为 Aphidend，由 Koppert 公司销售）是一种捕食性蠓幼虫。成年蠓是一种小巧、黑色而纤弱的苍蝇，只能存活几天。雌性蠓会在离蚜虫聚居地很近的叶片背面产 100～200 个卵，这些卵在 3～4 d 内孵化。一条大的橙色或红色幼虫，长可达 3 mm，在 3～5 d 内成熟，落到地面上会形成一个茧。蛹化一般需要 10～14 d，而完成整个生命周期需要 3 周。

上述蠓幼虫发育的临界温度约为 6 ℃，而最佳温度为 23～25 ℃，且最佳相对湿度为 80%～90%。蠓成虫以蚜虫的蜜汁排泄物为食。幼虫以蚜虫为食，每次会吃掉 4～65 只蚜虫。

被建议用于蚜虫防治的其他 Koppert 产品包括：Aphidalia（二星瓢虫，*Adalia bipunctata*）、Aphilin（短矩蚜小蜂，*Aphelinus abdominalis*）、Aphipar（粗脊蚜茧蜂，*Aphidius colemani*）、Ervibank（麦长管蚜，*Sitobion avenae*）、Evipar（阿尔蚜茧蜂，*Aphidius ervi*）和 Syrphidend（黑带食蚜蝇，*Episyrphus balteatus*）。

在此，就食蚜瘿蚊的基本用法介绍如下。

①控制可以保护蚜虫的蚂蚁数量。

②在使用前 1 个月避免使用带有滞留残效的杀虫剂。

③利用因斯塔（Enstar。成分为昆虫生长调节剂或杀螨皂）来减少过量的蚜虫数量。在每株植物上至少留 10 只蚜虫或每平方厘米留 1 只

蚜虫, 以促进食蚜瘿蚊产卵。

④将温度保持在 20~27 ℃。

⑤以每 3 只蚜虫 1 只蛹或每平方米种植面积 2~5 只蛹的数量引进相应数量的食蚜瘿蚊。

⑥在有蚜害的植物附近的荫凉处散布蛹, 然后如有需要则每 7~14 d 施放一次, 并可以重复多次。

⑦每周监测植物的受感染情况。

商标名为 Vertalec 的一种寄生真菌—蜡蚧轮枝孢菌 (*Verticillium lecanii*), 在生产上可作为蚜虫的生物防治体。局部感染时, 可使用化学杀虫剂如杀虫皂、因斯塔 (Enstar) 和抗蚜威 (Pirimor) 等进行点喷, 但应避免喷洒食蚜瘿蚊的幼虫。

(4) 潜叶蝇 (leaf miner)。常见的潜叶蝇有番茄潜叶蝇 (*Liriomyza bryoniae*)、美洲蛇纹石潜叶蝇 (*Liriomyza trifolii*)、豌豆潜叶蝇 (*Liriomyza huidobrensis*) 和线斑潜叶蝇 (*Liriomyza strigata*)。成虫为黄黑色, 体长约 2 mm。雌虫将卵产在叶片上, 会导致形成白色的刺伤凸起 (puncture - protuberance)。当幼虫孵化时, 它们会吃掉贯穿叶片上下表皮之间的 "通道" (tunnel), 而形成 "矿井"。这些进食部位可能会合并, 从而形成大的受损面积, 直到整个叶片干枯。正在成熟的幼虫从叶片上掉落到地面, 并在那里蛹化。在成虫出现的 10 d 内, 从卵到成虫的整个周期需要 3~5 周, 如图 14.73 所示。

对于潜叶蝇, 可用阿扎汀 (Azatin)、茵特拉斯特 (Entrust)、帝斯滕斯 (Distance) 白螨净 (Abamectin 0.15EC, Agri - Mek) 等化学杀虫剂进行控制。可以将这些杀虫剂与 IPM 程序一起使用。目前, 有几种生物防治体可被用于潜叶蝇的防治。Koppert 公司的一些产品包括 Diminex [豌豆潜蝇姬小蜂 (*Diglyphus isaea*) +西伯利亚离腭茧蜂 (*Dacnusa*

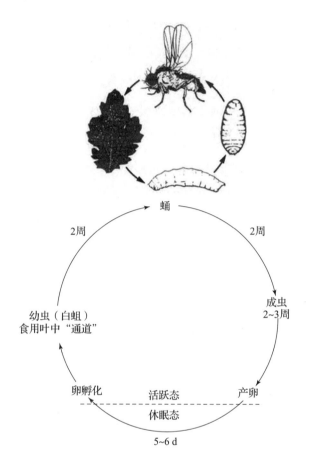

图 14.73　潜叶蝇的生命周期示意图

sibirica）］和 Miglyphus（豌豆潜蝇姬小蜂）。豌豆潜蝇姬小蜂和西伯利亚离腭茧蜂这两种昆虫都会寄生在番茄潜叶蝇和美洲蛇纹石潜叶蝇这两种潜叶蝇上。第三种为潜蝇茧蜂（*Opius pallipes*），其只寄生于番茄潜叶蝇。潜蝇茧蜂和西伯利亚离腭茧蜂在潜叶蝇幼虫体内产卵。当潜叶蝇幼虫蛹化时，寄生虫而不是潜叶蝇出现。豌豆潜蝇姬小蜂会在通道中杀死潜叶蝇，并在其旁边产卵。黄蜂（寄生虫）在通道中生长，以死去的幼虫为食。

　　施放潜叶蝇前，必须从作物中提取叶片样本，并在实验室中进行检测，以确定潜叶蝇的种类、寄生虫的种类及寄生病的程度。如果天然寄生虫的数量并不多，则可引入西伯利亚离腭茧蜂或豌豆潜蝇姬小蜂。引种取决于季节、潜叶蝇的种类和侵袭的程度。

（5）蓟马（thrip）。包括温室蓟马（*Heliothrips haemorrhoidalis*）、葱蓟马（*Thrips tabaci*，又称烟蓟马）和花蓟马［包括牙花蓟马（*Frankliniella tritici*）和西方蓟马（*Frankliniella occidentails*）］。蓟马特别喜欢黄瓜、番茄和辣椒的花，即特别喜欢黄颜色的花。成年蓟马长约0.75 mm，并长有羽毛状的翅膀。它们在温室外的杂草中生长，然后侵入温室。它们以叶片的背面、生长点和花朵为食，并导致在叶片上形成白色小死斑及破坏生长尖和花朵。长着粗糙嘴部的若虫会划开叶片表面，并吮吸植物的汁液，从而造成白色或银色化变色，因此导致形成条纹。像二斑叶螨一样，蓟马通过刺穿和吮吸叶片中的汁液而进食。损伤表现在叶片上出现了狭缝和银白色外观，它们在黄瓜花萼和新形成果实之间的狭缝中进食，因此造成果实卷曲而变形。另外，蓟马同样会伤害辣椒。再者，蓟马也会传播病毒，如番茄斑点萎蔫病毒（TSWV）。

从成年雌虫在叶面下产卵开始算起，蓟马的生命周期为2～3周（图14.74）。4 d后，它们孵化成以叶片为食的若虫，3 d后蜕皮成更大而活跃的若虫。更为活跃的若虫在下降到地面成为蛹之前会再进食3 d，然后在地面上2 d内成为成虫。它们进食约6 d，并且在40 d内产50～100个卵。

另外，应使用黄色或蓝色粘板，以便及早发现和监测有害生物的数量。有许多杀虫剂可以与IPM程序一起使用。例如，Agri - Mek 0.15EC（阿维菌素）、Entrust和BotaniGard（成分为白僵菌）等杀虫剂可有助于控制它们。

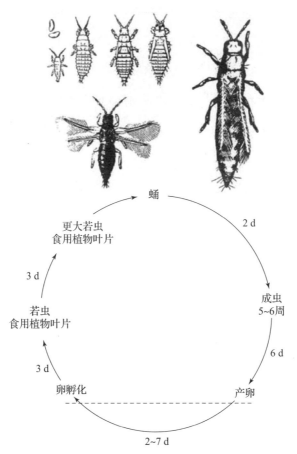

图 14.74　蓟马的生命周期示意图

　　而且，建议使用一些生物防治体来控制蓟马。胡瓜钝绥螨（*Amblyseius cucumeris*）是一种捕食性螨，可被用于控制蓟马。这种捕食性螨在外表上与智利小植绥螨相似，唯一不同的是其颜色为淡粉色且足较短。其生命周期与智利小植绥螨的相似。为了达到预防效果，必须在早期将该捕食性螨引入作物中，以便建立大量种群，从而在蓟马出现时就立即将其控制住。胡瓜钝绥螨的引入和管理与智利小植绥螨的相似。应该将它们每周引进一次，直到其在每株植物上的数量达到 100 只。暗小花蝽（*Orius tristicolour*）属于一种捕食性海盗虫（*pirate bug*），可用来控制辣椒和黄瓜中的蓟马。当蓟马种群数量较低时，这种捕食者也会以花粉、蚜虫、白粉虱和叶螨为食。另外，蝉螨虫（*Hypoaspis miles*）以蓟马的蛹为食，其适用于黄瓜、番茄和辣椒。

Koppert 公司提供的其他生物防治体产品种类包括：Entomite - A［捕植螨（*Hypoaspis aculeifer*）］、Entomite - M［剑毛帕厉螨（*H miles*）］、Entonem -［夜蛾斯氏线虫（*Steinernema feltiae*）］、Macro - Mite［强壮巨螯螨（*Macrocheles robustulus*）］、Mycotal（蜡蚧轮枝孢菌）、Swirski - Mite（植绥螨）、Thripex（胡瓜钝绥螨）和 Thripor - I（小花蝽）。

（6）毛毛虫和切根虫。毛毛虫（caterpillar）是蝴蝶的幼虫，而切根虫（cutworm）是蛾子的幼虫。这些在大多数温室作物中都很常见。在温室中发现的最重要昆虫的幼虫包括：金斑双斑点飞蛾（*Chrysodeixis chalcites*）、草安夜蛾（*Lacanobia oleracea*）、甘蓝夜蛾（*Mamestra brassicae*）、甜菜夜蛾（*Spodoptera exigua*）和丫纹夜蛾（*Autographa gamma*）。这些昆虫的幼虫均以植物的地上部分为食，且一旦被食用后会在叶片、梗丝（cut stem）及叶柄上造成缺口。切根虫在夜间爬上植物并以叶片为食，而在白天却出现在土壤和基质中。毛毛虫不像切根虫那样在夜间活动，而是全天以植物的地上部分为食，它们在叶片上进食的地方附近会留下大量排泄物。

成虫蛾和蝴蝶从室外飞进温室，并很快在植物上产卵，而且在高温下几天内在此就能够孵化成可取食的幼虫。因此，应在温室的百叶窗和通风口等的上方使用防虫网，以防止成虫进入。它们生命周期的长短会随季节、温度和种类而变化（图14.75）。

针对这两种幼虫，可通过利用大量有效的杀虫剂（如 Azatin、Pyganic、Entrust 和 Malathion）进行化学控制，也可以利用品牌名称为

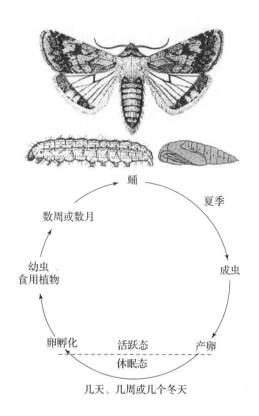

图 14.75　毛毛虫和切根虫的生命周期示意图

Dipel 或 XenTari 的苏云金杆菌（*B. thuringiensis*）这种寄生细菌进行生物控制。该细菌必须被每周定期喷洒一次，直到整个叶面能够得到保护。该细菌只有被毛毛虫或切根虫摄入后才能够起作用。一旦摄入后，幼虫则被麻痹，所以在喷洒几小时后就停止进食，并在 1～5 d 内死亡。这种细菌对哺乳动物、鱼类和鸟类无害，在环境中没有有毒残留物。另外，广赤眼蜂（*Trichogramma evanescens*）是一种小型黄蜂，通过在蝴蝶和飞蛾的卵中产卵，可以有效控制 200 多种幼虫。

　　Koppert 公司可提供的其他生物防治体包括：Capsanem［小卷蛾斯氏线虫（*Steinernema carpocapsae*）］；Entomite － A［尖狭下盾螨（*Hypoaspic aculeifer*）］；Entomite － M［下盾螨（*Hypoaspvs miles*）］；和

Mirical〔（暗黑长脊盲蝽（*Macrolophus caliginosus*）〕。

（7）蕈蚊（包括迟眼蕈蚊和尖眼蕈蚊）。这些深灰色或黑色蝇的小幼虫通常以土壤真菌和腐烂的有机物为食，但是随着种群增长，它们会损害植物的根。它们是白色的无腿蠕虫，头部为黑色，身体大约6 mm 长。成虫有长腿和大约3 mm 长的触角，并有一对清晰的翅膀。它们损害所有的幼苗，并喜欢高湿环境，如易于生长在毛细垫上、育苗块上和藻类生长的地方。它们也以成熟黄瓜的主根、茎皮质和根毛为食。它们的生命周期为 4 周，如图 14.76 所示。成虫还能传播螨虫、线虫、病毒和真菌孢子。当幼虫啃咬根部时，会为真菌孢子进入植物打开缺口。

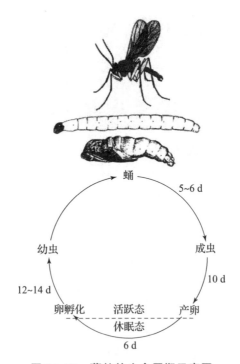

图 14.76　蕈蚊的生命周期示意图

针对蕈蚊，现在使用黄色黏性诱捕剂和二嗪农（Diazinon）等化学杀虫剂是有效的。此外，应避免温室潮湿，并保持基质表面干燥。至今利用一种以土壤中的卵和蛹为食的捕食性螨已经取得了一些成功。这种捕食性螨，即下盾螨或 Entomite – M（Koppert 公司产品名称），以蕈蚊卵和小型幼虫为食。Entomite – A（尖狭下盾螨）也有效。此外，芽孢杆菌对幼虫有一定的控制作用。由美国雅培公司（Abbott Laboratories）生产的 Vectobac，是一种对抗蕈蚊有效的芽孢杆菌亚种。同样，由瓦伦特生物科学公司（Valent Biosciences Corporation）生产的 Gnatrol，使用苏云金芽孢杆菌以色列亚种（*B. thuringiensis* subsp. *israelensis*）来控制蕈蚊。它必须被每周使用，即类似于 XenTari。两种寄生于昆虫的线虫，即小卷蛾斯氏线虫和夜蛾斯氏线虫（*S. feltiae*）（Koppert 公司的产品名称为 Entonem），通过进入幼虫的体孔（body opening）来控制蕈蚊。将线虫与水混合，通过浸渍、喷洒或灌溉等方法加以施用。

（8）粉蚧。其中，橘臀纹粉蚧（*Planococcus citri*）是最常见的害虫。人们发现，在罗勒和辣椒中，粉蚧尤其令人讨厌（图14.77）。它们繁殖迅速，并吮吸植物的汁液，从而为以后煤烟霉菌（*sooty mould*）的侵入创造了有利环境。粉蚧的感染迅速，其通过叶片变形和变黄而导致叶片和花朵脱落，进而导致产量下降。它们分泌的蜜汁有利于煤烟霉菌。

粉蚧的生命周期包含有 4 ~ 5 个阶段：卵、若虫（含 2 ~ 3 个阶段）和成虫。雌性在第三个幼虫期（若虫期）发育成一种白色的蜡状物质，以粉末、丝状物和突出物的形式出现，或形成覆盖身体的片状物。这种保护层使得很难用杀虫剂来控制它们，因为这些化学物质不能够轻易接

图 14.77 辣椒叶片表面上的粉蚧

触到粉蚧的身体。有助于控制粉蚧的部分化学物质，包括 M - Pede、Azatin、Distance、Bugitol、BotaniGard、Savona 和 Enstar Ⅱ。必须使粉蚧及早得到控制，因为其一旦形成规模，这些杀虫剂就不能有效发挥作用。Koppert 公司声称下列一些生物防治体是可用的，包括 Citripar（拟寄生虫（*Anagyrus pseudococci*）〕、Cryptobug〔孟氏隐唇瓢虫（*Cryptolaemus montrouzieri*）〕、Leptopar〔桔粉介壳虫寄生蜂（*Leptomastix dactylopii*）〕和 Planopar〔克虱跳小蜂（*Coccidoxenoides perminutus*）〕。

　　一般而言，在适宜的温度和湿度条件下，可以将昆虫的生命周期缩短。因此，对害虫的防治必须是在其生命周期中最易受影响的阶段进行，通常是正在进食的成虫、活动的若虫或幼虫阶段。为了成功地综合利用生物防治体控制害虫，必须使捕食者和猎物的数量保持平衡。使用有选择性的化学杀虫剂来控制局部虫害种群的暴发是必要的。在使用任何化学杀虫剂之前，种植者必须与生产厂家、生物防治体供应部门或农业推广人员进行核实，以确定哪些杀虫剂可被安全使用。必须将温室内的环境条件保持在对捕食者有利的水平。需要每周定期监测捕食者和猎物的种群数量，以维持其平衡，并引入新的捕食者，以成功实现 IPM 计划。

在所有类型的 IPM 计划中，都正在引入天然杀虫剂。其中一种产品就是印棟素（azadirachtin），是一种从印棟树（neem。也叫尼姆树）中提取的活性成分。它的商品名称是 Azatin 或 Neemix，对白粉虱、蚜虫、蓟马、潜叶虫和蕈蚊等均有效。由祖母绿生物农业公司（Emerald BioAgriculture Corporation）等单位生产的许多微杀虫剂，含有以下多种面包霉菌：如球孢白僵菌（*Beauveria bassiana*）、布氏白僵菌（*Beauveria brongniartii*）、金龟子绿僵菌（*Metarhizium anisopliae*）、蜡蚧轮枝菌（*Verticllium lecanii*）和汤氏多毛菌（*Hirsutella thompsoni*）。球孢白僵菌的产品名称为 BotaniGard 22WP，其对白粉虱、蓟马、蚜虫和其他软体吸吮昆虫有效。昆虫对它没有抗性，而且它也不存在残留问题。它不会伤害恩蚜小蜂（*Encarsia*），事实上，如果被一起用于控制白粉虱，它会产生附加效应。

引入有益昆虫是一项乏味的工作，因为必须将其从容器中振动到植物叶片上。Koppert 公司最近发明了一种特殊的吹风机，可以将生物防治体输送到植物中，这样可节省 80% 的正常分配时间，它们使用安全气囊将捕食性螨传播到整个作物或特定区域。该吹风机是由电池驱动的，所以携带非常方便。通过使用剂量罐，该吹风机能够均匀释放含有天敌的载体物质，并能够将它们从安全气囊吹到 4 m 高的地方而不会伤害生物防治体，不同天然防治体的混合物使它们通过一步能够得到释放和均匀分布。

通过在种植间隙间进行有效杀菌，可以最大限度地减少水培基质中的病虫害。然而，水培技术并不能阻止植物茎叶部分上的病虫害。因此，如果不采取适当的预防措施，类似于那些在常规土壤培养条件下的严重虫害也可能会在水培条件下发生。

■ 14.17 蔬菜品种

可以从种子库买到许多蔬菜品种。虽然田间品种和温室品种都可被在温室中种植，但应尽可能使用温室品种，因为它们通常是在严格控制的环境条件下得到培育的。也就是说，在温室中，温室品种的产量一般比田间品种的产量要高。在大多数情况下，无法在田间条件下轻松种植温室品种，因为它们无法适应在田间所遇到的温度波动。

许多温室蔬菜品种在水培中表现良好，将它们以及其他可接受的温室品种见表14.4。品种的选择取决于季节、气候和市场。为了在某一特定地区启动一个项目，则首先需要从种子库获得信息，以便知道哪些种子在该特定条件下表现得最好，然后与许多种子一起进行试验，以便最终找到该环境下表现最好的种子。在温室中所栽培的各种品种都是不确定或"可用桩支撑的"（staking），这样可利用被系在高架支撑绳上的细线而对其进行垂直修剪。这些品种对许多常见病害都具有抗性和/或耐受性。正如前面所解释的那样，每个品种的名称后面都跟有说明它们抗病或耐病情况的编码。例如，具有代号为 TmC_5VF_2 的番茄品种卡鲁索（Caruso），表明它有如下病菌的抗性：番茄花叶病毒；枝孢菌属（*Cladosporium*）中 A、B、C、D 和 E5 个种；轮枝菌（*Verticillium*）；镰刀菌属（*Fusarium*）1 和镰刀菌属 2 两种。

表 14.4　温室和水培蔬菜推荐品种

蔬菜名称	品　种	
黄瓜	欧洲型	Dominica*，Marillo*，Kasja*，Curtis，Pandex，Farbio，Sandra，Uniflora* D，Corona，Fidelio，Bronco，Mustang，Exacta，Jessica，Optima，Flamingo，Accolade，Discover，Crusade，Milligon，Logica*，Camaro，Kalunga
	BA 迷你型	Manar*，Sarig，Tornac，Picowell，Darius，Suzan，Diva，Tornado，DPSX 419，GVS 18209，Nimmer*
生菜	欧洲型	Rex*，Charles*，Deci* – Minor，Ostinata*，Cortina*，Salina*，Milou*，Vegas*，Cortina*，Flandria，Astraca，Brighton，Elton，Laurel，Michael，Sumaya，Vincenzo，Volare，Fidel，Skyphos（红色）
	多叶 – 新奇型（Leafy – Novelty）	Multigreen 1，Multigreen 2，Multigreen 3*，Multired 1*，Multired 2，Multired 3，Multired 4
	Lollo Bionda 型	Bergamo，Locarno
生菜	红色 Lollo Rossa 型	Revolution*，Amandine，Soltero
	绿色 Oak Leaf 型	Cedar，Pagero，Torero，Veredes，Cocarde*
	红色 Oak Leaf 型	Navara*，Versal，Piman，Oscarde*，Ferrari*，Aruba*
	绿叶型	Black Seeded Simpson*，Waldmann's*，Dark Green，Domineer*，Malice*
	红叶型	New Red Fire*，Vulcan，Red Sails*

蔬菜名称		品　种
番茄	牛排型	Caramba*、 Dundee、 Growdena、 Trust*、 Dombito*、 Caruso*、 Larma、 Perfecto、 Belmondo、 Apollo、 Match*、 Blitz*、 Quest*、 Heritage、 Geronimo*、 Matrix*、 DRW 7749、 Rapsodie、 Style
	带蔓型	Tradiro*、 Ambiance*、 Clarance*、 Tricia*、 Success*、 Endeavour、 Campari*、 Brillant、 Clermon、 Lacarno（黄色）、 Orangaro*（DRK 920）（橙色）、 Brilliant、 Grandela
	樱桃型/葡萄型/李子型	Favorita*、 Cello*、 Conchita*、 Juanita*、 Monticino、 Sweet Hearts、 Sweet Million、 Dasher、 Zebrino*、 Goldita*（黄色）
	鸡尾酒型	Red Delight*、 Flavorino、 Picolino、 Goldino（黄色）、 Orangino（橙色）
	Roma 型	Granadero*、 Naram*、 Savantas*
	传家宝型	Brandywine*、 Striped German*、 Green Zebra、 Belriccio
	砧木型	Maxifort*、 Beaufort*、 Manfort*、 Multifort
青椒	绿变红型	Cubico*、 Fantasy*、 Tango*、 Mazurka*、 Delphin*、 Ferrari*、
		Zamboni*、 Fascinato
	绿变黄型	Lesley*、 Luteus*、 Goldstar*、 Samantha*、 Kelvin*、 Bossanova、 Lambourgini、 Gold Flame、 Crosby、 Cigales
	绿变橙型	Paramo*、 Sympathy、 Orangery、 Narobi*、 Fellini*、 Magno
	绿变棕型	Hershey

续表

蔬菜名称		品　种
辣椒		Fireflame*
茄子	白色	Tango*
	紫色	Taurus*

注：*特别适合水培的品种。番茄品种 Campari 只能在得到种子公司的许可后方可被种植。

14.17.1　番茄

较老的番茄品种如 Vendor、Vantage、Tropic 和 Manapel，已经被荷兰品种所取代，因为这些新品种在活力、产量和抗病性方面都有优势。正如在第 10 章中所讨论的，许多种植者正在把这些品种嫁接到一种能够抵抗根腐病的砧木上，从而提高产量。辣椒和茄子也可被嫁接到这些抗病砧木上，最受欢迎的砧木包括 Beautort、Maxifort 和 Manfort。

在过去的十年里，带蔓型番茄（TOV）变得非常流行，现在约占新鲜番茄市场的 65%~70%。剩下的 20%~25% 是牛排型番茄、其余 10% 是鸡尾酒型（Cocktaic）、樱桃型和包括 Roma 型的特色番茄。带蔓型番茄品种的单个果实质量为 90~150 g，包括 Locarno（黄色）、DRK920（橙色）、Tradiro（红色）、Ambiance（红色）、Success（红色）、Tricia（红色）、Endeavour（红色）、Clermon（红色）及 Clarance（红色）等品种。由于一簇果实是在同一时间成熟，因此是将整簇果实都切下来，而不是摘除单个果实。将它们装在特制的翻盖式容器里，以便在市场上通过带藤的方式出售，而且这种包装也使它们有别于传统的田间种植产品。牛排型番茄的质量为 200~250 g，包括 Trust、Quest、Match、Blitz、Geronimo、Matrix、Style 和 Rapsodie 等品种。樱桃型番茄品种的果实质量在 15 ~ 25 g 之间，其品种包括 Favorita（红色）、Conchita（红色）、Goldita（黄色）、Zebrino（绿色条纹）和 Dasher（葡萄状）。特色品种包括 Picolino（红色）、Flavorina（紫红色）和 Red Delight（红色）等，果实质量在 30 ~ 75 g 之间。Roma 型品种包括 Naram（红色）、Savantas（红色）和 Granadero（红色），果实质量为 100 ~ 150 g。以上这些品种只是种子库中许多品种的一小部分。

14.17.2　黄瓜

必须指出，品种的选择在很大程度上取决于特定的气候位置和市场接受程度。现在，最受欢迎的欧洲型黄瓜品种包括 Dominica、Marillo、Kasja、Flamingo、Accolade、Discover、Logica、Camaro 和 Kalunga。研究发现，Marillo 和 Dominica 都非常适合高温和高白粉病流行的热带气候条件。另外，还可以从不同的生产单位那里获得许多其他品种的种子。一些品种更适合春季和初夏季节，而另一些则更适合夏秋季节。它们都是雌性无籽品种，不需要授粉就能结实。对白粉病抗性最强的热带 BA 迷你型品种有 Manar 和 Nimmer。

14.17.3　辣椒

辣椒是重要的温室作物。其主要是甜椒，它们在成熟前为绿色，成熟后则会变成红色、橙色、黄色或棕色（图 14.78）。比较流行的从绿到红的品种是 Cubico、Tango 和 Fantasy，而从绿到黄的品种是 Luteus、Samantha、Kelvin 和 Lesley，特别适合于热带或夏季气候条件。Narobi、Paramo 和 Fellini 是从绿到橙的流行品种。红辣椒也成了一种受欢迎的温室作物。在热带地区，发现种植成功的一种生产效率更高且味道更好的品种是 Fireflame。

图 14.78　呈现绿、黄、橙和红等不同颜色的青椒

14.17.4　茄子

目前，在温室中可进行无定形（indeterminate）茄子的培养，获得巨大成功的是探戈（Tango）（白色）、金牛座（Taurus）（深紫色）和爱慕（Adore）（深紫色）等品种。温室茄子在欧洲变得越来越普遍，而现在也开始在北美变得流行。

14.17.5　生菜

生菜在水培中生长良好。生菜有四种基本类型：欧洲型或称比伯（Bibb）型；散叶型；包心型；长叶型。尽管每一种类型的许多品种都可以从种子库获得，但每一种类型都有几个品种特别适合于水培和温室环境。在欧洲生菜或比伯生菜类型中，最适合的品种是 Deci – Minor、Ostinata、Rex 和 Charles。Rex 在热带高温条件下特别耐抽薹，应对它们按照 15 cm（株距）×20 cm（行距）的间隔进行种植。Bibb 生菜的夜间温度需要达到 18 ℃，日间温度阴天时应达到 17 ~ 19 ℃，晴天时则需要达到 21 ~ 24 ℃。它们从播种到成熟需要 45 ~ 60 d，具体时间根据可用日照时长决定。

散叶品种通常是最容易种植的。Black Seeded Simpson、Grand Rapids 和 Waldmann Dark Green 等品种在水培栽培中非常有活力。它们需要 45 ~ 50 d 才能成熟。其间距和温度要求与欧洲型生菜相似。根据太阳光的不同，散叶品种需要夜间温度为 10 ~ 13 ℃，而白天温度为 13 ~ 21 ℃。然而，它们可以忍受高达 27 ℃ 的高温而不会发生枯萎、抽薹或生长减缓等症状。不过，如果温度升高，则可能会导致叶尖或边缘烧伤。另外，有些品种更耐高温和抗烧尖。

在许多生菜品种中，Great Lakes 659 和 Montemar 在水培和温室环境中生长最好。如第 13 章所述，它们最适合热带环境。它们从种子到成熟需要 80 ~ 85 d 的时间，而且如果有充足的阳光，它们可以承受 27 ~ 28 ℃ 的高温而不会抽薹；包心型生菜的种植间距应为 25 cm × 25 cm。

Valmaine Cos、Cimmaron（红色长叶生菜）和 Parris Island Cos 等品种，对温度要求与散叶型生菜相似。几种可以忍受热带高温的多叶 – 新奇型品种，是 Red Salad Bowl、Green Salad Bowl、Cocarde、Oscarde、Ferrari、Navara 和 Aruba（橡树叶型）。Red Sails 和 New Red Fire 属于耐高温的红色散叶型生菜。

■ 14.18　蔬菜嫁接

现在，嫁接技术被广泛应用于温室里的番茄、辣椒和茄子的种植。尤其重要的是，在番茄中给予其更多的活力和抗病能力，以使之能够对抗根木栓化病（corky root）、番茄花叶病毒病、枯萎病和萎黄病以及线虫病。砧木可增加水分和养分的吸收，从而使植株更加旺盛。

应针对特定品种而选择相适宜的砧木类型。一般来说，用 Beaufort 砧木搭配樱桃型和多叶 – 新奇型番茄，而用 Maxifort 或 Manfort 砧木搭配带藤型和牛排型番茄。注意，砧木和品种（接穗）之间的生长速率差异，以确定砧木应在接穗之前或之后第几天进行播种。例如，可以将 Beaufort 砧木和 Favorita 番茄品种的接穗同时进行播种，因为它们有相似的生长速率。如果接穗比砧木长得快，则比品种早几天播种砧木，反之亦然。这一点很重要，以便在准备嫁接时砧木和接穗的茎能够具有相同的厚度（约 17 d），而这通常是当它们具有 2 ~ 3 片真叶和茎的直径大约为 2 mm 时予以实施。

首先将砧木播种在岩棉等基质育苗块中；然后将这些育苗块移植到栽培块；最后将它们移植到栽培系统中。将品种（接穗）的种子播种在含有 72 穴的紧凑型托盘中，其中盛有泥炭 – 蛭石混合物或椰糠基质。嫁接后，应处理掉这些植物的根。如果砧木或接穗之间存在明显的大小差异，应在嫁接前几天根据相同的茎厚对其进行分类。

利用美工刀片，以 45°角切断托盘中的砧木（图 14.79）。通常，应该把砧木从子叶下面切断，并从那个位置以下保留茎秆至少有 2 ~ 3 cm 长。太短的茎秆会导致接穗形成气生根，而后者随后会扎入基质中，这是潮湿基质的诱导作用所致。将硅树脂（silicone）夹或弹簧塑料夹夹入被切割砧木的一半处。以与砧木相同的角度切断该品种（接穗）的植株茎秆，并要确保其直径与该位置处砧木的直径相同。如果接穗在子叶上方，则更容易操作。只切下对于准备好的砧木所需要的顶部（头）。

图 14. 79 用美工刀或吉普洛克刀（gyproc knife）在子叶下方以 45°角切断幼枝

将接穗放入已准备好的砧木的夹子中，并要保证它们接合严密（图 14. 80），因为中间的空气或污物会导致嫁接失败。然后，轻轻地给植物喷雾，接着把它们放在喷雾室内。必须在嫁接前准备好喷雾室或拱棚。在拱棚内洒水或喷雾以增加湿度，并将其紧密封闭以防止干燥。另外，一定要给地道中被嫁接植物进行遮阴，以减少蒸发。嫁接的最佳温度为 22 ~ 23 ℃，并避免在拱棚中温度超过 28 ~ 30 ℃。

保持拱棚封闭 3 d。在此期间，如果植物表现出萎蔫迹象，就需要继续轻轻进行喷雾。在第 5 天打开拱棚的两侧进行短时通风，在第 6 天打开或稍微卷起拱棚的两侧，第 7 天则拆除拱棚，并最好在上午时间进行。如果发生萎蔫，就用拱棚再次覆盖植株。这时，嫁接结合部（graft union）应该已经愈合，且从拱棚中取出时植物将不会枯萎。之后，在嫁接结合部可能会形成气生根（图 14. 81）。几天后（9 ~ 10 d），将它们移植到岩棉栽培块上。不要把幼苗侧放在栽培块中，因为那样会使接穗（品种）生根而达不到嫁接的目的（图 14. 82）。

图 **14.80**　将植株嫁接夹放在嫁接接合部

图 14.81　在嫁接结合部之上的接穗上形成气生根

图 14.82　将嫁接后的幼苗直立置于栽培块中

在植株生长数月并结出果实后，如图 14.83 所示，嫁接结合部作为一条明线仍清晰可见。从种子库可以买到植株嫁接夹。它们有几种尺寸：硅树脂夹的直径有 1.5 mm 和 2.0 mm 两种，而弹簧塑料夹的直径范围在 1.5 ~ 6 mm 之间。选择取决于所要嫁接植物茎秆的粗细程度。业已发现，2.0 ~ 3.0 mm 的夹子是早期嫁接番茄的最佳选择。

图 14.83　在整个植株生长过程中嫁接结合部仍然可见

14.19　种植时间安排

　　根据全年种植的作物或多种作物的组合，可以制订多种种植时间安排。如果只种植番茄，则使用春季和秋季作物种植时间安排系统，如表14.5 所示。特别是以后院这样的规模种植时，建议在春季种植番茄时能够间作生菜。然而，这种间作方式对于商业种植者来说并不实用。应将该生菜同时播种和移植到栽培床上。在每对番茄植株之间可以种植1～2 株生菜。番茄很快就会长到生菜上面，所以它们不会被生菜遮挡。当番茄还很矮时（30～45 cm），生菜会得到充足的光照并生长良好。这样，在番茄成熟前至少 1 个月就可以收获生菜。在最初的生菜间作之后，一旦番茄完全成熟，而且已经去掉了若干个果束并去掉了正在成熟果束下面的所有叶片，则可以进一步开展间作。如表 14.5 所示，大约是从 5 月份开始种植生菜。在 7 月到 8 月期间，可以与秋季作物一起套种一茬生菜（表 14.5）。

表 14.5　春季和秋季番茄与生菜间作时间安排（每年两季）

日期	种植活动
12 月 20 日~12 月 31 日	将生菜和番茄种子放入岩育苗棉块中
1 月 21 日	将生菜幼苗移植到水培系统中
2 月 1 日~2 月 15 日	将番茄幼苗移植到水培系统中
3 月 1 日	收获生菜
4 月 1 日~4 月 15 日	开始收获番茄
5 月 15 日	播种生菜
6 月 1 日~6 月 15 日	为秋季在育苗块中播种番茄种子；终止番茄种植；在现有番茄的下面移植生菜间作苗
7 月 1 日	收获生菜，清理掉春季番茄植株，清洁温室，并进行消毒等
7 月 15 日	将秋季番茄幼苗和生菜间作幼苗移植到水培系统中
8 月 15 日~8 月 31 日	收获生菜
9 月 15 日	开始收获番茄
11 月 15 日	终止番茄种植
12 月 20 日~12 月 31 日	清理掉所有秋季作物，并进行清理和消毒等；播种春季生菜和番茄种子

说明：第一行的时间为当年时间，其他行的时间均为来年时间。

在第 11 章中，已经讨论过大规模生产时的间作技术。该类型的间作方式适合于番茄老株被幼株所替代的过程，即在已经存在的成熟植株中进行幼株移植。由于不同作物对养分和生长环境条件的需求不同，所以其他形式的间作在大型规模化温室中并不常见。

全年种植的黄瓜可以有多种方式进行进度安排。有些种植者愿意每年种植3~5季作物，特别是在亚热带或热带气候条件下（表14.6）。其他国家从当年 12 月到下一年 11 月中旬，采用新伞系统（renewal umbrella system）只种植一季作物（表14.7）。现在，大多数种植者采用每年 2~3 季的种植时间安排。

表 14.6 三季黄瓜生产时间安排

日期	种植活动
1 月 1 日	播种黄瓜种子
2 月 7 日	将黄瓜幼苗移植到栽培系统（第一季）
3 月 7 日	开始收获黄瓜
4 月 21 日	播种黄瓜种子（第二季）
5 月 15 日	清理掉第一季黄瓜植株，清洁环境，将黄瓜幼苗移植到栽培系统（第二季）
6 月 21 日	开始收获黄瓜（第二季）
8 月 15 日	播种黄瓜种子（第三季）
8 月 31 日	清理掉黄瓜植株的第二季，清洁环境等
9 月 15 日	将黄瓜幼苗移植到栽培系统（第三季）
11 月 15 日	开始收获黄瓜（第三季）
12 月 20 日~12 月 31 日	清理掉黄瓜植株（第三季），清洁环境等

表 14.7　单季番茄、茄子、黄瓜或辣椒生产时间安排

日　期	种　植　活　动
番茄和茄子	
11 月 7 日~11 月 14 日	播种番茄和/或茄子种子
11 月 30 日	移植到岩棉栽培块中，补充 HID 光照，最低光强为 5 500lx
12 月 14 日	将岩棉栽培块中的植株放在温室中的栽培板顶部
1 月 1 日~1 月 7 日	当花蕾出现时，将番茄和/或茄子移植到栽培板（床）上
2 月 15 日~2 月 21 日	开始收获
11 月 21 日	最后收获
11 月 21 日~12 月 7 日	清理掉植株，清洁环境等
黄　瓜	
12 月 1 日	在播种室播种黄瓜种子
1 月 1 日~1 月 7 日	移植到温室中的栽培板或栽培床上
2 月 1 日~2 月 7 日	开始收获
11 月 15 日	最后收获
11 月 15 日~12 月 15 日	清理掉植株，清洁环境等
辣　椒	
8 月 1 日	在育种室播种辣椒种子
8 月 21 日	将辣椒育苗块移植到育种室内的岩棉栽培块上
11 月 21 日	移植到温室中的栽培板或栽培床上
2 月 7 日~2 月 15 日	开始收获
11 月 15 日~11 月 21 日	最后收获，清理掉植株，清洁环境等

从 10 月到 11 月，辣椒是一种常见的温室作物，每年种植一季，如表 14.7 所示。对茄子和番茄按照同样的种植时间表进行种植，一年一季或两季。

■ 14.20　种植收尾

在种植番茄时，在预期拔除前 30 d 左右，应去除每棵植株的生长点（表 14.5），同时去除植物顶部的所有腋芽。

在开始清理的前几天，给植物喷洒杀虫剂以消灭害虫，但注意不要使用任何残留期长的杀虫剂，以防止危害后续 IPM 程序中的有益捕食者。在将植物移出温室前几天，应停止向栽培床和栽培板供应水分和营养物质。将植株的根拔出，或者剪下茎的基部，而让植物的其余部分仍由绳子和一些夹子支撑。如果要回收植物夹，在切割植株之前，要更容易取走大部分植物夹，否则将其与植株一起处理掉。对于回收后的植物夹，需在漂白剂中浸泡和清洗后才可重复使用。通过剪茎处理后，植物会损失大量水分，从而减少了从温室清除的植物总重量。将植物弃置在垃圾堆或堆肥堆中，或将其埋在与温室具有一定距离的地方，以避免新作物发生任何疾病或昆虫再次繁殖。在把所有植株从温室里移走后，用吸尘器将所有地板清理干净，以便不要留下任何的植株残物。对栽培床、营养液储箱和栽培基质等，必须按照前几章的措施进行彻底消毒。

用 pH 值为 1.6 - 1.7 的硝酸溶液（60% ~ 70% 浓缩液，1 份酸用水稀释至 50 倍），去冲洗灌溉管路。在混合罐中配制，并在每个站点运行 2 min，使酸液彻底冲洗系统达 24 h。24 h 后用清水冲洗管线，并检查排放水的 pH 值，确定其高于 5.0，然后再用 10% 的漂白剂冲洗管道。注意 pH 值不能过低，不然则预示着有酸的存在。如果有任何酸残留，它将与漂白剂发生反应而产生有毒氯气。在 4 h 内，每小时冲洗 4 次，每次 2 min，然后让最后的冲洗水在管道内停留 24 h。之后，用清水冲洗管道。

用 Virkon 消毒剂等高压清洗墙壁、屋顶和地板，然后用 10% 的漂白剂进行清洗。Virkon 的应用浓度百分比为 1.0%。由于 Virkon 是一种粉末，因此在每 100 L 的水中添加 1 kg 的 Virkon。当对所有物品都进行完全消毒后，则使该种植系统就为下一季作物栽培做好了准备。

对于水培系统，如果在每季作物种植之前对其进行适当的消毒和清洁，那么它将在多年内持续保持高产，从而使种植者能够获得比长期使用土壤所能获得的回报要更高的回报。

■ 14.21　未来展望

无论植物是水培还是土培，对栽培要求都是一样的。有关各种植物生长的具体信息，可从园艺书籍和大学及农业部门发布的各种拓展公报中获得。部分大学拓展办公的名单见附录 2。

商业温室现在受到各种环保组织的严密审查，其中水、径流、杀虫剂和肥料废料的使用是监控的重点。因此，目前在温室中被迫循环利用灌溉水、尽量减少杀虫剂和肥料的使用、并回收废物。植物材料的循环利用可以通过它们在动物食品中的利用来实现；利用基于岩棉、椰糠和 NFT 等的循环水培系统，可以最大限度地减少水和肥料的使用；在 IPM 程序中使用生物防治体可大大减少杀虫剂的使用；通过实施生物防治和抗病品种的培育，正在减少杀菌剂的使用量。研究更有效的水培方法、进行营养分析以及在每次通过营养液储罐期间对溶液进行消毒的自动溶液调节，所有这些都由中央计算机监测和控制，是目前在水培中被广泛采用的做法。

现在，可持续种植系统（sustainable cropping system）是农业领域的热门词汇，特别是在温室水培技术方面。正如在11.5节中所讨论的，椰糠基质是这种可持续农业的基础。温室结构和水培系统的循环以及环境和营养液的调节是该项目的一部分。最近，有人正在考虑下一步利用太阳能电池板为温室发电。例如，德国一家公司目前正在建设约50 000 m²的高科技温室，利用安装在屋顶上的新太阳能电池板为温室提供电力和遮阳。总部位于美国加利福尼亚州的Solyndra公司已经开发了这种太阳能电池板，它可以通过光的散射来加倍提供阴影并产生电能。目前，他们正在与意大利米兰区域实验与农业援助中心（Regional Center of Experimentation and Agricultural Assistance）及美国加利福尼亚大学戴维斯分校植物科学系（Department of Plant Sciences at the University of California Davis）开展合作研究。

2011年5月10日，有人报道称，荷兰的Micothon公司曾经发明了气助杀虫剂喷洒技术，其较常规喷洒技术在渗透和覆盖方面效果更好。目前，为了进行病害控制，该公司正在与Clean Light股份公司合作开发一种"清洁光紫外线作物保护系统"（Clean Light UV Crop Protection system）系统。通过与Micothon喷洒机器人（Micothon Spraying Robot）相结合，其可减少温室内化学物质的使用，并有助于抵御真菌、细菌和病毒。Micothon公司称，与标准喷洒设备相比，采用气助式喷洒技术，可将喷洒效果提高79%。该技术为作物提供了最佳的保护，并大大减少了杀虫剂的使用量，同时通过自动化操作也降低了劳动力成本。管道/轨道喷洒器根据机器的设置程序自动驱动加热轨道管道，并在无须操作员的情况下喷洒整个温室。

在不久的将来，LED灯将在大面积范围内提供充足光照，从而使其能够用于商业温室运行。它们比目前的 HID 灯更能有效地将能量转化为光。然而，目前它们非常昂贵，而且光照覆盖面不大，因此使它们用于商业温室运行的经济可行性不足。未来，这种光源可能为在城市中建造垂直温室提供机会。

这种有效控制，为水培法提供了一种可以在世界范围内解决集约化农作物生产问题的潜在解决方案，并为人类前往其他星球的计划发挥作用。美国国家航空航天局（NASA）在其太空计划中赞助的几家公司正在进行水培试验，它将成为在空间站和未来太空旅行中为航天员提供新鲜蔬菜的方法。为了在不久的将来实现太空飞行，现在已经着手进行空间植物栽培试验研究。多年来，已经设计和试验了能够在空间飞行的微重力环境条件下运行的水培系统。NASA 已经为其受控生态生命保障系统（Controlled Ecological Life Support System，CELSS）设计了一个生物量生产舱（Biomass Production chamber BPC）。目前，正在进行多项研究，以开发在空间水培作物的设备和程序。

水培技术是一门广泛适用的科学，因为它可被应用于非常简单的系统，例如家庭中的无土基质花盆或个人为了寻找种植基本粮食作物的方法而建造的廉价设施。这种情况会经常发生在秘鲁、哥伦比亚、委内瑞拉等国家的贫困社区，因为那里的人们可能没有经济能力在市场上购买营养丰富的蔬菜。水培技术是世界温室蔬菜和观赏植物产业的重要组成部分。另外，它还被用在隔离环境中，如位于南极洲的美国麦克默多研究站（McMurdo Research Station），即在封闭环境中种植蔬菜。

如第 13 章所述，水培技术现在正通过屋顶水培温室操作而被纳入城市。这种广泛适用的水培科学，将继续在各种环境条件下为我们提供高营养的蔬菜方面发挥新的作用。

参考文献

［1］ BLACK L L, WU D L, WANG J F, et al. Grafting tomatoes for production in the hot – wet season ［R］. International Cooperators' Guide. Asian Vegetable Research & Development Center. Pub. No. 03 – 551, May, Taiwan, China, 2003.

［2］ Cockshull KE. A color atlas of tomato diseases: observation, identification and control ［J］. Scientia Horticulturae, 1995, 62 (3): 201 – 202.

［3］ BROAD J. Greenhouse environmental control, humidity and VPD ［C］//6th Curso Y Congreso Internacional de Hidroponia en Mexico, Toluca, Mexico, Apr. 17 – 19, 2008.

［4］ EL – GIZAWY A M, ADAMS P, ADATIA M H. Accumulation of calcium by tomatoes in relation to fruit age ［J］. Acta Horticulturae, 1986, 190: 261 – 266.

［5］ HOCHMUTH R C, DAVIS L L, LAUGHLIN W L. Evaluation of twelve greenhouse Beit – Alpha cucumber varieties and two growing systems ［J］. Acta Horticulturae, 2004, 659: 461 – 464.

［6］ LAMB E M, SHAW N L, CANTLIFFE D J. Beit – Alpha cucumber: a new greenhouse crop for Florida ［R］. University of Florida Extension HS～810, Gainsville, FL, 2001.

［7］ MALAIS M, RAVENSBERG W J. Knowing and recognizing the biology of glasshouse pests and their natural enemies ［M］. Koppert Biological Systems B. V. , Berkel En Rodenrijs, The Netherlands, 1992, p. 109.

[8]　RESH H M. Beit – Alpha (Persian/Middle Eastern or Japanese) cucumbers [J]. The Growing Edge, Mar. /Apr. 2009, p. 43 – 48.

[9]　RIVARD C, LOUWS F. Grafting for disease resistance in heirloom tomatoes [R]. North Carolina Cooperative Extension Service Bulletin AG – 675, E07 45829, 2006: p. 8.

[10]　SARGENT S A, et al. Postharvest handling considerations for greenhouse – grown Beit – Alpha cucumbers [R]. The Vegetarian Newsletter, June, 2001.

[11]　SHAW N L, CANTLIFFE D J. Hydroponically produced mini – cucumber with improved powdery mildew resistance [C]//Proceedings of the Florida State Horticultural Society, University of Florida, Gainsville, FL, 2003.

[12]　SHAW N L, CANTLIFFE D J, FUNES J, et al. Successful Beit – Alpha cucumber production in the greenhouse using pine bark as an alternative soilless media [J]. Hort Technology, 2004, 14 (2): 289 – 294.

[13]　WITTWER S H, HONMA S. Greenhouse Tomatoes: Guidelines for Successful Production [M]. East Lansing: Michigan State University Press, 1969.

附录 1
园艺、水培和无土栽培学会

国际园艺科学学会（ISHS）是参加国际会议和专题讨论会并发表有关园艺的科学论文的最大组织（www. ishs. org）。它们与许多水培学会一起参加和举办有关水培和园艺的活动。例如，它们最近协助了 2011 年 5 月 15 日至 19 日在墨西哥普韦布洛举行的第二届无土栽培和水培技术国际研讨会（www. soillessculture. org）。这是一个由 ISHS、植物基质和无土栽培委员会（CMPS）和墨西哥的 Colegio de Postgraduados（CP）出版社联合组织的活动。

任何对包括水培学在内的园艺学有兴趣的人士，均可申请成为 ISHS 的会员。ISHS 会员可以通过出版物、参加研讨会、互发电子邮件等与合作伙伴交流和关注最新信息。这种方式可以使知识在国际范围内得到分享。

美国水培学会（Hydroponic Society of America，HAS）主要提供在线服务。可以通过美国水培学会联系他们，地址在美国加利福尼亚州埃尔塞里托市，邮政信箱 1183 号（www. hydroponicsociety. org）。另一个北美水培学会是水培商人协会（Hydroponic Merchants Association，HMA），地址在美国弗吉尼亚州马纳萨斯市（www. hydromerchants. org）。

在世界上的其他水培学会包括以下一些。

澳大利亚：澳大利亚水培和温室协会（AHGA）（现更名为澳大利亚受保护作物协会）（Protected Cropping Austrilia，PCA）。网址为 www. protectedcroppingaustralia. com。

巴西：（Encontro Brasileiro de Hidroponia）（www. encontrolhidroponia. com. br）。

哥斯达黎加：Centro Nacional de Jardineria Corazon Verde in Costa Rica（www. corazonverdecr. com）。

墨西哥：墨西哥水培协会（Asociacion Hidroponica Mexicana A. C.）（www. hidroponia. org. mx）。

新加坡无土栽培学会（Singapore Society for Soilless Culture，SSSC）：新加坡克拉福德街 461 号 13 - 75，190461。

其他学会，可以在谷歌上通过搜索"Hydroponic Societies"或"Hydroponic Associations"找到。另外，网上还有很多相关论坛，我们可以加入并与其他成员一起讨论和解决相关问题。

附录 2
温室生产相关机构

1. 出版物及研究推广服务机构

这里，介绍一些常见的包括水培的园艺信息来源。尽管如此，搜索信息的最佳方式是通过互联网上的谷歌公司等搜索引擎提出特定请求。

美国政府印刷局文档管理局：http://www. gpoaccess. gov，http://www. gpo. gov，http://www. bookstore. gpo. gov，http://www. access. gpo. gov.

维基百科合作推广服务中心：http://en. widipedia. org/wiki/Cooperative_extension_service

阿拉巴马合作推广系统中心：http://www. aces. edu/

亚利桑那合作推广中心：http://extension. arizona. edu/

加州大学合作推广中心：http://ucanr. org/

康涅狄格大学推广服务中心：http://www. extension. uconn. edu/

佛罗里达大学 IFAS 推广中心：http://solutionsforyourlife. ufl. edu/

佐治亚大学合作推广中心：http://ugaextension. com/

伊利诺伊大学推广中心：http://www. extension. uiuc. edu/

普渡大学推广中心：http://www.ces.purdue.edu/

肯塔基大学合作推广服务中心：http://www.ca.uky.edu/ces/index.htm/

密歇根州立大学推广中心：http://www.msue.msu.edu/

明尼苏达州服务中心：http://www.extension.umn.edu/

密西西比州立大学推广中心：http://msucares.com/

罗格斯大学合作推广中心：http://www.rce.rutgers.edu/

康奈尔大学合作推广中心：http://www.cce.cornell.edu/

北卡罗来纳合作推广中心：http://www.ces.ncsu.edu/

俄亥俄州立大学合作推广中心：http://extension.osu.edu/

俄勒冈州立大学服务中心：http://extension.oregonstate.edu/

宾夕法尼亚州立大学合作推广中心：http://www.extension.psu.edu

得克萨斯州农机大学 – 得克萨斯农业生活推广服务中心：http://texasextension.tamu.edu/

犹他州立大学推广中心：http://www.ext.usu.edu/

华盛顿州立大学推广中心：http://ext.wsu.edu/

威斯康星大学推广中心：http://www.uwex.edu/ces/

2. 部分土壤和植物组织测试实验室

A&L 南方农业实验室，美国佛罗里达州庞帕诺滩市；

A&L 加拿大实验室东方分部，加拿大安大略省伦敦市：http://www.alcanada.com；

A&L 东方实验室分部：http://al – labs – eastern.com；

A&L 五大湖实验室分部，美国印第安纳州韦恩堡市：http://www.algreatlakes.com；

A&L 平原实验室分部，美国得克萨斯州卢伯克市：http://www.al-labs-plains.com；

阿尔比恩实验室分部，美国犹他州克利尔菲尔德市：http://www.AlbionMinerals.com；

ALS 实验室集团分部，加拿大萨斯喀彻温省萨斯卡通市：http://www.alsglobal.com；

农业化学分析（Agrichem Analytical）实验室，加拿大不列颠哥伦比亚省盐泉岛市：http://www.agrichem.ca；

哈里斯农业资源（Agsource Harris）实验室，美国内布拉斯加州林肯市：http://harris.agsource.com；

分析（Analytica）环境实验室分部，美国科罗拉多州桑顿市：http://www.analyticagroup.com

布鲁克塞德（Brookside）分析实验室，美国俄亥俄州新诺克斯维尔市：http://www.blinc.com

科罗拉多分析实验室，美国科罗拉多州布莱顿市：http://www.coloradolab.com

科罗拉多州土壤、水和植物测试实验室，美国科罗拉多州柯林斯堡市：http://www.extsoilcrop.colostate.edu/SoilLab/soillab.html

康奈尔大学分析实验室，美国纽约州伊萨卡市：http://cnal.cals.cornell.edu/analyses/index.html

能源实验室分部，美国怀俄明州卡斯珀市：http://www.energylab.com

环境测试（Envio-Test）实验室，加拿大萨斯喀彻温省萨斯卡通市：http://www.envirotest.com

埃克索瓦（Exova）集团分部，加拿大不列颠哥伦比亚省素里市：

http://www.exova.com

格里芬（Griffin）实验室分部，加拿大不列颠哥伦比亚省基洛纳市：http://www.grifflabs.com

希尔（Hill）实验室，新西兰汉密尔顿市：http://www.hill-laboratories.com

堪萨斯州研究与扩展土壤测试实验室，美国堪萨斯州曼哈顿市：http://www.agronomy.ksu.edu/soiltesting/

金赛（Kinsey's）农业服务中心，美国密苏里州查尔斯顿市：http://www.kinseyag.com

Les Laboratoires A&L du Canada，加拿大魁北克省 Saint Charles sur Richelieu 市：http://www.al-labs-can.com/soil/ser_QCsoil.html

马克萨姆分析（Maxxam Analytics）中心，加拿大不列颠哥伦比亚省本拿比市：http://www.maxxam.ca

MB 实验室有限公司，加拿大不列颠哥伦比亚省悉尼市：http://www.mblabs.com

麦克罗曼克罗（Micro Macro）国际公司，美国佐治亚州雅典市：http://www.mmilabs.com

中西部（Midwest）实验室公司，美国内布拉斯加州奥马哈市：http://www.midwestlabs.com

中西部生物农业（Midwestern Bio-Ag）控股有限责任公司，美国威斯康星州蓝丘市：http://www.midwesternbioag.com

西北实验室，加拿大曼尼托巴省温尼伯市：http://www.norwestlabs.com

奥尔森（Olsen's）农业实验室公司，美国内布拉斯加州麦库克市：http://www.olsenlab.com

服务技术（Servi - Tech）实验室，美国堪萨斯州道奇城：http://www. servitechlabs. com

斯考兹（Scotts）测试实验室，美国宾夕法尼亚州艾伦顿市：http://www. scottsprotestlab. com/plantTesting. php

圭尔夫大学土壤与营养实验室，加拿大安大略省圭尔夫市：http://www. uoguelph. ca/labserv

威斯康星大学土壤与植物分析实验室，美国威斯康星州维罗纳市：http://uwlab. soils. wisc. edu

土壤与植物实验室公司，美国加利福尼亚州安纳海姆及圣何塞市：http://www . soilandplantlaboratory. com

康涅狄格大学土壤营养分析实验室，美国康涅狄格州斯托斯市：http://soiltest. uconn. edu/

密苏里大学土壤测试与植物诊断实验室，美国密苏里州哥伦比亚市：http://soilplantlab. missouri. edu/

斯特拉特福农业（Stratford Agri）分析公司，加拿大安大略省斯特拉特福德市：http://www. stratfordagri. com

沃德（Ward）实验室公司，美国内布拉斯加州科尔尼市：http://www. wardlab. com

维尔德（Weld）实验室公司，美国科罗拉多州格里利市：http://www. weldlabs. com

西部实验室，美国爱达荷州帕尔马市：http://www. westernlaboratories. com

以上这些只是许多提供土壤、水质、营养和植物组织分析的实验室中的一小部分。有些网站也提供实验室的目录，举例如下。

加拿大园艺 – 如何利用园艺资源 – 测试你的土壤：http://www.

canadiangardening. com

农业部和国土资源部营养检测实验室：http://www. agf. gov. bc. ca/resmgmt/NutrientMgmt

加拿大安大略省农业部食品与农村事务部营养测试与认证及土壤测试实验室：http://www. omafra. gov. on. ca/english/crops/ resource/soillabs. htm

普渡大学 – 大学相关植物病害和土壤检测服务平台，2010 年 3 月：http://www. apsnet. org/members/Documents/SoilLabsandPlantClinics. pdf

美国可持续农业资讯中心（ATTRA） – 国家可持续农业信息服务公司 – 可供替代的土壤测试实验室：http://www. attra. org/attra – pub/soil – lab. html

3. 生物控制剂

销售和/或生产生物控制剂的部分单位名录如下。

1）生产单位

应用生物技术（Applied Bio – Nomics）有限责任公司，加拿大不列颠哥伦比亚省悉尼市：http://www. appliedbio – nomics. com

美国昆虫合作社（Associates Insectary），美国加利福尼亚州圣保拉市：http://www. associatesinsectary. com

贝克安德伍德公司（Becker Underwood）公司，美国艾奥瓦州艾姆斯市：http://www. beckerunderwood. com

有益昆虫（Beneficial Insectary）公司，美国加利福尼亚州雷丁市：http://www. insectary. com

碧奥特（Biobest）加拿大有限责任公司，加拿大安大略省利明顿市：http://www. biobest. ca

环境科学（EnviroScience）公司，美国俄亥俄州斯豆市：http://www.enviroscienceinc.com

水培花园－HGI 国际（Hydro Gardens－HGI Worldwide）公司，美国科罗拉多州科泉市：http://www.hydro－gardens.com

IPM 实验室公司，美国纽约州洛克市：http://www.ipmlabs.com

科伯特生物系统（Koppert Biological System）公司，美国密歇根州豪厄尔市：http://www.koppert.com

自然昆虫控制（Natural Insect Control）公司，加拿大安大略省斯蒂文斯维尔市：http://www.naturalinsectcontrol.com

布拉姆克农业诊断（Pramukh Agri Clinic）公司，印度古吉拉特邦马德希市：Email：pramukhagriclinic@yahoo.co.in

瑞肯－维陶瓦（Rincon－Vitova Insectaries）昆虫饲养公司，美国加利福尼亚州文图拉市：http://www.rinconvitova.com

塞西尔（Sesil）公司，韩国忠清南道市：http://www.sesilipm.co.kr

森根塔生物线路（Syngenta Bioline）公司，美国加利福尼亚州奥克斯纳德市：http://www.SyngentaBioline.com

2）经销单位

生物控制公司，哥斯达黎加卡塔戈市：Email：biocontrolsa@ice.co.cr

伊麦克斯配置（Distribuciones Imex）可变动资本额公司，墨西哥哈利斯科州：http://www.distribucionesimex.com

生态解决方案（EcoSolutions）公司，美国佛罗里达州棕榈港市：http://www.ecosolutionsbeneficials.com

常绿种植者供应（Evergreen Growers Supply）公司，美国俄勒冈州俄勒冈城：http://www.evergreengrowers.com

环球园艺（Global Horticultural）公司，加拿大安大略省比姆斯维尔市：http://www.globalhort.com

国际技术服务（International Technical Services）公司，美国明尼苏达州威扎塔市：http://www.greenhouseinfo.com 或 http://www.intertechserv.com

MGS 园艺公司，加拿大安大略省利明顿市：http://www.mgshort.com

植物产品有限责任公司，加拿大安大略省布兰普顿市：http://www.plantprod.com

瑞希特斯香料植物（Richters Herbs）公司，加拿大安大略省古德伍德市：http://www.richters.com

桑德园艺（Sound Horticulture）公司，美国华盛顿州贝灵厄姆市：http://www.soundhorticulture.com

3）生物防治信息来源单位

自然生物控制生产者协会：http://www.anbp.org/biocontrollinks.htm

加州农药管理部：北美有益生物供应者：http://www.cdpr.ca.gov/docs/pestmgt/ipminov/bensuppl.htm

康奈尔大学农业与生命科学学院，美国纽约州伊萨卡市：http://www.biocontrol.entomology.cornell.edu/

北卡罗来纳州立大学生物控制信息中心，美国北卡罗来纳州罗利市：http://www.cipm.ncsu.edu/ent/biocontrol/links.htm

俄勒冈州立大学综合植物保护中心，美国俄勒冈州科瓦利斯市：http://www.ipmnet.org/

亚利桑那大学受控环境农业中心（CEAC），美国亚利桑那州图森市：http://ag.arizona.edu/ceac/

加利福尼亚大学，美国加利福尼亚州戴维斯市：http://www.ipm.ucdavis.edu/

夏威夷大学拓展中心，美国夏威夷州马诺阿市：http://www.extento.hawaii.edu/kbase/

明尼苏达大学，美国明尼苏达州明尼阿波利斯 - 圣保罗市：http://www.entomology.umn.edu/cues/dx/pests.htm

美国农业部（USDA）：http://www.usda.gov/wps/portal/usda/usdahome? navid = PLANT_HEALTH

4. 特种水培设备生产单位

1）NFT 水槽

美国水培（American Hydroponics）公司，美国加利福尼亚州阿卡塔市：http://www.amhydro.com

作物王（CropKing）公司，美国俄亥俄州洛迪市：http://www.cropking.com

戴纳克斯（Dynacs）公司，巴西圣保罗市：http://www.dynacs.com.br

希德罗好尤尼匹索尔（Hidrogood Unipessoal）公司，葡萄牙莱利亚市：http://hidrogood.com.pt

园艺规划（Hortiplan）公众有限公司，比利时瓦夫尔市：http://www.hortiplan.com/MGS

水培（Hydrocultura）公司，墨西哥特拉尔潘市：http://www.hydrocultura.com.mx

水培花园（HydroGarden）批发供应有限责任公司，英国考文垂市：http://www.hydrogarden.co.uk

水培技术开发（Hydroponic Developments）有限责任公司，新西兰陶朗加市：http://hydrosupply.com

兹瓦特系统（Zwart Systems）公司，加拿大安大略省州比姆斯维尔市：http://www.zwartsystems.ca

2）UV消毒器

高级紫外线（Advanced UV）公司，美国加利福尼亚州喜瑞都市：http://www.advanceduv.com

大西洋紫外线（Atlantic Ultraviolet）公司，美国纽约州霍波格市：http://www.ultraviolet.com

阿阔菲（Aquafine Corporation）公司，美国加利福尼亚州瓦伦西亚市：http://www.aquafineuv.com

豪提乌克斯（Hortimax）私人有限公司，荷兰：http://www.hortimax.com

普瑞瓦拉丁美洲（Priva America Latina）可变动资本额公司，墨西哥克雷塔罗市：http://www.priva.mx

普瑞瓦（Priva）私人有限公司，荷兰：http://www.priva.nl

普瑞瓦北京国际（Priva International Beijing）有限责任公司，中国北京：http://www.priva - asia.com

普瑞瓦（Priva）北美公司，加拿大安大略省维兰站市：http://www.priva.ca

普瑞瓦（Priva）英国公司，英国沃特福德市：http://www.priva.co.uk

兹瓦特系统（Zuart Systems）公司，加拿大安大略省比姆斯维尔市：http://www.zwartsystems.ca

3）水冷却器

制冷单元（Frigid Units）公司，美国俄亥俄州托莱多市：http://www. frigidunits. com

4）垂直植物塔

水培堆叠（Hydro – Stacker）公司，美国佛罗里达州布雷登顿市：http://www. hydrostacker. com

垂直栽培（Verti – Gro）公司，美国佛罗里达州萨默菲尔德市：http://vertigro. com

参考文献

Leppla N C and Johnson KL. 2010. Guidelines for purchasing and using commercial natural enemies and biopesticides in Florida and other states［R］. University of Florida IFAS Extension document IPM – 146, Gainesville, FL, http://www. anbp. org/documents/Leppla_Paper_2010. pdf（accessed May 23, 2011）

附录 3
测量单位换算系数

参数	数量	公制单位	转换为美制单位	相乘系数
长度				
	25.401	毫米	英寸	0.039 4
	2.540 1	厘米	英寸	0.393 7
	0.304 8	米	英尺	3.280 8
	0.914 4	米	码	1.093 6
	1.609 3	千米	英里（法定）	0.621 4
面积				
	645.160	平方毫米	平方英寸	0.001 550
	6.451 6	平方厘米	平方英寸	0.155 0
	0.092 9	平方米	平方英尺	10.763 9
	0.836 1	平方米	平方码	1.196 0
	0.004 046	平方千米	英亩	247.105
	2.590 0	平方千米	平方英里	0.386 1
	0.404 6	公顷	英亩	2.471 0
体积				
	16.387 2	立方厘米	立方英寸	0.061 0
	0.028 3	立方米	立方英尺	35.314 5

参数	数量	公制单位	转换为美制单位	相乘系数
	0.764 6	立方米	立方码	1.307 9
	0.003 785	立方米	加仑	264.178
	0.004 545	立方米	加仑	219.976
	0.016 39	升	立方英寸	61.023 8
	28.320 5	升	立方英尺	0.035 31
	3.785 0	升	加仑	0.264 2
	4.545 4	升	加仑（英制）	0.220 0
质量				
	28.349 5	克	盎司	0.035 3
	31.103 5	克	盎司（troy 金衡制）	0.032 1
	0.453 6	千克	磅	2.204 6
	0.000 453 5	公吨	磅	2 204.62
	0.907 185	公吨	吨	1.102 3
	1.016 047	公吨	吨（英制）	0.984 2

说明：要将美制/英制单位转换为公制单位，则反方向进行计算。

附录 4
无机化合物的物理常数

名称	化学式	密度/ ($kg \cdot cm^{-3}$)	溶解度/($g \cdot 100\ mL^{-1}$)	
			冷水	热水
硝酸铵	NH_4NO_3	1.725	118.3	871
磷酸二氢铵	$NH_4H_2PO_4$	1.803	22.7	173.2
四水钼酸铵	$(NH_4)_6Mo_7O_{24} \cdot 4H_2O$	43	—	—
磷酸氢二铵	$(NH_4)_2HPO_4$	1.619	57.5	106.0
硫酸铵	$(NH_4)_2SO_4$	1.769	70.6	103.8
硼酸	H_3BO_3	1.435	6.35	27.6
碳酸钙	$CaCO_3$	2.710	0.001 4	0.001 8
氯化钙	$CaCl_2$	2.15	74.5	159
六水氯化钙	$CaCl_2 \cdot 6H_2O$	1.71	279	536
氢氧化钙	$Ca(OH)_2$	2.24	0.185	0.077
硝酸钙	$Ca(NO_3)_2$	2.504	121.2	376
四水合硝酸钙	$Ca(NO_3)_2 \cdot 4H_2O$	1.82	266	660
氧化钙	CaO	3.25 − 3.38	0.131	0.07
一水磷酸氢钙	$Ca(H_2PO_4)_2 \cdot H_2O$	2.220	1.8	分解
硫酸钙	$CaSO_4$	2.960	0.209	0.161 9
二水硫酸钙	$CaSO_4 \cdot 2H_2O$	2.32	0.241	0.222
五水硫酸铜	$CuSO_4 \cdot 5H_2O$	2.284	31.6	203.3

续表

名称	化学式	密度/ $(kg \cdot cm^{-3})$	溶解度/$(g \cdot 100\ mL^{-1})$	
			冷水	热水
氢氧化亚铁	$Fe(OH)_2$	3.4	0.000 15	—
六水硝酸亚铁	$Fe(NO_3)_2 \cdot 6H_2O$	1.6	83.5	166.7
七水硫酸亚铁	$FeSO_4 \cdot 7H_2O$	1.898	15.65	48.6
氧化镁	MgO	3.58	0.000 62	0.008 6
磷酸镁	$Mg_3(PO_4)_2$	—	不溶	不溶
七水磷酸氢镁	$MgHPO_4 \cdot 7H_2O$	1.728	0.3	0.2
四水磷酸镁	$Mg_3(PO_4)_2 \cdot 4H_2O$	1.64	0.020 5	—
七水硫酸镁	$MgSO_4 \cdot 7H_2O$	1.68	71	91
四水氯化锰	$MnCl_2 \cdot 4H_2O$	2.01	151	656
氢氧化锰	$Mn(OH)_2$	3.258	0.000 2	—
四水硝酸锰	$Mn(NO_3)_2 \cdot 4H_2O$	1.82	426.4	极易溶
二水磷酸二氢锰	$Mn(H_2PO_4)_2 \cdot 2H_2O$	—	可溶	
三水磷酸一氢锰	$MnHPO_4 \cdot 3H_2O$	—	微溶	分解
硫酸锰	$MnSO_4$	3.25	52	70
四水硫酸锰	$MnSO_4 \cdot 4H_2O$	2.107	105.3	111.2
硝酸	HNO_3	1.502 7	可溶	极易溶
磷酸	H_3PO_4	1.834	548	极易溶
五氧化二磷	P_2O_5	2.39	分解为 H_3PO_4	
碳酸钾	K_2CO_3	2.428	112	0.156
二水碳酸钾	$K_2CO_3 \cdot 2H_2O$	2.043	146.9	331
碳酸氢钾	$KHCO_3$	2.17	22.4	60
三水碳酸钾	$2K_2CO_3 \cdot 3H_2O$	2.043	129.4	268.3
氯化钾	KCl	1.984	34.7	56.7
氢氧化钾	KOH	2.044	107	178
硝酸钾	KNO_3	2.109	13.3	47

续表

名称	化学式	密度/$(kg \cdot cm^{-3})$	溶解度/$(g \cdot 100\ mL^{-1})$	
			冷水	热水
磷酸钾	K_3PO_4	2.564	90	可溶
磷酸二氢钾	KH_2PO_4	2.338	33	83.5
磷酸氢二钾	K_2HPO_4	—	167	极易溶
硫酸钾	K_2SO_4	2.662	12	24.1
碳酸锌	$ZnCO_3$	4.398	0.001	—
氯化锌	$ZnCl_2$	2.91	432	615
磷酸锌	$Zn_3(PO_4)_2$	3.998	不溶	不溶
二水磷酸二氢锌	$Zn(H_2PO_4)_2 \cdot 2H_2O$	—	分解	—
四水磷酸锌	$Zn_3(PO_4)_2 \cdot 4H_2O$	3.04	不溶	不溶
七水硫酸锌	$ZnSO_4 \cdot 7H_2O$	1.957	96.5	663.6

附录 5
温室及水培相关供应单位

1. 生物防治体

1）微生物/生物制剂

ACM - 得克萨斯有限责任公司，美国科罗拉多州科林斯堡市：www.ampowdergard.com

农业达因（AgriDyne）技术公司（BioSys 公司），美国得克萨斯州罗森博格市：www.biosysinc.com

拜耳（Bayer）公司，美国密苏里州堪萨斯市：http://usagri.bayer.com

碧奥特（BioBest）加拿大有限责任公司，加拿大安大略省利明顿市：www.biobest.ca

生物安全（BioSafe）系统有限责任公司，美国康涅狄格州东哈特福德市：www.biosafesystems.com

拜沃（BioWorks）公司，美国纽约州维克特市：www.bioworksinc.com

陶氏农科（Dow AgroSciences）有限责任公司，美国印第安纳州印第

安纳波利斯市：www.dowagro.com

生态智慧（EcoSmart）技术公司，美国田纳西州富兰克林市：www.ecosmart.com

种植产品（Growth Products）有限责任公司，美国纽约州怀特普莱恩斯市：www.growthproducts.com

国际技术服务中心（International Technology Services），美国明尼苏达州威扎塔市：www.intertechserv.com

麦劳林高姆雷王（McLaughlin Gormley King）公司（MGK），美国明尼苏达州明尼阿波利斯市：www.pyganic.com

蒙特利农业资源（Monterey AgResources）公司，美国加利福尼亚州弗雷斯诺市：www.montereyagresources.com

麦克珍（Mycogen）公司，美国加利福尼亚州圣地亚哥市：www.dowagro.com

自然工业公司，美国得克萨斯州休斯顿市：www.naturalindustries.com

奥林匹克园艺产品公司（OHP），美国宾夕法尼亚州梅恩兰市：www.ohp.com

植物（Phyton）公司，美国明尼苏达州布卢明顿市：www.phytoncorp.com

有机材料评估研究所（OMRI），美国俄勒冈州尤金市：www.omri.org

瓦伦特生物科学（Valent BioSciences）公司，美国伊利诺伊州利伯蒂维尔市：www.valentpro.com

2）传粉昆虫（熊峰）

蜜蜂西部（Bees West）公司，美国加利福尼亚州弗里德姆市：

www. beeswestinc. com

碧奥特（BioBest）比利时公众有限公司，比利时韦斯特洛市：www. biobest. be

碧奥特（BioBest）加拿大有限责任公司，加拿大安大略省利明顿市：www. biobest. ca

伊麦克斯配置（Distribuciones Imex）可变动资本额公司，墨西哥哈利斯科州：www. distribucionesimex. com

国际技术服务（International Technical Services）公司，美国明尼苏达州威扎塔市：www. intertechserv. com

科伯特（Koppert）私人有限公司，荷兰贝尔克蓝罗登吉斯省：www. koppert. nl

科伯特（Koppert）加拿大有限责任公司，加拿大安大略省斯卡伯勒市：www. koppert. com

科伯特（Koppert）墨西哥可变动资本额公司，墨西哥克雷塔罗州埃尔马克斯市：www. koppert. com. mx

科伯特（Koppert）生物系统公司 – USA，美国密歇根州豪厄尔市：www. koppert. com

2. 温室结构、覆盖物和设备

顶峰（Acme）工程与制造公司，美国俄克拉荷马州马斯科吉市：www. acmefan. com

高级可选方案（Advancing Alternatives）公司，美国宾夕法尼亚州斯库尔基尔港市：www. advancingalternatives. com

农业技术（AgraTech）公司，美国加利福尼亚州匹兹堡市：www. agratech. com

美国冷气（Coolair）公司，美国佛罗里达州杰克逊维尔市：www. coolair. com

美国勒克斯（AmeriLux）国际有限责任公司，美国威斯康星州迪皮尔市：www. ameriluxinternational. com

阿戈斯（Argus）控制系统有限责任公司，加拿大不列颠哥伦比亚省白石市：www. arguscontrols. com

RPC BPI 农业公司，加拿大艾伯塔省艾德蒙顿市：www. atfilmsinc. com

阿特拉斯（Atlas）制造公司，美国佐治亚州阿拉普哈市：www. atlasgreenhouse. com

伯尔考（Berco）公司，美国密苏里州圣路易斯市：www. bercoinc. com

BFG 供应公司，美国俄亥俄州伯顿市：www. bfgsupply. com

生物热液体循环加热/冷却（Biotherm Hydronic）公司（又称真叶（TrueLeaf）技术公司），美国加利福尼亚州佩塔卢马市：www. trueleaf. net

B & K 安装公司，美国佛罗里达州霍姆斯特德市：www. bk - installations. com

鲍姆（Bom）温室公司，荷兰纳尔德韦克市：www. bomgreenhouses. com

加拿大水培花园（Hydro - Gardens）有限责任公司，加拿大安大略省安卡斯特市：www. hydrogardens. ca

气候控制系统公司，加拿大安大略省利明顿市：www. climatecontrol. com

康利斯（Conley's）温室建造与销售公司，美国加利福尼亚州蒙特

克莱尔市：www. conleys. com

克拉沃（Cravo）仪器有限责任公司，加拿大安大略省布兰特福德市：www. cravo. com

作物王（CropKing）公司，美国俄亥俄州洛迪市：www. cropking. com

道尔森（Dalsem）园艺工程私人有限公司，荷兰登霍伦市：www. dalsem. nl

德克罗艾特（DeCloet）温室制造有限责任公司，加拿大安大略省希姆科市：www. decloetgreenhouse. com

德尔塔 T 解决方案（Delta T Solutions）公司，美国加利福尼亚州圣马科斯市：www. deltatsolutions. com

埃沃尼克塞罗（Evonik Cyro）加拿大公司，加拿大安大略省多伦多市：www. acrylitebuildingproducts. com

法格（Fogco）系统公司，美国亚利桑那州钱德勒市：www. fogco. com

霍牟斯特克（Foremostco）公司，美国佛罗里达州迈阿密市：www. foremostco. com

霍姆弗莱克斯（FormFlex）园艺系统公司，加拿大安大略省比姆斯维尔市：www. formflex. ca

DACE 基金会，荷兰奈凯尔克市：www. dace. nl

格雷浩克（Grayhark）温室供应公司，美国俄亥俄州斯旺顿市：www. grayhawkgreenhousesupply. com

格林 - 泰克（Green - Tek）公司，美国威斯康星州埃杰顿市：www. green - tek. com

种植者温室供应（Growers Greenhouse Supplies）公司，加拿大安大

略省威兰德站市：www. ggs – greenhouse. com

种植者供应（Growers Supply）公司，美国艾奥瓦州戴尔斯维尔市：www. growerssupply. com

戈鲁珀印沃卡（Grupo Inverca）股份公司，西班牙阿尔马佐拉市：www. invercagroup. com

哈诺伊斯（Harnois）温室公司，加拿大魁北克省圣托马斯若利耶特市：www. harnois. com

赫尔弗萨乌（Herve Savoure）公司，美国弗吉尼亚州赖斯顿市：www. richel – usa. com

荷兰温室（Holland Greenhouses）公司，荷兰兰辛格兰市：www. holland – greenhouses. nl

贾德鲁（Jaderloon）公司，美国南卡罗来纳州哥伦比亚市：www. jaderloon. com

JVK 有限责任公司，加拿大安大略省圣凯瑟琳斯市：www. jvk. net

科斯格瑞乌（Kees Greeve）私人有限公司，荷兰贝赫斯亨胡克市：www. keesgreeve. nl

KGP 温室公司，荷兰马斯蒂耶克市：www. kgpgreenhouses. com

库尔霍格（Koolfog）公司，美国加利福尼亚州棕榈沙漠市：www. koolfog. com

库珀（Kubo）温室工程公司，荷兰曼斯特市：www. kubo. nl

LL 克林克与桑斯（LL Klink & Sons）公司，美国俄亥俄州哥伦比亚站市：www. LLKlink. com

LS 斯文森（LS Svensson）公司，瑞典金纳市：www. ludrigsvensson. com

拉蒂（Ludy）温室制造公司，美国俄亥俄州新麦迪逊市：www.

ludy. com

卢迈特（Lumite）公司，美国佐治亚州盖恩斯维尔市：www. lumiteinc. com

勒克斯（Lux）照明有限责任公司，中国广东省深圳市：www. growlight. cn

麦肯基（McConkey）咨询公司，美国华盛顿州萨姆纳市：www. mcconkeyco. com

幂（Mee）工业公司，美国加利福尼亚州蒙罗维亚市：www. meefog. com

迈塔泽特兹崴绍乌（Metazet Zwethovve）私人有限公司，荷兰瓦特林亨市：www. metazet. com

奈克萨斯（Nexus）公司，美国科罗拉多州诺斯格伦市：www. nexuscorp. com

俄勒冈州山谷温室公司，美国俄勒冈州奥罗拉市：www. ovg. com

PAR 源（PARsource）光照方案公司，美国加利福尼亚州佩塔卢马市：www. parsource. com

保尔鲍尔斯（Paul Boers）有限责任公司，加拿大安大略省威尼兰站市：www. paulboers. com

普拉斯提卡克里提斯（Plastika Kritis）股份公司，希腊克里特岛市：www. plastikakritis. com

P. L. 光源系统（P. L. Light Systerns）公司，加拿大安大略省比姆斯维尔市：www. pllight. com

帕列噶（Polygal）公司，美国北卡罗来纳州夏洛特市：www. polygal. com

保利 – 泰克斯（Poly – Tex）公司，美国明尼苏达州城堡石市：

www. poly – tex. com

能源工厂（Powerplants）澳大利亚私人有限公司，澳大利亚维多利亚州：www. powerplants. com. au

普林斯（Prins）温室公司，加拿大不列颠哥伦比亚省阿伯兹福德市：www. prinsgreenhouses. com

类星体（Quasar）照明有限责任公司，中国广东省深圳市：www. quasarled. com

里歇尔（Richel）集团公司，法国易加利瑞斯市：www. richel. fr

拉夫兄弟（Rough Brothers）公司，美国俄亥俄州辛辛那提市：www. roughbros. com

智雾（Smart Fog）公司，美国内华达州雷诺市：www. smartfog. com

南方艾萨克斯（Essex）制造公司，加拿大安大略省利明顿市：www. southsx. com

西南农业塑料（Agii – Plastics）公司，美国得克萨斯州达拉斯市：www. swapinc. com

结构无限（Structures Unlimited）公司，美国佛罗里达州萨拉索塔市：www. structuresunlimited. net

斯达皮（Stuppy）温室制造公司，美国密苏里州堪萨斯市：www. stuppy. com

阳光供应公司，美国华盛顿州温哥华市：www. sunlightsupply. com

美国真雾（TrueFog）工业加湿系统公司，美国加利福尼亚州沙漠温泉市：www. truefog. com

瓦尔－科（Val – Co）环境与温室系统公司，美国宾夕法尼亚州布尔德因翰德市：www . valcogreenhouse. com

瓦尔－科（Val – Co）温室公司，荷兰洛皮克市：www.

valcogreenhouse. com

范德胡芬（Van der Hoeven）私人有限公司，荷兰斯赫拉芬赞德市：www. vanderhoeven. nl

凡温格尔登（Van Wingerden）温室公司，美国北卡罗来纳州米尔斯里弗市：www. van - wingerden. com

芬洛（Venlo）温室系统公司，美国弗吉尼亚州斯波特瑟尔韦尼亚市：www. venloinc. com

渥巴克尔/薄姆达斯（Verbakel/Bomdas）私人有限公司，荷兰德利尔市：www. verbakel - bomkas. com

V & V 集团公司，荷兰德利尔市：www. venv - holland. nl

瓦兹沃史（Wadsworth）控制系统公司，美国科罗拉多州阿瓦达市：www. wadsworthcontrols. com

韦斯特布鲁克（Westbrook）温室系统公司，加拿大安大略省比姆斯维尔市：www. westbrooksystems. com

史密斯 XS（XS Smith）公司，美国南卡罗来纳州华盛顿市：www. xssmith. com

兹瓦特（Zwart）系统公司，加拿大安大略省比姆斯维尔市：www. zwartsystems. ca

3. 温室遮阳材料

兹瓦特（Zwart）系统公司，加拿大安大略省比姆斯维尔市：www. mardenkro. com

4. 栽培基质

博格（Berger）泥炭公司，加拿大魁北克省圣莫德斯特市：www.

bergerweb. com

康拉德·法法德（Conrad Fafard）公司，美国马萨诸塞州阿格瓦姆市：www. fafard. com

作物王（CropKing）公司，美国俄亥俄州洛迪市：www. cropking. com

迪威特（DeWitt）公司，美国密苏里州赛克斯顿市：www. dewittcompany. com

荷兰普郎廷（Dutch Plantin）私人有限公司，荷兰海尔蒙德市：www. dutchplantin. com

欧洲基质（Euro Substrates）（私人）有限公司，斯里兰卡皮塔科特市（Forteco Coco Coir）：www . eurosubstrates. com

Fibrgro 园艺岩棉公司，加拿大安大略省萨尼亚市：www. fibrgro. com

格露丹（Grodan）公司，荷兰鲁尔蒙德市：www. grodan. nl

格露丹（Grodan）公司，加拿大安大略省米尔顿市：www. grodan. com

水培花园（Hydro – Gardens）公司，美国科罗拉多州科泉市：www. hydro – gardens. com

水培农场（Hydrofarm）园艺产品公司，美国加利福尼亚州佩塔卢马市：www. hydrofarm. com

捷菲（Jiffy）产品国际私人有限公司，荷兰角港市：www. jiffypot. com

密歇根泥炭公司，美国得克萨斯州休斯敦市：www. michiganpeat. com

植物产品有限责任公司，加拿大安大略省布兰普顿市：www. plantprod. com

普莱米尔技术（Premier Tech）园艺公司，加拿大魁北克省里维耶尔 – 迪卢市：www. premierhort. com

圣戈班基质（Saint – Gobain Cultilene）私人有限公司，荷兰蒂尔堡市：www. cultilene. nl

斯密舍斯 – 绿洲（Smithers – Oasis）北美公司，美国俄亥俄州肯特市：www. smithersoasis. com

太阳陆地花园（Sun Land Garden）产品公司，美国加利福尼亚州沃森维尔市：www. sunlandgarden. com

太阳种植（Sun Gro）园艺公司，加拿大不列颠哥伦比亚省温哥华市：www. sungro. com

斯科兹精品 – 种植（the Scotts Miracle – Gro）公司，美国俄亥俄州马里斯维尔市：www. thescottsmiraclegrocompany. com

惠特莫尔（Whittemore）公司，美国马萨诸塞州劳伦斯市：www. whittemoreco. com

5. 灌溉设备

美国园艺供应（American Horticultural Supply）公司，美国加利福尼亚州卡马里奥市：www. americanhort. com

阿米亚德（Amiad）过滤系统有限责任公司，美国加利福尼亚州奥克斯纳德市：www. amiadusa. com

安德逊（H. E. Anderson）公司，美国俄克拉荷马州马斯科吉市：www. heanderson. com

BFG 供应公司，美国俄亥俄州伯顿市：www. bfgsupply. com

气候控制系统（Climate Control Systems）公司，加拿大安大略省利明顿市：www. climatecontrol. com

作物王（CropKing）公司，美国俄亥俄州洛迪市：www.cropking.com

多仕创国际（Dosatron International）公司，美国佛罗里达州克利尔沃特市：www.dosatronusa.com

美国国内/国际（Domestic U. S. A. /International）公司，美国得克萨斯州卡罗尔顿市：www.dosmatic.com

德拉姆（Dramm）公司，美国威斯康星州马尼托沃克市：www.dramm.com

种植系统（Growing Systems）公司，美国威斯康星州密尔沃基市：www.growingsystemsinc.com

赫默特国际（Hummert International）公司，美国密苏里州厄斯锡蒂市：www.hummert.com

狩猎者工业（Hunter Industries）公司，美国加利福尼亚州圣马科斯市：www.hunterindustries.com

水培花园（Hydro - Gardens）公司，美国科罗拉多州科泉市：www.hydro - gardens.com

杰恩（Jain）灌溉公司，美国纽约州沃特敦市：www.jainirrigationinc.com

凯勒 - 格拉斯哥（Keeler - Glasgow）公司，美国密歇根州哈特福德市：www.keeleer - glasgow.com

马克斯杰特（Maxijet）公司，美国佛罗里达州邓迪市：www.maxijet.com

萘塔菲姆（Netafim）灌溉公司，美国加利福尼亚州弗雷斯诺市：www.netafimusa.com

植物产品（Plant Products）有限责任公司，加拿大安大略省布兰普

顿市：www. plantprod. com

雨鸟农产品（Rain Bird Agri‐Products）公司，美国加利福尼亚州格伦多拉市：www. rainbird. com

罗伯兹（Roberts）灌溉公司，美国威斯康星州普洛弗市：www. robertsirrigation. net

赛宁格（Senninger）灌溉公司，美国佛罗里达州克莱蒙市：www. senninger. com

雨水出租（Rain For Rent）公司，美国加利福尼亚州贝克斯菲尔德市：www. rainforrent. com

托罗公司（the Toro Company），美国加利福尼亚州河滨市：www. toro. com

兹瓦特（Zwart）系统公司，加拿大安大略省比姆斯维尔市：www. zwartsystems. ca

6. 种子供应

美国塔奇（Takii）公司，美国加利福尼亚州萨利纳斯市：www. takii. com

阿斯格种子公司/孟山都公司（Asgrow Seed Co. /Monsanto Company）美国加利福尼亚州萨利纳斯市：www. asgrowandekalb. com；www. monsantovegetableseeds. com

鲍尔（Ball）种子公司，美国伊利诺伊州西芝加哥市：www. ballhort. com

日冕（Corona）种子公司，美国加利福尼亚州卡马里奥市：www. coronaseeds. com

德鲁伊特（De Ruiter）种子公司/孟山都公司，美国加利福尼亚州奥克斯纳德市：www. deruiterseeds. nl；www . monsantovegetableseeds. com

怀瑞－莫尔斯（Ferry－Morse）种子公司，美国肯塔基州富尔顿市：www. ferry－morse. com

哈里斯莫兰（Harris Moran）种子公司，美国加利福尼亚州莫德斯托市：www. harrismoran. com

哈里斯（Harris）种子公司，美国纽约州罗彻斯特市：www. harrisseeds. com

HPS 园艺产品与服务公司，美国威斯康星州蓝道夫市：www. hpsseed. com

海泽拉（Hazera）种子公司，美国佛罗里达州椰子溪市：www. hazerainc. com

哈默特（A. H. Hummert）种子公司，美国密苏里州圣约瑟夫市：www. hummertseed. com

杰尼斯（Johnny's）精品种子公司 ，美国缅因州温斯洛市：www. johnnyseeds. com

孟山都公司，美国加利福尼亚州奥克斯纳德市：www. monsantovegetableseeds. com

尼克森（Nickerson－Zwaan）有限责任公司，荷兰梅德市：www. nickerson－zwaan. com

诺斯拉普王（Northrup King）种子公司，美国明尼苏达州明尼阿波利斯市：www. nk. com

美国纽内姆（Nunhems USA）种子公司，美国爱达荷州帕尔马市：www. nunhemsusa. com

装饰性食物（Ornamental Edibles）生产公司，美国加利福尼亚州圣何塞市：www. ornamentaledibles. com

泛美（PanAmerican）种子公司，美国伊利诺伊州西芝加哥市：www. panamseed. com

派拉蒙（Paramount）种子公司，美国佛罗里达州帕姆锡蒂市：www. paramountseeds. com

帕克（Park）种子公司，美国南卡罗来纳州格林伍德市：www. parkseed. com

宾夕法尼亚州（Penn State）种子公司，美国宾夕法尼亚州达拉斯市：www. pennstateseed. com

里克特斯（Richters）公司，加拿大安大略省古德伍德市：www. Richters. com

美国瑞克斯旺（Rijk Zwaan USA）公司，美国加利福尼亚州萨利纳斯市：www. rijkzwaanusa. com

德利尔瑞克斯旺（Rijk Zwaan De Lier）公司，荷兰德利尔市：www. rijkzwaan. com

皇家斯路易斯（Royal Sluis）公司（塞米尼斯（Seminis）蔬菜种子公司），美国密苏里州圣路易斯市：www. seminis. com

美国萨卡他（Sakata）种子公司，美国加利福尼亚州摩根山市：www. sakata. com

斯托克斯（Stokes）种子公司，美国纽约州布法罗市或加拿大安大略省索罗尔德市：www. stokeseeds. com

先正达（Syngenta）种子公司（罗杰斯（Rogers）种子公司），美国爱达荷州博伊西市：www. syngenta - us. com

汤普森与摩根（Thompson & Morgan）种子公司，美国印第安纳州劳伦斯堡市：www. tmseeds. com

7. 芽苗供应

考迪尔（Caudill）种子公司，美国肯塔基州路易斯维尔市：www. caudillseed. com

国际特产供应（International Specialty Supply）公司，美国田纳西州库克维尔市：www. sproutnet. com

索 引

0 ~ 9（数字）

A ~ Z（英文）

A ~ B

C

G

M

N ~ P

S

T

Z

（王彦祥、张若舒　编制）